试验设计与统计方法

主　编　辛淑亮

副主编　张恩盈　郭新梅　洪永聪

参　编　辛　伟　裴玉贺　江绪文

主　审　宋希云

電子工業出版社
Publishing House of Electronics Industry
北京 · BEIJING

内 容 简 介

本书系统介绍了试验设计与统计分析的原理和方法，在说明样本次数分布的基础上，引申到总体的概率分布和抽样分布，重点讲解统计推断、次数资料的检验方法、方差分析、线性回归分析、曲线回归分析、统计表和统计图、均匀设计与分析等，用计算机解决试验设计与统计分析的难题。

本书适合于高等院校农学、植物保护、园艺、生物技术、生物科学、植物科学、种子科学、茶学、设施等专业的师生及相关专业的科技工作者参考使用。

图书在版编目(CIP)数据

试验设计与统计方法 / 辛淑亮主编. —北京：电子工业出版社，2015.8
ISBN 978-7-121-26644-7

I. ①试… II. ①辛… III. ①试验设计 ②统计分析 IV. ①O212

中国版本图书馆 CIP 数据核字(2015)第 161545 号

策划编辑：赵玉山
责任编辑：康 霞
印　　刷：北京虎彩文化传播有限公司
装　　订：北京虎彩文化传播有限公司
出版发行：电子工业出版社
　　　　　北京市海淀区万寿路 173 信箱　邮编　100036
开　　本：787×1092　1/16　印张：17.75　字数：454 千字
版　　次：2015 年 8 月第 1 版
印　　次：2022 年 8 月第 7 次印刷
定　　价：38.00 元

凡所购买电子工业出版社图书有缺损问题，请向购买书店调换。若书店售缺，请与本社发行部联系，联系及邮购电话：(010)88254888。

质量投诉请发邮件至 zlts@phei.com.cn，盗版侵权举报请发邮件至 dbqq@phei.com.cn。

服务热线：(010)88258888。

前　言

根据应用型人才培养目标和要求，我们编写了这本特色教材。

本书系统介绍了试验设计与统计分析的原理和方法，内容由浅入深，概念清楚，原理正确，方法得当。在简单说明描述统计-样本次数分布的基础上，引申到总体的概率分布和抽样分布，重点讲解统计推断、次数资料的检验方法、方差分析、线性回归分析、曲线回归分析等，用计算机软件解决统计分析的计算难题，对一般统计书没有的单侧置信区间给出了清晰的讲解。选用科研实例讲解，如第9章的茌梨和柿子等都是鲜活的试验数据。科学设计讨论命题，说明问题的各种解法，以达到活学活用、举一反三的目的。

本书第1～3章由张恩盈编写，第4～6章由郭新梅编写，第7～8章由洪永聪编写，第9章由辛伟编写，第10～12章、附表由辛淑亮编写，裴玉贺编写了部分英文术语，江绪文对部分文字进行修改，全书由辛淑亮负责统稿。请宋希云教授审阅。

由于时间仓促，水平有限，书稿还存在许多不足，请各位读者指正，以便日后修订改正。

辛淑亮

2015年6月

目　录

第1章 绪 论

1.1 科学研究与科学试验

1.1.1 生物学领域的科学研究

现代生物统计学是应用数理统计的原理及方法来分析和解释生物界数量现象的科学，也可以说是数理统计在生物学研究中的应用，它是应用数学的一个分支，属于生物数学的范畴。现代生物统计学紧密结合生物学科研，生物科学研究是人类认识自然、改造自然、服务社会的原动力。农业科学作为生物学的分支，对于推动人类认识生物界，促进人们发掘新的农业技术和措施，不断提高农业生产水平，改善人类生存环境具有重要的意义。生物学领域中与农业生产有关的专业包括农学、园艺、草业、植物保护、生物技术、农业资源与环境等学科。

现代生物统计学的研究内容包括统计理论、统计方法和试验设计。统计理论阐述统计分析的原理和有关公式，以满足统计方法的需要，旨在通过统计分析对客观事物得出本质的和规律性的认识。试验设计是试验工作前应用统计理论，制订科学的试验方案和合理的统计分析方法。试验研究工作开展前进行试验设计，制订试验方案，可以利用较少的人力、物力和时间，获得更多更可靠的信息资料，从而得出科学的结论。生物统计与试验设计是不可分割的两部分，试验设计需要以统计的原理和方法为基础，而正确设计的试验又为统计方法提供丰富可靠的信息，两者紧密结合才能得出较为客观的推断结论，从而不断推进生物科学研究的发展。

1.1.2 科学试验的基本程序

1. 科学试验

科学试验的目的在于探求新的知识、理论、方法和技术。农业科学领域中科学试验主要包含基础性研究和应用性研究：基础性研究在于揭示新的知识、理论和方法；应用性研究则在于获得某种新的技术或产品。

2. 科学研究的基本方法

科学研究的基本过程均包括3个环节：根据本人的观察（了解）或前人的观察（通过文献）对所研究的命题形成一种认识或假说；根据假说所涉及的内容安排相斥性的试验或抽样调查；根据试验或调查所获得的资料进行推理，肯定或否定或修改假说，从而形成结论，或开始新一轮的试验以验证修改完善后的假说，如此循环发展，使所获得的认识或理论逐步发展、深化。

科学研究的基本方法如下：

① 选题、查文献、提出假说　科学研究的基本要求是探索、创新。研究课题的选择决定了该项研究创新的潜在可能性。不论理论性研究还是应用性研究，选题时必须明确其意义或

重要性，理论性研究着重看所选课题在未来学科发展上的重要性，而应用性研究则着重看其对未来生产发展的作用和潜力。科学的发展是累积性的，每一项研究都是在前人建筑的大厦顶层上添砖加瓦，首先要登上顶层，然后才能增建新的层次，文献便是把研究工作者引到顶层，掌握大厦总体结构的通道。科学文献随着时代的发展越来越丰富，文献索引是帮助科学研究人员进入某一特定领域进行广泛了解的重要工具。选题要有文献的依据，设计研究内容和方法更需文献的启示。

假设只是一种尝试性的设想，即对于所研究对象的试探性概括，在它没有被证实之前，绝不能与真理、定律混为一谈。一项研究的目的和预期结果总是和假说相关联的，没有形成假说的研究，常常是含糊的、目的性不甚明确的。简单的假说只是某些现象的概括；复杂的假说则要进一步假定出各现象之间的联系，这种联系可能是平行的，也可能是因果的，甚至还可能是类推关系。例如进行若干个外地品种与当地品种的比较试验，实际上已经作出了假说，即“某地引入种可能优于当地对照种”，只不过这类研究的假说比较简单而已。

② 假设的检验　对假设进行检验，可以重新对研究对象进行观察和试验（实验），这是直接的检验；也可对假设的推理安排试验进行验证，验证所有可能的推理的正确性，即验证假设本身，这是间接的检验。间接的检验要十分小心，防止出现漏洞。

③ 试验的规划与设计　围绕检验假设而开展的试验，需要全面、仔细地规划与设计。试验所涉及的范围要覆盖假设涉及的各个方面，以便对待检验的假设作出无遗漏的判断。

生物学的试验重视试验结果的代表性和重演性，根据这样的结果可以明确研究结果的适用范围和稳定程度，因此要求试验材料和试验环境具有代表性。设计试验时必须考虑到试验材料和试验环境的代表性和典型性。供试的生物体、试验条件除了因系统的原因有变异外，还有偶然因素所致的变异。试验研究应消除系统变异，减少偶然性变异。试验结果（数据）包含了偶然性波动，要正确地从试验数据提取结论必须将试验结果与试验的偶然性波动相比较，只有证实试验表现出来的效应显然不是偶然性波动所致，才能合乎逻辑地作出正确的结论。因此在设计试验时必须考虑到可以确切估计出排除了系统误差的试验效应和试验的偶然性误差，从而在两者的比较中引出关于试验对象的结论。农业试验中常将排除系统误差和控制偶然误差的试验设置称为试验设计，这是狭义的理解，广义的理解则是指整个研究工作的设计。

1.1.3　现代生物统计学的作用

现代生物统计学已在生物科学、社会科学领域中得到了极为广泛的应用，其基本作用如下所述。

1．提供试验设计或调查设计的方法

做任何调查或试验工作，事先须有科学的计划和合理的试验设计，它是决定科研工作成败的一个重要环节。一个好的试验设计，可以用较少的人力、物力和时间，最大限度地获得丰富而可靠的资料，尽可能减小试验误差；利用试验所得的数据能够无偏地估计处理效应和试验误差的估值，正确地收集有代表性的数据资料，以便从中得出正确的结论。

2．提供整理、分析数据资料的统计方法

进行生物科学研究，可以有计划地收集资料并进行合理的统计分析。通过调查得到的大量杂乱无章的原始数据难以看出规律性，运用生物统计方法对这些数据进行加工整理，使之条理化、系统化，就能从中归纳出事物的内在规律。

判别试验结果的可信性。由于存在试验误差，从试验得到的数据资料必须借助于统计分析方法才能获得可靠的结论。

确定事物之间的相互关系。科学试验的目的，不仅是研究事物的特征、特性，同时还要研究事物间的相互关系的联系形式。

为学习相关学科提供基础。生物科学工作者都须学习和掌握统计方法，才能正确认识客观事物存在的规律，提高工作质量。

生物统计学是从事科学研究必备的一种工具，正确使用这一工具可以使生物科学研究更加有效，生产效益更高，它是每位从事生物科学研究工作者必须掌握的基本工具。

1.1.4　生物统计学的学习方法和要求

生物统计学是数学与生物学相结合的一门边缘学科，与生物学的其他学科有很大的不同。它包含的公式很多，在性质上属于生物学领域内的应用数学。因此，在学习中首先要弄懂统计学的基本原理和公式，要理解每一个公式的含义和应用条件，可不必深究其数学推导、证明和数学原理；必须结合专业知识，理论联系实际，正确理解生物统计方法的基本原理；应注意培养科学的统计思维方法。生物统计意味着一种全新的思考方法，即从概率的角度来思考问题和分析科学试验的结果，避免绝对的武断结论，或单凭感觉不做检验的简单判断。

生物统计学作为一门工具课，必须勤学多练。上课认真听讲，课后复习并做好作业。只有通过大量的实践和练习，熟练使用函数型计算器操作，学会用计算机处理数据，才能达到掌握和应用生物统计方法的目的及要求。

1.2　试验的基本方法

1.2.1　试验的特点和要求

1. 生物学试验

生物学试验是有一定的研究对象，并根据研究目的，运用一定的手段（仪器、设备等）主动控制、干预研究对象，或控制环境、条件，创造一种典型环境或特殊条件，并在其中探索生命现象及其运动规律的实践活动。试验就是在某种确定的条件下观察所发生的现象。

2. 生物学试验的分类

生物学试验根据试验的精确性和试验环境，可分为实验室试验和田间试验；根据试验的直接目的可分为探索性试验和验证性试验；根据试验研究的质和量，可分为定性试验和定量试验；根据研究的对象，可分为动物、植物（作物）、生化、遗传、微生物等试验；根据试验的作用，可分为析因试验、对照试验、模拟试验。

3. 生物试验的基本组成要素

① 试验者：进行试验设计、安排、操作和数据处理的工作者，是生物试验中的认识主体。试验者应具有自觉的能动性，主要包括以下几个方面：一是对客观信息要有敏锐的观察和深刻的直接接受能力；二是对试验对象能事先进行透彻的逻辑分析并进行批判性考察的能力；三是具有熟练的试验操作技能。试验者是试验的设计者和操作者，因此，试验目的的确定、试验方案的设计、试验仪器的操作、试验结果的处理等，都由试验者来完成。

② 试验对象：在试验中能够接受不同试验处理的独立的试验载体，它是实施试验处理的基本对象，即试验者所要认识的对象。科学研究的成功与否，很大程度上取决于试验对象的选择。选择试验对象通常要考虑以下两点：一是试验的典型性，因为典型的试验对象能揭示一类事物的性质和规律；二是试验对象的简明性，简明的试验对象可以避免许多次要的干扰因素，使要观察的主要特征和现象更加明朗，得以充分显现，并获得可靠的、主要的观察资料和试验数据。孟德尔在发现遗传的分离规律和自由组合规律的过程中，选择豌豆作为杂交试验的试验材料，无疑是他成功的重要因素。

③ 试验手段：是沟通试验者和试验对象的中间环节，通常由试验仪器、设备等客观物质条件构成，其作用表现在两方面：一是试验结果能够准确及时地记录；二是控制、干预试验对象，使之显露出来，为试验者所认识。因此，试验装置的水平，决定了试验所能达到的水平；试验装置的选择、设计和完善程度，是决定试验成败的关键环节。

4．生物学试验的基本过程

生物学试验的过程并非只是一个操作过程，一个完整的试验过程应当包括试验的准备阶段、试验实施阶段和试验结果的处理阶段。

1）试验的准备阶段

① 确定试验目的：试验的准备阶段首先要确定该试验究竟要解决什么问题，了解研究这类问题一般采用的方法和解决这一类问题所具备的主客观条件。

② 明确试验原理：确定目的以后，先明确试验所依据的指导理论，而后才能进行试验设计。这种指导理论所要解决的是研究者应当采取什么方法、途径、沿着什么方向去达到试验预定目标。没有这个中间环节，就难以从试验选题过渡到具体的试验设计。

③ 进行试验设计：试验设计是指正式进行科学试验之前，根据一定的目的和要求，运用有关的指导理论，对研究方法和步骤的预先制订。设计试验方案的目的，在于对将要进行的试验工作有一个通盘的考虑，以明确技术路线和具体的实施方法。

2）试验的实施阶段

试验的实施阶段是按照预定方案，运用实验技能，进行探索和发现的过程。科学试验的成功与否，不仅取决于科学的试验设计，还取决于试验过程中的正确操作、正确观察和正确记录。试验的实施阶段要特别注意严格控制试验条件、细心观察、客观记录和认真分析，以保证试验质量和试验结果的可靠性。

3）试验结果处理阶段

① 试验数据的计算和整理。

② 试验结果的分析。

③ 试验结果的表达。试验结果的表达形式有表格形式、图形方式和生物摄影，当然也离不开文字表述。

1.2.2 试验方案

试验方案是根据试验目的和要求所拟进行比较的一组试验处理（Treatment）的总称。

1．试验方案中常用统计术语

1）试验因素与水平

农业试验研究中，不论农作物还是微生物，其生长、发育以及最终所表现的产量受多种因素的影响，其中有些属自然的因素，如光、温、湿、气、土、病、虫等，有些是属于栽培条件的，如肥料、水分、生长素、农药、除草剂等。进行试验时，必须在固定大多数因素的条件下才能研究一个或几个因素的作用，从变动这一个或几个因子的不同处理中比较鉴别出最佳的一个或几个处理。被变动并设有待比较的一组处理的因子称为试验因素，简称因素或因子（Factor），用大写字母 A、B、C…表示；试验因素量的不同级别或质的不同状态称为水平（Level），试验因素水平可以是定性的，如供试的不同品种，具有质的区别，称为质量水平；也可以是定量的，如喷施生长素的不同浓度，具有量的差异，称为数量水平。数量水平不同级别间的差异可以等间距，也可以不等间距。所以试验方案是由试验因素与其相应的水平组成的，其中包括比较的标准水平。水平数用小写字母 a、b、c……表示；因素水平用代表该因素的字母加下标表示，如 A 因素有 3 个水平，即 a=3，可用 A_1、A_2、A_3 表示。

2）试验指标与效应

用于衡量试验效果的指示性状称为试验指标。一个试验中可以选用单指标，也可以选用多指标。例如农作物品种比较试验中，衡量品种的优劣、适用或不适用，需要围绕育种目标考察生育期（早熟性）、丰产性、抗病性、抗虫性、耐逆性等多种指标。当然一般田间试验中最主要的常常是产量这个指标。各种专业领域的研究对象不同，试验指标各异。例如研究杀虫剂的作用时，试验指标不仅要看防治后植物受害程度的反应，还要看昆虫群体及其生育对杀虫剂的反应。

试验因素对试验指标所起的增加或减少的作用称为试验效应（Experimental Effect）。例如，某水稻品种施肥量试验，施氮肥 5kg 产量为 35kg，施氮肥 8kg 产量为 45kg；则在施氮肥 5kg 的基础上增施 3kg 的效应即为 45–35=10kg。这一试验属单因素试验，在同一因素内两种水平间试验指标的相差属简单效应（Simple Effect）。在多因素试验中，不但可以了解各供试因素的简单效应，还可以了解各因素的平均效应和因素间的交互作用。

一个因素内各简单效应的平均数称为平均效应，亦称主要效应（Main Effect），简称主效。

两个因素简单效应间的平均差异称为交互作用效应（Interaction Effect），简称互作。它反映一个因素的各水平在另一因素的不同水平中反应不一致的现象。

下面举例说明互作的计算和意义。

例如研究小麦品种在同一试验田、不同种植密度下合理的施肥量（播后追施的化肥量），假设种植密度分两个水平 A_1、A_2，施肥量分两个水平 B_1、B_2。假定做了 4 个试验，试验结果数据见表 1.1。

表 1.1 Ⅱ 中 36–20=16 就是同一 B_1 水平时 A_2 与 A_1 间的简单效应；B 的主效为(12+20)/2=16，这个值也是二个 B 水平平均数的差数，即 44–28=8；交互作用为(24–16)/2= 4。同理，A 固定，可计算 B 水平的简单效应、主效和互作。

将表 1.1 以图 1.1 表示，可以明确看到，Ⅰ 中的二直线平行，反应一致，表现没有互作；图 1.1 Ⅱ 中 A_2–A_1 在 B_2 时比在 B_1 时增产幅度大，直线上升快，表现有互作，这种互作称为正互作；图 1Ⅲ和Ⅳ中，A_2–A_1 在 B_2 时比在 B_1 时增产幅度表现减少或大大减产，直线上升缓慢，甚至下落成交叉状，这是有负互作。

因素间的交互作用只有在多因素试验中才能反映出来。互作显著与否关系到主效的实用性。若交互作用不显著，则各因素的效应可以累加，主效就代表了各个简单效应。在正互作时，从各因素的最佳水平推论最优组合，估计值要偏低些，但仍有应用价值。若为负互作，则根据互作的大小程度而有不同情况。

两个因素间的互作称为一级互作（First Order Interaction）。一级互作易于理解，实际意义明确。三个因素间的互作称为二级互作（Second Order Interaction），其余类推。

表 1.1　$A\times B$ 二因素试验数据（解释各种效应）

试验序号	水平/效应	B_1	B_2	B 简单效应	B 主要效应	$A\times B$ 互作效应
Ⅰ	A_1	20	32	12		
	A_2	36	48	12	12	
	A 简单效应	16	16			
	A 主要效应		16			
	$A\times B$ 互作效应					0
Ⅱ	A_1	20	32	12		
	A_2	36	56	20	16	
	A 简单效应	16	24			
	A 主要效应		20			
	$A\times B$ 互作效应					4
Ⅲ	A_1	20	32	12		
	A_2	36	40	4	8	
	A 简单效应	16	8			
	A 主要效应		12			
	$A\times B$ 互作效应					-4
Ⅳ	A_1	20	32	12		
	A_2	36	28	-8	2	
	A 简单效应	16	-4			
	A 主要效应		6			
	$A\times B$ 互作效应					-10

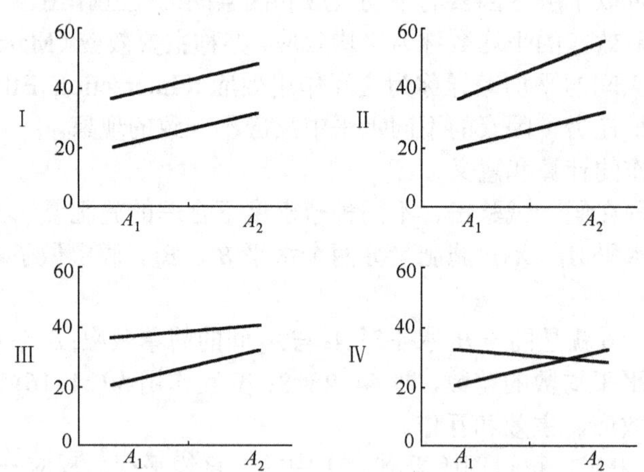

图 1.1　$A\times B$ 二因素试验的图示（解释交互作用）

3）准确性与精确性

准确性（Accuracy）也叫准确度，指在调查或试验中某一试验指标或性状的观测值与其真值接近的程度。

精确性（Precision）也叫精确度，指调查或试验中同一试验指标或性状的重复观测值彼此接近的程度。

设某一试验指标或性状的真值为 μ，观测值为 y，若 y 与 μ 相差的绝对值 $|y-\mu|$ 小，则观测值 y 的准确性高；反之则低。若观测值彼此接近，即任意二个观测值 y_i、y_j 相差的绝对值 $|y_i-y_j|$ 小，则观测值精确性高；反之则低。准确性、精确性的意义图示如图 1.2 所示。

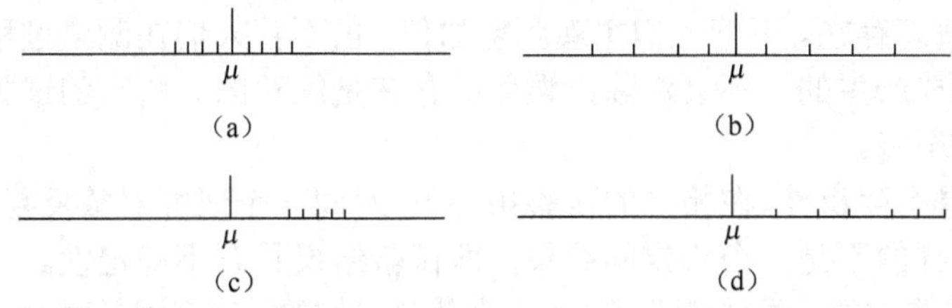

图 1.2 准确度和精确度图示

图 1.2（a）观测值密集于真值 μ 两侧，其准确性高、精确性亦高；图 1.2（b）观测值稀疏地分布于真值 μ 两侧，其准确性高和精确性都低；图 1.2（c）观测值密集于远离真值 μ 的一侧，准确性低，精确性高；图 1.2（d）观测值稀疏的分布于远离真值 μ 的一侧，其准确性、精确性都低。

调查或试验的准确性、精确性合称为正确性。在调查或试验中应严格按照调查或试验计划进行，准确地进行观测记载，力求避免人为差错，特别要注意试验条件的一致性，并通过合理的调查或试验设计努力提高试验的准确性和精确性。由于真值 μ 常常未知，所以准确性不易度量，但利用统计方法可度量精确性。

2．制订试验方案的要点

拟订一个正确有效的试验方案，以下几方面供参考：

① 拟订试验方案前应通过回顾以往研究的进展、调查交流、文献检索等明确试验的目的，形成对所研究主题及其外延的设想，使待拟订的试验方案能针对主题确切而有效地解决问题。

② 根据试验目的确定供试因素及其水平。供试因素一般不宜过多，应该抓住 1～2 个或少数几个主要因素解决关键性问题。每因素的水平数目也不宜过多，且各水平间距要适当，使各水平能有明确区分，并把最佳水平范围包括在内。

③ 试验方案中应包括对照水平或处理，简称对照（Check，符号 CK），以便作为各试验单位共同的比较标准。

④ 试验方案中应注意因素水平间的唯一差异原则，以便正确地解析出试验因素的效应。

⑤ 拟订试验方案时必须正确处理试验因素及试验条件间的关系。一个试验中只有供试因素的水平在变动，其他因素都保持一致，固定在某一个水平上。

⑥ 多因素试验提供了比单因素试验更多的效应估计，具有单因素试验无可比拟的优越性。但当试验因素增多时，处理组合数迅速增加，要对全部处理组合进行全面试验（称全面实施）规模过大，往往难以实施，因而以往多因素试验的应用常受到限制。解决这一难题的方法就是利用本书后文将介绍的正交试验法和均匀设计，通过抽取部分处理组合（称部分实施）用以代表全部处理组合以缩小试验规模。这种方法牺牲了高级交互作用效应的估计，但仍能估计出因素的简单效应、主要效应和低级交互作用效应，因而促进了多因素试验的应用。

1.3 试验误差

试验误差是试验测量值（包括直接和间接测量值）与真值（客观存在的准确值）之差。

1.3.1 试验误差的特点和意义

1．特点

① 试验误差普遍存在。不管人们主观愿望如何，也不管人们在测量过程中怎样精心细致地控制，误差还是要产生的，不会消除，误差的存在是绝对的。所有的试验都有误差，误差存在于试验的自始至终。

② 试验误差具有随机性。在相同的试验条件下，对同一个研究对象反复进行多次的试验、测试或观察，所得到的不是一个确定的结果，即试验结果具有不确定性。

③ 试验误差是未知的。通常情况下，由于真值是未知的。研究误差时，一般都从偏差入手。

2．意义

① 正确认识误差的性质，分析误差产生的原因，尽量减少误差。

② 正确处理测量和试验数据，合理计算所得结果，以便在一定条件下得到更接近于真值的数据。

③ 正确组织试验过程，合理设计仪器或选用仪器和测量方法，以便在最经济的条件下，得到可靠的试验结果。

1.3.2 试验误差的分类及来源

1．分类

根据试验误差的性质及产生的原因，可将误差分为系统误差、随机误差和错失误差三种：

① 系统误差。由某些固定不变的因素引起，在相同条件下进行多次测量，其误差数值的大小和正负保持恒定，或误差随条件改变按一定规律变化。

② 随机误差。由某些不易控制的随机因素造成，在相同条件下作多次测量，其误差数值和符号是不确定的，时大时小，时正时负，无固定大小和偏向。随机误差服从统计规律，其误差与测量次数有关。随着测量次数的增加，平均值的随机误差可以减小，但不会消除。

③ 错失误差。主要是由于试验人员粗心大意，如读数错误、记录错误或操作失败所致。这类误差往往与正常值相差很大，应在整理数据时依据常用的准则加以剔除。

2．来源

研究工作者通过试验获得了观测值，其目的是要了解研究对象的真值。若观察值包含了大量的误差便无法由观察值对真值做出估计，因而必须尽量减少误差的干扰。

系统误差是一种有原因的偏差，因而在试验过程中要防止这种偏差的出现。在各种领域的研究工作中系统偏差出现的原因多种多样，难以一概而论，因而要求各领域的研究人员熟知本领域研究中产生系统偏差的常发性因素。导致系统偏差的原因可能不止一个，方向也不一定相同，所以实际观察的系统偏差往往是多种偏差的复合；随机误差是偶然性的，整个试验过程中涉及的随机波动因素愈多，试验的环节越多，时间越长，随机误差发生的可能性及波动程度便越大。随机误差不可能避免，但可以减少，这主要依赖于控制试验过程，尤其那些随机波动性大的因素。不同专业领域有其各自的主要随机波动因素，这同样需要有经验的积累，成熟的研究人员是熟知其关键的。

理论上，系统误差是可以通过试验条件及试验过程的仔细操作而控制的。实际上一些主要的系统性偏差较易控制，而有些细微偏差则较难控制。一般研究工作在分析数据时把误差中的一些主要偏差排除以后，剩下的都归结为随机误差，因而估计出来的随机误差有可能比想象要大，甚至大得多。

3. 试验误差的控制

① 选定合适的试验仪器。
② 严格按照试验步骤、方法操作。
③ 熟练掌握各种测量器具的使用方法，准确读数。
④ 改进创新测量方法。
⑤ 试验设置重复。
⑥ 定期用标准的度量衡校准试验仪器。

1.4 试验统计学的发展

对农业和生物学研究工作者来说，试验统计学作为一门系统的学科奠基于 1925 年 R.A. Fisher 出版的《Statistical Methods for Research Workers》，该书形成了试验统计学较为完整的体系。在 20 世纪 30 年代，“生物统计与田间试验”就作为农学系的必修课程，最早有 1935 年王绶编著出版的《实用生物统计法》，随后有范福仁 1942 年出版的《田间试验之设计与分析》。新中国成立后，由于农业和生物学研究的发展，生物统计、试验设计和抽样理论得到了快速发展。以后工业研究和数理科学研究的发展推动了数理统计的发展，反过来又促进了试验统计学科的发展。

统计（Statistics）是一个古老的政治术语，原用于国家管理需要的统计数字，后来则将统计学作为试验数据搜集、分析及推论的理论、方法和科学。试验统计学是统计学的一个部分，它是统计学与试验设计相结合而发展起来的。试验统计学的发展也是与随机误差和误差控制的研究紧密相关联的。统计学的发展大致可以分为三个阶段：

① 古典记录统计学阶段（17 世纪中叶—19 世纪中叶）。
② 近代描述统计学阶段（19 世纪中叶—20 世纪上半叶）。
③ 现代推断统计学阶段（20 世纪上半叶至今）。

习 题 1

1. 名词解释：试验误差；试验方案；因素、水平；试验效应。
2. 什么是生物试验？它有哪些要求？
3. 什么是试验误差？生物试验误差的来源有哪些？如何控制它们减少误差？
4. 生物统计学研究的内容和功用是什么？
5. 制订试验方案的要点。

第 2 章　试验资料的整理和特征数

在生物学试验及调查中，可以获得能够描述某种事物或现象的大量数据资料。这些资料表现出分散、零星和杂乱的特征，只有通过统计整理，才能发现其内部的联系和规律性，从而揭示事物或现象特征的本质。

2.1　试验资料的收集和类型

2.1.1　试验资料的收集

从统计学意义上讲，生物学所研究的问题，都是用样本来估计总体的问题，因此，搜集样本资料是统计分析的第一步，也是统计学的基础，资料一般来源于调查和试验。

1．调查

生物学中资料调查的方法主要有普查和抽样调查两种。普查应用较少，只在极少数情况下进行，如人口普查，需要消耗大量的人力、物力和财力；多数情况是进行抽样调查，比如某一地区的生物资源调查、棉田某一病虫害发病率的调查等，都需要抽样调查。

抽样调查是一种非全面调查，它是根据一定的原则对研究对象抽取一部分个体进行量测或计数，然后把得到的资料作为样本进行统计分析，利用样本特征数对总体进行推断。要使用样本无偏地估计总体，除了样本容量要足够大之外，还要采取科学的抽样方法，取得完整而准确的数据资料。实践证明，正确的抽样方法与相应的统计分析方法相结合，可以得出较准确的估计和推断。

生物学研究中，由于研究的目的和性质不同，所采取的抽样方法也各不相同。以概率论和数理统计的原理为依据，用来推断总体的样本必须是随机样本，即用随机抽样方法得到的样本，只有这种样本才能正确估计出抽样误差，准确推断总体。随机抽样必须满足三个条件：一是总体中每个个体被抽中的机会均等；二是总体中任一个体是否被抽中是相互独立的，即个体被抽中不受其他个体的影响；三是适合于无限总体，但对生物学研究来说，部分研究的对象属于有限总体，完全符合随机样本的理论要求非常困难。关于抽样的原理与方法，将在第 3 章叙述。

2．试验

生物学研究中，对于一些理论性的无限总体，一般需要通过科学合理的试验设计来获取样本资料。试验设计这一概念有广义与狭义之分，广义的试验设计是指试验研究课题设计，也就是指整个试验计划的拟定，包含课题名称、试验目的，研究依据、内容及预期达到的效果，试验方案，供试单位的选取、重复数的确定、试验单位的分组，试验的记录项目和要求，试验结果的分析方法，经济效益或社会效益的估计,已具备的条件,需要购置的仪器设备，参加研究人员的分工，试验时间、地点、进度安排和经费预算，成果鉴定，学术论文撰写等内容。狭义的试验设计主要是指试验单位（如动物试验的畜、禽）的选取、重复数目的确定及试验单位的分组。生物统计中的试验设计主要指狭义的试验设计。合理的试验设计能控制和降低试验误差，提高试验的精确性，为统计分析获得试验处理效应和试验误差的无偏估计提供必要的数据。

简而言之，试验或调查设计主要解决合理地收集必要而有代表性的资料的问题。

2.1.2 试验资料的类型

正确地进行资料的分类是资料整理的前提。在调查或试验中，由观察、测量和计量所得到的数据按其性质的不同，一般可以分为数量性状资料、质量性状资料两大类。

1. 数量性状资料

数量性状（Quantitative Character）是指能够以量测或计量的方式表示其特征的性状。观察测定数量性状而获得的数据就是数量性状资料（Data of Quantitative Characteristics）。数量性状资料的记载有量测和计量两种方式,因而数量性状资料又分为计量资料和计数资料两种。

① 计量资料：指用量测手段得到的数量性状资料，即用测量、称量、度量等计量工具直接测定的数量性状资料，如玉米产量，人的身高、体重，角度等。这种资料的各个观测值不一定是整数，两个相邻的整数间可以有带小数的任何数值出现，其小数位数的多少由计量工具的精度而定，它们之间的变异是连续性的。因此，计量资料也称为连续性变数资料。

② 计数资料：指用计数方式得到的数量性状资料。在这类资料中，它的各个观察值只能以整数表示，在两个相邻整数间没有任何带小数的数值出现。如我国人口总数、鸡的产蛋数、鱼的尾数、作物栽培密度等，这些观察值只能以整数来表示，各观察值是不连续的。因此，该类资料也称为不连续性变数资料或间断性变数资料。

2. 质量性状资料

质量性状（Qualitative Character）是指能观察到而不能直接量测的性状，如颜色、性别、生死等。这类性状本身不能直接用数值表示，要获得这类性状的数据资料，须对其观察结果进行数量化处理，其方法有统计次数法和评分法两种。

① 统计次数法：在一定的总体或样本中，根据某一质量性状的类别统计其次数，以次数作为质量性状的数据。例如，在研究猪的毛色遗传时，白猪与黑猪杂交，子二代中白猪、黑猪和花猪的头数分类统计见表 2.1。这种由质量性状数量化得来的资料又叫次数资料。

表 2.1 白猪和黑猪子二代的毛色分离情况

毛 色	次 数	频率（%）
白色	332	73.78
黑色	96	21.33
花色	22	4.89
合 计	450	100.00

② 评分法：对某一质量性状，因其类别不同，分别给予评分。例如，在研究猪的肉色遗传时，常用的方法是将屠宰后 2h 的猪眼肌横切面与标准图谱对比，由浅到深分别给予 1～5 分的评分，以便统计分析。

2.2 试验资料的整理

2.2.1 总体和样本

总体（Population）是具有共同性质的个体所组成的集团。根据所包含的个体数目的多少，总体可分为无限总体（Infinite Population）和有限总体（Finite Population）。总体可以根据事物的属性人为规定，因此可能是抽象的。例如“玉米品种”可以是一个总体，它是指所有的玉米品种；“玉米新品种”也可以是一个总体，它是指新近选育成功的所有玉米品种。

由于受到许多偶然因素的影响，同一总体的各个体间在性状或特性表现上有差异。定义总体中每一个体的某一性状、特性的测定值为观察值（Observation）。总体观察值的集合为变数（Variable）。总体内个体间尽管属性相同，但仍然受一些随机因素的影响，造成观察值或表现上的变异，所以变数又称为随机变数（Random Variable）。总体中包含的个体数称为总体容量，用 N 表示。

由总体的全部观察值而算得的总体特征数称为参数，如总体平均数等，用希腊字母表示。科学研究的目的就是了解总体参数，但总体所包含的个体往往太多，不能逐一测定或观察。因而，一般只能从总体中抽取若干个体来研究。从总体中抽取若干个体组成的集合称为样本（Sample）。

测定样本中的各个体而得的样本特征数称为统计数（Statistic），如平均数等。统计数是总体相应参数的估计值（Estimate）。要用样本统计数估计总体的特征参数，那么就要考虑样本的代表性，样本越能近似地代表总体就越好。而这样的样本，一般是随机地从总体中抽取的，这样可以无偏地估计总体。从总体中随机抽取的样本称为随机样本（Random Sample）。样本中包含的个体数称为样本容量或样本含量（Sample Size），用 n 表示。随机样本的容量越大，越能代表总体。

2.2.2 次数分布

不论连续性变数或间断性变数，它们的出现都是有着一定的数量范围的。如果将其可能出现的整个范围分为若干个互斥的组区间，再来统计出现在各个组区间内的变量个数（次数），则可发现表面上杂乱无章的变数，都有着一定的分布规律。这种由不同区间内变量出现的次数组成的分布，就称为变数的次数分布，简称次数分布（Frequency Distribution）。

次数分布的作用有：整理资料，化繁为简；初步了解变数的分布特点；便于进一步地计算和分析。次数分布可以分为次数分布表和次数分布图。

1. 次数分布表

把这些观察值按数值大小或数据的类别进行分组，制成关于观察值的不同组别或不同分类单位的表格形式，称为次数分布表。通过次数分布表可以看出资料中不同观察值与其频率间的规律性，即可以看出资料的频率分布的初步情况，从而对资料得到一个初步概念。

制作次数表的步骤如下所述。

① 求极差（Range）。资料中最大值与最小值之差 R 的计算公式为：$R = \text{Max}(x) - \text{Min}(x)$

② 确定组数 k 和组距 i（Class Interval）。组数的多少视样本含量及资料的变动范围大小而定，一般以达到既简化资料又能反映资料的规律性为原则。组数要适当，不宜过多，亦不宜过少。分组越多，所求得的统计量越精确，但增大了运算量；若分组过少，资料的规律性就反映不出来，计算出的统计量的精确性也较差。在确定组数和组距时应考虑观察值个数的多少、极差的大小、是否便于计算、能否反映出资料的真实面貌等方面。样本大小（即样本内包含观察值的个数的多少）与组数多少的关系，可参考表 2.2 来确定。

表 2.2　样本容量和组数

变量数目	分组数目
30～100	5～10
100～200	9～12
200～500	12～17
500～1000	15～25
＞1000	＞20

组数确定后，还须确定组距。组距的计算公式为：组距=极差/组数。

③ 选定组限（Class Limit）和组中点值（Class Value）。各组的最大值与最小值称为组限。最小值称为下限（Lower Limit），最大值称为上限（Upper Limit）。每一组的中点值称为组中值，它是该组的代表值。组中值与组限、组距的关系如下：

组中值= (组下限+组上限)/2 = 组下限 + 1/2 组距 = 组上限−1/2 组距

每组应有明确的界限，才能使各个观察值划入一定的组内，为此必须选定适当的组中点值及组限。组中值最好为整数或与观察值的位数相同，以便于以后的计算。组限要明确，最好比原始资料的数字多一位小数，这样可使观察值归组时不至于含糊不清。组距确定后，首先要选定第一组的中点值，这一点选定后，则该组的组限确定，其余各组的中点值和组限也可确定。第一组的中点值以接近最小观察值为好，这样可以避免第一组内次数过多，能正确地反映资料的规律性。

④ 变量归组，作次数分布表。可按原始资料中各观察值的次序，逐个把数值归于各组。待全部观察值归组后，即可求得各组的次数，制成次数分布表。

［**例 2.1**］ 140 个玉米穗长见表 2.3，制作次数分布表。

表 2.3　140 个玉米穗长（mm）

177	215	197	97	163	159	245	119	119	131	149	152	167	104
161	214	125	175	219	118	192	176	175	95	136	199	116	165
214	95	158	83	137	80	138	151	187	126	196	134	206	137
98	97	129	143	179	174	159	165	136	108	101	141	148	168
163	176	102	194	145	173	75	130	149	150	161	155	111	158
131	189	91	142	140	154	152	163	123	205	149	155	131	209
183	97	119	181	149	187	131	215	111	186	118	150	155	197
116	254	239	160	172	179	151	198	124	179	135	184	168	169
173	181	188	211	197	175	122	151	171	166	175	143	190	213
192	231	163	159	158	159	177	147	194	227	141	169	124	159

① 求极差：R=254−75=179mm

② 确定组数和组距：样本内观察值的个数为 140，查表 2.2 可分为 9～12 组，假定分为 12 组，则组距为 179/12=14.9mm，为分组方便起见，可以 15mm 作为组距。

③ 选定组限和组中点值：样本内最小观察值 75mm，选定第一组的中点值为 75mm，则第二组的中点值为 75+15=90，其余类推。各组的中点值选定后，就可以求得各组的组限。每组有两个组限，数值小的称为下限，数值大的称为上限。上述资料中，第一组的下限为该组中点值减去 1/2 组距，即 75−(15/2) = 67.5，上限为中点值加 1/2 组距，即 75+(15/2) = 82.5mm。故第一组的组限为(67.5～82.5)mm。按照此法计算其余各组的组限，就可写出分组数列。

④ 归组：按原始资料中各观察值的次序，逐个把数值归于各组。按照中国的传统方法，可在每组用 5 笔的“正”字作为归组记号，画完一个“正”表示有 5 次。待全部观察值归组后，即可求得各组的次数，制成一个次数分布表（见表 2.4）。

属性变数的资料，也可以用类似次数分布的方法来整理。在整理前，把资料按各种质量性状进行分类，分类数等于组数，然后根据各个体在质量属性上的具体表现，分别归入相应的组中，即可得到属性分布的规律性认识，例如，某水稻杂种第二代米粒性状的分离情况归于表 2.5。

表 2.4　140 个玉米穗长次数分布表

组　限	中点值	次　数	组　限	中点值	次　数
67.5～82.5	75	2	172.5～187.5	180	21
82.5～97.5	90	7	187.5～202.5	195	13
97.5～112.5	105	7	202.5～217.5	210	9
112.5～127.5	120	13	217.5～232.5	225	3
127.5～142.5	135	17	232.5～247.5	240	2
142.5～157.5	150	20	247.5～262.5	255	1
157.5～172.5	165	25	合计（n）		140

2．次数分布图

次数分布以图来表示即次数分布图。次数分布图可以比较醒目地表示出次数分布的特点。次数分布图通常以分组数列为横坐标，次数为纵坐标。常用的次数分布图有方柱形图、多边形图、条形图和饼图。

1）方柱形图

方柱形图（Histogram）适用于表示连续性变数的次数分布。横坐标应列出分组数列中各组的组限，并以次数为纵坐标在各个组区间上画出一个个小方柱。每个方柱的宽度等于组距，高度等于次数。故一个组区间内变量出现的次数愈多，则方柱愈高。现以表 2. 4 的 140 个玉米穗长的次数分布表为例加以说明。该表有 13 组，所以在横轴上分为 13 等分（因第一组下限不是从 0 开始，故第一等分应离开原点一些，手工制图时在其前加折断号），每一等分代表一组。在纵轴上标定次数，查 140 个玉米穗长的次数分布表，最多一组的次数为 25，故在纵轴上分为 25 等分，以代表次数。图示第一组时，横坐标上第一等分的两界限，即为第一组的下限和上限。查表 2.4，第一组次数为 2，所以在两组限处绘两条纵线，其高度等于纵坐标上两个单位，再画一横线连接两纵线的顶端，成为方柱形。其余各组可依次绘制，即成方柱形次数分布，如图 2.1 所示。

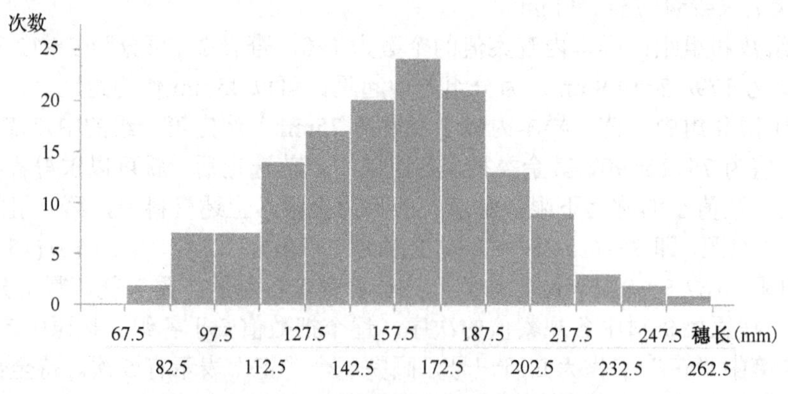

图 2.1　140 个玉米穗长次数分布方柱形图

2）多边形图

多边形图（polygon）也是表示连续性变数资料的一种普通的方法，且在同一图上可比较两组以上的资料。仍以 140 个玉米穗长次数分布为例，在图示时，以每组的中点值为横坐标，在横坐标第一等分的中点向上至纵坐标上 2 个单位处标记一个点，表示第一组含有两个次数。

在横坐标的第二等分的中点用同样方法向上标记一点，其高度为纵坐标上的 7 个单位，以表示该组含次数 7 个。其余各组按同样方法标记各组次数的点。最后把各点依次用直线连接，所成图形即为次数多边形图（见图 2.2）。多边形图的折线在左边最小组的组中点外和右边最大组的组中点外，应各伸出一个组距的距离而交于横轴，因该两组次数为 0，这可以使多边形的面积大致上与方柱形图相同。

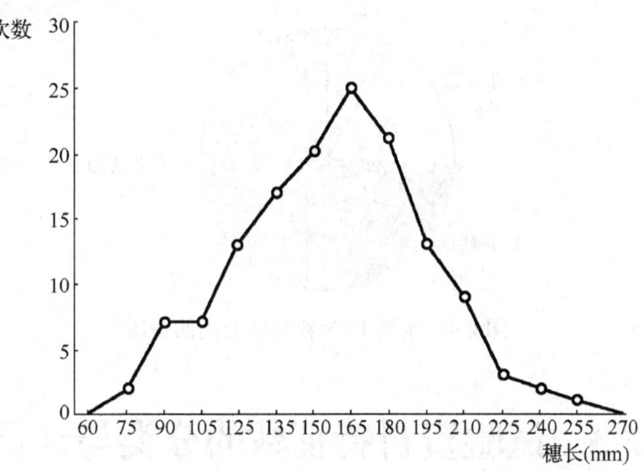

图 2.2　140 个玉米穗长次数分布多边形图

3）条形图

条形图（Bar）适用于间断性变数和属性变数资料，用以表示这些变数的次数分布。一般其横轴标出间断的中点值或分类性状，纵轴标出次数。现以水稻杂交第二代米粒性状的分离情况为例，在横轴上按等距离分别标定 4 种米粒性状，在纵轴上标定次数(f)。查表 2.5 中第一组为红米非糯稻，其次数为 96，在此组标定点向上，相当于纵坐标 96 个单位处画垂直于横坐标的狭条形，表示第一组的次数。同法于第二组的标定点处向上画一狭条形，其高度相当于纵坐标的 37，表示红米糯稻的次数。其余类推，即可画成水稻杂交第二代植株 4 种米粒性状分离情况条形图（见图 2.3）。

表 2.5　水稻杂交第二代（F_2）米粒性状的次数分布表

属性分组	次　数
红米非糯稻	96
红米糯稻	37
白米非糯稻	31
白米糯稻	15

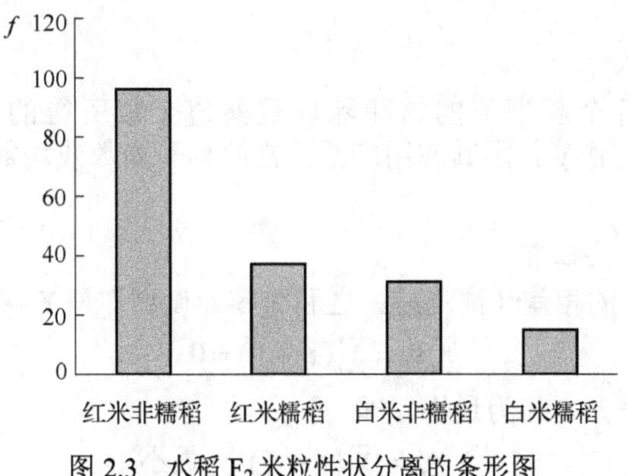

图 2.3　水稻 F_2 米粒性状分离的条形图

4）饼图

饼图（Pie）适用于间断性变数和属性变数资料，用于表示这些变数中各种属性或各种间断性数据观察值在总观察个数中的百分比。图 2.4 中红米非糯稻在 F_2 群体中占 54%，红米糯稻、白米非糯和白米糯稻分别占 21%、17%和 8%。

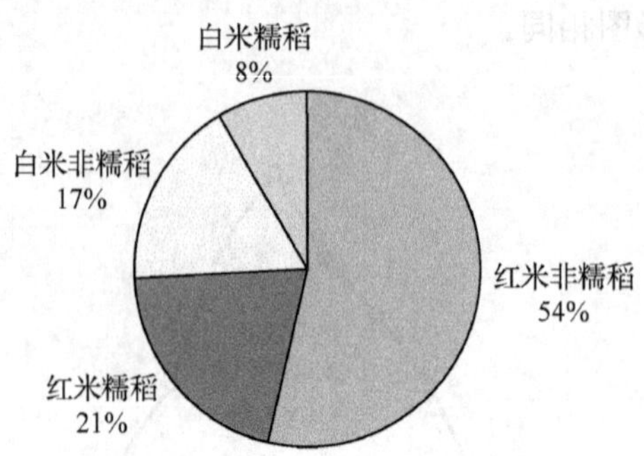

图 2.4 水稻 F_2 米粒性状分离的饼图

2.3 试验资料特征数的分类与计算

由次数分布可以看到一个变数的分布具有两种明显的基本特征，即集中性和离散性。集中性是变数在趋势上有着向某一中心聚集，或者说以某一数值为中心而分布的性质。离散性是变数又有着离中的分散变异的性质。为了反映变数分布的这两种基本性质，显然必须算出它们的特征数。

反映集中性的特征数是平均数。平均数是变数典型的或一般的数量水平的一个代表值。反映离散性的特征数为变异数，它是变数变异程度的度量。

2.3.1 平均数

1. 平均数的意义和种类

平均数（Average）是数据资料的代表值，表示观察值的中心位置，并且可作为资料的代表而与另一组资料相比较，借以明确两者之间相差的情况。

平均数的种类较多，主要有算术平均数、中数、众数、几何平均数与调和平均数等。

2. 算术平均数

一个数量资料中各个观察值的总和除以观察值个数所得的商数，称为算术平均数（Arithmetic Mean），记作 $\overline{y}$。因其应用广泛，常简称平均数或均数（Mean）。均数的大小决定于样本的各观察值。

1）算术平均数的重要性质

① 各个变量 Y_i 和 $\overline{y}$ 的相差（离均差）之和为零。设离均差 $Y_i-\overline{y}=y_i$，即

$$\sum y_i=\sum(Y_i-\overline{y})=0 \tag{2.1}$$

② 各个离均差的平方之和为最小。即

$$\sum y_i^2=\sum(Y_i-\overline{y})^2=\text{最小} \tag{2.2}$$

2）算术平均数的计算方法

① 算术平均数的计算可视样本大小及分组情况而采用不同的方法。如样本较小，即资料包含的观察值个数不多，可直接计算平均数。设一个含有 n 个观察值的样本，其各个观察值为 y_1，y_2，y_3，…，y_n，则算术平均数 $\overline{y}$ 由式（2.3）算得：

$$\overline{y}=\frac{y_1+y_2+y_3+\cdots+y_n}{n}=\frac{\sum_{i=1}^{n}y_i}{n} \tag{2.3}$$

式中，y_i 代表各个观察值，$\sum$ 为求和符号，$\sum_{i=1}^{n}y_i$ 表示从第一个观察值 y_1 一直加到第 n 个观察值 y_n，也可简写成 $\overline{y}=\frac{\sum_{i=1}^{n}y_i}{n}$ 或 $\overline{y}=\frac{\sum y}{n}$。

② 若样本数据较大，且已进行了分组，可采用加权法计算算术平均数，即用组中点值代表该组出现的观测值以计算平均数，其公式为：

$$\overline{y}=\frac{\sum f_i y_i}{\sum f_i}=\frac{\sum fy}{n} \tag{2.4}$$

其中 y_i 为第 i 组中点值，f_i 为第 i 组变数出现次数。

若样本较大，且未分组，则可设 $Y'=Y-Y_0$（Y_0 为某一指定的常数），则 $\overline{y}'=\frac{1}{n}\sum Y'$。

$\overline{y}'$ 和 $\overline{y}$ 显然只差一个常数 Y_0，故：

$$\overline{y}=Y_0+\overline{y}'=Y_0+\frac{1}{n}\sum Y' \tag{2.5}$$

由于算术平均数应用的普遍性，一般简称为平均数。在本书中，凡属未加特别说明的“平均数”一词，皆指算术平均数。

3. 其他平均数

1）几何平均数

计算平均增长率，需以几何平均数 G 表示。G 的定义为：

$$G=(Y_1\cdot Y_2\cdots Y_n)^{\frac{1}{n}} \tag{2.6}$$

对式（2.6）取对数得:

$$\lg G=\frac{\lg Y_1+\lg Y_2+\cdots+\lg Y_n}{n}=\frac{\sum \lg Y}{n} \tag{2.7}$$

因而可知，几何平均数是变量对数的算术平均数的反对数。

［**例 2.2**］ 测定蚕豆根在 25℃下的逐日生长量（长度），表 2.6，试求根长的平均每天增长率。

首先算出根长的逐日增长率 Y，如第 2 天比第 1 天增加 23/17=1.352 94 倍，第 3 天比第 2 天增加 30/23=1.30435 倍等，记于表 2.6 列（3）；然后，将各个 Y 值取对数记于表 2.6 列（4），如 $\lg 1.352\,94=0.131\,279$，$\lg 1.304\,35=0.115\,394$ 等，并得 $\sum \lg Y=0.704\,409$，因而有：

$$\lg G=\frac{0.704\,049}{6}=0.117\,342$$

$$G = 10^{0.117342} = 1.310\,21$$

这说明，该蚕豆根每经过一天，比原有长度平均增加 1.31021 倍。

表 2.6　蚕豆根长的每天增长率

（1） 日　　期	（2） 根长（mm）	（3） 每天增长率 Y	（4） lgY
第 1 天	17	——	——
2	23	1.352 94	0.131 279
3	30	1.304 35	0.115 394
4	38	1.266 67	0.102 663
5	51	1.342 11	0.127 788
6	72	1.411 76	0.149 761
7	86	1.194 44	0.077 164
总　和		7.872 27	0.704 049

2）调和平均数

计算平均速率，需用调和平均数 H。首先算得平均数倒数 $\frac{1}{H}$：

$$\frac{1}{H} = \frac{1}{n}\sum\left(\frac{1}{Y}\right) \tag{2.8}$$

然后可有：

$$H = \frac{n}{\sum\left(\frac{1}{Y}\right)} \tag{2.9}$$

由上可知，调和平均数是变量倒数的算术平均数的反倒数。

［例 2.3］　测定水分在某种土壤毛细管中的上升速率，结果见表 2.7。试计算该土壤中毛细管水的平均上升速率。

表 2.7　土壤毛细管中水的上升速率

上升高度（cm）	上升速率（cm/min）
0→10	6
10→20	4
20→30	2

首先算出：

$$\frac{1}{H} = \frac{1}{3}\left(\frac{1}{6} + \frac{1}{4} + \frac{1}{2}\right) = \frac{11}{36}\ \text{cm/min}$$

此 11/36 表示毛细管中水每上升 1 cm 平均耗费 11/36 min，故得：

$$H = \frac{36}{11} = 3\frac{3}{11}\ \text{cm/min}$$

即毛管水的平均上升速率为 $3\frac{3}{11}$ cm/min。

这是唯一正确的平均速率。我们可以验算：上升第一个 10 cm 花费 10/6=$1\frac{2}{3}$ min，上升第二个 10 cm 花费 10/4= $2\frac{1}{2}$ min，上升第三个 10 cm 花费 10/2=5 min。故上升到 30 cm 高度共花费 $1\frac{2}{3} + 2\frac{1}{2} + 5 = 9\frac{1}{6}$ min。因此，每上升 1 cm 平均需要 $9\frac{1}{6} \div 30 = \frac{11}{36}$ min，而每分钟则平

均上升$3\frac{3}{11}$ cm。如果以算术平均数表示，则$\bar{y}=(6+4+2)/3=4$，这就和实际不相符了。

农业研究中有些观察项目和调和平均数有关。例如，每苗所占面积的倒数为密度，密度的倒数为平均每苗面积；每产生一穗所需株数的倒数为每株穗数，每株平均穗数的倒数为产生一穗所需的平均株数等。在试验小区的株数不相等时，常用调和平均数表示小区的平均株数。

就同一资料而言，具有$\bar{y}>G>H$的关系。H具有最能减少极端大变量的作用。

3）众数

众数是以出现频率最大定义的，记作M_0。对于连续性变数，通常以次数表求众数，因为原始变量不可能集中于某一值上。如例 2.1 资料，变量 165 的出现频率最大，故M_0=165，即玉米穗长的众数约为 165mm。

由次数表求众数时，除考虑次数最多组的变量取值外，还将次数最多组的上、下两组的次数多少考虑在内。设次数最多组的低限为L，次数最多组上方组的次数为f_1，下方组的次数为f_2，i为组距，则

$$M_0=L+\frac{f_2}{f_1+f_2}i \tag{2.10}$$

［例 2.4］ 测定中粳稻“扬选 14”的稻穗 115 个，得每穗粒数的次数分布见表 2.8，试求众数。

由表 2.8 得：$L=80, f_1=18, f_2=14, i=10$, 故

$$M_0=80+\frac{14\times 10}{14+18}=84\text{（粒）}$$

即“扬选 14”每穗的最常见粒数为 84 粒。

在农业试验上，众数一般只用于表征不需进一步处理的一些间断性变数，例如，稻麦上的众数植株节间数、植株叶片数、家畜上的众数母兔每胎产仔数等。

4）中位数

中位数又叫中数，记作M_d。它以比它大和比它小的变量各占 50%而定其义。将变量按大小依次排列，当变量数目为奇数时，最中间的变量就是M_d；当变量数目为偶数时，最中间的两个变量的算术平均数为M_d。

由次数表求中位数即找出在其上、下各占 50%次数的那个位点的数值，其计算式为：

$$M_d=L_{M_d}+\frac{\frac{n}{2}-A}{f_{M_d}}i' \tag{2.11}$$

上式的L_{M_d}为中位数所在组的低限，f_{M_d}为中位数所在组的次数，n为样本容量，A为中位数所在组上方各组的累积次数，i为组距。

［例 2.5］ 取三化螟初孵幼虫 204 头，使其在浸有 1:100 敌百虫溶液的滤纸上爬行（在 25℃下），得不同时间的死亡头数见表 2.9，试求中位数。

由表 2.9 知，中位数的位点应在$\frac{204}{2}=102$，即上、下各分布着 102 个变量处。已知在 35 min 内已有 82 头死亡，故在 35～45 min 一组还应占有 102−82=20 头。又已知 35～45 min 一组的

次数为 36，组距 i=10。故中位数在 35～45 min 一组所得的值为 $\frac{20}{36}\times 10=5.6$。再加上这一组的基数（低限）35，即得

$$M_d=35+5.6=40.6\ \text{min}$$

这就是式（2.11）的计算结果，综合列出：

$$M_d=35+\frac{\frac{204}{2}-82}{36}\times 10=40.6\ \text{min}$$

上述结果说明，50%的三化螟幼虫在 40.6 min 内死亡，另外 50%的幼虫在 40.6 min 后死亡。这个 $M_d=40.6$ min 在昆虫研究上叫致死时间。

表 2.8 “扬选 14”每穗粒数的次数分布表

分组（粒）	次　数
20～29	1
30～39	4
40～49	9
50～59	14
60～69	15
70～79	18 (f_1)
80～89	22
90～99	14 (f_2)
100～109	7
110～119	7
120～129	3
130～139	1
总　和	115

表 2.9 敌百虫的杀螟效果

爬行时间（min）	致死头数	M_d的位点
<15	22	22
15～25	31	53
25～35	29	82（A）
35～45	36	{20 16
45～55	25	
55～65	32	
65～75	21	
≥75	8	
总和	204	

在农业试验上，以 50%为标准的各种生育期、发生期以及毒力和诱变研究上的致死中量、致死中浓度等，就其定义来说都是中位数，虽然计算的方法可以不同。

中位数和众数都是位置特征数，它们不受极端变量取值的影响，计算简便，但其数理基础不够健全，在进一步数学处理时会遇到麻烦，并且不能利用全部变量提供的信息，所以其应用范围要比算术平均数小得多。

2.3.2 变异数

常用的变异程度指标有极差、方差、标准差和变异系数。

1. 极差

极差（Range），又称全距，记作 R，是资料中最大观察值与最小观察值的差数。$R=\text{Max}(x)-\text{Min}(x)$。极差虽可以对资料的变异有所说明，但它只是由两个极端数据决定的，没有充分利用资料的全部信息，而且易于受资料中不正常的极端值的影响。所以用它来代表整个样本的变异度是有缺陷的。

2. 方差

为了正确反映资料的变异度，较合理的方法是根据样本全部观察值来度量资料的变异度。

这时要选定一个数值作为共同比较的标准。平均数作为样本的代表值，将其作为比较的标准较为合理，但同时应该考虑各样本观察值偏离平均数的情况，为此这里给出一个各观察值偏离平均数的度量方法。

每一个观察值均有一个偏离平均数的度量指标——离均差，但各个离均差的总和为 0，不能用来度量变异；可将各个离均差平方后加起来，求得离均差平方和（简称平方和）SS，定义如下：

$$\text{样本 SS}=\sum(y_i-\overline{y})^2 \tag{2.12}$$

$$\text{总体 SS}=\sum(y_i-\mu)^2 \tag{2.13}$$

由于各个样本所包含的观察值数目不同，为便于比较，用观察值数目来除平方和，得到平均平方和，简称均方（Mean Square）或方差（Variance）。样本均方用 s^2 表示，总体均方（Mean Square）用 σ^2 表示，定义为：

$$s^2=\frac{\sum_1^n(y_i-\overline{y})^2}{n-1} \tag{2.14}$$

$$\sigma^2=\frac{\sum_1^N(y_i-\mu)^2}{N} \tag{2.15}$$

s^2 是总体方差（σ^2）的无偏估计值；此处除数为 n–1 而不用 n。其中，N 为有限总体所含个体数。均方和方差这两个名称常常通用，但习惯上称样本的 s^2 为均方，总体的 σ^2 为方差。

自由度（Degree of Freedom）,记作 df 或 ν，源于物理学，在统计上是指独立变量的个数。这里我们估计 σ 所使用的 n 个变量，因受平均数 $\overline{y}$ 的约束，有一个变量不能独立，因而自由度为 $n-1$（如果受 m 个条件的约束，则自由度为 $n-m$）。在计算 s^2 时，平方和要以自由度 $n-1$ 除而不用 n 除，是由于 $\sum(Y-\overline{y})^2$ 是一最小平方和，如果以 n 为除数，则得到的 s^2 是 σ^2 的偏低估值；如果以 $n-1$ 为除数，则所得的 s^2 的数学期望正好等于 σ^2，即以 $n-1$ 为除数的 s^2 才是 σ^2 的无偏估值。这是可用数学方法证明的。

由于 s^2 和每个变量都有关系，而 y 取平方值可使极端变量对 s^2 的贡献加大，故以 s^2 度量变异比较灵敏，受抽样的影响又较小。此外，由于平方和与自由度皆具有可加性，使得总方差可以分解为不同来源的变异（见第 6，8 章），所以其应用范围是非常广泛的。

注意：如对各 $Y-\mu$ 都取绝对值，则 $\sum|Y-\mu|/N$ 可反映变异。称为平均差，记作 $A\cdot D$。$A\cdot D$ 曾在统计上应用过，但因绝对值符号不便进一步处理，现在很少应用。

3．标准差

1）标准差的定义

标准差为方差的正平方根值，用以表示资料的变异度，其单位与观察值的度量单位相同。从样本资料计算标准差的公式为：

$$s=\sqrt{\frac{\sum(y-\overline{y})^2}{n-1}} \tag{2.16}$$

同样，样本标准差是总体标准差的估计值。总体标准差用 σ 表示：

$$\sigma=\sqrt{\frac{\sum(y-\mu)^2}{N}} \tag{2.17}$$

式（2.16）和式（2.17）中，s 表示样本标准差，$\bar{y}$ 为样本平均数，$(n-1)$为自由度或记为 $\nu=n-1$，σ 为总体标准差（Standard Deviation），μ 为总体平均数，N 为有限总体所包含的个体数。

2）标准差的计算方法

① 直接法。可按式（2.16）直接计算标准差。

② 矫正数法。式（2.16）经过转换可得：

$$s=\sqrt{\frac{\sum y^2-(\sum y)^2/n}{n-1}} \tag{2.18}$$

式（2.18）中的$(\sum y)^2/n$项称为矫正数，记作 C。由式（2.12）可知，离均差平方和 SS 可由各观察值的平方 y^2 之和 $\sum y^2$，减去观察值总和的平方除以观察值个数 $C=(\sum y)^2/n$ 后得到，因而可以比较简便地算出标准差。

③ 加权法。若样本较大，并已获得次数分布表，可采用加权法计算标准差，其公式为：

$$s=\sqrt{\frac{\sum f_i(y_i-\bar{y})^2}{\sum f_i-1}}=\sqrt{\frac{\sum f_i y_i^2-(\sum f_i y_i)^2/n}{n-1}} \tag{2.19}$$

其中，y_i 为第 i 组中点值，f_i 为第 i 组变数出现次数。

4．变异系数

标准差是变数的平均变异量。变数的相对变异量称为变异系数（Coefficient of Variation），记作 CV。CV 的定义为：

$$\mathrm{CV}=\frac{s}{\bar{y}}\times 100\,\% \tag{2.20}$$

CV 是不带单位的纯数。用 CV 可以比较不同样本相对变异的大小，即研究不同对象数量表现的相对整齐性。

变异系数在田间试验设计中有重要用途。如在空白试验时，可作为土壤差异的指标；而且可以作为确定试验小区的面积、形状和重复次数等的依据。

在使用变异系数时，应该认识到它是由标准差和平均数构成的比数，既受标准差的影响，又受平均数的影响。因此，在使用变异系数表示样本变异程度时，宜同时列举平均数和标准差，否则可能会引起误解。

习 题 2

1．名词解释：总体；样本；统计数、参数、变数；数量性状资料、质量性状资料；次数分布。

2．什么是间断性变数资料和连续性变数资料？

3．既然方差和标准差都是衡量数据变异程度的，有了方差为什么还要计算标准差？

4．标准差是描述数据变异程度的量，变异系数也是描述数据变异程度的量，两者之间有什么不同？

5．某玉米品种 100 个穗子的长度（cm）资料如下表所示。试整理之形成次数分布表和次数分布图。

15	17	19	16	15	20	18	19	17	17
17	18	17	16	18	20	19	17	16	18
16	17	19	18	18	17	17	17	18	18
18	15	16	18	18	18	17	20	19	18
19	15	17	17	17	16	17	18	18	17
17	19	19	17	19	17	18	16	18	17
19	16	16	17	17	17	16	17	16	18
18	19	18	18	19	19	20	15	16	19
17	18	20	19	17	18	17	17	16	15
15	16	18	17	18	16	17	19	19	17

6．试以第 5 题的数据，计算中数、众数、平均数、几何平均数、极差、离均差平方和、方差、标准差和变异系数。

7．试计算下列两个小麦品种 10 个果穗的单株穗粒数的标准差和变异系数，并解释所得结果。

A 品种：19，21，20，20，18，19，22，21，21，19；

B 品种：16，21，24，15，26，18，20，19，22，19。

第3章　理论分布与抽样分布

3.1　概率的概念及计算

在自然界或人类社会中发生的各种现象通常可划分为两类：一定条件下必然发生或必然不发生的确定性现象（Definite Phenomena）；一定条件下可能发生（结果可能不止一个）、可能不发生的随机性现象（Random Phenomena）。随机性现象无处不在，例如，抛掷一枚硬币，硬币下落是确定性现象，而正面朝上或正面朝下则是随机性现象。再如，玉米种子发芽，播种粒数是确定性现象，而发芽种子粒数则是随机性现象。随机性现象虽然表现为不确定性，但通过大量重复性试验，其结果会出现某种特定的规律，称为随机性现象的统计规律。

3.1.1　概率的概念

1．事件和概率

有一些事物，在一定的条件下，常存在几种可能出现的结果，每一种结果称为随机事件（Random Event）,简称事件（Event）。而每一个事件出现的可能性称为该事件的概率（Probability）。例如，种子播种后可能发芽，也可能不发芽，这就是两个事件，而发芽和不发芽的可能性就是对应于两个事件的概率。我们观察到随机试验的每一个可能的结果称为变量，所以变量也叫做随机变量。从这方面说，统计学就是研究随机事件（随机变量）规律性的科学。

随机事件发生的概率是通过大量的试验观察得到的。例如，调查一批玉米种子的发芽率，只观察一粒玉米种子，不是发芽就是不发芽，不能得出玉米种子发芽率的结论，但随着试验种子粒数的增多，我们对玉米种子发芽率的大小把握越准确。这里将一个调查结果列于表3.1。调查5粒时，有4株发芽，发芽的频率为80%，调查50粒时发芽频率为86%，调查100粒时发芽频率为90%。可以看出三次调查结果有差异，说明发芽频率有波动、不稳定。而当进一步扩大调查的粒数时，发现频率比较稳定了，调查500粒到10 000粒的结果是发芽率稳定在87%左右。

表3.1　在相同条件下玉米种子发芽率的调查结果

调查粒数 n	5	50	100	200	500	1000	2000	5000	10000
发芽粒数 a	4	43	90	177	438	867	1745	4349	8701
发芽频率（%）	80	86	90	88.5	87.6	86.7	87.25	86.98	87.01

现以 n 代表调查粒数，以 a 代表发芽粒数，那么可以计算出发芽率 $p=a/n$。从玉米发芽率情况调查结果看，在 n 取不同的值时，同一批种子，频率 p 却不同，只有在 n 很大时频率才比较稳定一致。因而，调查粒数 n 较大时的稳定频率才能较好地代表玉米发芽率的可能性。统计学上用 n 较大时稳定的 p 近似代表概率。然而，正如此试验中出现的情况，尽管频率比较稳定，但仍有较小的数值波动，说明观察的频率只是对玉米发芽率这个事件的概率的估计。

一般来说，在同一组条件下，随着试验或观察的次数 n 增加到无限大，则随机事件 A 发生的频率 a/n 必稳定在某一常数 p 上，这个 p 就称为随机事件 A 的概率（Probability）,记作：

$$P\{A\}=\lim_{n\to\infty}\frac{a}{n}=p$$

上式 p 表示事件 A 出现的概率。a 取值不小于 0，不大于 n，故 p 的取值在 0 与 1 之间，即 $0\leqslant P\{A\}\leqslant 1$；必然事件的概率为 1；不可能事件的概率为 0。

在实际试验中，获得 p 值往往很困难，但是由于频率的稳定性，可用 n 充分大时的频率 a/n 作为 p 的近似值，这样就能对任何随机事件出现的概率作出估计。

2. 事件的相互关系

事件间不是孤立的，而是有一定关系的。例如，在种子发芽试验中，显然“发芽”和“不发芽”之间是有一定关系的。为了描述类似上述事件之间的联系，下面说明事件之间的几种常见关系。

1）和事件

事件 A_1 和 A_2 至少有一个发生而构成的新事件称为事件 A_1 和 A_2 的和事件，记为 A_1+A_2，读作“或 A_1 发生，或 A_2 发生”。例如，有一批种子，若 A_1 为“取到能发芽种子”，A_2 为“取到不能发芽种子”，则 A_1+A_2 这一新事件为“或取到能发芽种子或取到不能发芽种子”。

事件间的和事件可以推广到多个事件：事件 A_1，A_2，…，A_n 至少有一个发生而构成的新事件称为事件 A_1，A_2，…，A_n 的和事件，记为 $A_1+A_2+\cdots+A_n=\sum_{i=1}^{n}A_i$。

2）积事件

事件 A_1 和 A_2 同时发生所构成的新事件，称为事件 A_1 和 A_2 的积事件，记作 A_1A_2，读作“A_1 和 A_2 同时发生或相继发生”。

事件间的积事件也可以推广到多个事件：事件 A_1，A_2，…，A_n 同时发生所构成的新事件称为这 n 个事件的积事件，记作 $A_1A_2\cdots A_n=\prod_{i=1}^{n}A_i$。

3）互斥事件

事件 A_1 和 A_2 不可能同时发生，即 A_1A_2 为不可能事件（记作 $A_1A_2=V$），称事件 A_1 和 A_2 互斥。例如，有一批种子，若记 A_1 为“取到能发芽种子”，A_2 为“取到不能发芽种子”，显然 A_1 和 A_2 不可能同时发生，即一粒种子不可能既发芽又不发芽，说明事件 A_1 和 A_2 互斥。这一定义也可以推广到 A_1，A_2，…，A_n 个事件。

4）对立事件

事件 A_1 和 A_2 不可能同时发生，但必发生其一，即 A_1+A_2 为必然事件（记为 $A_1+A_2=U$），A_1A_2 为不可能事件（记为 $A_1A_2=V$），则称事件 A_2 为事件 A_1 的对立事件，并记 $A_2=\overline{A}_1$。

5）完全事件系

若事件 A_1，A_2，…，A_n 两两互斥，且每次试验结果必发生其一，则称 A_1，A_2，…，A_n 为完全事件系。例如有三种花色：黄色、白色和红色，取一朵花，“取到黄色”、“取到白色”和“取到红色”3 个事件就构成完全事件系。

6）事件的独立性

若事件 A_1 发生与否不影响事件 A_2 的发生，反之亦然，则称事件 A_1 和事件 A_2 相互独立。

例如，事件 A_1 为“花的颜色为黄色”，事件 A_2 为“产量高”，显然如果花的颜色与产量无关，则事件 A_1 与事件 A_2 相互独立。

3.1.2　概率的计算

1．加法定理

事件 A_1 和事件 A_2 的和事件，等于事件 A_1 的概率加事件 A_2 的概率，然后减去事件 A_1 和事件 A_2 的概率之积，如图 3.1 所示，即

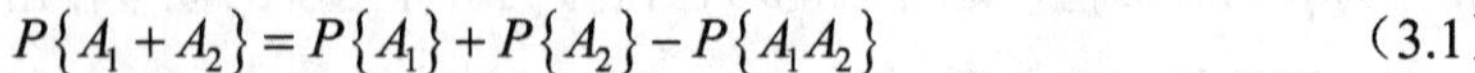

$$P\{A_1+A_2\}=P\{A_1\}+P\{A_2\}-P\{A_1A_2\} \tag{3.1}$$

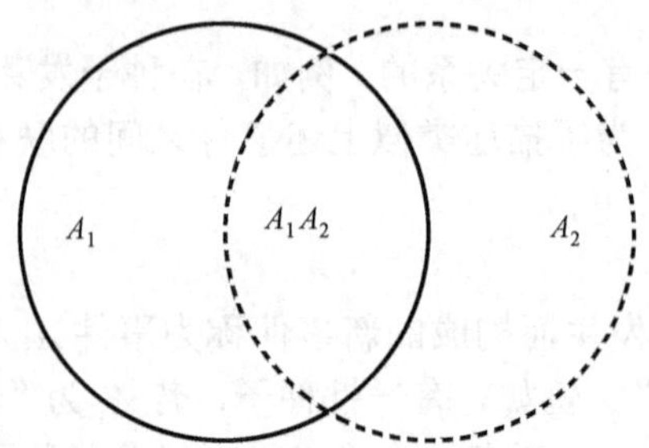

图 3.1　加法定理的图示

若事件 A_1 和 A_2 为互斥事件，则 $P\{A_1A_2\}=0$，从而有互斥事件 A_1 和 A_2 的和事件的概率，等于事件 A_1 和事件 A_2 的概率之和，即

$$P\{A_1+A_2\}=P\{A_1\}+P\{A_2\} \tag{3.2}$$

例如，一束花中红、黄、紫花的概率分别为 0.4、0.3、0.3，那么我们随机抽取一朵非紫色花的概率为 0.4+0.3=0.7，这是由加法定理得到的两个互斥事件概率之和。

加法定理有两个推理：

推理 1　完全事件系的和事件概率等于 1，即

$$P\{A_1+A_2+\ldots+A_n\}=P\{A_1\}+P\{A_2\}+\cdots+P\{A_n\}=1 \tag{3.3}$$

推理 2　对立事件 $\overline{A}$ 的概率为：

$$P\{\overline{A}\}=1-P\{A\} \tag{3.4}$$

因为 $P\{\overline{A}+A\}=P\{\overline{A}\}+P\{A\}=1$

2．乘法定理

事件 A_1 和事件 A_2 同时出现的概率，等于事件 A_1 的概率乘以在 A_1 发生条件下事件 A_2 的概率，或事件 A_2 的概率乘以在 A_2 发生条件下事件 A_1 的概率，即

$$P\{A_1A_2\}=P\{A_1\}P\{A_2/A_1\}=P\{A_2\}P\{A_1/A_2\} \tag{3.5}$$

上式的 $P\{A_1\}$ 和 $P\{A_2\}$ 分别是事件 A_1 和 A_2 发生的概率，与其他事件无关，故又称为边缘概率（Marginal Probability）。$P\{A_1/A_2\}$ 为事件 A_2 发生条件下事件 A_1 发生的概率，$P\{A_2/A_1\}$ 为事件 A_1 发生条件下事件 A_2 发生的概率，故称为条件概率（Conditional Probability）。

［**例 3.1**］ 在随机数字 0,1,2,3,4,5,6,7,8,9 中，试求抽得一个既是偶数又能被 3 整除的数的概率。

因为在 A（偶数）发生条件下 B（被 3 整除）发生的条件概率为 $P\{B/A\}=1/5$，在 B 发生条件下 A 发生的条件概率为 $P\{A/B\}=1/3$，故偶数与被 3 整除同时发生的概率为：

$$P\{AB\}=P\{A\}P\{B/A\}=5/10\times1/5=0.1$$

或

$$P\{AB\}=P\{B\}P\{A/B\}=3/10\times1/3=0.1$$

如果在 A 发生条件下 B 发生的概率等于 B 的概率，即 $P\{B/A\}=P\{B\}$，或 $P\{A/B\}=P\{A\}$，则称事件 A 和事件 B 是彼此独立的。

推理 1：若事件 A 和事件 B 彼此独立，则 A 和 B 同时发生的概率为 A 和 B 的各自概率之积，即

$$P\{AB\}=P\{A\}P\{B\} \tag{3.6}$$

例如，现有 4 粒玉米种子，其中 3 粒为硬粒型、1 粒为马齿型，采用复置抽样。试求下列两事件的概率：①第一次抽到硬粒型、第二次抽到马齿型；②两次都抽到硬粒型。

由于采用复置抽样（即每一次抽出观察结果后又放回再进行下一次抽样），所以第一次和第二次的抽样结果之间是相互独立的。

采用概率的古典定义，可以求出抽到硬粒型种子的概率为 0.75，抽到马齿型种子的概率为 0.25。

因此，$P\{A\}=P$（第一次抽到硬粒型种子）P（第二次抽到马齿型种子）$=0.75\times0.25=0.1875$

$P\{B\}=P$（第一次硬粒型种子）P（第二次硬粒型种子）$=0.75\times0.75=0.5625$。

推理 2：若事件 A_1，A_2，…，A_n 皆彼此独立，则

$$P\{A_1A_2\cdots A_n\}=P\{A_1\}P\{A_2\}\cdots P\{A_n\} \tag{3.7}$$

3.2 几种常见的理论分布

3.2.1 二项式分布

1．二项总体和二项分布

试验或调查中常见的一类随机变数是根据某种性状的出现与否而分为非此即彼的两种结果，“此”和“彼”构成对立事件，如玉米种子发芽和不发芽、抛硬币后出现正面向上和向下、日光灯管的亮和不亮，等等。有时，实际上并不只是“此”、“彼”两种事件。例如，在玉米育种的分离世代中，一类是要选择的目标植株，另一类是要淘汰的非目标植株；则就目标植株和非目标植株而言，这个育种群体可看做是由非此即彼的对立事件构成的总体。这种由非此即彼事件构成的总体，叫做二项总体（Population）。

为便于研究，通常将二项总体中的“此”事件以变量“1”表示，发生概率 p；将“彼”事件以变量“0”表示，发生概率 q。因而二项总体又称为 0、1 总体，其概率显然满足：

$$p+q=1$$

或者

$$q=1-p$$

二项分布实质上是从二项总体中抽样总和数的分布。如果我们每次独立抽取 0、1 总体中的 n 个个体并将之求和，记 n 个个体之和为新变量 Y，则 Y 将有 $0,1,\cdots,n$ 共 $n+1$ 种可能取值。这 $n+1$ 种变量各有其概率，因而由变量及其概率就构成了一个分布，这个分布称为二项概率

分布，简称二项分布（Binomial Distribution）。例如观察 5 粒玉米种子的发芽情况，记“发芽”为 1，“不发芽”为 0，观察结果可能是：5 粒发芽（0 粒不发芽）、4 粒发芽（1 粒不发芽）、3 粒发芽（2 粒不发芽）、2 粒发芽（3 粒不发芽）、1 粒发芽（4 粒不发芽）、0 粒发芽（5 粒全不发芽），共 6 种事件，这 6 种事件构成了一个完全事件系，但 6 种事件的概率不同。由这 6 种变量及相应概率组成的分布，就称为二项分布。

二项分布是间断性变数的一种重要的理论分布，它的应用范围相当广泛。

2．二项分布的概率计算

现以实例说明二项分布的概率计算。

已知玉米籽粒糊粉层颜色受一对等位基因 C-c 控制，根据孟德尔的遗传学原理，玉米籽粒有色纯合基因型和无色纯合基因型杂交后，在 F_2 代有色籽粒的出现概率 p=0.75，无色籽粒的出现概率 q=0.25。若每次取 4 粒种子，问有色籽粒为 4 粒、3 粒、2 粒、1 粒和 0 粒的概率？

这里记有色籽粒是事件 1，无色籽粒是事件 0。根据概率的乘法定理，有色籽粒为 4 粒（即事件 1,1,1,1）的概率为：

$$P\{Y=4\}=p\times p\times p\times p=p^4=0.75^4=0.3164$$

有色籽粒为 3 粒（无色籽粒 1 粒）由互斥事件（1,1,1,0）、（1,1,0,1）、（1,0,1,1）和（0,1,1,1）组成，每一事件的概率皆为 p^3q，故得 3 粒有色籽粒的概率为：

$$P\{Y=3\}=4p^3q=4\times 0.75^3\times 0.25=0.4219$$

有色籽粒为 2 粒（无色籽粒 2 粒）由互斥事件（1,1,0,0）、（1,0,1,0）、（1,0,0,1）、（0,1,1,0）、（0,1,0,1）和（0,0,1,1）组成，每一事件的概率皆为 p^2q^2，故

$$P\{Y=2\}=6p^2q^2=6\times 0.75^2\times 0.25^2=0.2109$$

有色籽粒为 1 粒（无色籽粒 3 粒）由互斥事件（1,0,0,0）、（0,1,0,0）、（0,0,1,0）和（0,0,0,1）组成，每一事件的概率皆为 pq^3，故：

$$P\{Y=1\}=4pq^3=4\times 0.75\times 0.25^3=0.0469$$

有色籽粒为 0 粒（无色籽粒 4 粒）仅有事件（0,0,0,0），故

$$P\{Y=0\}=q\times q\times q\times q=q^4=0.25^4=0.0039$$

上述概率也正好是$(p+q)^4$在 p=0.75、q=0.25 时展开后的各项：

$$\begin{aligned}(p+q)^4&=p^4+4p^3q+6p^2q^2+4pq^3+q^4\\&=0.3164+0.4219+0.2109+0.0469+0.0039\end{aligned}$$

因此，我们得到计算二项分布中任何一项概率的通式为：

$$P\{Y=k\}=C_n^k p^k q^{n-k} \tag{3.8}$$

其中：

$$C_n^k=\frac{n!}{k!(n-k)!} \tag{3.9}$$

显然，二项分布具有 n 和 p 两个参数，故通常记为 $B(n,p)$。

而整个二项概率分布则由$(p+q)^n$或$(q+p)^n$展开后给出。由于变量 Y=0,1,⋯,n 为完全事件系，故这个分布的概率之和显然为：

$$\sum_{k=0}^{n} C_n^k p^k q^{n-k} = (p+q)^n = 1 \tag{3.10}$$

这一分布律也称伯努利（Bernoulli）分布，并有 $\sum_{i=1}^{n} P(y) = 1$

［例 3.2］ 已知高秆香稻和矮秆非香稻杂交后，在 F_2 代出现矮秆香稻的概率 $p = 0.0625$，出现非矮秆香稻的概率 $q = 0.9375$，试求：

① 若 F_2 代种植 30 株，则至少获得 1 株矮秆香稻的概率是多少？

② 如希望有 0.95 的概率获得至少 1 株矮秆香稻，则 F_2 应种植多少株？

解：① 根据式（3.8），得 0 株矮秆香稻的概率为：

$$P\{Y=0\} = C_{30}^0 p^0 q^{30} = q^{30} = 0.9375^{30} = 0.1443$$

由于 $Y=0$ 和 $Y=1,2,3,\cdots,30$ 是互斥事件，且构成完全事件系，因此至少获得 1 株矮秆香稻的概率为：

$$P\{Y \geqslant 1\} = 1 - P\{Y=0\} = 1 - 0.1443 = 0.8557$$

② F_2 应种植的株数 n 需满足 $P\{Y=0\} = 1 - 0.95 = 0.05$，即满足 $q^n = 0.05$，所以有

$$n = \frac{\lg 0.05}{\lg q} = \frac{-1.3010}{-0.0280} = 46.5 \approx 47 \text{ 株}$$

这就是说，如希望有 95%的把握至少获得 1 株矮秆香稻，F_2 需种植 47 株。

3. 二项分布的平均数和标准差

1）二项总体的平均数和标准差

二项总体以概率分布表示见表 3.2。显然二项总体具有平均数和标准差：

$$\mu = E(Y) = \sum YP(Y) = 0 \times q + 1 \times p = p \tag{3.11}$$

$$\sigma = \sqrt{E(Y^2) - [E(Y)]^2} = \sqrt{0^2 \times q + 1^2 \times p - p^2} = \sqrt{p(1-p)} \tag{3.12}$$

表 3.2 二项总体的概率分布表

变量 Y	概率 $P(Y)$
0	q
1	p
总	1

2）二项分布的平均数和标准差

在二项分布中，变量 $Y=0, 1, \cdots, n$ 出现的概率由 $(q+p)^n$ 展开，其结果见表 3.3 的列（1）和列（2）。将列（1）和列（2）对应值各相乘，得 $Y_iP\{Y_i\}$ 于列（3）。将列（3）的 $Y_iP\{Y_i\}$ 各乘以 (Y_i-1)，得 $Y_i(Y_i-1)P\{Y_i\}=Y_i^2P\{Y_i\}-Y_iP\{Y_i\}$ 于列（4）。

由表 3.3 列（3）和列（4）的总和项可得：

$$\sum_i Y_i P\{Y_i\} = np\sum_0^{n-1} C_{n-1}^k p^k q^{n-k-1} = np(q+p)^{n-1} = np$$

$$\sum_i Y_i^2 P\{Y_i\} - \sum_i Y_i P\{Y_i\} = n(n-1)p^2 \sum_0^{n-2} C_{n-2}^k p^k q^{n-k-2} = n(n-1)p^2(q+p)^{n-2} = n(n-1)p^2$$

并有
$$\sum_i Y_i^2 P\{Y_i\} = n(n-1)p^2 + np$$

故二项分布的平均数为 ：

$$\mu = \sum_i Y_i P\{Y_i\} = np \tag{3.13}$$

表 3.3　二项分布的平均数和标准差的计算

(1) Y_i	(2) $P\{Y_i\}$	(3) $Y_iP\{Y_i\}$	(4) $Y_i\{Y_i-1\}P\{Y_i\}$
0	$\frac{n!}{0!n!}q^n$	0	0
1	$\frac{n!}{1!(n-1)!}q^{n-1}p$	$np\frac{(n-1)!}{0!(n-1)!}q^{n-1}$	0
2	$\frac{n!}{2!(n-2)!}q^{n-2}p^2$	$np\frac{(n-1)!}{1!(n-2)!}q^{n-2}p$	$n(n-1)p^2\frac{(n-2)!}{0!(n-2)!}q^{n-2}$
3	$\frac{n!}{3!(n-3)!}q^{n-3}p^3$	$np\frac{(n-1)!}{2!(n-3)!}q^{n-3}p^2$	$n(n-1)p^2\frac{(n-2)!}{1!(n-3)!}q^{n-3}p$
⋮	⋮	⋮	⋮
$n-1$	$\frac{n!}{(n-1)!1!}qp^{n-1}$	$np\frac{(n-1)!}{(n-2)!1!}qp^{n-2}$	$n(n-1)p^2\frac{(n-2)!}{(n-3)!1!}qp^{n-3}$
n	$\frac{n!}{n!0!}p^n$	$np\frac{(n-1)!}{(n-1)!0!}p^{n-1}$	$n(n-1)p^2\frac{(n-2)!}{(n-2)!0!}p^{n-2}$
总和	$\sum_0^n C_n^k p^k q^{n-k}$	$np\sum_0^{n-1} C_{n-1}^k p^k q^{n-k-1}$	$n(n-1)p^2\sum_0^{n-2} C_{n-2}^k p^k q^{n-k-2}$

标准差为：

$$\begin{aligned}\sigma &= \sqrt{\sum_i (Y_i-\mu)^2 P\{Y_i\}} = \sqrt{\sum_i Y_i^2 P\{Y_i\} - \left[\sum_i Y_i P\{Y_i\}\right]^2} \\ &= \sqrt{n(n-1)p^2 + np - (np)^2} = \sqrt{np(1-p)} \\ &= \sqrt{npq}\end{aligned} \tag{3.14}$$

从式（3.13）和式（3.14）可推得二项成数（百分数）分布的平均数和标准差。由于二项分布的变量 Y 若除以样本容量 n 就得到成数 p，因此，二项成数的平均数和标准差为：

$$\mu_p = \frac{np}{n} = p \tag{3.15}$$

$$\sigma_p = \frac{\sqrt{npq}}{n} = \sqrt{\frac{pq}{n}} \tag{3.16}$$

3.2.2　泊松分布

应用二项分布时，往往遇到一个概率 p 或 q 是很小值的事件，例如小于 0.1，另一方面 n 又相当大，这样二项分布将为另一种分布所接近，或者为一种极限分布。这一种分布称泊松概率分布，简称泊松分布（Poisson Distribution ）。

即当二项分布 $n\to\infty$ 而 $p\to 0$ 时，可导出一个分布为：

$$\mathrm{e}^{-m}\left(1+m+\frac{m^2}{2!}+\frac{m^3}{3!}+\frac{m^4}{4!}+\cdots\right) \tag{3.17}$$

式（3.17）称为泊松分布，其中 $m=np$，e=2.71828…；其在 $Y=k$ 时的概率为：

$$P\{Y=k\} = \mathrm{e}^{-m}\frac{m^k}{k!} \quad (k=0,1,2,\cdots) \tag{3.18}$$

泊松分布仅具参数 $m=np$。因其是二项分布在 $n\to\infty$ 而 $p\to 0$ 时的一个极限分布，故根据二项分布总体平均数和方差的计算公式，可以导得泊松分布的平均数和标准差为：

$$\mu = m \tag{3.19}$$

$$\sigma = \sqrt{m} \tag{3.20}$$

这一分布包括一个参数 m，由 m 的大小决定其分布形状如图 3.2 所示。当 m 值小时分布呈很偏斜形状，m 增大后则逐渐对称，趋近于以下即将介绍的正态分布。

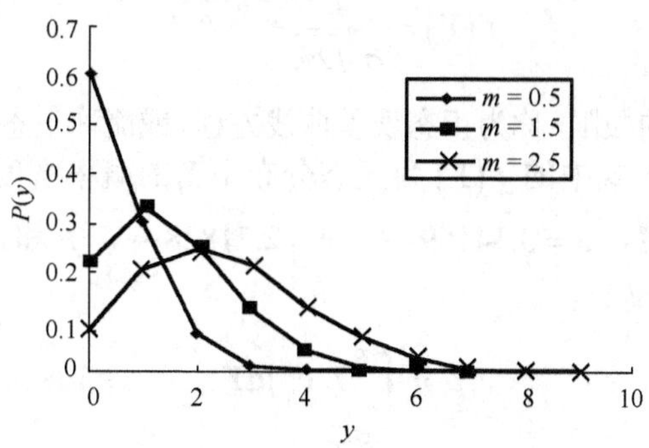

图 3.2　不同 m 值的泊松分布

泊松分布主要有两方面用途，一是在农业上有很多小概率事件，其发生概率 p 往往小于 0.1，甚至小于 0.01。对于这些小概率事件，往往可用泊松分布描述其概率分布，从而作出需要的频率预期；二是由于泊松分布是描述小概率事件，因而当二项分布 $p<0.1$ 或 $np<5$ 时，可用泊松分布近似。

［**例 3.3**］ 矮秆香稻的出现概率 $p=0.0625$，可看成是小概率事件。试以泊松分布解决例 3.2 所提的两个问题。

① 求得 $m=np=30\times 0.0625=1.875$，故根据式（3.18）有：

$$P\{Y=0\}=\mathrm{e}^{-1.875}=0.1534$$

所以

$$P\{Y\geqslant 1\}=1-0.1534=0.8466\text{。}$$

② F_2 种植的株数 n 应满足：

$$P(Y=0)=\mathrm{e}^{-m}=\mathrm{e}^{-np}=0.05$$

故

$$n=\frac{-\lg 0.05}{p\lg \mathrm{e}}=\frac{1.3010}{0.0625\times 0.43429}=47.9\approx 48\text{ 株}$$

上述结果和例 3.2 结果很相近。

3.2.3　正态分布

正态分布（Normal Distribution）也称高斯（Gauss）分布，是连续性变数的理论分布。客观世界有许多现象的数据是服从或近似服从正态分布的，如玉米产量、小麦千粒重、水稻分蘖数等。许多统计分析方法都是以正态分布为基础的，此外，还有许多随机变量的概率分布在一定条件下以正态分布为其极限分布，因此，正态分布在理论和实践上都具有非常重要的意义。本节先从前述的二项分布的实例引导出正态分布，然后述及正态分布的特性，最后介绍概率计算方法。

1. 正态分布及其性质

1）正态分布的定义

设有 n 个独立的随机因素，每个因素都可能使观察值 Y 产生一个偏离总体平均数 μ 的微小误差，这个误差可正可负，且取正取负的概率相等。这样，误差 $\varepsilon_i=(Y_i-\mu)$ 的分布就相当于 $p=q=0.5$ 时的 $(q+p)^n$ 展开。如果 $n\to\infty$，则可导得一个表示各 Y_i 出现的概率密度的方程为：

$$f(Y)=\frac{1}{\sigma\sqrt{2\pi}}\mathrm{e}^{-\frac{1}{2}\left(\frac{Y-\mu}{\sigma}\right)^2} \tag{3.21}$$

式(3.21)是二项分布的极限，称为正态误差曲线方程，或简称正态分布（Normal Distribution）方程，图形如图 3.3 所示。式中的 $f(Y)$ 为正态分布下 Y_i 的概率密度函数（Probability Density Function），即分布的高度，$\pi=3.14159\cdots$，$\mathrm{e}=2.71828\cdots$，μ 和 σ^2 分别为正态分布的总体平均数和总体方差，其定义为：

$$\mu=\int_{-\infty}^{+\infty}Yf(Y)\mathrm{d}Y$$

$$\sigma^2=\int_{-\infty}^{+\infty}(Y-\mu)^2 f(Y)\mathrm{d}Y$$

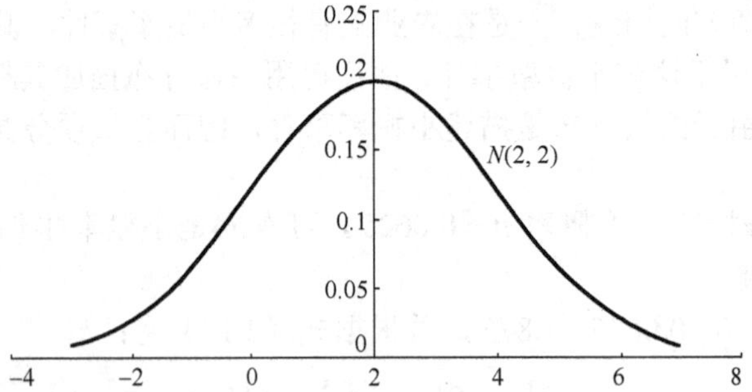

图 3.3 $\mu=2,\sigma^2=2$ 的正态分布

显然，正态分布的形状取决于 μ 和 σ^2 两个参数，故常将式（3.21）描述的正态分布记为 $N(\mu,\sigma^2)$，读作“具平均数为 μ、方差为 σ^2 的正态分布”。

2）正态分布的性质

① 正态分布曲线是以 $y=\mu$ 为对称轴，向左右两侧呈对称分布的一个单峰曲线。

② 概率分布密度函数 $f(Y)$ 在 $y=\mu$ 取最大值，正态分布曲线的算术平均数、中数和众数是相等的，三者均合一位于 μ 点上。

③ 正态分布曲线有两个参数 μ 和 σ，μ 确定它在横轴上的位置，而 σ 确定它的变异度，以参数 μ 和 σ 的不同而表现为一系列曲线。所以任何一个特定正态曲线必须在其 μ 和 σ 确定后才能确定，如图 3.4 和图 3.5 所示。

④ 正态分布概率密度函数 $f(y)$ 是正函数，以 x 轴为渐近线，变量 y 取值 $(-\infty,+\infty)$。

⑤ 正态分布密度曲线在 $y-\mu=\pm1\sigma$ 处有“拐点”。

⑥ 正态分布密度曲线与横轴之间的面积等于 1。所以，曲线下 x 轴的任何两个定值，例如从 $y=y_1$ 到 $y=y_2$ 之间的面积，等于介于这两个定值间面积占总面积的成数，或者说等于 y 落于这个区间内的概率。下面为几对常见的区间与其相对应的面积或概率值：

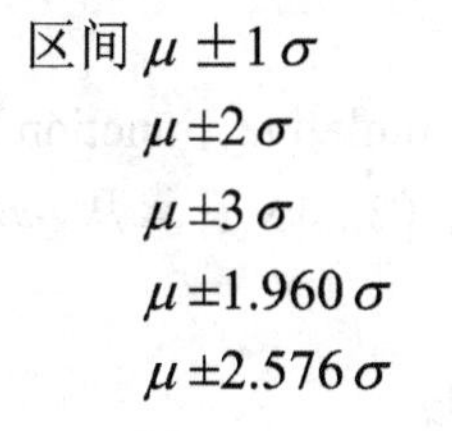
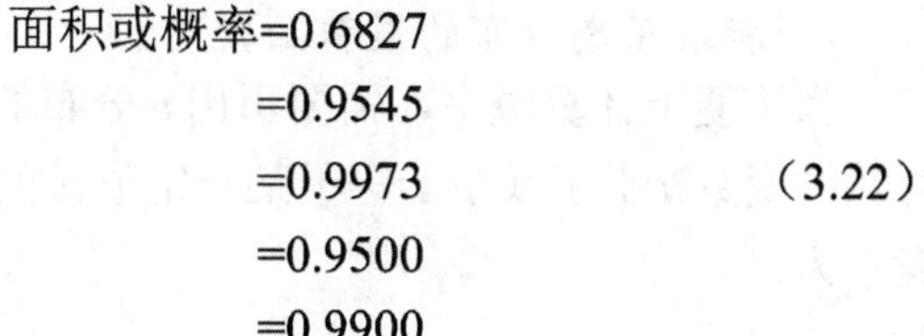

区间 $\mu\pm1\sigma$	面积或概率=0.6827	
$\mu\pm2\sigma$	=0.9545	
$\mu\pm3\sigma$	=0.9973	（3.22）
$\mu\pm1.960\sigma$	=0.9500	
$\mu\pm2.576\sigma$	=0.9900	

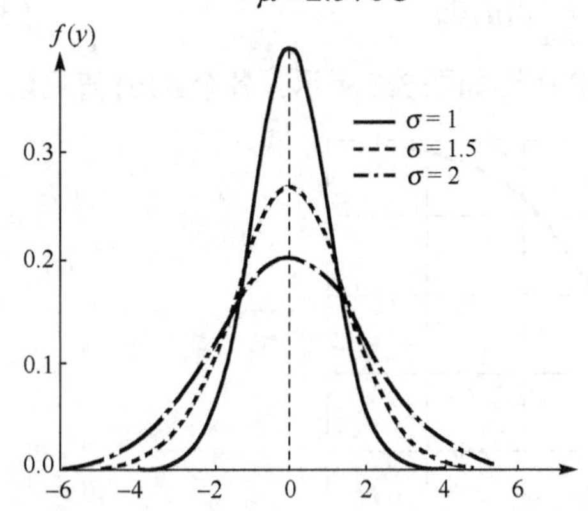

图 3.4　平均数相同标准差不同的正态分布

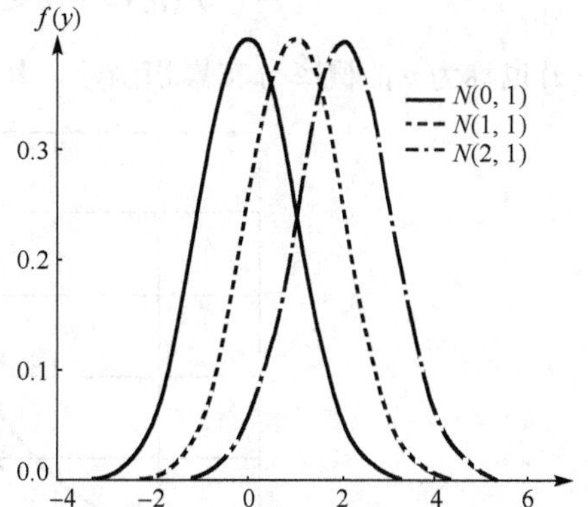

图 3.5　标准差相同平均数不同的正态分布

3）标准正态分布

正态分布曲线中，当两个参数 $\mu=0$，$\sigma^2=1$ 时的分布称为标准正态分布（Standard Normal Distribution）。记作 $N(0, 1)$。

为简化计算，对任何一个服从正态分布 $N(\mu,\sigma^2)$的随机变量 y，都可以进行标准化转换，转换成标准正态分布，即以一个新变数 u 替代 y 变数，取 y 离其平均数的差数除以 σ 进行转换，则得：

$$u=\frac{y-\mu}{\sigma} \tag{3.23}$$

将随机变量 y 转换为服从标准正态分布的随机变量 u，u 称为标准正态离差（Standard Normal Deviate），可将式（3.21）标准化为：

$$\phi(u)=\frac{1}{\sqrt{2\pi}}\mathrm{e}^{-\frac{1}{2}u^2} \tag{3.24}$$

式（3.24）称为标准正态分布或 u 分布方程，它是参数 $\mu=0$，$\sigma^2=1$ 时的正态分布（见图 3.6）。

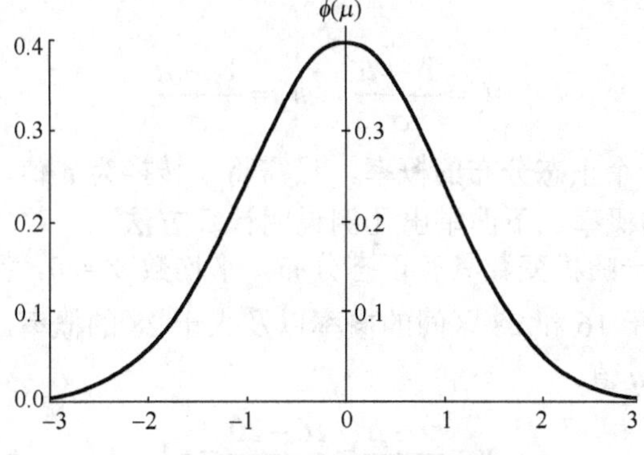

图 3.6　标准正态分布曲线

（平均数 $\mu=0$，标准差 σ^2 为 1）

4）标准正态分布的累积函数

为了便于计算概率，需要引出u分布的累积函数（Cumulative Function）$F(u)$。其定义为随机变量u小于或小于等于某一定值u_i的概率，即对式（3.24）计算从$-\infty$到u_i的定积分，表示为：

$$F(u_i)=P(u\leqslant u_i)=\int_{-\infty}^{u_i}\phi(u)\,\mathrm{d}u \tag{3.25}$$

$F(u)$也称为u的概率分布累积函数，其函数分布图如图3.7所示。各个$F(u)$值见附表2。

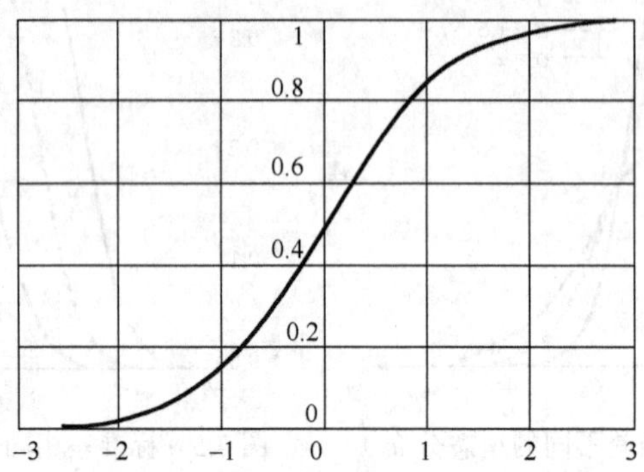

图3.7　u分布的累积函数分布

横坐标为正态标准离差u，纵坐标为$F(u)$

2. 利用正态分布计算概率的方法

设标准正态离差u_1和u_2为两个实数，且$u_1<u_2$，计算u在u_1到u_2区间内的出现概率。

由于$u<u_1$和$u_1\leqslant u<u_2$是互斥事件，故有：

$$P(u<u_2)=P(u<u_1)+P(u_1\leqslant u<u_2)$$

因此

$$P(u_1\leqslant u<u_2)=P(u<u_2)-P(u<u_1)=F(u_2)-F(u_1) \tag{3.26}$$

结合式（3.21）可得一般正态分布概率的计算方法：若$Y\sim N(\mu,\sigma^2)$，要计算Y在Y_1到Y_2区间内的概率，等价于计算u在相应的u_1到u_2区间内的概率，即

$$P(Y_1\leqslant Y<Y_2)\Leftrightarrow P(u_1\leqslant u<u_2)$$

其中

$$u_1=\frac{Y_1-\mu}{\sigma}，\ u_2=\frac{Y_2-\mu}{\sigma}$$

因此凡要计算任何一个正态分布的概率，只需将y转换为u值，然后查附表2便可以计算y落于某一给定区间的概率。下面举出几例说明计算方法。

［例3.4］　假定y是一随机变数具有正态分布，平均数$\mu=20$，标准差$\sigma=4$，试计算小于16，小于28的概率，介于16和28区间的概率以及大于28的概率。

① 首先将y转换为u值。

$$u=\frac{y-\mu}{\sigma}=\frac{16-20}{4}=-1$$

查附表 2，当 $u=-1$ 时，$F(-1)=0.1587$，即 $y\leqslant 16$ 的概率为 0.1587。

② 计算：

$$u=\frac{y-\mu}{\sigma}=\frac{28-20}{4}=2$$

查附表 2，当 $u=2$ 时，$F(2)=0.9773$，即 $y\leqslant 28$ 的概率为 0.9773。

③ 由①和②计算结果：$P(16<y\leqslant 28)=0.9773-0.1587=0.8186$

④ 由②计算结果，$P(y>28)=1-P(y<28)=1-0.9773=0.0227$

［例 3.5］ 计算变量 u：① $|u|\leqslant 1.96$；② $|u|\leqslant 2.58$；③ $u\leqslant 1.65$；④ $u\leqslant 2.33$ 的概率。

① 查附表 2 得 $F(-1.96)=0.025$，$F(1.96)=0.975$，由于 u 分布左右对称，故

$$P(|u|\leqslant 1.96)=P(u\leqslant 1.96)-P(u\leqslant -1.96)=F(1.96)-F(-1.96)=0.95$$

② 查得 $F(-2.58)=0.00494\approx 0.005$，$F(2.58)=0.995$，故

$$P(|u|\leqslant 2.58)=P(u\leqslant 2.58)-P(u\leqslant -2.58)=F(2.58)-F(-2.58)=0.99$$

③ 查得 $F(1.65)=0.9505\approx 0.95$，故

$$P(u\leqslant 1.65)=F(1.65)=0.95$$

④ 查得 $F(2.33)=0.9901\approx 0.99$，故

$$P(u\leqslant 2.33)=F(2.33)=0.99$$

计算的几何意义如图 3.8 所示。

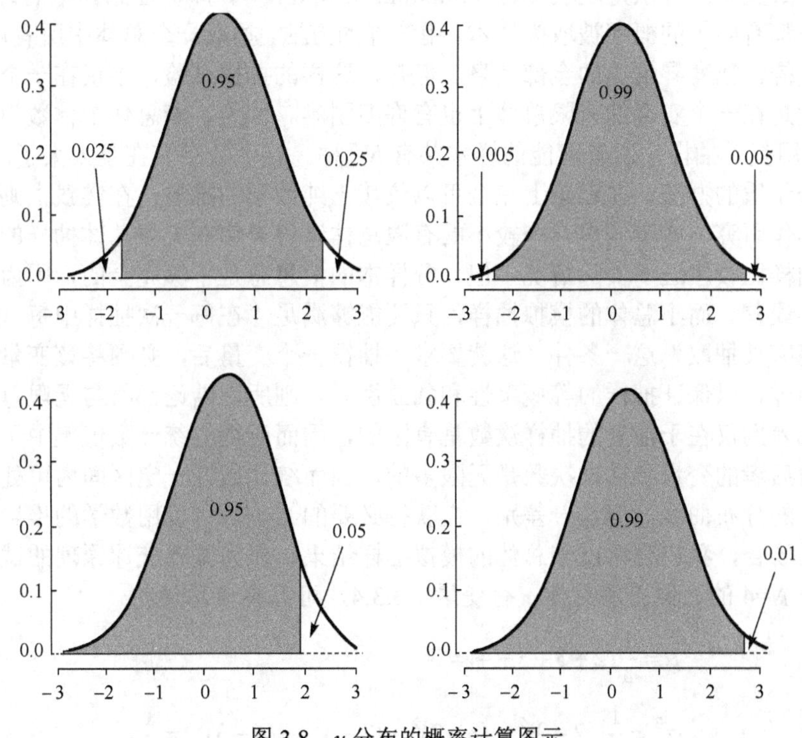

图 3.8 u 分布的概率计算图示

由式（3.23）可知 $Y=\mu+u\sigma$，所以也可以说，虽然 Y 的取值区间可为 $(-\infty,+\infty)$，但实际上，在 $|Y-u|\leqslant 1.96\sigma$ 和 $|Y-u|\leqslant 2.58\sigma$（$Y-u\leqslant 1.65\sigma$ 和 $Y-u\leqslant 2.33\sigma$）范围内的概率已分别达 95%

和99%；$|Y-u|>1.96\sigma$和$|Y-u|>2.58\sigma$（$Y-u\ >1.65\sigma$和$Y-u>2.33\sigma$）的概率是很小的（分别为5%和1%）。1.96 和 2.58（1.65 和 2.33）分别称为 u 分布的两尾和一尾临界值，并记作$u_{0.05/2}=1.96$、$u_{0.01/2}=2.58$、$u_{0.05}=1.65$和$u_{0.01}=2.33$。该值与后面的假设检验有关，希望能记住。

3.3 抽样分布

统计学的一个主要任务是研究总体和样本之间的关系。这种关系可以从两个方向进行研究。第一个方向是从总体到样本的方向，其目的是要研究从总体中抽出的所有可能样本统计量的分布及其与原总体的关系。这就是本节所要讨论的抽样分布。第二个方向是从样本到总体的方向，即从总体中随机抽取样本，并用样本对总体作出推断。这就是以后将要讨论的统计推断问题。抽样分布（Sampling Distribution）是统计推断的基础。

3.3.1 统计数的抽样及其分布参数

1. 样本平均数的抽样及其分布参数

前面已讨论过统计数$\bar{y}$和s及其参数μ和σ。就一个总体来说，μ和σ都是常数，但$\bar{y}$和s却是随样本的不同而不同的变数。为了建立由样本推论总体的理论基础，我们必须进一步研究统计数$\bar{y}$和s在样本间的变异。

研究统计数变异的方法是随机抽样（Random Sampling），即保证总体中的每一个体，在每一次抽样中都有同等的概率被取为样本。用这样的方法，抽取一个总体中所有可能的样本，就能获得有关统计数变异情况的全部信息。但是，这样的抽样试验，不仅在一个无限总体上无法作出，就是在一个实存的有限总体上也有许多困难。因为，若总体个体数为 N，样本容量为 n，则采用复置抽样，所有可能的样本共有N^n种。这个数字实在是太大了。

解决这一矛盾的办法，在理论上完全可以依赖于纯数学的推导；在实践上则是或者仅抽取一部分样本作研究，或者假设一个较小的有限总体进行类似在无限总体抽样的模拟。研究证明，部分抽样比较接近于实际情况，但部分样本的信息总是不够完全的，因为它仍然包含了一定的抽样误差。而小总体的模拟抽样，只要能够满足“在每一次抽样中每一个变量始终都有同等的概率被抽取”这一条件（这就要求每抽得一个变量后，必须将该变量还原总体，参加第二次抽样，以保证抽样的等概率性和独立性），则所得结论都将与无限总体进行无限抽样一样。其差别仅在于前者的抽样次数是有限的，因而所得的统计数仅集中于有限区间的若干点上；而后者的变量和抽样次数是无限多的，因而统计数在一定区间内可处处取值，并形成一条光滑的分布曲线。但这一差别，在获得必要的结论后可以用数学的推导予以弥补。因此，在多数场合，我们都将以小总体的模拟抽样结果，作为重要统计原理的试验证明。

设有一个 N=4 的近似正态总体，有变量 2,3,3,4，可算得该总体的

$$\mu=\frac{1}{4}(2+3+3+4)=3$$

$$\sigma^2=\frac{1}{4}[(2-3)^2+(3-3)^2+(3-3)^2+(4-3)^2]=\frac{1}{2}$$

$$\sigma=\sqrt{\frac{1}{2}}=0.707$$

现在，如以 n=2 作独立的随机抽样（复置抽样），所有可能的样本共有 $N^n=4^2=16$ 个，其结果见表 3.4 列（1）。根据列（1）的样本值，可算得其 $\overline{y}$ 于列（2）；其 s^2 于列（3）；其 s 于列（5）。此外，我们还以

$$s_0^2=\frac{\sum(Y-\overline{y})^2}{n}$$

算得各样本的 s_0^2 值放入表 3.4 列（4）。

根据表 3.4 的各个总和数，我们得到：

样本平均数 $\overline{y}$ 的平均数：

$$\mu_{\overline{y}}=\frac{48}{16}=3=\mu$$

样本方差 s^2 的平均数：

$$\mu_{s^2}=\overline{s}^2=\frac{8}{16}=\frac{1}{2}=\sigma^2$$

样本方差 s_0^2 的平均数：

$$\mu_{s_0^2}=\overline{s}_0{}^2=\frac{4}{16}=\frac{1}{4}\neq\sigma^2$$

样本标准差 s 的平均数：

$$\mu_s=\overline{s}=\frac{8.484}{16}=0.530\neq\sigma$$

表 3.4 N=4、n=2 时所有可能样本的平均数、方差和标准差

（1） 样本值	（2） $\overline{y}$	（3） s^2	（4） s_0^2	（5） s
2，2	2.0	0.0	0.00	0.000
2，3	2.5	0.5	0.25	0.707
2，3	2.5	0.5	0.25	0.707
2，4	3.0	2.0	1.00	1.414
3，2	2.5	0.5	0.25	0.707
3，3	3.0	0.0	0.00	0.000
3，3	3.0	0.0	0.00	0.000
3，4	3.5	0.5	0.25	0.707
3，2	2.5	0.5	0.25	0.707
3，3	3.0	0.0	0.00	0.000
3，3	3.0	0.0	0.00	0.000
3，4	3.5	0.5	0.25	0.707
4，2	3.0	2.0	1.00	1.414
4，3	3.5	0.5	0.25	0.707
4，3	3.5	0.5	0.25	0.707
4，4	4.0	0.0	0.00	0.000
总　和	48.0	8.0	4.00	8.484

在统计上，如果所有可能样本的某一统计数的平均数等于总体的相应参数，则称该统计数为总体相应参数的无偏估值（Unbiased Estimate）。根据上述结果，我们得到：

① $\bar{y}$ 是 μ 的无偏估值。

② s^2 是 σ^2 的无偏估值。

③ 以 n 为除数的样本方差 s_0^2 不是 σ^2 的无偏估值。实际上 s_0^2 是 $\frac{(n-1)}{n}\sigma^2$ 的无偏估值（如上例 $\bar{s}_0{}^2=\frac{1}{4}=\frac{1}{2}\sigma^2$），所以为了得到 σ^2 的无偏估值，样本的平方和必须除以自由度 $v=n-1$。

④ s 不是 σ 的无偏估值。所以在计算几个组的平均变异时，必须用 s^2 平均，不能用 s 平均。

既然新总体是由母总体中通过随机抽样得到的，那么新总体与母总体间必然有关系。数理统计的推导表明新总体与母总体在特征参数上存在函数关系。以平均数抽样分布为例，这种关系可表示为以下两个方面：

① 该抽样分布的平均数 $\mu_{\bar{y}}$ 与母总体的平均数相等。

$$\mu_{\bar{y}}=\mu \tag{3.27}$$

② 该抽样分布的方差 $\sigma_{\bar{y}}^2$ 与母总体方差 σ^2 间存在如下关系：

相应地，

$$\left.\begin{aligned}\sigma_{\bar{y}}^2&=\sigma^2/n\\ \sigma_{\bar{y}}&=\sigma/\sqrt{n}\end{aligned}\right\} \tag{3.28}$$

其中 n 为样本容量。抽样分布的标准差又称为标准误，它可以度量抽样分布的变异。

这里抽样分布的参数，即平均数 $\mu_{\bar{y}}$ 和方差 $\sigma_{\bar{y}}^2$ 这两个概念要很好地理解，前者是所有样本平均数的平均数，后者是所有样本平均数的方差，它们不同于母总体的 μ 和 σ^2，但有如式（3.27）和式（3.28）的关系。

上述 N=4、n=2 抽样试验所得的 16 个样本平均数，可整理成次数分布于表 3.5 的 n=2 栏。再作 n=4 的抽样试验，则共得 $N^n=4^4=256$ 个样本，其平均数的次数分布见表 3.5 的 n=4 栏。因为我们已经抽取了所有可能的样本，所以这两个分布都是样本平均数的总体分布。

表 3.5　样本平均数的分布

n=2		n=4	
$\bar{y}$	f	$\bar{y}$	f
2.0	1	2.00	1
		2.25	8
2.5	4	2.50	28
		2.75	56
3.0	6	3.00	70
		3.25	56
3.5	4	3.50	28
		3.75	8
4.0	1	4.00	1
总和	16		256

根据表 3.5 可算得 n=2 时样本平均数分布的平均数为：

$$\mu_{\bar{y}}=\frac{\sum f\bar{y}}{N^n}=\frac{48}{16}=3=\mu$$

样本平均数分布的方差为：

$$\sigma_{\bar{y}}^2 = \frac{\sum f(\bar{y}-\mu_{\bar{y}})^2}{N^n} = \frac{4}{16} = \frac{1}{4} = \frac{1}{2}\Big/2 = \frac{\sigma^2}{n}$$

同样，可算得 n=4 时，

$$\mu_{\bar{y}} = \frac{768}{256} = 3 = \mu$$

$$\sigma_{\bar{y}}^2 = \frac{32}{256} = \frac{1}{8} = \frac{1}{2}\Big/4 = \sigma^2/n$$

当样本容量依次为 2、4 时，验证了式（3.27）和式（3.28）的理论关系。上述两个 $\bar{y}$ 的分布显然都近似于正态。我们将其概率密度及与之相配合的正态曲线示于图 3.9，可以看出它们是相当接近的。

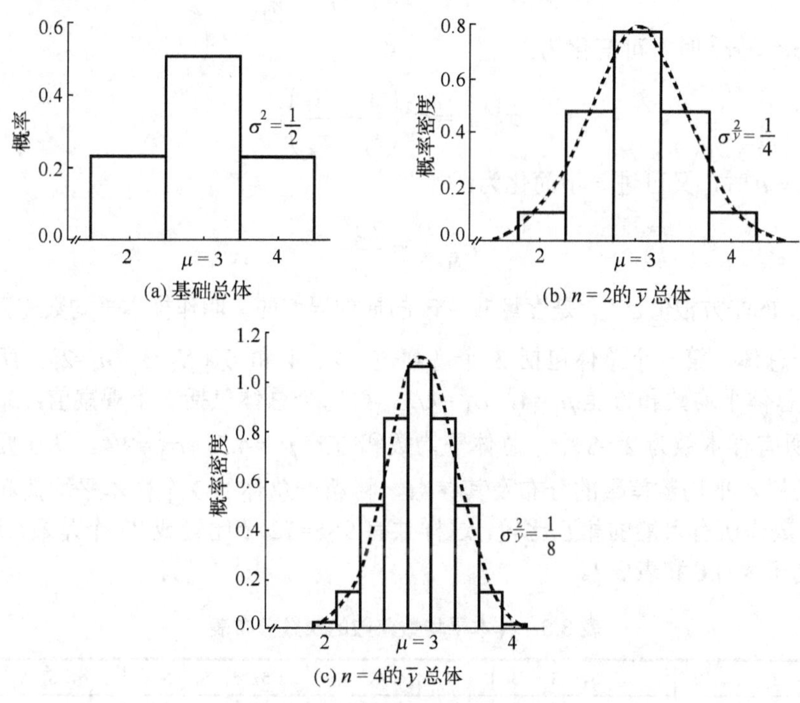

图 3.9　平均数 $\bar{y}$ 的抽样分布

2．样本总和数的抽样及其分布参数

样本总和数也有其抽样分布，根据数理统计的推导，样本总和数（用 $\sum y$ 代表）的抽样分布参数与母总体间存在如下关系。

① 该抽样分布的平均数 $\mu_{\Sigma y}$ 与母总体的平均数间的关系为：

$$\mu_{\Sigma y} = n\mu \tag{3.29}$$

② 该抽样分布的方差 $\sigma_{\Sigma y}^2$ 与母总体方差 σ^2 间存在如下关系：

$$\sigma_{\Sigma y}^2 = n\sigma^2 \tag{3.30}$$

3. 两个独立随机样本平均数差数的抽样及其分布参数

如果从一个总体随机地抽取一个样本容量为 n_1 的样本，同时随机独立地从另一个总体抽取一个样本容量为 n_2 的样本，那么可以得到分别属于两个总体的样本，这两个样本的平均数用 $\bar{y}_1$ 和 $\bar{y}_2$ 表示。设这两个样本所来自的两个总体的平均数分别为 μ_1 和 μ_2，它们的方差分别为 σ_1^2 和 σ_2^2。根据数理统计的推导，两个独立随机抽取的样本平均数间差数 $\bar{y}_1-\bar{y}_2$ 的抽样分布参数与两个母总体间存在如下关系。

① 该抽样分布的平均数 $\mu_{\bar{y}_1-\bar{y}_2}$ 与母总体的平均数之差相等。

$$\mu_{\bar{y}_1-\bar{y}_2}=\mu_1-\mu_2 \tag{3.31}$$

② 该抽样分布的方差 $\sigma^2_{\bar{y}_1-\bar{y}_2}$ 与母总体方差间的关系为：

$$\sigma^2_{\bar{y}_1-\bar{y}_2}=\sigma^2_{\bar{y}_1}+\sigma^2_{\bar{y}_2}=\frac{\sigma_1^2}{n_1}+\frac{\sigma_2^2}{n_2} \tag{3.32}$$

当 ${\sigma_1}^2={\sigma_2}^2=\sigma^2$ 时，可简化为：

$$\sigma^2_{\bar{y}_1-\bar{y}_2}=\sigma^2\left(\frac{1}{n_1}+\frac{1}{n_2}\right)$$

当 $n_1=n_2=n$ 时，又可进一步简化为：

$$\sigma^2_{\bar{y}_1-\bar{y}_2}=\frac{2\sigma^2}{n}$$

这里 $\sigma^2_{\bar{y}_1-\bar{y}_2}$ 的平方根值 $\sigma_{\bar{y}_1-\bar{y}_2}$ 是度量 $\bar{y}_1-\bar{y}_2$ 的抽样误差的，叫作样本平均数差数的标准误。

假定两个总体，第一个总体包括 3 个观察值，2、4 和 6（N_1=3，n_1=2），所有样本数为 $N^n=3^2$=9 个，总体平均数和方差 μ_1=4，σ_1^2=8/3。第二个总体包括 2 个观察值，3 和 6（N_2=2，n_2=3），所以所有样本数为 2^3=8 个，总体平均数和方差 μ_2=4.5，σ_2^2=9/4。现在要研究从这两个总体抽出的样本平均数差数的分布及其参数，将第一总体的 9 个样本平均数和第二总体的 8 个样本平均数作所有可能的相互比较，这样共有 9×8=72 个比较或 72 个差数，这 72 个差数的次数分布列于表 3.6 和表 3.7。

表 3.6 样本平均数差数的次数分布表

$\bar{y}_1$	2，2，2，2	3，3，3，3	4，4，4，4	5，5，5，5	6，6，6，6	总和
$\bar{y}_2$	3，4，5，6	3，4，5，6	3，4，5，6	3，4，5，6	3，4，5，6	
$\bar{y}_1-\bar{y}_2$	−1，−2，−3，−4	0，−1，−2，−3，	1，0，−1，−2	2，1，0，−1	3，2，1，0	
f	1，3，3，1	2，6，6，2	3，9，9，3	2，6，6，2	1，3，3，1	72

表 3.7 样本平均数差数分布的平均数和方差计算表

$\bar{y}_1-\bar{y}_2$	f	$f(\bar{y}_1-\bar{y}_2)$	$(\bar{y}_1-\bar{y}_2+0.5)$	$(\bar{y}_1-\bar{y}_2+0.5)^2$	$f(\bar{y}_1-\bar{y}_2+0.5)^2$
−4	1	−4	−3.5	12.25	12.25
−3	5	−15	−2.5	6.25	31.25
−2	12	−24	−1.5	2.25	27.00
−1	18	−18	−0.5	0.25	4.50
0	18	0	0.5	0.25	4.50
1	12	12	1.5	2.25	27.00
2	5	10	2.5	6.25	31.25
3	1	3	3.5	12.25	12.25
总和	72	−36			150.00

由表 3.7 可算得：

$$\mu_{\bar{y}_1-\bar{y}_2}=(-36)/72=-0.5\text{，}\quad \mu_1-\mu_2=4-4.5=-0.5$$

$$\sigma^2_{\bar{y}_1-\bar{y}_2}=\frac{\sum[(\bar{y}_1-\bar{y}_2)-(\mu_1-\mu_2)]^2}{72}=\frac{\sum(\bar{y}_1-\bar{y}_2+0.5)^2f}{72}=\frac{150}{72}=\frac{25}{12}$$

而 $\dfrac{\sigma_1^2}{n_1}+\dfrac{\sigma_2^2}{n_2}=\dfrac{8/3}{2}+\dfrac{9/4}{3}=\dfrac{4}{3}+\dfrac{3}{4}=\dfrac{25}{12}$

这与式（3.31）计算结果 $\mu_{\bar{y}_1-\bar{y}_2}=\mu_1-\mu_2=4-4.5=-0.5$，式（3.32）计算结果 $\sigma^2_{\bar{y}_1-\bar{y}_2}=\dfrac{\sigma_1^2}{n_1}+\dfrac{\sigma_2^2}{n_2}$ $=\dfrac{4}{3}+\dfrac{3}{4}=\dfrac{25}{12}$ 均相同。

3.3.2 正态总体抽样的分布规律

前面介绍了统计数抽样分布的主要特征及其和母总体特征数间的关系，以下将讨论统计数抽样分布的规律。

1．样本平均数的分布律

① 从正态总体抽取的样本，无论样本容量大或小，其样本平均数 $\bar{y}$ 的抽样分布必做成正态分布，具有平均数 $\mu_{\bar{y}}=\mu$ 和方差 $\sigma^2_{\bar{y}}=\sigma^2/n$。

② 若母总体不是正态分布，从中抽出 $\bar{y}$ 的分布不一定属正态分布，但当样本容量 n 增大时，从这总体抽出样本平均数 $\bar{y}$ 的抽样分布趋近于正态分布，具有平均数 μ 和方差 σ^2/n，也称中心极限定理。

中心极限定理说明了只要样本容量适当大，不论总体分布形状如何，其 $\bar{y}$ 的分布都可看作为正态分布。在实际应用上，如果 $n>30$ 就可以应用这一定理。知道了 $\bar{y}$ 抽样分布的规律及其参数后，任何从样本获得 $\bar{y}$ 的概率均可以计算得到。平均数的标准化分布是将上述平均数 $\bar{y}$ 转换为 u 变数。

$$u=\frac{\bar{y}-\mu}{\sigma_{\bar{y}}}=\frac{\bar{y}-\mu}{\sigma/\sqrt{n}} \tag{3.33}$$

［例 3.6］ 已知一正态总体的 $\mu=3,\sigma=0.707$，若样本容量 $n=4$，试求 $P\{\bar{y}<2.625\}$ 的概率为多少？

算得 $\sigma_{\bar{y}}=\dfrac{0.707}{\sqrt{4}}=0.3535$，故正态离差

$$u=\frac{\bar{y}-\mu}{\sigma_{\bar{y}}}=(2.625-3)/0.3535=-1.06$$

查附表 2，$F(-1.06)=0.1446$，所以 $P\{\bar{y}<2.625\}=0.1446$。

2．两个独立样本平均数差数的抽样分布

假定有两个正态总体各具有平均数和标准差 μ_1、σ_1 和 μ_2、σ_2，从第一个总体随机抽取 n_1 个观察值，同时独立地从第二个总体随机抽取 n_2 个观察值。这样计算出样本平均数和标准差 $\bar{y}_1$、s_1 和 $\bar{y}_2$、s_2。从统计理论可以推导出其样本平均数的差数 $\bar{y}_1-\bar{y}_2$ 的抽样分布。

如果两个总体各作正态分布，无论样本容量大或小，其样本平均数差数 $\overline{y}_1-\overline{y}_2$ 遵循正态分布，并具有平均数 $\mu_1-\mu_2$ 和方差 $\sigma^2_{\overline{y}_1-\overline{y}_2}$，记作 $N(\mu_1-\mu_2,\sigma^2_{\overline{y}_1-\overline{y}_2})$。

其差数标准误为：

$$\sigma_{\overline{y}_1-\overline{y}_2}=\sqrt{\frac{\sigma_1^2}{n_1}+\frac{\sigma_2^2}{n_2}} \tag{3.34}$$

这个分布也可标准化，获得 u 值：

$$u=\frac{(\overline{y}_1-\overline{y}_2)-(\mu_1-\mu_2)}{\sqrt{\frac{\sigma_1^2}{n_1}+\frac{\sigma_2^2}{n_2}}} \tag{3.35}$$

从 u 值可查正态离差概率表，获得其相应的概率。

若两个样本抽自于同一正态总体，则其平均数差数的抽样分布不论容量大小均为正态分布：

$$\mu_{\overline{y}_1-\overline{y}_2}=0，\ \sigma_{\overline{y}_1-\overline{y}_2}=\sigma\sqrt{\frac{1}{n_1}+\frac{1}{n_2}} \tag{3.36}$$

若两个样本抽自于同一总体，但并非正态总体，则其平均数差数的抽样分布按中心极限定理在 n_1 和 n_2 相当大时（大于 30）才逐渐接近于正态分布。

若两个样本抽自于两个非正态总体，尤其 σ_1^2 与 σ_2^2 相差很大时，则其平均数差数的抽样分布很难确定。不过当 n_1 和 n_2 相当大而 σ_1^2 与 σ_2^2 相差不太大时，也可应用正态近似的方法估计平均数差数出现的概率，当然这种估计的可靠性依两总体偏离正态的程度和相差大小而转移。

［例 3.7］ 已知 $\mu_1-\mu_2=1,\sigma^2_{\overline{y}_1}=\frac{1}{4},\sigma^2_{\overline{y}_2}=\frac{1}{3}$，求 $(\overline{y}_1-\overline{y}_2)<0.25$ 的概率。

可得 $\sigma_{\overline{y}_1-\overline{y}_2}=\sqrt{\frac{1}{4}+\frac{1}{3}}=0.7638$，故

$$u=\frac{(\overline{y}_1-\overline{y}_2)-(\mu_1-\mu_2)}{\sigma_{\overline{y}_1-\overline{y}_2}}=(0.25-1)/0.7638=-0.98$$

查附表 2，$F(-0.98)=0.1635$，所以 $P\{(\overline{y}_1-\overline{y}_2)<0.25\}=0.1635$。

3.3.3 二项总体的抽样分布

1. 二项总体的分布参数

假设二项总体包含 5 个个体，分别为 0, 1, 0, 1, 1，则总体平均数和方差为：

$$\mu=(0+1+0+1+1)/5=3/5=0.6$$

$$\sigma^2=[(0-0.6)^2+(1-0.6)^2+(0-0.6)^2+(1-0.6)^2+(1-0.6)^2]/5=0.24$$

$$\sigma=\sqrt{0.24}=0.49$$

二项总体的平均数为 $\mu=p$，方差为 $\sigma^2=p(1-p)=pq$，标准差为 $\sigma=\sqrt{p(1-p)}=\sqrt{pq}$。其中 p 为二项总体中要研究的属性事件发生的概率，$q=1-p$。

2．样本平均数（成数）的抽样分布

从二项总体进行抽样得到样本，计算其样本平均数，根据前面介绍的抽样分布理论，可知样本平均数抽样分布的参数为：

平均数 $\mu_{\bar{y}} = p$，方差 $\sigma_{\bar{y}}^2 = \dfrac{pq}{n}$，标准误 $\sigma_{\bar{y}} = \sqrt{\dfrac{pq}{n}} = \sqrt{\dfrac{p(1-p)}{n}}$

同样，n 是样本容量。样本观察值中有两类数据，即“0”和“1”两种观察值，将样本观察值加起来后除以样本容量 n 得到的平均数实际上就是“1”所占的比例数，即成数，或百分数。

3．样本总和数（次数）的抽样分布

从二项总体进行抽样得到样本，计算其样本总和数。根据前面介绍的抽样分布理论，可知样本总和数的抽样分布参数为：

平均数 $\mu_{\Sigma y} = np$，方差 $\sigma_{\Sigma y}^2 = npq = np(1-p)$，标准误 $\sigma_{\Sigma y} = \sqrt{npq} = \sqrt{np(1-p)}$。

3.3.4 卡方分布

前文曾定义正态标准离差 $u = (Y-\mu)/\sigma$。χ^2（读作卡平方）则定义为 n 个独立的 u^2 之和，即：

$$\chi^2 = {u_1}^2 + {u_2}^2 + \cdots + {u_n}^2 = \sum_{i=1}^{n} {u_i}^2 = \frac{1}{\sigma^2}\sum_{i=1}^{n}(Y_i - \mu)^2 \tag{3.37}$$

该 χ^2 值具有自由度 $\nu = n$。

当从样本计算时，因 $\sum_{i=1}^{n}(Y_i-\mu)^2$ 需由 $\sum_{i=1}^{n}(Y_i-\bar{y})^2 = (n-1)s^2$ 估计，故：

$$\chi^2 = \frac{1}{\sigma^2}\sum_{i=1}^{n}(Y_i - \bar{y})^2 = \frac{(n-1)s^2}{\sigma^2} \tag{3.38}$$

该 χ^2 值仅具有 $(n-1)$ 个独立的标准离差，故自由度 $\nu = n-1$。

若在正态总体中进行无限次抽样，就能导得 χ^2 值分布的概率密度函数 $f(\chi^2)$ 为：

$$f(\chi^2) = \frac{(\chi^2)^{\frac{\nu}{2}-1}}{2^{\frac{\nu}{2}}\Gamma\left(\frac{\nu}{2}\right)} \mathrm{e}^{-\frac{1}{2}\chi^2} \tag{3.39}$$

其中 ν 为自由度；e 为 2.71828⋯；Γ 为 Γ 函数。显然，χ^2 分布具有唯一参数 ν，故常记作 $\chi^2(\nu)$。

根据 χ^2 的定义，显然 χ^2 分布的取值区间为 $(0,+\infty)$，其平均数可导得 $\mu_{\chi^2} = \nu$，方差为 2ν。χ^2 分布的形状决定于参数 ν（见图 3.10），在 $\nu = 1$ 时，曲线极端左偏；随着 ν 的增大，曲线渐趋左右对称。

当 $\nu > 30$ 时，χ^2 分布已向正态渐近，而 $\sqrt{2\chi^2}$ 则可看作是具平均数 $\sqrt{2\nu-1}$ 和方差 1 的正态分布。因而可由正态标准离差：

$$u = \sqrt{2\chi^2} - \sqrt{2\nu - 1} \tag{3.40}$$

计算 χ^2 在一定区间内的概率。同样，为了计算 χ^2 在一定范围内的概率，需定义 χ^2 分布的累积函数 $F(\chi^2)$：

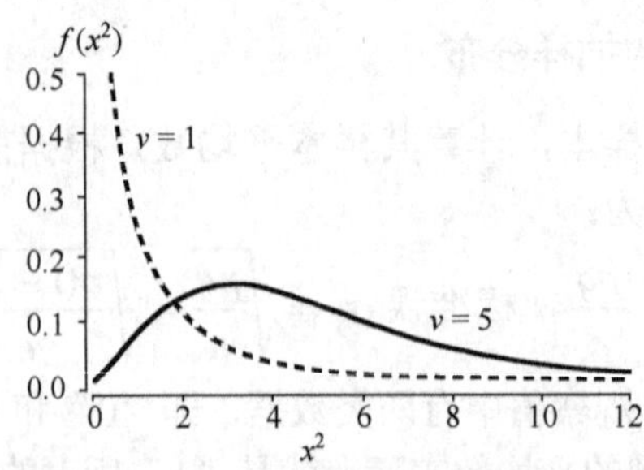

图 3.10　$v=1$ 和 $v=5$ 时的 χ^2 分布

$$F(\chi_i^2)=P(\chi^2 \leqslant \chi_i^2)=\int_0^{\chi_i^2} f(\chi^2)\mathrm{d}(\chi^2) \tag{3.41}$$

因而 χ^2 分布右尾从 χ_i^2 到 $+\infty$ 的概率为：

$$P(\chi^2 > \chi_i^2)=1-F(\chi_i^2)=\int_{\chi_i^2}^{+\infty} f(\chi^2)\,\mathrm{d}(\chi^2) \tag{3.42}$$

附表 6 列出了各种自由度以及右尾概率对应的 χ^2 值。例如查附表 6，$v=4$、右尾概率为 0.05 对应的 $\chi^2=9.49$，即 $P(\chi^2>9.49)=0.05$，记作 $\chi^2_{0.05,4}=9.49$。该值称为 χ^2 分布的右尾临界值。

有了 χ^2 分布的累积函数，我们就能计算 s^2 在一定区间内的概率。

［例 3.8］　已知一正态总体的 $\sigma^2=2$，试求当随机抽取 $n=10$ 的样本时，样本方差 $s^2>3$ 的概率。

根据式（3.38）可得：$\chi^2=\dfrac{(10-1)\times 3}{2}=13.5$

查附表 6，$v=9$ 时，$P(\chi^2>11.39)=0.25$。故

$$P(s^2>3)=P(\chi^2>13.5)\approx 0.25$$

［例 3.9］　已知某总体 $\sigma^2=1$，试求当随机抽取 $n=35$ 的样本时，样本方差 $s^2<1.5$ 的概率。

因 $n>30$，故可用式（3.39）做正态近似。

根据式（3.38）可得：

$$\chi^2=\frac{(35-1)\times 1.5}{1}=51$$

$$u=\sqrt{2\times 51}-\sqrt{2\times 34-1}=10.10-8.19=1.91$$

查附表 1 得

$$F(1.91)=0.9719$$

故

$$P(s^2<1.5)=P(\chi^2<51)=0.9719$$

3.3.5　*F* 分布

设在一方差为 σ^2 的正态总体中独立抽取样本容量为 n_1 和 n_2 的随机样本 Y_{1j}（$j=1,2,\cdots,n_1$）

和Y_{2j}（$j=1,2,\cdots,n_2$），记两个样本平均数分别为$\overline{y}_1$和$\overline{y}_2$，则由式（3.37）可知，$\sum_{j=1}^{n_1}(Y_{1j}-\overline{y}_1)^2/\sigma^2$和$\sum_{j=1}^{n_2}(Y_{2j}-\overline{y}_2)^2/\sigma^2$分别是自由度$v_1=n_1-1$和$v_2=n_2-1$的$\chi^2$值，则定义：

$$F=\frac{\sum_{j=1}^{n_1}(Y_{1j}-\overline{y}_1)^2/\sigma^2/(n_1-1)}{\sum_{j=1}^{n_2}(Y_{2j}-\overline{y}_2)^2/\sigma^2/(n_2-1)}=\frac{\sum_{j=1}^{n_1}(Y_{1j}-\overline{y}_1)^2/(n_1-1)}{\sum_{j=1}^{n_2}(Y_{2j}-\overline{y}_2)^2/(n_2-1)}=\frac{s_1^2}{s_2^2} \tag{3.43}$$

由式（3.43）可见，F值是具有自由度v_1的样本方差$s_1{}^2$对具有自由度v_2的样本方差s_2^2的比值。如对一正态总体连续独立地抽取自由度为v_1和v_2的随机样本，则所有可能的F值将组成一个F分布，并具有概率密度函数：

$$f(F)=\frac{\Gamma\left(\frac{v_1+v_2}{2}\right)}{\Gamma\left(\frac{v_1}{2}\right)\Gamma\left(\frac{v_2}{2}\right)}v_1^{\frac{v_1}{2}}v_2^{\frac{v_2}{2}}\frac{F^{\frac{v_1}{2}-1}}{(v_1F+v_2)^{\frac{v_1+v_2}{2}}} \tag{3.44}$$

式中，的Γ为Γ函数，v_1和v_2分别为F的分子方差s_1^2和分母方差s_2^2的自由度。因此，F分布具有参数v_1和v_2，常记为$F(v_1,v_2)$。

F分布的取值区间为$(0,+\infty)$。F分布的形状通常都是偏斜的（除非v_1和v_2都$\to\infty$）（见图3.11）。

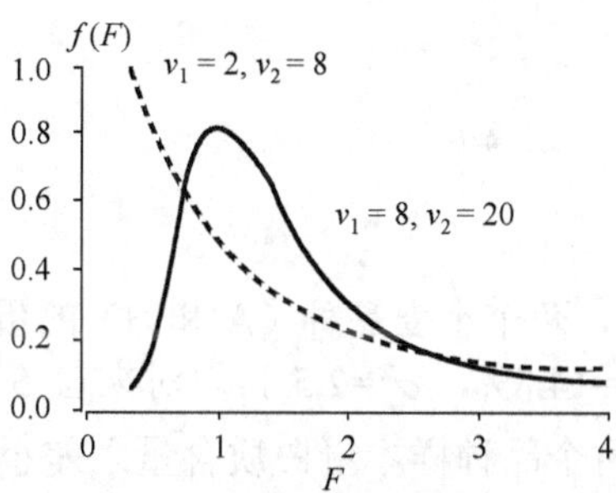

图3.11　v_1和v_2不同时的F分布

F分布的累积函数$F(F_i)$为：

$$F(F_i)=P(F\leqslant F_i)=\int_0^{F_i}f(F)\mathrm{d}F \tag{3.45}$$

因而F分布右尾从F_i到$+\infty$的概率为：

$$P(F>F_i)=1-F(F_i)=\int_{F_i}^{+\infty}f(F)\mathrm{d}F \tag{3.46}$$

附表5列出的是不同的v_1和v_2下，$P(F>F_i)=0.05$和$P(F>F_i)=0.01$时的F_i值。该值分别称为F分布的右尾0.05和0.01临界值，记作$F_{0.05,v_1,v_2}$和$F_{0.01,v_1,v_2}$。例如，查附表5得$v_1=2,v_2=8$时，$F_{0.05,2,8}=4.46$，$F_{0.01,2,8}=8.65$。这些临界值可用于方差分析的F检验。

习 题 3

1．名词解释：二项总体；二项分布；正态总体。

2．请将下列概率从大到小进行排序：$P(A)$，$P(A+B)$，$P(A)+P(B)$，$P(AB)$。

3．一批产品有 20 件，其中一等品 6 件、二等品 10 件，三等品 4 件，从其中任意取 3 件产品（不返回），求都取得一等品的概率、都取得二等品的概率、都取得三等品的概率。

4．在 200m^2 麦田内平均每平方米内有 1 株杂草，若从中随机抽取 1 m^2 区域，试求该区域内杂草株数的概率分布。

5．在某植物抗病性的遗传学研究中，抗病性对感病性符合单显性基因选择模式，因此理论上纯系双亲的杂交 F_2 代抗病植株与感病植株的分离比例为 3:1。在某杂交后代 F_2 群体中有 60 个植株。请问：

（1）F_2 群体植株抗病性的概率分布；

（2）F_2 群体抗病植株的概率分布；

（3）若要使 F_2 代群体中分离出至少一个感病个体的概率在 95%以上，则在 F_2 代的群体应至少为多大？

6．若随机变量 X 服从 $N(5, 16)$分布，求 $P(X<3)$，$P(X<5)$, $P(3<X<5)$，$P(X>5)$。

7．随机变量 X 服从 $N(0, 1)$，求下列各式中 x_0 的数值：

（1）$P(X<x_0) = 0.01$；

（2）$P(X>x_0) = 0.01$；

（3）$P(X<x_0) = 0.025$；

（4）$P(X>x_0) = 0.025$；

（5）$P(X<x_0) = 0.05$；

（6）$P(X > x_0) = 0.05$。

8．根据常年各地区的检测，两个小麦品种（A 和 B）的蛋白质含量（服从正态分布）分别为：μ_1=12.5%，σ_1^2=1.56；μ_2=14.8%，σ_2^2=2.5,。现对来自 5 个不同地区的这两个品种种子进行蛋白质含量的检测。问这两个品种样本蛋白质含量之差小于 1%、小于 4%、在 1%～4%的概率分别是多少？两品种样本蛋白质含量方差之比小于 1、大于 2、在 1～2 之间的概率分别是多少？

第 4 章　统计推断

4.1　统计推断概述

研究总体和样本的关系可从两个方向进行分析：一是从总体到样本方向——抽样分布问题，可称为第Ⅰ方向；二是从样本到总体方向——统计推断（Statistical Inference）问题，可称为第Ⅱ方向，两者互为逆命题。上一章讨论了第Ⅰ方向的问题，本章主要讲述第Ⅱ方向的内容，根据第 3 章的理论分布，由一个样本或一系列样本所得结果推断总体的特征，即统计推断。但样本平均数有误差，所以推断的结论并非绝对正确。因此，统计推断的主要任务就是分析误差产生的原因，明确差异的性质，排除误差的干扰，从而得出正确的结论。而试验差异来自两方面：一是样本和总体存在真实差异，二是样本和总体没有真实差异，数据间的差异是抽样误差。

试验研究中，我们常常需要检验某些试验处理的效果，所得试验数据往往存在一定差异，这种差异是由试验误差引起的，还是由试验处理效应造成的？例如，比较甲、乙两个玉米品种产量的高低，最好的方法是检验甲乙所有总体材料，获得全部结果，即在很多年份、同一栽培条件下在无数地块种植甲、乙两个玉米品种，以比较这两个品种的产量。这种研究方法很准确，但往往是不可行的，因为研究总体一般是无限总体，或者是含有很多个体的有限总体。因此，我们不得不采用另一种研究少量样本的方法，即通过样本研究总体。例如，将两个品种共同种植 1～2 年，每年种植若干小区，算得平均产量，然后由甲乙品种的样本平均产量推断“甲、乙品种间产量的关系”。

统计推断就是根据抽样分布律和概率理论，用样本统计数推断总体参数。统计推断包括参数估计（Parametric Estimate）和统计假设检验（Hypothesis Test）两个方面的内容。进行统计推断的前提条件是资料来自随机样本且统计抽样数分布律已知。

4.2　统计假设检验的基本原理

4.2.1　假设检验的概念

上面提到通过样本平均产量比较甲、乙两个玉米品种间产量的关系，现在假定通过 2 年试验测得甲品种的平均亩产量 $\bar{x}_1 = 680\text{kg}$，乙品种的平均亩产量 $\bar{x}_2 = 700\text{kg}$，甲、乙品种产量相差 20 kg。这 20 kg 的差异，究竟是由两个品种间真实产量差异，还是由于抽样时的随机误差引起的？这个问题必须进行分析才能得出结论。因为试验结果中处理效应和随机误差经常混淆在一起，从表面数据很难分开，因此必须通过假设检验的方法，计算出概率，才能做出正确的判断。

假设检验（Hypothesis Test）就是根据总体的理论分布和小概率原理，对未知或不完全知道的总体提出两种彼此对立的假设，然后由样本的实际结果，经过一定的计算，作出在一定概率意义上应该接受哪种假设的推断，又称为显著性检验（Significance Test）。如果检验发现假设和试验结果相符的可能性大，则接受假设；反之，假设符合试验结果的可能性很小，则否定该假设。

4.2.2 假设检验的基本步骤

在进行假设检验时，一般应包含 4 个步骤，下面以一个例子来说明假设检验的具体方法和步骤。

［例 4.1］ 设某地区一主栽玉米品种平均亩产 680 kg，多年种植的标准差为 60 kg，现有一新品种通过 2 年多点共 25 个小区试验，其平均亩产量为 700 kg，那么新品种与当地主栽品种的产量是否有差异？

下面将详细列出此命题假设检验的过程。

（1）对样本所属的总体参数提出假设

假设检验首先要对样本所属的总体参数提出假设，一般应包括无效假设和备择假设。无效假设（Ineffective Hypothesis）或零假设（Null Hypothesis），记作 H_0，是指总体参数与其假设值之间无实质性差异，其差异由抽样误差造成。建立无效假设的目的是从假设的总体里推断其随机抽样平均数的分布，从而计算出某一样本平均数指定值出现的概率，即研究总体和样本的关系，进行假设检验。因此，假设检验是在无效假设正确的前提下，计算无效假设出现的概率。

备择假设（Alternative Hypothesis），记作 H_A，是指无效假设被否定后必须接受的后备假设。因此，H_0 和 H_A 为对立事件，即 $P(H_0+H_A)=1$。无效假设的形式是多种多样的，随研究内容的不同而不同，但必须符合两个原则：无效假设是有意义的；根据无效假设可以算出因抽样误差而获得样本结果的概率。

例 4.1 中，经过多年的试验我们可以认为当地品种的平均亩产 680 kg 是这个总体的平均数即 $\mu_0=680\ \text{kg}$，$\sigma=60\ \text{kg}$；而新品种通过 25 个小区试验的平均亩产 700 kg，为样本的平均产量，即 $\bar{x}=700\ \text{kg}$。那么问题“新品种与当地主栽品种的产量是否有差异”是指“新品种的总体与当地主栽品种总体的产量是否相等”，故无效假设中的所谓“无效”是指新品种总体的产量与当地主栽品种总体的产量没有差异，新品种的总体产量等于当地主栽品种总体产量，亦即新品种这个样本是从当地主栽品种总体中随机抽出的，而样本平均数 $\bar{x}$ 与总体平均数 μ_0 之间的差数 700–680=20kg 的差异属于随机误差，则 H_0：$\mu=\mu_0=680\ \text{kg}$；对应的备择假设为 H_A：$\mu\neq 680\text{kg}$。

（2）确定显著水平 α

建立无效假设和备择假设后，要确定一个接受或否定 H_0 的概率标准，这个概率标准叫做显著水平（Significance level）或概率水平（Probability level），记作 α。α 是人为规定的小概率的界限，不同研究领域中有不同的取值。生物学试验中，一般取 $\alpha=0.05$ 和 $\alpha=0.01$。

（3）计算无效假设的概率

在 H_0 正确的前提下，根据统计数的抽样分布计算出所得样本统计数的概率 p。对于上面的例子，在 H_0：$\mu=\mu_0=680\ \text{kg}$ 的前提下，就可以得到从已知当地品种总体随机抽取样本容量为 $n=25$ 的样本，该样本平均数的抽样分布律是可以推知的，即样本平均数具有正态分布形状，平均数 $\mu_{\bar{x}}=\mu_0=680\ \text{kg}$，标准误 $\sigma_{\bar{x}}=\dfrac{\sigma}{\sqrt{n}}=\dfrac{60}{\sqrt{25}}=12\ \text{kg}$，而样本 $\bar{x}=700\ \text{kg}$ 则是此

分布中的一个随机变量。因此，根据式（3.33）可求得$u=\frac{\overline{x}-\mu}{\sigma_{\overline{x}}}=\frac{700-680}{12}=1.67$，查附表 2，$P(|u|>1.67)=2\times0.047\,46=0.094\,92$，即在$N(680,60^2)$的总体中，以$n=25$随机抽样，所得平均数$\overline{x}=700$ kg与680 kg的差距为20 kg以上的概率为0.09492。这里需要注意的是，假设检验所计算的是超过实得差异的概率，而不是等于实得差异的概率。在H_0假设下，μ有可能大于 μ_0。也有可能小于 μ_0。因此需要考虑差异的正负两个方面，所以计算的概率是$|u|>1.67$的概率。

（4）统计推断

根据小概率原理做出接受哪种假设的判断。小概率原理（Little Probability Principal）是指凡是概率很小的事件在一次试验中实际上是不可能出现的。统计推断是以小概率原理为基础而进行的。小概率的标准即为显著性水平。也就是说将实得样本统计数的概率p与确定的显著水平α相比较，即$p<0.05$或$p<0.01$，则认为无效假设是小概率事件，在一次试验中是不可能发生的，应该否定无效假设，接受备择假设；反之，则接受无效假设，否定备择假设。通常把概率$p<0.05$ 叫作差异（Difference）显著标准（Significance Standard），或达到 0.05 差异显著水平（Significance Level），称为检验对象间差异显著，在统计数的右上方标以“*”；$p<0.01$ 叫作差异极显著标准（Highly Significance Standard）或达到 0.01 差异极显著水平（Highly Significance Level），称为检验对象间差异极显著，在统计数的右上方标以“**”。

例 4.1 中所计算的概率为 0.094 92，大于 0.05，无效假设H_0不是一个小概率事件，应接受H_0，由此可以推断新品种的平均亩产与当地品种没有显著差异，其差值 20 kg 由抽样误差造成。

假设检验时选用的概率标准即显著水平，应根据研究领域及试验要求或试验结论的重要性而定。显著水平除了 0.05 和 0.01 比较常用外，还可以选用 0.001 或 0.1 等。如果试验中试验误差可能比较大，则选低的显著水平，即α值取大些；反之，如果试验耗费较大，精确度要求较高，不容许反复试验，或试验结论至关重要，则应选较高的显著水平，即α值应小些。

综上所述，假设检验的基本步骤可以概括如下：

① 对样本所属的总体参数提出假设，包括无效假设H_0和备择假设H_A。

② 确定显著水平α。

③ 计算概率。在H_0正确的前提下，根据统计数的抽样分布律计算出所得样本统计数的概率p。

④统计推断，将实得样本统计数的概率p与确定的显著水平α相比较，依据概率大小得出应接受哪种参数假设的结论。

4.2.3 两尾检验与一尾检验

假设检验要对样本所属的总体参数提出无效假设和备择假设。上例中的无效假设为$\mu=\mu_0=680$kg，则备择假设时μ有可能大于μ_0，也有可能小于μ_0。在样本平均数的抽样分布中，对于$\alpha=0.05$时，落在区间（$\mu-1.96\sigma_{\overline{x}}$，$\mu+1.96\sigma_{\overline{x}}$）的$\overline{x}$有 95%，落在区间外（即$\overline{x}<\mu-1.96\sigma_{\overline{x}}$ 和 $\overline{x}>\mu+1.96\sigma_{\overline{x}}$）的$\overline{x}$只有 5%。同理，$\alpha=0.01$时，落在区间（$\mu-2.58\sigma_{\overline{x}}$，$\mu+2.58\sigma_{\overline{x}}$，）的$\overline{x}$有 99%，落在区间外（即$\overline{x}<\mu-2.58\sigma_{\overline{x}}$和$\overline{x}>\mu+2.58\sigma_{\overline{x}}$）的$\overline{x}$只有 1%。在假设检验中，前者相当于抽样分布曲线下接受H_0的区域称为接受区域（Region of Acceptance），其概率为$1-\alpha$。后者相当于否定H_0的区域，称为否定区域（Region of Rejection），其概率为显著水平α。如果否定区域位于抽样分布曲线的两尾，左尾的概率为$\alpha/2$，右尾的概率亦为$\alpha/2$，则称这种假设检验为两尾检验（Two-tailed Test）。上例中，H_0：$\mu=\mu_0=680\text{ kg}$；H_A：$\mu\neq 680\text{ kg}$，这时对应的备择假设就有$\mu<\mu_0$或$\mu>\mu_0$两种可能，也就是说样本平均数$\bar{x}$有可能落在左尾否定区，也有可能落在右尾否定区（见图 4.1）。

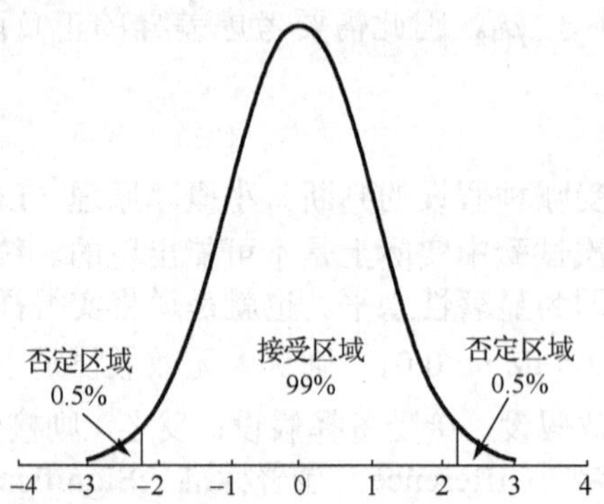

图 4.1　1%显著水平假设检验图示（两尾检验）

但在某些情况下，两尾检验不一定符合实际。例如，我们已经知道喷施矮壮素的植物的株高（μ）一般不可能高于未喷施的对照株高（μ_0），于是其无效假设H_0：$\mu\geqslant\mu_0$时，则H_A：$\mu<\mu_0$，这时备择假设只有一种可能性，其否定区域只有一个，相应的检验只能考虑一侧（左侧或右侧）的概率。如果否定区域仅在抽样分布曲线的一尾，称这种假设检验为一尾检验（One-tailed Test），其概率为α。其中，否定区域在左尾的称为左尾检验（见图 4.2）；否定区域在右尾的称为右尾检验（见图 4.3）。一尾检验与两尾检验的步骤相同，只是查u或t分布表时，需注意概率的计算。两尾检验时，直接查附表 3（双尾表）获得其临界值的$u_{0.05/2}=1.96$；一尾检验时，需将一尾概率乘以 2，再查附表 3（双尾表）获得其临界值。例如正态分布曲线中，一尾概率为 0.05 时，应查附表 3 中的$p=0.10$一栏，$u_{0.05}=1.64$。本书中为了更好地区别两尾检验与一尾检验的临界值，将两尾检验的临界值表示为$u_{0.05/2}$，一尾检验的临界值表示为$u_{0.05}$。

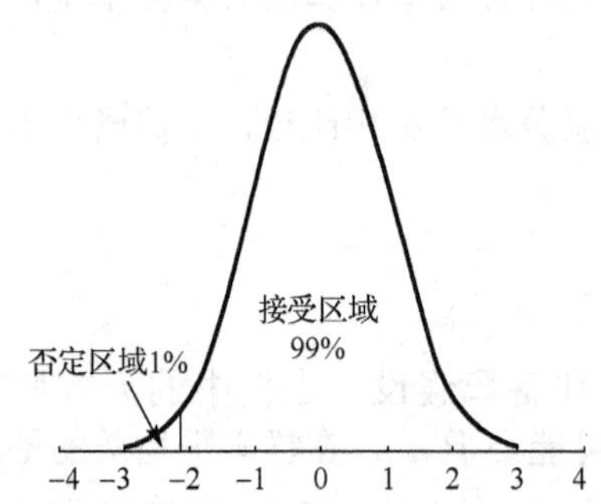

图 4.2　1%显著水平假设检验图示（左尾检验）

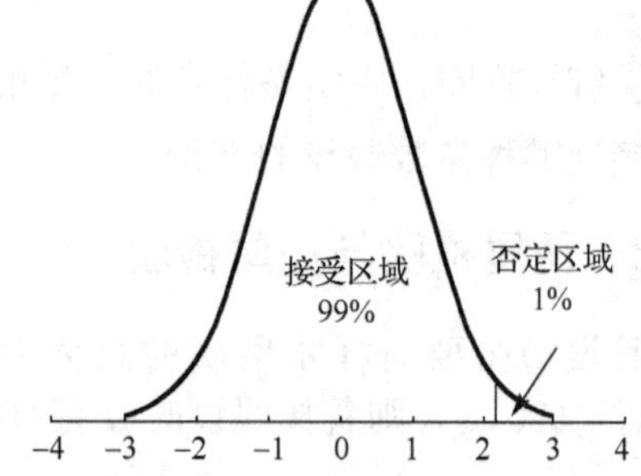

图 4.3　1%显著水平假设检验图示（右尾检验）

需要注意的是，对于一尾检验来说，如果$\bar{x}\leqslant\mu_0$，那么就没有做H_0：$\mu\leqslant\mu_0$的必要了；相反，若$\bar{x}\geqslant\mu_0$，但两者相差并不大，则仍应该进行假设检验。两尾检验亦是如此。

假设检验中选一尾检验还是两尾检验，应根据试验情况来定。一般而言，当显著性水平α相同时，一尾检验比两尾检验更容易否定H_0，鉴定差异显著性的灵敏度较高，在可能的情况下，尽量做一尾检验。

4.2.4 假设检验的两类错误

假设检验是根据人为设定的显著水平对总体特征进行推断。同样的试验数据会因为选用不同的显著水平而得到相反的结论。因此，假设检验时，否定了H_0，并不表示已证实H_0不正确；接受H_0，也不等于已证实H_0是正确的。假设检验中可能会犯两类错误，一类是无效假设H_0为真，但通过检验却否定了它，这种错误称为弃真错误（Error of Abandoning Trueness），又称第一类错误（Type I Error）,其概率为显著水平α。如果无效假设H_0是错误的，但通过检验却接受了它，这种错误称为取伪错误（Error of Accepting Mistake），又称为第二类错误（Type II Error），其概率以β记。β值的大小就是抽样分布曲线落在已知总体接受区的概率（这里的已知总体是假定的）。图 4.4 中标出了已知总体的接受区域在c_1和c_2之间，从被抽样总体抽得的平均数可能落在c_1和c_2之间的概率为被抽样总体的抽样分布曲线与c_1和c_2两条直线以及横坐标围成的面积，这个面积就是抽样平均数落在已知总体接受区的可能性。

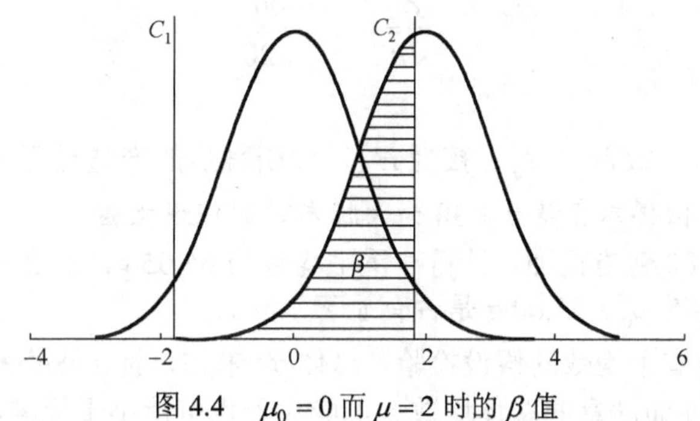

图 4.4　$\mu_0=0$ 而 $\mu=2$ 时的 β 值

第一类错误和第二类错误既有区别又有联系。假设检验时，可能会发生第一类错误或第二类错误，但是两类错误不可能同时发生。在样本容量相同的情况下，提高显著水平α（取较小的α值），将增大第二类错误的概率（β值）。例如，当显著水平从α=0.05 提高到α=0.01 时，则会增大第二类错误的概率。一般情况下， 在n和α相同的条件下，被抽样总体平均值μ与已知总体平均值μ_0相差（以标准差为单位）越大，则犯第二类错误的概率越小。为了降低犯两类错误的概率，需采用一个较低的显著水平，如α=0.05；同时适当增加样本容量，或两者兼有之。

4.3 总体平均数的假设检验

4.3.1 单个总体平均数的假设检验

这是检验样本均数所属的总体均数μ与假设的总体均数μ_0是否相等的假设检验。

两尾检验　H_0：$\mu=\mu_0$；H_A：$\mu\neq\mu_0$。

一尾检验　H_0：$\mu\geqslant\mu_0$；H_A：$\mu<\mu_0$ 或 H_0：$\mu\leqslant\mu_0$；H_A：$\mu>\mu_0$。

（1）u 检验

当总体方差σ^2已知，或总体σ^2未知但样本为大样本 $n \geqslant 30$ 时，样本平均数的抽样分布服从正态分布，标准化后服从标准正态分布，即 u 分布。因此，用 u 检验法进行假设检验。

1）总体方差σ^2已知时的假设检验

［例 4.2］ 设某地区一主栽玉米品种平均亩产 680 kg，多年种植的标准差 60 kg，现将这一品种引种至另一地区种植，经 20 个小区试验，其平均亩产 710 kg，问引种后的产量是否大于原产量？

分析：这是一个样本平均数的假设检验，因总体σ^2已知 ，采用 u 检验；引种后的产量高于原产量，可进行一尾检验。

① 建立假设

$$H_0：\mu \leqslant \mu_0 = 680\ \text{kg}；\ H_A：\mu > \mu_0$$

② 确定显著水平

$$\alpha = 0.05$$

③ 检验计算

$$u = \frac{\bar{x} - \mu}{\sigma_{\bar{x}}} = \frac{\bar{x} - \mu}{\dfrac{\sigma}{\sqrt{n}}} = \frac{710 - 680}{\dfrac{60}{\sqrt{20}}} = 2.23$$

④ 统计推断

实得$u > u_{0.05} = 1.64$， 故否定H_0，接受H_A，即引种后的产量显著高于原产量。

2）总体σ^2未知，但样本容量$n \geqslant 30$为大样本时的假设检验

［例 4.3］ 抽检了 80 包方便面，计得净重平均数为 65.05 g，$s = 2.54$ g，试检验该方便面净重的总体均数μ与标准$\mu_0 = 65.00$ g 是否有显著差异。

分析：这是一个样本平均数的假设检验，总体σ^2未知，且$n = 80 > 30$，采用u检验，此时可用s^2代替σ^2；该方便面净重的总体均数μ可能大于也可能小于标准，故应进行两尾检验。

① 建立假设

$$H_0：\mu = 65.00\ \text{g}；\ H_A：\mu \neq 65.00\ \text{g}$$

② 确定显著水平

$$\alpha = 0.05$$

③ 检验计算

$$u = \frac{\bar{x} - \mu}{s_{\bar{x}}} = \frac{\bar{x} - \mu}{\dfrac{s}{\sqrt{n}}} = \frac{65.05 - 65.00}{\dfrac{2.54}{\sqrt{80}}} = 0.18$$

④ 统计推断

实得$|u| < u_{0.05/2} = 1.96$，故接受H_0否定H_A，即该方便面净重的总体均数μ与标准重量$\mu_0 = 65.00$ g 之间无显著差异。

（2）小样本总体平均数的假设检验——t 检验

当总体方差σ^2未知，且样本容量不太大（$n < 30$）时，如以样本均方s^2估计σ^2，则其标

准化离差的分布不呈正态分布，而呈t分布，具有自由度 df 或$\nu = n-1$。这时，样本平均数$\bar{x}$与指定总体平均数μ_0的差异性的检验就必须使用t检验。

［例 4.4］ 某玉米良种的百粒重为 32.0g，现引入一高产品种，重复种植了 6 次，得百粒重（g）分别为 33.5、32.3、33.8、32.8、32.6、33.2，问这一良种的百粒重是否显著高于当地良种？

分析：这是一个样本平均数的假设检验，总体σ^2未知 ，且n<30，应采用t检验；这一良种的百粒重高于当地良种，故应进行一尾检验。

① 建立假设

$$H_0: \mu \leqslant \mu_0 = 32.0\text{g};\quad H_A: \mu > \mu_0$$

② 确定显著水平

$$\alpha = 0.05$$

③ 检验计算

$$\bar{x} = \frac{33.5 + 32.3 + \cdots + 33.2}{6} = 33.03\text{ g}$$

$$\text{SS} = (33.5^2 + 32.3^2 + \cdots + 33.2^2) - \frac{198.2^2}{6} = 1.61$$

$$s = \sqrt{\frac{\text{SS}}{(n-1)}} = \sqrt{\frac{1.61}{(6-1)}} = 0.568$$

$$s_{\bar{x}} = \frac{s}{\sqrt{n}} = \frac{0.568}{\sqrt{6}} = 0.232$$

$$t = \frac{\bar{x} - \mu}{s_{\bar{x}}} = \frac{33.03 - 32.0}{0.232} = 4.456$$

④ 统计推断

查附表 4，$\nu = 5$时，$t_{0.05,5}$ =2.015。现实得的$t > t_{0.05,5}$，故p<0.05，否定H_0，接受H_A。这一良种的百粒重显著高于当地良种。

4.3.2 两个总体平均数的假设检验

生物学试验中常常选择两个处理进行比较，一般一个进行处理，一个作为对照，判断它们之间的总体差异是否可用随机误差来解释。而检验方法因试验设计的不同分为成组数据的比较和成对数据的比较两种。

1．成组数据平均数的比较

两个处理完全随机设计，即两个样本的各个变量是从各自总体中随机抽取的，两个抽样样本彼此独立，则不论两样本的容量是否相同，所得数据皆为成组数据。这时以组（处理）平均数$\bar{x}_1$，$\bar{x}_2$作为相互比较的标准。此时无效假设推断的是两个总体平均数相等，即H_0：$\mu_1 = \mu_2$，或$\mu_1 - \mu_2$=0。

（1）两个总体方差σ_1^2和σ_2^2已知，用u检验法

由抽样分布规律可知，两样本平均数$\bar{x}_1$、$\bar{x}_2$差数标准误为：

$$\sigma_{\bar{x}_1-\bar{x}_2}=\sqrt{\frac{\sigma_1^2}{n_1}+\frac{\sigma_2^2}{n_2}} \tag{4.1}$$

此时

$$u=\frac{(\bar{x}_1-\bar{x}_2)-(\mu_1-\mu_2)}{\sigma_{\bar{x}_1-\bar{x}_2}} \tag{4.2}$$

［例 4.5］ 某棉花纤维长度σ^2=1.15（mm^2），现采用 A、B 两种方法加工该棉花品种，A 法加工了 20 批次，得其纤维平均长度为 30.20 mm，B 法加工了 15 批次，得其纤维平均长度为 30.50 mm。比较这两种加工方法有无显著差异。

分析：这是两个处理即两个样本总体平均数的假设检验，两个总体σ_1^2，σ_2^2已知，故应采用u检验；并不清楚这两种加工方法加工的纤维平均长度孰高孰低，故应进行两尾检验。

① 建立假设

H_0：两种加工方法加工的纤维平均长度相同，即$\mu_1=\mu_2$；H_A：$\mu_1\neq\mu_2$

② 确定显著水平

$$\alpha=0.05$$

③ 检验计算

$$\sigma^2=\sigma_1^2=\sigma_2^2=1.15$$

$$\sigma_{\bar{x}_1-\bar{x}_2}=\sqrt{\frac{\sigma_1^2}{n_1}+\frac{\sigma_2^2}{n_2}}=\sqrt{\frac{1.15}{20}+\frac{1.15}{15}}=0.36$$

$$u=\frac{(\bar{x}_1-\bar{x}_2)-(\mu_1-\mu_2)}{\sigma_{\bar{x}_1-\bar{x}_2}}=\frac{\bar{x}_1-\bar{x}_2}{\sigma_{\bar{x}_1-\bar{x}_2}}=\frac{30.20-30.50}{0.36}=-0.833$$

④ 统计推断

实得$|u|<u_{0.05/2}=1.96$，故接受H_0，否定H_A，即两种加工方法加工的纤维平均长度之间无显著差异。

（2）两个总体方差σ_1^2和σ_2^2未知，但两个样本都是大样本，用u检测两个总体方差σ_1^2和σ_2^2未知，但两个样本都是大样本（n_1≥30 且n_2≥30），用u检验法 。由于σ_1^2和σ_2^2未知，且两个样本都是大样本（n_1≥30 且n_2≥30），故用s_1^2和s_2^2代替σ_1^2和σ_2^2，此时，两样本平均数$\bar{x}_1$、$\bar{x}_2$的差数标准误为：

$$s_{\bar{x}_1-\bar{x}_2}=\sqrt{\frac{s_1^2}{n_1}+\frac{s_2^2}{n_2}} \tag{4.3}$$

且

$$u=\frac{(\bar{x}_1-\bar{x}_2)-(\mu_1-\mu_2)}{s_{\bar{x}_1-\bar{x}_2}} \tag{4.4}$$

［例 4.6］ 为了比较两个玉米品种的单株产量，分别随机抽样 50 株进行测产，单株产量分别为 110 g/株和 115 g/株，单株产量的方差分别为 20（g）^{2}和 25（g）^{2}，试比较这两个玉米品种的单株产量是否有显著差异。

分析：这是两个处理即两个样本平均数的假设检验，总体σ_1^2和σ_2^2未知，但两个样本都是大样本，故采用u检验；并不清楚两个玉米品种的单株产量是否相同，故应进行两尾检验。

① 建立假设

H_0：这两个玉米品种的单株产量相等，即$\mu_1=\mu_2$；H_A：$\mu_1\neq\mu_2$。

② 确定显著水平

$$\alpha=0.01$$

③ 检验计算

$$s_{\bar{x}_1-\bar{x}_2}=\sqrt{\frac{s_1^2}{n_1}+\frac{s_2^2}{n_2}}=\sqrt{\frac{20}{50}+\frac{25}{50}}=0.95$$

$$u=\frac{(\bar{x}_1-\bar{x}_2)-(\mu_1-\mu_2)}{s_{\bar{x}_1-\bar{x}_2}}=\frac{\bar{x}_1-\bar{x}_2}{s_{\bar{x}_1-\bar{x}_2}}=\frac{110-115}{0.95}=-5.26$$

④ 统计推断

实得$|u|>u_{0.01/2}=2.58$，$p<0.01$，故否定H_0，接受H_A，即两个玉米品种的单株产量有极显著差异。

（3）两个总体方差$\sigma_1{}^2$和$\sigma_2{}^2$未知，且两个样本都是小样本假设两总体方差相等，用 t 测验两个总体方差$\sigma_1{}^2$和$\sigma_2{}^2$未知，且两个样本都是小样本，即$n_1<30$且$n_2<30$时，用t检验法。尽管两总体方差未知，成组数据的t检验要求$\sigma_1{}^2=\sigma_2{}^2=\sigma^2$。

这时，首先需用样本方差s_1^2和s_2^2求出样本的合并方差，即利用加权法求出s_e^2作为对σ^2的估计，计算公式为：

$$s_e^2=\frac{\mathrm{SS}_1+\mathrm{SS}_2}{\mathrm{d}f_1+\mathrm{d}f_2}=\frac{s_1^2(n_1-1)+s_2^2(n_2-1)}{(n_1-1)+(n_2-1)} \tag{4.5}$$

计算出s_e^2后，利用s_e^2求出两样本平均数差数的标准误：

$$s_{\bar{x}_1-\bar{x}_2}=\sqrt{\frac{s_e^2}{n_1}+\frac{s_e^2}{n_2}} \tag{4.6}$$

若$n_1=n_2=n$时，式（4.6）变为：

$$s_{\bar{x}_1-\bar{x}_2}=\sqrt{\frac{2s_e^2}{n}} \tag{4.7}$$

t值的计算公式为：

$$t=\frac{(\bar{x}_1-\bar{x}_2)-(\mu_1-\mu_2)}{s_{\bar{x}_1-\bar{x}_2}} \tag{4.8}$$

其自由度为$\mathrm{df}=(n_1-1)+(n_2-1)=n_1+n_2-2$。

注意：两个总体方差$\sigma_1{}^2$和$\sigma_2{}^2$未知，且两个样本都是小样本时，假设检验前，我们必须判断总体方差$\sigma_1{}^2$和$\sigma_2{}^2$是否相等。方法是利用第 3 章的F检验来判断两总体方差是否相等。

步骤如下：

① 提出假设

H_0：两总体方差相同即$\sigma_1^2 = \sigma_2^2$；H_A：$\sigma_1^2 \neq \sigma_2^2$

② 确定显著水平

$$\alpha = 0.05 \text{ 或 } 0.01$$

③ 检验统计量

$$F = \frac{s_1^2}{s_2^2}$$

④ 统计推断

$F < F_\alpha$时，接受H_0，两个总体方差相等；

$F > F_\alpha$时，接受H_A，两个总体方差不相等。

［**例 4.7**］ 为了比较 2 种营养液对玉米幼苗生长的影响，分别随机选择均匀一致的玉米种子15、20粒进行处理，培养至三叶期后测定单株质量，平均单株质量分别为 1.322g 和 1.115g，单株质量的方差分别为 0.352（g/株）^{2}和 0.298（g/株）^{2}，试比较 2 种营养液对玉米幼苗单株质量的影响是否有显著差异。

分析：这是两个处理即两个样本平均数的假设检验，因总体σ_1^2和σ_2^2未知，两个样本都是小样本，且不知总体方差σ_1^2和σ_2^2是否相等，应先用F检验进行检验后判断是否采用t检验；并不清楚两种营养液效果是否相同，故应进行两尾检验。

第一步：F检验

① 提出假设

H_0：两总体方差相同即$\sigma_1^2 = \sigma_2^2$；H_A：$\sigma_1^2 \neq \sigma_2^2$。

② 确定显著水平

$$\alpha = 0.05$$

③ 检验统计量

$$F = \frac{s_1^2}{s_2^2} = \frac{0.352}{0.298} = 1.18$$

④ 统计推断。查附表 5，$F_{0.05(14,19)} = 2.26$，$F < F_{0.05(14,19)}$，接受H_0，即两样本所属总体方差相等。故本例两个样本平均数的假设检验应用t检验。

第二步：t检验

① 建立假设

H_0：$\mu_1 = \mu_2$，H_A：$\mu_1 \neq \mu_2$。

② 确定显著水平

$$\alpha = 0.05$$

③ 检验计算

$$s_e^2 = \frac{\mathrm{SS}_1 + \mathrm{SS}_2}{\mathrm{df}_1 + \mathrm{df}_2} = \frac{s_1^2(n_1 - 1) + s_2^2(n_2 - 1)}{(n_1 - 1) + (n_2 - 1)} = \frac{0.352 \times (15 - 1) + 0.298 \times (20 - 1)}{(15 - 1) + (20 - 1)} = 0.32$$

$$s_{\bar{x}_1 - \bar{x}_2} = \sqrt{\frac{s_e^2}{n_1} + \frac{s_e^2}{n_2}} = \sqrt{\frac{0.32}{15} + \frac{0.32}{20}} = 0.19$$

$$t = \frac{(\bar{x}_1 - \bar{x}_2) - (\mu_1 - \mu_2)}{s_{\bar{x}_1 - \bar{x}_2}} = \frac{1.332 - 1.115}{0.19} = 0.09$$

$$df=(n_1-1)+(n_2-1)=35-2=33$$

④ 统计推断

查附表 4，$t_{0.05/2,33}=2.035$，$t<t_{0.05/2,33}$，$p>0.05$，故接受H_0否定H_A，即两种营养液对玉米幼苗单株质量的影响无显著差异。

（4）当两个总体方差${\sigma_1}^2$和${\sigma_2}^2$未知，假设${\sigma_1}^2\neq{\sigma_2}^2$

当两个总体方差${\sigma_1}^2$和${\sigma_2}^2$未知，且${\sigma_1}^2\neq{\sigma_2}^2$，用近似$t$检验，即 Aspin-Welch 检验法。因为$\sigma_1^2\neq\sigma_2^2$，差数标准误需用两个样本的$s_1^2$和$s_2^2$均方分别估计$\sigma_1^2$和$\sigma_2^2$，两样本平均数差数的标准误为：

$$s_{\bar{x}_1-\bar{x}_2}=\sqrt{\frac{s_1^2}{n_1}+\frac{s_2^2}{n_2}} \tag{4.9}$$

其自由度为df′，计算公式为：

$$df'=\frac{1}{\dfrac{R^2}{n_1-1}+\dfrac{1-R^2}{n_2-1}} \tag{4.10}$$

其中

$$R=\frac{s_{\bar{x}_1}^2}{s_{\bar{x}_1}^2+s_{\bar{x}_2}^2}=\frac{\dfrac{s_1^2}{n_1}}{\dfrac{s_1^2}{n_1}+\dfrac{s_2^2}{n_2}} \tag{4.11}$$

t值的计算公式为：

$$t_{df'}=\frac{(\bar{x}_1-\bar{x}_2)-(\mu_1-\mu_2)}{s_{\bar{x}_1-\bar{x}_2}} \tag{4.12}$$

［例 4.8］ 测定某春玉米品种的淀粉含量（%）10 次，得$\bar{x}_1$=67.78，${s_1}^2$=2.68；测定夏玉米品种淀粉含量（%）15 次，得$\bar{x}_2$=70.22，s_2^2=0.56，试比较这两个玉米品种的淀粉含量是否有显著差异。

分析：这是两个处理即两个样本平均数的假设检验，总体σ_1^2、σ_2^2未知，两个样本都是小样本，应先用F检验进行检验后判断采用t检验还是近似t检验；并不清楚淀粉含量是否有显著差异，故应进行两尾检验。

第一步：F检验

① 提出假设

H_0：$\sigma_1^2=\sigma_2^2$；H_A：$\sigma_1^2\neq\sigma_2^2$

② 确定显著水平

$$\alpha=0.05$$

③ 检验统计量

$$F=\frac{s_1^2}{s_2^2}=\frac{2.68}{0.56}=4.79$$

④ 统计推断

查附表 5 得，$F_{0.05(9,14)}=2.65$，$F>F_{0.05(9,14)}$，否定 H_0，接受 H_A，即两样本所属总体方差方差不相等。

第二步：近似 t 检验

① 建立假设

H_0：$\mu_1=\mu_2$；H_A：$\mu_1\neq\mu_2$

②确定显著水平

$$\alpha=0.05$$

③ 检验计算

$$s_{\bar{x}_1-\bar{x}_2}=\sqrt{\frac{s_1^2}{n_1}+\frac{s_2^2}{n_2}}=\sqrt{\frac{2.68}{10}+\frac{0.56}{15}}=0.55$$

$$R=\frac{s_{\bar{x}_1}^2}{s_{\bar{x}_1}^2+s_{\bar{x}_2}^2}=\frac{\dfrac{s_1^2}{n_1}}{\dfrac{s_1^2}{n_1}+\dfrac{s_2^2}{n_2}}=\frac{0.268}{0.268+0.037}=0.88$$

$$\mathrm{df}'=\frac{1}{\dfrac{R^2}{n_1-1}+\dfrac{1-R^2}{n_2-1}}=\frac{1}{\dfrac{0.88^2}{10-1}+\dfrac{1-0.88^2}{15-1}}=9.8\approx 10$$

$$t_{\mathrm{df}'}=\frac{(\bar{x}_1-\bar{x}_2)-(\mu_1-\mu_2)}{s_{\bar{x}_1-\bar{x}_2}}=\frac{67.78-70.22}{0.55}=-4.44$$

④ 统计推断

查附表 4 知，$t_{0.05/2,10}=2.228$，$|t|>t_{0.05/2,10}$，故否定 H_0 接受 H_A，即这两个玉米品种的淀粉含量有显著差异。

2. 成对数据平均数的比较

将性质相同的两个供试单位配成对，每一对除随机地给予不同处理外，其他试验条件尽量一致，所得的观测值称为成对数据。由于成对数据同一对内两个供试单位的试验条件非常接近，而不同配对间的条件差异可以通过各个配对差数予以消除，因而可以控制试验误差，具有较高的精确度。成对数据，在进行假设检验时，只要假设两样本差数的总体均数 μ_d 等于 0，而不必假定两样本的总体方差 σ_1^2 和 σ_2^2 相等，即不必进行 F 检验。

设两个样本的观察值分别为 x_{1i}，x_{2i}，共配成 n 对，每对材料测量值的差数 $d_i=x_{1i}-x_{2i}$（i=1, 2, …, n），差数的方差为：

$$s_d^2=\frac{\sum(d-\bar{d})^2}{n-1}=\frac{\sum d^2-\dfrac{(\sum d)^2}{n}}{n-1} \tag{4.13}$$

差数的平均数为：

$$\bar{d}=\frac{\sum d}{n}=\frac{\sum(x_{1.}-x_{2.})}{n}=\frac{\sum x_1}{n}-\frac{\sum x_2}{n}=\bar{x}_1-\bar{x}_2 \tag{4.14}$$

差数平均数的标准误为：

$$s_{\overline{d}}=\sqrt{\frac{s_d^2}{n}}=\sqrt{\frac{\sum(d-\overline{d})^2}{n(n-1)}}=\sqrt{\frac{\sum d^2-\frac{(\sum d)^2}{n}}{n(n-1)}} \tag{4.15}$$

因而

$$t=\frac{\overline{d}-\mu_d}{s_{\overline{d}}} \tag{4.16}$$

它具有自由度 $\mathrm{df}=n-1$，注意 n 为配对的对数。

[例 4.9] 为了比较 A、B 两种肥料对玉米亩产的影响，选择土壤条件一致且相邻的小区组成一对，其中一区施 A 肥料，另一区施 B 肥料，重复 7 次。产量结果见表 4.1。试比较这两种肥料的增产效果是否有显著差异。

表 4.1 两种肥料下每亩的玉米产量（kg）

重　复	A 肥料	B 肥料	d
Ⅰ	656.5	665.8	−9.3
Ⅱ	634.7	646.5	−11.8
Ⅲ	655.4	652.8	2.6
Ⅳ	680.3	663.2	17.1
Ⅴ	662.9	674.7	−11.8
Ⅵ	645.6	653.9	−8.3
Ⅶ	652.7	642.8	9.9

分析：这是两个处理即两个样本的配对设计，因而采用 t 检验；并不清楚两种肥料的增产效果，故应进行两尾检验。

① 建立假设

H_0：$\mu_d=0$；H_A：$\mu_d\neq0$

② 确定显著水平。

$$\alpha=0.05$$

③ 检验计算

$$\overline{d}=\frac{\sum d}{n}=\frac{-11.6}{7}=-1.66$$

$$s_d^2=\frac{\sum(d-\overline{d})^2}{n-1}=135.3$$

$$s_{\overline{d}}=\sqrt{\frac{s_d^2}{n}}=4.4$$

$$t=\frac{\overline{d}}{s_{\overline{d}}}=-0.38$$

$$\mathrm{df}=n-1=7-1=6$$

④ 统计推断

查附表 4 知，$t_{0.05/2,6}=2.447$，$|t|<t_{0.05/2,6}$，$p>0.05$，故接受 H_0，否定 H_A，即这两种肥料的增产效果没有显著差异。

4.4 百分数的假设检验

生物学试验中很多试验结果是以百分数或成数表示的，如结实率、发芽率、病株率及致死率等。这些百分数通常由计算某一性状的个体数目求得，属间断性变数资料，这些目标性状的总体为二项总体。理论上，这类百分数的假设检验应按二项分布进行，但是，如果样本容量 n 较大，而 p 或 q 又不够小（不接近于 0)，且 np 或 nq 不小于 5 时，可将二项分布看作正态分布，可用正态分布求其概率。因此，如果 np 和 nq 都大于 30 可将百分数资料作正态分布处理，其检验的方法与前述平均数检验方法相似。

4.4.1 单个百分数（成数）的假设检验

目的：检验某一样本百分数 $\hat{p}$ 所属总体百分数 p 与某一理论值或期望值 p_0 的差异显著性。总体百分数的标准误 $\sigma_{\hat{p}}$ 为：

$$\sigma_{\hat{p}}=\sqrt{\frac{pq}{n}} \tag{4.17}$$

因此，

$$u=\frac{\hat{p}-p}{\sigma_{\hat{p}}}=\frac{\hat{p}-p}{\sqrt{pq/n}} \tag{4.18}$$

［例 4.10］ 用饱满与皱缩的豌豆品种自交，在 F_2 代共得 305 株，其中饱满 213 株，皱缩 92 株。问该试验结果是否符合一对等位基因的遗传规律？

分析：这是一个样本百分数的假设检验，因 np、$nq>30$，应进行 u 检验；不知结果与遗传规律之比孰高孰低，用双尾检验。若该试验结果符合一对等位基因的遗传规律，饱满植株的百分率是 75%。

① 建立假设

H_0：$p=0.75$；H_A：$p\neq 0.75$

② 确定显著水平

$$\alpha=0.01$$

③ 检验计算

$$\hat{p}=\frac{x}{n}=\frac{213}{305}=0.698$$

$$\sigma_{\hat{p}}=\sqrt{pq/n}=\sqrt{0.75\times 0.25/305}=0.0248$$

$$u=\frac{\hat{p}-p}{\sigma_{\hat{p}}}=\frac{0.698-0.75}{0.0248}=-2.097$$

④ 统计推断

实得 $|u|<u_{0.01/2}=2.58$，$p>0.01$，故接受 H_0，否定 H_A，即该试验结果符合一对等位基因的遗传规律。

4.4.2 两个百分数的假设检验

目的：检验两个样本百分数 $\hat{p}_1$ 和 $\hat{p}_2$ 所属总体百分数 p_1 和 p_2 的差异显著性。

总体百分数已知时， 样本百分数的差数标准误：

$$\sigma_{\hat{p}_1-\hat{p}_2}=\sqrt{\frac{p_1 q_1}{n_1}+\frac{p_2 q_2}{n_2}} \tag{4.19}$$

在两总体百分数 p_1 和 p_2 未知时，一般假定两个样本的总体方差相等，即 $\sigma_{p_1}^2=\sigma_{p_2}^2$，可用两样本百分数的加权平均值 $\overline{p}$ 作为对 p_1 和 p_2 的估计，即

$$\overline{p}=\frac{x_1+x_2}{n_1+n_2}=\frac{n_1\hat{p}_1+n_2\hat{p}_2}{n_1+n_2} \tag{4.20}$$

则

$$\overline{q}=1-\overline{p} \tag{4.21}$$

因而两样本百分数的差数标准误为：

$$s_{\hat{p}_1-\hat{p}_2}=\sqrt{\overline{p}\overline{q}\left(\frac{1}{n_1}+\frac{1}{n_2}\right)} \tag{4.22}$$

因此，用 u 检验：

$$u=\frac{(\hat{p}_1-\hat{p}_2)-(p_1-p_2)}{s_{\hat{p}_1-\hat{p}_2}} \tag{4.23}$$

［**例 4.11**］ 调查甲、乙两个地区玉米条锈病的发病情况，甲地区调查 475 株，锈病株 368 株，锈病率 77.47%；乙地区调查 398 株，锈病株 328 株，锈病率 82.41%。问两地区的锈病率有无显著差异。

分析：这是两个样本频率的假设检验，两总体的方差未知，两个样本均为大样本，进行 u 检验；不知锈病率孰高孰低，用双尾检验。

① 建立假设

H_0： $p_1=p_2$； 对 H_A： $p_1\neq p_2$

② 确定显著水平

$$\alpha=0.05$$

③ 检验计算

$$\overline{p}=\frac{x_1+x_2}{n_1+n_2}=\frac{368+328}{475+398}=0.797$$

$$\overline{q}=1-\overline{p}=1-0.797=0.203$$

$$s_{\hat{p}_1-\hat{p}_2}=\sqrt{\overline{p}\overline{q}\left(\frac{1}{n_1}+\frac{1}{n_2}\right)}=\sqrt{0.797\times 0.203\left(\frac{1}{475}+\frac{1}{398}\right)}=0.0272$$

$$u=\frac{(\hat{p}_1-\hat{p}_2)-(p_1-p_2)}{s_{\hat{p}_1-\hat{p}_2}}=\frac{0.7747-0.8241}{0.0272}=-1.82$$

④ 统计推断

实得$|u|<u_{0.05/2}$=1.96，$p>0.05$，故接受H_0，否定H_A，即两地区的锈病率无显著差异。

4.4.3 百分数假设检验的连续性矫正

由于二项总体的百分数（频率）是由某一属性的个体数计算来的数据，是离散型数据。当样本不太大时，把它当作连续型的近似正态总体来处理，结果会有些出入，容易发生第一类错误。补救的办法是仍按正态分布的假设检验计算，但必须进行连续性矫正。这种矫正在n<30，且np<5时是必需的。

1．单个百分数假设检验的连续性校正

经过连续性矫正的正态离差u值或t值，分别以u_c或t_c表示。

当n≥30时，单个样本百分数的连续性矫正公式为：

$$u_c=\frac{|\hat{p}-p|-\dfrac{0.5}{n}}{\sigma_{\hat{p}}}=\frac{|n\hat{p}-np|-0.5}{n\sigma_{\hat{p}}} \tag{4.24}$$

式中
$$\sigma_{\hat{p}}=\sqrt{\frac{pq}{n}}$$

当n<30时，单个样本百分数的连续性矫正公式为：

$$t_c=\frac{|\hat{p}-p|-\dfrac{0.5}{n}}{s_{\hat{p}}}=\frac{|n\hat{p}-np|-0.5}{ns_{\hat{p}}} \tag{4.25}$$

式中

$$s_{\hat{p}}=\sqrt{\frac{\hat{p}\hat{q}}{n}} \tag{4.26}$$

$$\mathrm{df}=n-1$$

［**例 4.12**］ 规定玉米良种的不发芽率低于 15%为合格，现对一批良种随机抽取 100 粒进行发芽试验，结果有 17 粒种子不发芽，问这批良种是否合格？

分析：这是一个样本百分数的假设检验，np、$nq>5$，但$np<30$，需进行单个样本百分数u检验的连续性矫正；不发芽率低于 15%为合格，故用一尾检验。

①建立假设

H_0：$p\leqslant0.15$；H_A：$p>0.15$。

② 确定显著水平

$$\alpha=0.05$$

③ 检验计算

$$\hat{p}=\frac{x}{n}=\frac{17}{100}=0.17$$

$$\sigma_{\hat{p}}=\sqrt{pq/n}=\sqrt{0.85\times0.15/100}=0.0798$$

$$u_c = \frac{|\hat{p}-p| - \frac{0.5}{n}}{\sigma_{\hat{p}}} = \frac{|0.17-0.15| - \frac{0.5}{100}}{0.0798} = 0.1879$$

④ 统计推断

实得 $|u| < u_{0.05}$=1.64，p>0.05，故接受 H_0，否定 H_A，即该批良种合格。

［例 4.13］ 用基因型纯合的紫花苜蓿与白花苜蓿杂交，其 F_1 代与隐性亲本白花苜蓿回交，得回交一代 26 株，其中紫花苜蓿 14 株，白花苜蓿 12 株，问该试验结果是否符合一对等位基因的遗传规律？

分析：这是一个样本百分数的假设检验，因 n、np、nq < 30，需进行单个样本百分数 t 检验的连续性矫正；不知结果与遗传规律之比孰高孰低，用双尾检验。若该试验结果符合一对等位基因的遗传规律，紫花苜蓿与白花苜蓿的百分率均为 50%。

① 建立假设

H_0：$p = 0.5$；H_A：$p \neq 0.5$

② 确定显著水平

$$\alpha = 0.05$$

③ 检验计算

$$\hat{p} = \frac{x}{n} = \frac{14}{26} = 0.538$$

$$\hat{q} = 1 - \hat{p} = 1 - 0.538 = 0.462$$

$$s_{\hat{p}} = \sqrt{\frac{\hat{p}\hat{q}}{n}} = \sqrt{\frac{0.538 \times 0.462}{26}} = 0.978$$

$$t_c = \frac{|\hat{p}-p| - \frac{0.5}{n}}{s_{\hat{p}}} = \frac{|0.538-0.5| - \frac{0.5}{26}}{0.978} = 0.019$$

$$\mathrm{df} = n - 1 = 26 - 1 = 25$$

④ 统计推断

实得 $|t| < t_{0.05/2,25}$=2.06，p>0.05，故接受 H_0，否定 H_A，即该试验结果符合一对等位基因的遗传规律。

2．两个百分数假设检验的连续性校正

假定两个样本百分数中，较大值的 $\hat{p}_1$ 具有 x_1 和 n_1，较小值的 $\hat{p}_2$ 具有 x_2 和 n_2，则当 $n \geqslant 30$ 时，需进行 u 检验的连续性矫正：

$$u_c = \frac{|\hat{p}_1 - \hat{p}_2| - \frac{0.5}{n_1} - \frac{0.5}{n_2}}{s_{\hat{p}_1 - \hat{p}_2}} \tag{4.27}$$

如果 n<30，需进行 t 检验连续性矫正：

$$t_c = \frac{|\hat{p}_1 - \hat{p}_2| - \frac{0.5}{n_1} - \frac{0.5}{n_2}}{s_{\hat{p}_1 - \hat{p}_2}} \tag{4.28}$$

$$\mathrm{df}=(n_1-1)+(n_2-1)=n_1+n_2-2$$

上述u_c或t_c公式中

$$\overline{p}=\frac{x_1+x_2}{n_1+n_2}=\frac{n_1p_1+n_2p_2}{n_1+n_2}$$

$$\overline{q}=1-\overline{p}$$

$$s_{\hat{p}_1-\hat{p}_2}=\sqrt{\overline{p}\overline{q}\left(\frac{1}{n_1}+\frac{1}{n_2}\right)}$$

［**例 4.14**］ 用甲农药处理 25 头小麦蚜虫，死亡 15 头，乙农药处理 20 头小麦蚜虫，死亡 10 头。问甲、乙 2 种农药处理效果有无显著差异。

分析：这是两个样本百分数的假设检验，两个样本均为小样本，进行t检验的连续性矫正；不知甲、乙两种农药处理效果有无显著差异，用双尾检验。

① 建立假设

H_0：$p_1=p_2$；H_A：$p_1\neq p_2$

② 确定显著水平

$$\alpha=0.05$$

③ 检验计算

$$\overline{p}=\frac{x_1+x_2}{n_1+n_2}=\frac{15+10}{25+20}=0.556$$

$$\overline{q}=1-\overline{p}=1-0.556=0.444$$

$$s_{\hat{p}_1-\hat{p}_2}=\sqrt{\overline{p}\overline{q}\left(\frac{1}{n_1}+\frac{1}{n_2}\right)}=\sqrt{0.556\times0.444\left(\frac{1}{25}+\frac{1}{20}\right)}=0.149$$

$$t_c=\frac{\left|\hat{p}_1-\hat{p}_2\right|-\frac{0.5}{n_1}-\frac{0.5}{n_2}}{s_{\hat{p}_1-\hat{p}_2}}=\frac{\left|\frac{15}{25}-\frac{10}{20}\right|-\frac{0.5}{25}-\frac{0.5}{20}}{0.149}=0.369$$

$$\mathrm{df}=(n_1-1)+(n_2-1)=n_1+n_2-2=43$$

④ 统计推断

实得$|t|<t_{43,0.05/2}$=2.017，$p>0.05$，故接受H_0，否定H_A，即甲、乙两种农药处理效果无显著差异。

4.5 参数的区间估计

很多情况下，经常需要利用样本的统计数对总体的参数进行估计。参数估计（Estimation of Parameter）是指用样本统计数对总体参数做出的估计，包括点估计（Point Estimate）和区间估计（Interval Estimate）。

4.5.1 参数估计的基本原理

估计总体参数的统计量称为估计量（Estimator）。为了估计同一个参数，可以用许多的估计量来进行。如 μ 可由样本平均数来估计，σ^2 可由 s^2 估计。这些估计量中，哪个是最好的估计量呢？

一般来说，一个好的估计量应满足三个条件：无偏性、有效性和相容性。

无偏估计量是指如果一个统计量的理论平均数（它的数学期望）等于总体的参数，就称为无偏估计量。

有效估计量是指在样本含量相同的情况下，如果一个统计量的方差小于另一个统计量的方差，则前一个统计量是更有效的估计量。

相容估计量是指如果统计量的取值任意接近于参数值的概率，随样本含量 n 的无限增加而趋于 1，则该统计量称为参数的相容估计量。

点估计就是用样本统计数直接估计相应的总体参数。样本的平均数和方差都符合无偏性、最小方差和相容性。因此，样本平均数 $\bar{x}$ 和样本方差 s^2 分别为总体 μ 和 σ^2 的最优估计。

根据抽样分布规律，样本统计数亦是一个随机变数，所以不同的样本会有不同的估计值，即点估计具有一定的偏差，因此有必要估算一个取值范围，使总体参数能够以很高的置信度落在这个区间内，这种用样本统计数在一定的概率保证下估计总体参数所在范围的方法，称为参数的区间估计。

对于概率标准$1-\alpha$，总体参数 μ 的区间估计式：

$$P(\bar{x}-u_{\alpha/2}\sigma_{\bar{x}} \leqslant \mu \leqslant \bar{x}+u_{\alpha/2}\sigma_{\bar{x}})=1-\alpha$$

总体参数可能所在的区间称为置信区间（Confidence Interval）。 置信区间的上下限称为置信限（Confidence Limits）。保证参数在该区间内的概率称为置信系数或置信度（Confidence Coefficient），以 P=1-α 表示。以式表示为：

$$P(L_1 \leqslant \theta \leqslant L_2)=1-\alpha$$

式中 θ 指总体参数，如： μ、σ、$\mu_1-\mu_2$ 等。L_1 和 L_2 称为置信限，其中 L_1 称为置信下限；L_2 称为置信上限。

事实上，参数的区间估计也可用于假设检验，因为置信区间是在一定置信系数的保证下的总体参数所在范围，故对参数所进行的假设如果落在置信区间内，就说明这个假设与真实情况相符，因而可以接受无效假设；反之，如果对参数所进行的假设落在区间以外，则说明这个假设与真实情况不符，因而可以否定无效假设接受备择假设。

4.5.2 参数的区间估计

1. 单个总体平均数的区间估计

（1）总体方差 σ^2 已知，或总体方差 σ^2 未知但 $n \geqslant 30$ 时，用样本平均数 $\bar{x}$ 和总体方差 σ^2 或样本方差 s^2 做出在置信度 P=1−α 的总体平均数 μ 的区间估计（双侧置信区间）。

① 当 σ^2 已知时，根据公式得：

$$\bar{x}-u_{\alpha/2}\sigma_{\bar{x}} \leqslant \mu \leqslant \bar{x}+u_{\alpha/2}\sigma_{\bar{x}}$$

其置信区间的下限和上限为：$L_1=\bar{x}-u_{\alpha/2}\sigma_{\bar{x}}$，$L_2=\bar{x}+u_{\alpha/2}\sigma_{\bar{x}}$

总体方差σ^2已知，总体平均数μ的区间估计的方法（其余推导方法一致）如下。

在假设检验中当$|u| \leqslant u_{\alpha/2}$时，认为总体均数$\mu$落在接受区间的概率为$P=1-\alpha$即$-u_{\alpha/2} \leqslant u = \dfrac{\overline{x}-\mu}{\sigma_{\overline{x}}} \leqslant u_{\alpha/2}$

该式同乘以$\sigma_{\overline{x}}$：$-u_{\alpha/2}\sigma_{\overline{x}} \leqslant \overline{x}-\mu \leqslant u_{\alpha/2}\sigma_{\overline{x}}$

再将不等式两边同时减去$\overline{x}$：$-\overline{x}-u_{\alpha/2}\sigma_{\overline{x}} \leqslant -\mu \leqslant u_{\alpha/2}\sigma_{\overline{x}}-\overline{x}$

最后将不等式两边同时乘以(–1)，并改变不等式符号：$\overline{x}+u_{\alpha/2}\sigma_{\overline{x}} \geqslant \mu \geqslant \overline{x}-u_{\alpha/2}\sigma_{\overline{x}}$

整理后，可得在置信度$P=1-\alpha$时，对总体平均数μ的置信区间为：

$$\overline{x}-u_{\alpha/2}\sigma_{\overline{x}} \leqslant \mu \leqslant \overline{x}+u_{\alpha/2}\sigma_{\overline{x}}$$

② 总体方差σ^2未知但$n \geqslant 30$时，用样本平均数$\overline{x}$和样本方差s^2做出在置信度$P=1-\alpha$的总体平均数μ的区间估计：$\overline{x}-u_{\alpha/2}s_{\overline{x}} \leqslant \mu \leqslant \overline{x}+u_{\alpha/2}s_{\overline{x}}$

其置信区间的下限和上限为：$L_1=\overline{x}-u_{\alpha/2}s_{\overline{x}}$，$L_2=\overline{x}+u_{\alpha/2}s_{\overline{x}}$

（2）总体方差σ^2未知且$n<30$时，用s^2估计σ^2，则样本平均数$\overline{x}$和方差s^2作出在置信度$P=1-\alpha$的总体平均数μ的区间估计为：$\overline{x}-t_{\alpha/2}s_{\overline{x}} \leqslant \mu \leqslant \overline{x}+t_{\alpha/2}s_{\overline{x}}$

其置信区间的下限和上限为：$L_1=\overline{x}-t_{\alpha/2}s_{\overline{x}}$，$L_2=\overline{x}+t_{\alpha/2}s_{\overline{x}}$

或者，总体平均数的估计L为：$L=\overline{x}\mp t_{\alpha/2}s_{\overline{x}}$

［例 4.15］ 测得某批 16 个玉米样本的平均淀粉含量$\overline{x}$=69.75%，已知σ=3.64%，试估计 95%置信度下μ的置信区间。

本例中σ为已知，置信度为 0.95，即α=1–0.95=0.05，查附表 3 知，$u_{0.05/2}=1.96$。

$$\sigma_{\overline{x}}=\frac{\sigma}{\sqrt{n}}=\frac{3.64}{\sqrt{16}}=0.91$$

则淀粉含量的置信限为：

$$L_1=\overline{x}-u_{\alpha/2}\sigma_{\overline{x}}=69.75-1.96\times0.91=69.97$$

$$L_2=\overline{x}+u_{\alpha/2}\sigma_{\overline{x}}=69.75+1.96\times0.91=71.53$$

即该玉米品种的平均淀粉含量为 69.97%～71.53%，此估计值的可靠度有 95%，或者其估计值为$L=\overline{x}\mp u_{\alpha/2}\sigma_{\overline{x}}=69.75\mp1.78\%$。

［例 4.16］ 例 4.4 已算出新引进玉米良种 6 次平均百粒重为 33.03g，$s_{\overline{x}}=0.232\,\text{g}$，试估计 95%置信度下新引进玉米良种百粒重的双侧区间范围。

本例中σ^2为未知，且为小样本，置信度为 0.95，即α=1–0.95=0.05，$\text{df}=6-1=5$，查附表知，$t_{0.05/2,5}=2.571$，

则新引进玉米良种百粒重的区间范围置信限为：

$$L_1=\overline{x}-t_{\alpha/2}s_{\overline{x}}=33.03-2.571\times0.232=32.43$$

$$L_2=\overline{x}+t_{\alpha/2}s_{\overline{x}}=33.03+2.571\times0.232=33.63$$

即该玉米良种百粒重为 32.43～33.63g，此估计值的可靠度有 95%。

（3）μ的单侧置信区间

假设检验除了两尾检验还有一尾检验，与其相对应的就有单侧置信区间，其中图 4.2 的

置信区间称为右侧置信区间，图 4.3 的置信区间称为左侧置信区间。单个总体平均数 μ 的右侧置信区间为：

$\mu \geqslant \overline{x}-u_{\alpha}\sigma_{\overline{x}}$　　（σ^2 已知）

$\mu \geqslant \overline{x}-u_{\alpha}s_{\overline{x}}$　　（σ^2 未知，$n \geqslant 30$）

$\mu \geqslant \overline{x}-t_{\alpha}s_{\overline{x}}$　　（σ^2 未知，$n<30$）

单个总体平均数 μ 的左侧置信区间为：

$\mu \leqslant \overline{x}+u_{\alpha}\sigma_{\overline{x}}$　　（σ^2 已知）

$\mu \leqslant \overline{x}+u_{\alpha}s_{\overline{x}}$　　（σ^2 未知，$n \geqslant 30$）

$\mu \leqslant \overline{x}+t_{\alpha}s_{\overline{x}}$　　（σ^2 未知，$n<30$）

［**例 4.17**］ 例 4.2 中，$\sigma=60\text{ kg}$，$n=20$，$\overline{x}=710\text{ kg}$，问该品种总体平均产量 95%置信度下的左侧区间范围。

本例中总体 σ^2 已知，置信度为 0.95，即 α =1–0.95=0.05，查附表 3 知，$u_{0.05}=1.64$，则该品种总体平均产量 95%置信度下的左侧区间范围为：

$$\mu \leqslant \overline{x}+u_{\alpha}\sigma_{\overline{x}}=710+1.64\times 60/\sqrt{20}=732\text{ kg}$$

于是可以有 95%的把握推断：品种总体平均产量在小于 732 kg 的左侧置信区间。

2．两个总体平均数差数的区间估计

（1）当两个总体方差 σ_1^2 和 σ_2^2 为已知，或两总体方差 σ_1^2 和 σ_2^2 未知但均为大样本，在置信度为 P=1–α 时。

① 当 σ_1^2 和 σ_2^2 已知时，两个总体平均数差数 $\mu_1-\mu_2$ 的区间估计为：

$$(\overline{x}_1-\overline{x}_2)-u_{\alpha/2}\sigma_{\overline{x}_1-\overline{x}_2} \leqslant \mu_1-\mu_2 \leqslant (\overline{x}_1-\overline{x}_2)+u_{\alpha/2}\sigma_{\overline{x}_1-\overline{x}_2}$$

② 当 σ_1^2 和 σ_2^2 未知，n_1、$n_2 \geqslant 30$ 时，两个总体平均数差数 $\mu_1-\mu_2$ 的区间估计为：

$$(\overline{x}_1-\overline{x}_2)-u_{\alpha/2}s_{\overline{x}_1-\overline{x}_2} \leqslant \mu_1-\mu_2 \leqslant (\overline{x}_1-\overline{x}_2)+u_{\alpha/2}s_{\overline{x}_1-\overline{x}_2}$$

（2）当两个样本为小样本，总体方差 σ_1^2 和 σ_2^2 未知时。

① 当两总体方差相等，即 $\sigma_1^2=\sigma_2^2=\sigma^2$ 时，可由两样本方差 s_1^2 和 s_2^2 估计 s_e^2，在置信度为 P=1–α 下，两总体平均数差数 $\mu_1-\mu_2$ 区间估计为：

$$(\overline{x}_1-\overline{x}_2)-t_{\alpha/2,\text{df}}s_{\overline{x}_1-\overline{x}_2} \leqslant \mu_1-\mu_2 \leqslant (\overline{x}_1-\overline{x}_2)+t_{\alpha/2,\text{df}}s_{\overline{x}_1-\overline{x}_2}$$

② 当两总体方差不相等，即 $\sigma_1^2 \neq \sigma_2^2$ 时，可由两样本方差 s_1^2 和 s_2^2 对总体方差 σ_1^2 和 σ_2^2 的估计而算出 t 值，这时已不是自由度 $\text{df}=n_1+n_2-2$ 的 t 分布，而是近似的服从自由度 df′ 的近似 t 分布，在置信度为 P=1–α 下，两总体平均数差数 $\mu_1-\mu_2$ 的区间估计为：

$$(\overline{x}_1-\overline{x}_2)-t_{\alpha/2,(\text{df}')}s_{\overline{x}_1-\overline{x}_2} \leqslant \mu_1-\mu_2 \leqslant (\overline{x}_1-\overline{x}_2)+t_{\alpha/2,(\text{df}')}s_{\overline{x}_1-\overline{x}_2}$$

（3）当两样本为成对资料时，在置信度为 P=1–α 时，成对数据总体差数 μ_d 的置信区间为：

$$\overline{d}-t_{\alpha/2,\text{df}}s_{\overline{d}} \leqslant \mu_d \leqslant \overline{d}+t_{\alpha/2,\text{df}}s_{\overline{d}}$$

［**例 4.18**］ 例 4.6 中，分别随机抽样两个玉米品种各 50 株进行测产，单株产量分别为 110g 和 115g，单株产量的方差分别为 20g^2 和 25g^2，其 $s_{\overline{x}_1-\overline{x}_2}$=0.95g，试计算 95%置信度下两个玉米品种单株产量差数 $\mu_1-\mu_2$ 的置信区间。

本例中两总体方差σ_1^2和σ_2^2未知但均为大样本，在置信度为P=95%即α=1−0.95=0.05 条件下，查附表 3 可知，$u_{0.05/2}=1.96$，则两个玉米品种单株产量差数区间范围置信限为：

$$L_1=(\overline{x}_1-\overline{x}_2)-u_{\alpha/2}s_{\overline{x}_1-\overline{x}_2}=(110-115)-1.96\times0.95=-6.86$$

$$L_2=(\overline{x}_1-\overline{x}_2)+u_{\alpha/2}s_{\overline{x}_1-\overline{x}_2}=(110-115)+1.96\times0.95=-3.14$$

即两个玉米品种单株产量差数区间范围为−6.86g～−3.14g，此估计值的可靠度有 95%。

［例 4.19］ 例 4.9 中，A、B 两种肥料玉米每亩产量差数$\overline{d}=-1.66\,\text{kg}$，$s_{\overline{d}}=4.4\,\text{kg}$。试求 95%置信度下的玉米每亩产量差数$\mu_d$的区间范围。

本例中两个样本为成对设计，置信度为 0.95，即α=1−0.95=0.05，$\text{df}=7-1=6$，查附表 4 知，$t_{0.05/2,6}=2.447$。

则两种肥料对玉米每亩产量差数区间范围置信限为：

$$L_1=\overline{d}-t_{\alpha/2}s_{\overline{d}}=-1.66-2.447\times4.4=-12.43$$

$$L_2=\overline{d}-t_{\alpha/2}s_{\overline{d}}=-1.66+2.447\times4.4=9.11$$

即两个玉米品种单株产量差数区间范围为−12.43～9.11 kg，此估计值的可靠度有 95%。

3．总体百分数的区间估计

二项总体百分数p的置信区间，可按二项分布或正态分布来估计。前者所得结果较为精确，可根据样本容量n和某一属性的个体数f，在已经制好的统计表上直接查出总体的上、下限，甚为方便。但该统计表上只包括小部分n，所以在实际应用时，可由正态分布来近似估计。正态分布所得的结果只是一个近似值。

（1）总体σ^2未知，但n>30，np、$nq>5$时，用$s_{\hat{p}}$估计σ^2，则总体百分数p在置信度P=1−α的区间估计为：$\hat{p}-u_{\alpha/2}s_{\hat{p}}\leqslant p\leqslant\hat{p}+u_{\alpha/2}s_{\hat{p}}$

（2）总体σ^2未知，n<30，np或nq<5 时，需要进行连续性校正，则总体p在置信度P=1−α的区间估计为：

$$\hat{p}-u_{\alpha/2}s_{\hat{p}}-\frac{0.5}{n}\leqslant p\leqslant\hat{p}+u_{\alpha/2}s_{\hat{p}}+\frac{0.5}{n}$$

［例 4.20］ 紫花苜蓿与白花苜蓿杂交后，其回交一代共 100 株，其中紫花苜蓿 40 株，$\hat{p}=0.4$，试求 95%置信度下总体百分数p的区间范围。

方法 1：由附表 9 可知，在样本容量n=100 的列和观察次数f=40 的交叉处查得 30 和 50，即观察到紫花苜蓿的置信度为 95%。

方法 2：按正态近似法计算，本例中，$s_{\hat{p}}=\sqrt{\dfrac{0.4\times0.6}{100}}=0.049$，查附表 3 可知，$u_{0.05/2}=1.96$，则 95%置信度下的紫花苜蓿$p$置信限为$L_1=\hat{p}-u_\alpha s_{\hat{p}}=0.304$，$L_2=\hat{p}+u_{\alpha/2}s_{\hat{p}}=0.496$。故 95%置信度下的紫花苜蓿$p$的区间范围为 0.304～0.496。

4．两个总体百分数差数的区间估计

① 当np、$nq>5$时，总体p在置信度P=1−α的区间估计为：

$$(\hat{p}_1-\hat{p}_2)-u_{\alpha/2}s_{\hat{p}_1-\hat{p}_2}\leqslant p_1-p_2\leqslant(\hat{p}_1-\hat{p}_2)+u_{\alpha/2}s_{\hat{p}_1-\hat{p}_2}$$

② 当 np 或 $nq<5$ 时，总体 p 在置信度 $P=1-\alpha$ 的区间估计为：

$$(\hat{p}_1-\hat{p}_2)-u_{\alpha/2}s_{\hat{p}_1-\hat{p}_2}-\frac{0.5}{n_1}-\frac{0.5}{n_2}\leqslant p_1-p_2\leqslant(\hat{p}_1-\hat{p}_2)+u_{\alpha/2}s_{\hat{p}_1-\hat{p}_2}+\frac{0.5}{n_1}+\frac{0.5}{n_2}$$

［**例 4.21**］ 例 4.11 中，甲地区调查 475 株，锈病株 368 株，锈病率 77.47%；乙地区调查 398 株，锈病株 328 株，锈病率 82.41%。试计算 95%置信度下两种锈病率差数的区间估计值。

本例中，两个样本均为大样本，进行区间估计时，$u_{0.05/2}=1.96$，$s_{\hat{p}_1-\hat{p}_2}=\sqrt{\frac{0.7747\times0.2253}{475}+\frac{0.8241\times0.1759}{398}}=0.0276$ 则 95%置信度下 2 种锈病率差数的区间范围置信限为：

$$L_1=(\hat{p}_1-\hat{p}_2)-u_{\alpha/2}s_{\hat{p}_1-\hat{p}_2}=-0.1035$$

$$L_2=(\hat{p}_1-\hat{p}_2)+u_{\alpha/2}s_{\hat{p}_1-\hat{p}_2}=0.0047$$

故 95%置信度下 2 种锈病率差数的置信区间范围为–10.35%～0.47%。此估计值的可靠度有 95%。

习 题 4

1．名词解释：统计假设、统计推断、显著水平、无效假设、备择假设、接受区域、否定区域、第一类错误、第二类错误。

2.抽查了某玉米品种 3 叶期株高 10 次，得结果(cm)：8.8，9.0,7.5,8.4,9.2,9.6,10.1,8.7,9.3,9.7，问玉米的株高是否显著高于 9.0cm。

［答案：$s_{\bar{x}}=0.234$，$t=0.128$］

3．根据资料，某小麦品种的千粒重（g）为 $N(35.5,2.65)$ 的总体。

（1）现以 $n=20$ 测得某一株系 $\bar{x}=34.2$ g，能否认为该株系总体的千粒重等于 35.5 g?

（2）计算该株系总体平均数置信度为 95%的置信区间。

［答案：（1）$u=-3.57$，不相等；（2）[33.49,34.9]］

4．选择土壤和其他条件最相似的相邻小区组成一对，其中一小区种植当地小麦品种，另一小区种植新引进小麦品种，重复 8 次。产量（kg）结果如下。

当地品种：10.2，10.9，11.5，10.9，10.5，10.4，11.1,10.8。

引进品种：11.2，11.9，11.8，12.5，11.6，12.3，11.3，11.9。

（1）用成对比较法检验两种小麦品种产量有无显著差异。

（2）求 95%置信度 μ_d 的置信区间。

（3）用成组比较法检验两种小麦品种产量有无显著差异。

（4）求 95%置信度平均数差数 $\mu_1-\mu_2$ 置信区间。

［答案：（1）$t=-5.04$，否定 H_0；（2）$[-1.51,-0.54]$；（3）$t=-4.74$，否定 H_0；（4）$[-1.49,-0.56]$］

第 5 章　卡方 χ^2 检验

在农业试验中，全部质量性状和部分数量性状的资料是用计数的方法，这类用计数的方法获得的资料称为次数资料。对这类资料的分析通常是用卡平方检验。而对于二项资料可采用第 3 章介绍的二项分布概率来计算，也可以采用第 4 章介绍的样本百分数的假设检验来计算，还可以采用 χ^2 检验（Chi-square Test）。次数资料的 χ^2 检验一般有 3 种检验用途，即方差同质性检验、适合性检验和独立性检验。

5.1　χ^2 检验的原理与方法

5.1.1　χ^2 检验的定义

从方差为 σ^2 的正态总体中随机抽取 k 个独立样本，就得到 k 个正态离差 u 值，即 u_1，u_2, u_3，…，u_k，将 k 个正态离差 u 值先平方再求和，即得到：

$$\chi^2 = u_1^2 + u_2^2 + u_3^2 + \ldots + u_k^2 = \sum_{i=1}^{k} u_i^2 = \sum_{i=1}^{k}\left(\frac{x_i - \mu_i}{\sigma_i}\right)^2 \tag{5.1}$$

从而

$$\chi^2 = \sum_{1}^{k}\left(\frac{x_i - \mu}{\sigma}\right)^2 = \frac{\sum (x-\mu)^2}{\sigma^2} \tag{5.2}$$

χ^2 抽样分布的密度函数为 $f(\chi^2) = \dfrac{(\chi^2)^{(\nu/2)-1} \mathrm{e}^{-\chi^2/2}}{2^{\nu/2}\Gamma(\nu/2)}$

χ^2 累积分布函数为 $F(\chi_p^2) = P(\chi^2 \geqslant \chi_p^2) = \int_{\chi_p^2}^{\infty} f(\chi^2)\mathrm{d}\chi^2$

此时，该 χ^2 分布的自由度为独立的正态离差的个数，此处 $\nu = n-1$，其分布图形为一组具有不同自由度的曲线（见图 5.1）。χ^2 值的取值是 $\chi^2 \geqslant 0$。自由度小时呈偏态，随着自由度增加，偏度降低，当 $\nu \to +\infty$ 时，χ^2 趋向对称分布。该分布的平均数为 ν，方差为 2ν。

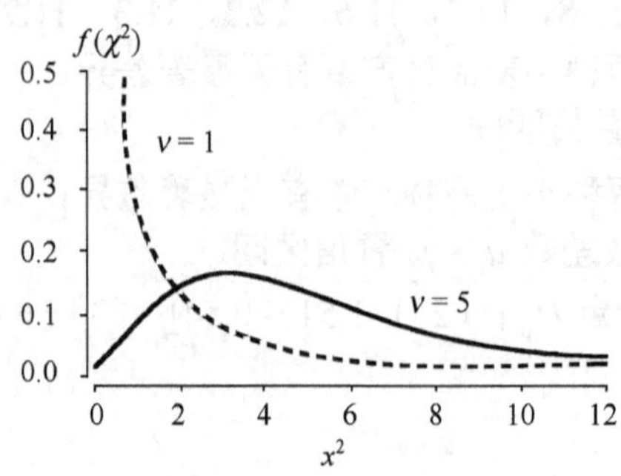

图 5.1　$\nu=1$ 和 $\nu=5$ 时的 χ^2 分布

若所研究的总体μ不知，而以样本$\overline{x}$替代，则

$$\chi^2=\sum_{1}^{k}\left(\frac{x_i-\overline{x}}{\sigma}\right)^2=\frac{\sum(x_i-\overline{x})^2}{\sigma^2}=(n-1)\times\frac{s^2}{\sigma^2} \tag{5.3}$$

上式中，分子表示样本的离散程度，分母表示总体方差，此时服从自由度ν为$n-1$的χ^2分布。

5.1.2 χ^2检验的方法

K.Pearson（1900）根据χ^2的定义和属性性状资料的分布，推导出用于统计次数资料样本的实际观测值与推算值之间偏离程度的χ^2公式：

$$\chi^2=\sum_{i=1}^{k}\frac{(O_i-E_i)}{E_i} \tag{5.4}$$

上式反映了统计样本的实际观测值（O）与理论推算值（E）之间的偏离程度。$i=1, 2, 3, \cdots, k$。k为分组数，ν为自由度，这种形式的χ^2分布图形与图 5.1 相同。

由于检验的次数资料是间断性的，而χ^2分布是连续性的，检验计算所得的χ^2值只是近似地服从χ^2分布，所以应用连续性的χ^2分布的概率检验间断性资料所得的χ^2值就有一定的偏差。当$\nu=1$，须进行连续性矫正，对$\nu\geqslant 2$的样本，可以不必作连续性矫正。

Yates（1934）提出了一个矫正公式：

$$\chi_c^2=\sum\frac{(|O_i-E_i|-0.5)^2}{E_i} \tag{5.5}$$

5.1.3 χ^2检验的步骤

χ^2检验也是一种假设检验，因而其步骤与第 4 章假设检验步骤相同，只是在建立假设（H_0和H_A）及计算时有所差别，下面详细介绍χ^2检验的一般步骤。

① 建立假设。

无效假设和备择假设。H_0：观察值与理论值的差异由抽样误差引起，总体服从假设分布。H_A：观察值与理论值的差异不是由抽样误差引起，总体不服从假设分布。

② 确定显著水平。

一般情况取$\alpha=0.05$或$\alpha=0.01$。

③ 检验计算。

在无效假设为正确的前提下，先计算自由度ν和理论值E，再计算χ^2值。将实得的χ^2与查表得的χ_α^2值进行比较。

④ 统计推断，并给出结论。

若为右尾检验，否定区为$\chi^2>\chi_\alpha^2$，即如果$\chi^2<\chi_\alpha^2$，接受H_0，否定H_A；反之，否定H_0，接受H_A。

若为左尾检验，否定区为$\chi^2<\chi_{1-\alpha}^2$，即如果$\chi^2>\chi_{1-\alpha}^2$，接受H_0，否定H_A；反之，否定H_0，接受H_A。

若为双尾检验，否定区为$\chi^2>\chi_{\alpha/2}^2$和$\chi^2<\chi_{1-\alpha/2}^2$，即如果$\chi^2<\chi_{\alpha/2}^2$或$\chi^2>\chi_{1-\alpha/2}^2$，接受$H_0$，否定$H_A$；如果$\chi^2>\chi_{\alpha/2}^2$或$\chi^2<\chi_{1-\alpha/2}^2$，否定$H_0$，接受$H_A$。

需要注意的是：由于 χ^2 分布是连续性的，次数资料是间断性的，所得 χ^2 值有一定的偏差，因而任何一组的理论次数 E_i 都必须大于 5，如果 $E_i \leqslant 5$，则需要合并理论组或增大样本容量以满足 $E_i > 5$。

5.2 方差同质性检验

方差同质性是指各个处理观测值总体方差 σ^2 应是相等的，即不同处理不能影响随机误差的方差，也叫方差齐性。只有方差相等，才能以各个处理均方的合并均方作为检验各处理差异显著性的共同的误差均方。在连续性变数资料的分析中常需要进行方差的比较，并用以估计总体方差 σ^2。一个总体方差与已知总体方差的比较和两个总体方差间的比较可以应用 F 检验，多个总体方差间的比较则须应用 χ^2 检验。当然，χ^2 检验也可以应用于前者，但更多的是用于估计总体的方差和进行多个总体方差间的比较。

5.2.1 单个方差的假设检验

这是检验样本方差所属的总体方差 σ^2 与假设的总体方差是否相等的假设检验。

［例 5.1］ 将碳酸氢铵施于玉米田中，得 5 个小区的玉米产量（kg）分别为 513、526、498、503、521，算得样本方差为 s^2 为 138.7 kg^2，现检验该样本是否来源于 σ^2 为 80 kg^2 的总体。

分析：这是检验一个样本方差 s^2 和给定的总体方差 σ^2 是否差异显著的方差同质性检验，应根据式（5.3）计算 χ^2 和对应的自由度 ν。

H_0：$\sigma^2 = 80\ \text{kg}^2$

H_A：$\sigma^2 \neq 80\ \text{kg}^2$

$\alpha = 0.05$

$\nu = n-1 = 5-1 = 4$

$$\chi^2 = (n-1)\frac{s^2}{\sigma^2} = (5-1)\times\frac{138.7}{80} = 6.935$$

查附表 6 可知，$\nu = 4$ 时，$\alpha/2$ 和 $1-\alpha/2$ 水平的 χ^2 临界值分别为：$\chi^2_{0.025} = 11.14$ 和 $\chi^2_{0.975} = 0.48$。现实得 $\chi^2 = 6.935 < \chi^2_{0.025} = 11.14$，接受 H_0，否定 H_A，即该样本来源于 σ^2 为 80kg^2 的总体。

根据前述 χ^2 的定义：$\chi^2 = \nu s^2/\sigma^2$，因此，可以应用 χ^2 分布由样本 s^2 给出一个总体方差 σ^2 的置信区间，从抽样分布的研究知道，方差的抽样分布是不对称的。在此区间内包括有总体方差 σ^2 的概率为 $1-\alpha$，即

$$P\left(\chi^2_{(1-\alpha/2),\nu} \leqslant \frac{\nu s^2}{\sigma^2} \leqslant \chi^2_{\alpha/2,\nu}\right) = 1-\alpha \tag{5.6}$$

变化后为：

$$\frac{\nu s^2}{\chi^2_{(1-\alpha/2),\nu}} \leqslant \sigma^2 \leqslant \frac{\nu s^2}{\chi^2_{\alpha/2,\nu}} \tag{5.7}$$

即
$$\frac{\sum(x-\overline{x})^2}{\chi^2_{(1-\alpha/2),\nu}} \leqslant \sigma^2 \leqslant \frac{\sum(x-\overline{x})^2}{\chi^2_{\alpha/2,\nu}} \tag{5.8}$$

［**例 5.2**］ 求例 5.1 资料中总体方差 σ^2 的 95%置信限。

由于 $\nu=4$ 时，$\chi^2_{0.025}=11.14$，$\chi^2_{0.975}=0.48$，且 $s^2=138.7$，故对总体方差 σ^2 的 95%置信区间的下限 L_1 和上限 L_2 为：

$$L_1=\frac{\nu s^2}{\chi^2_{\alpha/2,\nu}}=\frac{4\times138.7}{11.14}=49.8,\quad L_2=\frac{\nu s^2}{\chi^2_{(1-\alpha/2),\nu}}=\frac{4\times138.7}{0.48}=1155.8$$

则总体方差 σ^2 的 95%置信区间为：

$$49.8 \leqslant \sigma^2 \leqslant 1155.8$$

值得注意的是，这一置信限并不对称，即从下限 L_1 到 σ^2 的距离不等于 σ^2 到上限 L_2 的距离。例 5.1 中给出的 σ^2=80，在 49.8～1155.8 之间，故亦可推断该样本来源于 σ^2 为 80kg^2 的总体。

本例中因 ν 较小，故方差置信限的区间很大。一般 $n \leqslant 30$ 时，单个样本方差用 χ^2 分布来检验和推断置信区间；$n>30$ 时，χ^2 分布近似对称，$\sqrt{2\chi^2}-\sqrt{2\nu-1}$ 近似服从 N（0,1）分布，因此，可以用 u 检验进行样本 s^2 与一个给定总体方差 σ^2 的同质性检验并进行区间估计。

两个样本方差间的比较亦可采用 χ^2 检验，方法是对两个样本分别估计出其总体方差的置信区间，若两者不重叠便有显著差异，反之则没有显著差异。当然最方便的方法是采用 F 检验，具体步骤和原理见第 4 章和第 5 章的相关内容。

5.2.2 几个方差的同质性检验

几个方差的同质性检验是用来检验 3 个或 3 个以上的样本所属总体方差是否差异显著。可以表示为 H_0：$\sigma_1^2=\sigma_2^2=\cdots=\sigma_k^2$（$k$ 为样本数）。对应 H_A：σ_1^2，σ_2^2，…，σ_k^2 不全相等。这一检验方法由 Bartlett（1937）提出，故又称为 Bartlett 检验（Bartlett Test），是一种近似的 χ^2 检验。

假如有 k 个独立的样本方差估计值：

$$s_1^2=\frac{1}{\nu_1}\sum(x_i-\overline{x}_1)^2$$

$$s_2^2=\frac{1}{\nu_2}\sum(x_2-\overline{x}_2)^2$$

$$\vdots$$

$$s_k^2=\frac{1}{\nu_k}\sum(x_k-\overline{x}_k)^2$$

各具有自由度 ν_1，ν_2，…，ν_k，那么合并的方差：

$$s_p^2=\frac{\sum_{i=1}^{k}\nu_i s_i^2}{\sum_{i=1}^{k}\nu_i} \tag{5.9}$$

由此，Bartlett χ^2 值为：

$$\chi^2 = \left[\left(\sum_{i=1}^{k}\nu_i\right)\ln s_p^2 - \sum_{i=1}^{k}\nu_i \ln s_i^2\right] \quad (5.10)$$

$$\chi_c^2 = \chi^2 / C \quad (5.11)$$

上述$\nu_i = n_i - 1$，n_i为各样本的样本容量，而C为矫正数：

$$C = 1 + \frac{1}{3(k-1)}\left[\sum_{i=1}^{k}\frac{1}{\nu_i} - \frac{1}{\sum \nu_i}\right] \quad (5.12)$$

如果采用常用对数，则式（5.11）可写为：

$$\chi_c^2 = \frac{2.3026}{C}\left[\left(\sum_{i=1}^{k}\nu_i\right)\lg s_p^2 - \sum_{i=1}^{k}\nu_i \lg s_i^2\right] \quad (5.13)$$

上述式（5.10）中的χ^2值如不用C进行矫正，亦近似地服从χ^2分布，无论矫正与否$\nu = k-1$；若所得χ^2值不显著，则不必进行矫正，应该接受H_0；若χ^2值与$\chi^2_{\alpha,\nu}$接近，则应进行矫正。如果算得的$\chi_c^2 > \chi^2_{\alpha,\nu}$，则否定$H_0$，表明这些样本所属总体方差不是同质的。

［**例 5.3**］假定有 3 个样本方差，$s_1^2 = 5.5$，$s_2^2 = 4.3$，$s_3^2 = 6.4$，各具有自由度$\nu_1 = 5$，$\nu_2 = 7$，$\nu_3 = 10$，问这 3 个总体的方差是否相等。

H_0：${\sigma_1}^2 = {\sigma_2}^2 = {\sigma_3}^2$；对应$H_A$：${\sigma_1}^2$、${\sigma_2}^2$、${\sigma_3}^2$不全相等。

由表 5.1 可得：

$${s_p}^2 = \frac{\sum_{i=1}^{k}\nu_i s_i^2}{\sum_{i=1}^{k}\nu_i} = 121.6/22 = 5.53$$

表 5.1　3 个方差同质性检验的计算

i	s_i^2	ν_i	$\nu_i s_i^2$	$\lg s_i^2$	$\nu_i \lg s_i^2$
1	5.5	5	27.5	0.74	3.70
2	4.3	7	30.1	0.63	4.43
3	6.4	10	64.0	0.81	8.06
总和		22	121.6		16.2

$$\sum \nu_i \ln {s_p}^2 = 22 \times \ln 5.53 = 22 \times 1.71 = 37.62$$

$$C = 1 + \frac{1}{3(k-1)}\left[\sum_{i=1}^{k}\frac{1}{\nu_i} - \frac{1}{\sum \nu_i}\right] = 1 + \frac{1}{3 \times (3-1)} \times \left[\frac{1}{5} + \frac{1}{7} + \frac{1}{10} - \frac{1}{22}\right] = 1.066$$

$${\chi_c}^2 = \frac{2.3026}{C}\left[\left(\sum_{i=1}^{k}\nu_i\right)\lg s_p^2 - \sum_{i=1}^{k}\nu_i \lg s_i^2\right] = \frac{2.3026}{1.066} \times [22 \times \lg 5.53 - 16.20] = 0.297$$

查附表 6，当$\nu = k-1 = 3-1 = 2$时，$\chi^2 > 0.297$的概率在 0.75～0.90 之间，符合H_0的概率较大，因此，说明本例中 3 个总体方差是同质的。

Bartlett 检验受到非正态总体的影响。因此，如果遇到非正态总体资料，应对其进行对数转换（转换方法见第 6 章）。否则，所检验的是非正态性而不一定是方差的异质性。

5.3 适合性检验

适合性检验（Compatibility Test）是比较观察值与理论值是否符合的假设检验。首先通过一定的理论分布推算出样本的理论值，然后用实际观测值与理论值比较，从而得出实际观测值与理论值之间是否吻合，因此也称为吻合性检验或拟合度检验（Test for Goodness-of-fit）。在适合性检验中 $\nu = k - m$，k 为性状的分组数，m 为约束条件数。

5.3.1 各种遗传分离比例的适合性检验

在生物学中，常常用 χ^2 来检验所得的实际结果是否与遗传学规律的分离比例相符合。

1．k=2 组次数资料的适合性检验

这种资料仅分成 2 组，其总体分布为二项总体分布。无效假设 H_0：符合假设的二项分布，H_A：不符合假设的二项分布。由于受到理论总次数等于实际总次数这一条件的限制，即 $\sum_{i=1}^{k} E_i = N$，因而约束条件数 $m=1$，自由度 $\nu = 2-1=1$，故需用连续性矫正公式。

［例 5.4］ 豌豆花色的一对等位基因的遗传规律研究中，在 F_2 获得表 5.2 数据，问这一资料是否符合 3∶1 的一对等位基因的遗传分离规律?

表 5.2 豌豆花色一对等位基因的遗传规律研究

花 色	实际株数 O	理论株数 E	$O-E$	$(\|O-E\|-0.5)^2$	$\frac{(\|O_i-E_i\|-0.5)^2}{E}$
红色	213	208.5	4.5	16.0	0.0767
白色	65	69.5	–4.5	16.0	0.2302
总数	278	278	0		0.3070

分析：这是典型的孟德尔遗传规律的适合性检验，由于 F_2 的花色只分为 2 种，假定符合 3∶1 的遗传分离规律，其理论数值计算后直接填入上表内，因其 $\nu = 2-1=1$，应选择式（5.5）计算。

H_0：观测值与理论值的差异由抽样误差引起，即符合假定的理论分布；

H_A：不符合假定的理论分布。

$$\alpha = 0.05$$

$$\nu = 2-1=1$$

$$\chi_c^2 = \sum \frac{(|O-E|-0.5)^2}{E} = \frac{(|213-208.5|-0.5)^2}{208.5} + \frac{(|65-69.5|-0.5)^2}{69.5} = 0.3070$$

查附表 6 知 $\chi^2_{0.05,1} = 3.84$，$\chi^2 < \chi^2_\alpha$，则接受 H_0，即该豌豆花色的遗传符合 3∶1 的一对等位基因的遗传分离规律。

2. $k \geqslant 3$ 组次数资料的适合性检验

这种资料分 3 组以上，即 $k \geqslant 3$，其总体分布为多项分布。无效假设 H_0：符合假设的多项分布。H_A：不符合假设的多项分布。这种分布亦受理论次数等于实际总次数即 $\sum_{i=1}^{k} E_i = N$ 这一条件的限制。自由度 $\nu = k-1 \geqslant 2$，不用矫正公式。

［例 5.5］ 水稻籽粒糯性与种皮颜色的研究中，在 F_2 获得表 5.3 数据，问这一资料是否符合 9∶3∶3∶1 的两对等位基因的遗传分离规律?

表 5.3 水稻籽粒糯性与种皮颜色两对等位基因的遗传规律研究

表现型	实际株数 O	理论株数 E	$O-E$	$(O_i-E_i)^2$	$\frac{(O_i-E_i)^2}{E_i}$
红色糯稻	214	207	7	49	0.2367
红色非糯	65	69	-4	16	0.2319
白色非糯	64	69	-5	25	0.3623
白色糯稻	25	23	2	4	0.1739
总数	368	368	0		1.0048

分析：这是典型的孟德尔遗传规律的适合性检验，由于 F_2 的花色分为 4 种，假定符合 9∶3∶3∶1 的两对等位基因的遗传分离规律，其理论数值计算后直接填入上表内，因而其 $\nu = 4-1 = 3$，应根据式（5.4）计算。

H_0：观测值与理论值的差异由抽样误差引起，即符合假定 9∶3∶3∶1 的两对等位基因的遗传分离规律；H_A：不符合假定的理论分布。

$$\alpha = 0.05$$
$$\nu = 4-1 = 3$$

$$\chi^2 = \sum \frac{(O-E)^2}{E} = \frac{(214-207)^2}{207} + \frac{(65-69)^2}{69} + \frac{(64-69)^2}{69} + \frac{(25-23)^2}{23} = 1.0048$$

查附表 6 知 $\chi^2_{0.05,3} = 7.81$，$\chi^2 < \chi^2_\alpha$，则接受 H_0，即这一资料符合 9∶3∶3∶1 的两对等位基因的遗传分离规律。

5.3.2 次数分布的适合性检验

实践中，经常需要检验试验数据是否符合某种理论分布（如二项分布、正态分布等），这时可以利用适合性检验来推断实际的次数分布究竟属于哪一种分布。该类检验可用式（5.4）和式（5.5）计算。在这种类型的适合性检验中，要注意自由度的计算。

［例 5.6］ 在田间考察某糯玉米品种单穗糊化温度的变异是否符合正态分布。数据整理成表 5.4 所列次数分布表，组距为 0.5℃，该分布的次数 n、平均数 $\bar{x}$、标准差 s 均列在表中。

表 5.4 玉米单穗糊化温度的观察分布与理论正态分布的适合性检验

单穗糊化温度(℃)		观察次数 O	$x-\bar{x}$	$(x-\bar{x})/s$	P	理论次数 E	χ^2
组　限	组 中 点						
77.7～78.2	77.95	7	-2.1	-1.875	0.030	8.9	0.39
78.2～78.7	78.45	6	-1.6	-1.429	0.046	13.6	4.30
78.7～79.2	78.95	35	-1.1	-0.982	0.086	25.5	3.35
79.2～79.7	79.45	42	-0.6	-0.536	0.133	39.3	0.29

续表

单穗糊化温度℃		观察次数 O	$x-\overline{x}$	$x-\overline{x}/s$	P	理论次数 E	χ^2
组限	组中点						
79.7～80.2	79.95	65	-0.1	-0.089	0.168	50.0	4.49
80.2～80.7	80.45	44	0.4	0.357	0.175	52.0	1.24
80.7～81.2	80.95	33	0.9	0.804	0.150	43.5	2.55
81.2～81.7	81.45	23	1.4	1.250	0.105	31.3	2.22
81.7～82.2	81.95	23	1.9	1.696	0.061	18.0	1.38
82.2～82.7	82.45	12	2.4	2.143	0.029	8.4	1.57
82.7～83.2	82.95	3	2.9	2.589	0.011	3.4	0.04
83.2～83.7	83.45	2	3.4	3.036	0.004	1.1	0.81
$n=295$　$\overline{x}=80.3$　$\nu=12-3=9$　$s=1.12$　$\chi^2=22.63$						295.0	

此例是检验数据是否符合正态分布，检验的假设为 H_0：观察分布符合正态分布。H_A：观察分布不符合正态分布。本例中正态分布下的理论次数的计算方法介绍如下。首先计算出各组上限的正态离差及其理论概率（P），再乘以总观察次数（n）便得到各组的理论次数。例如第 1 组：

$$P(x<78.2)=P\left(u\leqslant\frac{x-\overline{x}}{s}=\frac{78.2-80.3}{1.12}\right)=P(u\leqslant-1.875)=0.030$$

对应的理论次数 E_1，第 1 组为 0.030×295=8.9;

第 2 组理论概率为：

$$P(78.2\leqslant x\leqslant 78.7)=P(-1.875\leqslant u<-1.429)=0.076-0.030=0.046$$

理论次数 E_2 为 0.046×295=13.6，其余各组理论频率的算法同第 2 组。理论次数计算后直接填入上表内。

本例中 $k=12$，扣去组数的自由度 1，估计 μ 和 σ 这 2 个参数的自由度 2，自由度 $\nu=12-1-2=9$。按式（5.4）计算：

$$\chi^2=\sum\frac{(O-E)^2}{E}=0.39+4.30+\cdots+0.81=22.63$$

查附表 6，$\nu=9$ 时，$\chi^2=22.63$ 的概率 P 在 0.005～0.010 范围内，$P<0.01$，因而否定 H_0，接受 H_A，即该玉米品种单穗糊化温度的资料不符合正态分布。

χ^2 检验用于次数分布的适合性检验时有一定的近似性，为了使这类检验更准确，一般要注意以下几点：

① 总观察次数应较大，一般不少于 50 次。

② 分组数最好在 5 组以上。

③ 每组的理论次数不宜过少，尤其是首尾各组，至少为 5。若组理论次数少于 5 组，最好将相邻组的次数合并为一组。但 Cochran 认为首尾 2 组最小理论次数在 0.5 或 1 时也不用合并。本例中最后 2 组的理论次数均小于 5，若将后两组合并，则

$$P(82.7\leqslant x<83.7)=P(2.14\leqslant u<3.04)=0.998-0.983=0.015$$

该组的理论次数为 0.015×295=4.4，

$$\chi^2 = \sum \frac{(O-E)^2}{E} = 0.39 + 4.3 + \cdots + 0.08 = 21.86$$

查附表 6，$\nu = 8$ 时，$\chi^2 = 21.86$ 的概率 P 仍在 0.005～0.010 范围内，P<0.01，因而结论同前。

5.4 独立性检验

独立性检验（Independence Test）又叫列联表（Contingency Table）χ^2 检验，它是研究两个或两个以上因子彼此之间是独立还是相互影响的一类统计方法。这是次数资料相关关系的一种研究。例如，玉米种子灭菌与否和种子腐烂两个变数之间，若相互独立，表示种子是否灭菌与种子的腐烂情况无关，灭菌处理对防止种子发霉腐烂没有影响；如若不独立，表示种子是否灭菌与种子的腐烂情况有关，灭菌处理对种子发霉腐烂程度有影响。利用 χ^2 进行独立性检验时，无效假设 H_0：两个变数相互独立，即变数 A 和变数 B 无关；H_A：变数 A 和变数 B 有关联关系。计算时，先将所得次数资料按两个变数（两个事件）做横纵两个方向的列联表；然后根据 H_0 计算出每一组的理论次数，再计算出 χ^2 的自由度和 χ^2 值。χ^2 的自由度随着两个变数各自的分组数而不同，设横行分为 r 行，纵行分为 c 列，则 $\nu = (r-1)(c-1)$。当实际 $\chi^2 < \chi^2_\alpha$ 时，接受 H_0，即两个变数相互独立；反之，当 $\chi^2 \geqslant \chi^2_\alpha$ 时，否定 H_0 接受 H_A，即两个变数相关。

5.4.1 2×2 表的独立性检验

设 A、B 是一个随机试验中的两个变数，其中 A 有 r_1、r_2 两组，B 有 c_1、c_2 两组，两因子实验数据形成 4 格，分别以 O_{11}、O_{12}、O_{21}、O_{22} 表示，R_i 表示行总和，C_j 表示列总和，每一格理论次数 $E_{ij} = R_i \times C_j / T$ =行总数×列总数/总数。因 $\nu = (r-1)(c-1) = 1$， 故计算 χ^2 时需进行连续性矫正，即选择式（5.5）计算 $\chi_c{}^2$。表 5.5 是 2×2 列联表的一般形式。

［例 5.7］ 调查玉米种子灭菌和未灭菌与种子发霉程度间的关系，得表 5.6 的数据，试分析玉米种子是否灭菌与种子发霉腐烂间的关系。

表 5.5　2×2 列联表的一般形式

列	c_1	c_2	总　数
r_1	O_{11}	O_{12}	R_1
r_2	O_{21}	O_{22}	R_2
总　数	C_1	C_2	T

表 5.6　玉米种子灭菌和未灭菌与种子发霉腐烂的关系

处　理	发霉粒数	未发霉粒数	总　数
种子灭菌	10(20)	90(80)	100
种子未灭菌	30(20)	70(80)	100
总　数	40	160	200

分析：这是种子灭菌与种子发霉腐烂两个变数的独立性检验，由于其 $\nu = (r-1)(c-1) = (2-1)\times(2-1) = 1$，应选择式（5.5）计算。

H_0：种子灭菌与种子发霉腐烂两个变数相互独立；

H_A：种子灭菌与种子发霉腐烂两个变数间相关。

$$\alpha = 0.05，\ \nu = (r-1)(c-1) = 1$$

理论数值如下（填入表 5.6 括号内）：

$$E_{11}=R_1\times C_1/T=100\times 40/200=20\text{，}\quad E_{12}=R_1\times C_2/T=100\times 160/200=80$$

$$E_{21}=R_2\times C_1/T=100\times 40/200=20\text{，}\quad E_{22}=R_2\times C_2/T=100\times 160/200=80$$

$$\chi_c^2=\sum\frac{(|O-E|-0.5)^2}{E}=\frac{(|10-20|-0.5)^2}{20}+\frac{(|90-80|-0.5)^2}{80}+\frac{(|30-20|-0.5)^2}{20}+\frac{(|70-80|-0.5)^2}{80}=11.28$$

查附表 6 知 $\chi^2_{0.05,1}=3.84$，$\chi^2>\chi^2_\alpha$，则 $P<0.05$，故否定 H_0，接受 H_A，即种子灭菌与种子发霉腐烂两个变数间有一定关系。

另外，2 × 2 列联表的 χ^2 检验可利用以下简式而不必计算理论次数：

$$\chi_c^2=\frac{(|O_{11}O_{22}-O_{12}O_{21}|-n/2)^2 n}{R_1R_2C_1C_2} \tag{5.14}$$

本例中各观察值代入式（5.14）可得：

$$\chi_c^2=\frac{(|O_{11}O_{22}-O_{12}O_{21}|-n/2)^2 n}{R_1R_2C_1C_2}=\frac{(|10\times 70-90\times 30|-200/2)^2\times 200}{100\times 100\times 40\times 160}=11.28$$

与应用式（5.5）结果相同。

5.4.2　2×*c* 表的独立性检验

2× c 表是指横行分为两行，纵行分为 $c\geqslant 3$ 列的列联表资料。独立性检验时由于 $\nu=(r-1)(c-1)=c-1\geqslant 2$，故计算 χ^2 值时不需进行连续性矫正。

［**例 5.8**］ 检测甲、乙、丙三种农药对小麦蚜虫的毒杀效果，结果见表 5.7，试分析这三种农药与小麦蚜虫的毒杀效果是否相关。

表 5.7　三种农药对小麦蚜虫的毒杀效果研究

处　理	甲	乙	丙	总数
死亡数	52（59.85）	66（67.33）	84（74.81）	202
未死亡数	108（100.15）	114（112.67）	116（125.19）	338
总数	160	180	200	540

分析：这是农药与小麦蚜虫毒杀效果两个变数的独立性检验，由于其 $\nu=(r-1)(c-1)=2$，应选择式（5.4）计算。

H_0：农药类型与小麦蚜虫毒杀效果相互独立；

H_A：农药类型与小麦蚜虫毒杀效果有关。

$$\alpha=0.05\text{，}\quad \nu=(r-1)(c-1)=(2-1)(3-1)=2$$

理论数值如下（计算后填入表 5.7 括号内）：

$$E_{11}=R_1C_1/T=202\times 160/540=59.85\text{，}\quad E_{12}=R_1C_2/T=202\times 180/540=67.33$$

$$E_{13}=R_1C_3/T=202\times 200/540=74.81\text{，}\quad E_{21}=R_2C_1/T=338\times 160/540=100.15$$

$$E_{22}=R_2C_2/T=338\times 180/540=112.67\text{，}\quad E_{23}=R_2C_3/T=338\times 200/540=125.19$$

$$\chi^2=\sum\frac{(O-E)^2}{E}=\frac{(52-59.85)^2}{59.85}+\frac{(66-67.33)^2}{67.33}+\cdots+\frac{(116-125.19)^2}{125.19}=3.5$$

查附表 6 知 $\chi^2_{0.05,2}=5.99$，$\chi^2<\chi^2_\alpha$，则 $P>0.05$，故接受 H_0，即农药类型与小麦蚜虫毒杀效果没有关系。

另外，$2\times c$ 列联表的 χ^2 检验可利用式（5.15）简式计算。表 5.8 是 $2\times c$ 列联表的一般形式。

表 5.8　2×c 列联表的一般形式

横　行	纵　列						
	c_1	c_2	…	i	…	c_c	总数
r_1	O_{11}	O_{12}	…	O_{1i}	…	O_{1c}	R_1
r_2	O_{21}	O_{22}	…	O_{2i}	…	O_{1c}	R_2
总数	C_1	C_2		C_i		C_c	T

$$\chi^2=\frac{T^2}{R_1R_2}\left[\sum\frac{{O_{1i}}^2}{C_i}-\frac{{R_1}^2}{T}\right] \qquad (5.15)$$

式（5.15）中 $i=1,2,3,\cdots,c$。

本例中各观察值代入式（5.15）可得：

$$\chi^2=\frac{T^2}{R_1R_2}\left[\sum(\frac{{O_{1i}}^2}{C_i})-\frac{{R_1}^2}{T}\right]=\frac{540^2}{202\times338}\left[\left(\frac{52^2}{160}+\frac{66^2}{180}+\frac{84^2}{200}\right)-\frac{202^2}{540}\right]=3.50$$

与应用式（5.5）结果相同。

5.4.3 r×c 表的独立性检验

$r\times c$ 列联表是指横行分为 r 行，纵行分为 c 列的列联表资料，其中 $r\geqslant3$、$c\geqslant3$。表 5.9 是 $r\times c$ 列联表的一般形式。由于 $\nu=(r-1)(c-1)>2$，故独立性检验时可根据式（5.4）计算 χ^2 值而不需作连续性矫正，也可根据式（5.16）进行计算。

$$\chi^2=T\left[\sum\left(\frac{{O_{ij}}^2}{R_iC_j}\right)-1\right] \qquad (5.16)$$

式（5.16）中 $i=1,2,3,\cdots,r$；$j=1,2,3,\cdots,c$。

表 5.9　r×c 列联表的一般形式

横　行	纵　列						
	c_1	c_2	…	c_j	…	c_c	总　数
r_1	O_{11}	O_{12}	…	O_{1i}	…	O_{1c}	R_1
r_2	O_{21}	O_{22}	…	O_{2i}	…	O_{1c}	R_2
r_i	O_{i1}	O_{i2}	…	O_{ij}	…	O_{ic}	R_i
r_r	O_{r1}	O_{r2}	…	O_{ri}	…	O_{rc}	R_r
总数	C_1	C_2		C_i		C_c	T

［例 5.9］ 表 5.10 为不同遮光方式对玉米叶片衰老情况的调查资料。问玉米叶片衰老情况与遮光方式是否有关。

表 5.10 不同遮光方式下玉米叶片衰老情况

处 理	绿 叶 数	黄 叶 数	枯 叶 数	总 数
未遮光	156(103)	13(37)	11(40)	180
遮光 30%	113(103)	30(37)	37(40)	180
遮光 60%	40(103)	68(37)	72(40)	180
总数	309	111	120	540

分析：这是不同遮光方式与玉米叶片衰老情况的独立性检验，由于其 $\nu=(r-1)(c-1)=4$，应选择式（5.4）计算。

H_0：不同遮光方式与玉米叶片衰老情况无关；

H_A：不同遮光方式与玉米叶片衰老情况有关。

$$\alpha=0.05\text{，}\quad \nu=(r-1)(c-1)=(3-1)(3-1)=4$$

理论数值如下（计算后填入上表括号内）：

$$E_{11}=R_1\times C_1/T=180\times 309/540=103=E_{21}=E_{31}$$

$$E_{12}=R_1\times C_2/T=180\times 111/540=37=E_{22}=E_{32}$$

$$E_{13}=R_1\times C_3/T=180\times 120/540=40=E_{23}=E_{33}$$

$$\chi^2=\sum\frac{(O-E)^2}{E}=\frac{(156-103)^2}{103}+\frac{(13-37)^2}{37}+\cdots+\frac{(72-40)^2}{40}=156.49$$

查附表 6 知 $\chi^2_{0.05,4}=9.49$，$\chi^2>\chi^2_\alpha$，则 P<0.01，故否定 H_0，接受 H_A，即不同遮光方式与玉米叶片衰老情况有关。

另外，将本例中各观察值代入式（5.16）可得：

$$\chi^2=T\left[\sum\left(\frac{O_{ij}^{\ 2}}{R_iC_j}\right)-1\right]=540\times\left[\left(\frac{156^2}{180\times 309}+\frac{13^2}{180\times 111}+\cdots+\frac{72^2}{180\times 120}\right)-1\right]$$
$$=156.49$$

习 题 5

1．什么是独立性检验和适合性检验？

2．有一水稻杂交组合，在 F_2 得到四种表型：A_B_, A_bb，aaB_，aabb，其实际观察次数分别为 138、43、37、12。该资料是否符合 9∶3∶3∶1 的理论比例？

［答案：$\chi^2=1.84$，符合理论比例］。

3．现随机调查不同玉米品种感染粗缩病的情况。问不同玉米品种与粗缩病的发生是否有关。

品　种	A	B	C	总　数
健株数	449	380	420	1249
病株数	51	79	180	310
总数	500	459	600	1559

［答案：$\chi^2 = 70.03$，显著相关］。

第6章 方 差 分 析

通过第4章的学习，我们已经知道可以通过成组数据和成对数据2种分析方法进行2个试验处理的比较，但是在实践过程中，常常需要对三个及三个以上的处理进行多样本平均数的比较，如果仍然用假设检验（u 或 t 检验）进行两两比较，检验过程程序烦琐，检验误差估计的精度降低，增加了犯 α 错误的概率。若有 k 个平均数，就有 C_k^2 个差数需要进行假设检验，如 $k=5$，我们就需要做10次假设检验，若每对检验接受假设的概率为 $1-\alpha=0.95$，且这些检验都是独立的，那么，10对检验都接受的概率是 $(0.95)^{10}\approx0.60$，$\alpha=1-0.60=0.40$，即在10个两两比较中，至少得出一个错误结论（否定一个无效假设）的概率为0.40，犯 α 错误的概率明显增加。因此，1923年英国著名统计学家R.A.Fisher提出了一种新的统计检验的数据分析方法——方差分析。

方差分析（Analysis of Variance，ANOVA），又称为变量分析，是把多个样本的观察值作为一个整体，把观察值的总变异根据变异来源进行分解，做出数量估计，从而发现各种变异在总变异中所占的重要程度的分析方法。方差分析是进行科学的试验设计和统计分析中的一个重要的工具。方差分析除了可以帮助我们解决多个处理间的比较，还可以分析各个因素的主效、因素间的互作等。在学习方差分析之前，请大家重新回顾一下第1章我们所讲的几个统计概念，包括因素、水平、处理、试验单元、重复、区组、主要效应、互作效应、系统误差、偶然误差等。

6.1 方差分析的原理和方法

6.1.1 方差分析的基本原理

在一个试验中，我们可以得到一系列不等的观察值。即使是同一个处理，几个重复的观察值也不一定相等。造成观察值不等的原因是多方面的，但主要分为两大类，一类是由于试验材料所接受的不同处理引起的，即处理的效应（包括各个因素的主效及因素间的互作效应）；另一类是由于试验过程中非试验因素引起的，即误差效应。而方差分析的核心思想就是把所有的观察值作为一个整体，把观察值的总变异根据变异来源进行分解。

在第2章已经学习过几个衡量观察值变异程度的指标，在方差分析中选用方差即均方（Mean Squares）来反映资料的变异程度。我们可以分别计算出处理效应的均方和误差效应的均方，并利用 F 检验，从而发现各种变异来源在总变异中所占的比重。

6.1.2 方差分析的数学模型

方差分析的基本思想是把总变异按变异来源进行分解，这是建立在一定的线性可加模型基础上的。所谓线性可加模型是指总体每一个变量可以按其变异的原因分解成若干个线性组成部分，它是方差分析的理论依据。假定有一个正态总体，现以容量 n 抽样，则每一个观察值 x_i 都是不同的，且和 μ 有差别，随机误差以 ε_i 表示（ε_i 是从平均数为0的正态分布 $N(0,\sigma^2)$ 抽出的独立随机变量），所以每一个观察值都可用线性可加模型即式（6.1）表示：

$$x_i = \mu + \varepsilon_i \tag{6.1}$$

若上述总体分成k个组（k个亚总体），分别给予效应为τ_i 的不同处理，则各亚总体的平均数为$\mu_i = \mu + \tau_i$，从每个亚总体都以容量n随机抽样,则共得k个样本，则第i个样本的第j个观察值x_{ij}可用线性可加模型（6.2）表示：

$$x_{ij} = \mu + \tau_i + \varepsilon_{ij} \tag{6.2}$$

其中第i个样本即第i个处理的效应以τ_i 表示，即处理i对试验指标产生的效应为：

$$\tau_i = \mu_i - \mu \tag{6.3}$$

ε_{ij}为第i个样本的第j个观察值x_{ij}的随机误差，具有$N(0,\sigma^2)$分布。式（6.2）表明，方差分析的目的就是检验处理效应的大小或有无。

以样本符号表示时，样本的线性组成为：

$$x_{ij} = \overline{x} + t_i + e_{ij} \tag{6.4}$$

式（6.4）中，$\overline{x}$为样本平均数，t_i是第i个样本的处理效应，e_{ij}为x_{ij}的试验误差。其中，$\overline{x}$是μ的无偏估计量，t_i是τ_i的无偏估计量，$s_{e_i}^2 = \sum_{j=1}^{n} e_{ij}^2 \big/ (n-1)$为其所属亚总体误差方差$\sigma_i^2$的无偏估计量。

在线性可加模型中，关于τ_i有不同的假定产生了固定模型和随机模型。

固定模型（Fixed Model）是指各个处理的效应（$\tau_i = \mu_i - \mu$）是固定的一个常量，满足$\sum \tau_i = 0$。固定模型是研究固定因素所引起的效应，因素的水平根据试验目的事先确定，如密度、品种、肥料试验等。试验的目的在于了解某几个特定的处理效应，所得的结论仅限于推断特定的处理，并不能将其扩展到未加考虑的其他水平上。在固定模型中，除去随机误差之后的每个处理所产生的效应是固定的，试验重复时会得到相同的结果。

随机模型（Random Model）是指各个处理效应τ_i不是一个常量，而是从平均数为0、方差为σ^2的正态总体中得到的一个随机变量。试验主要目的在于研究并估计总体变异即方差σ^2。试验因素的水平不能完全人为控制，如遗传试验中杂种后代的分离、田间光温的研究、土壤持水量对作物的影响等，水平确定之后其处理所产生的效应并不是固定的，试验重复时也很难得到相同的结果，但试验结论可以推广到这个因素的所有水平上。

在多因素试验中，有时既包括固定效应的试验因素，又包括随机效应的试验因素，这样的试验属于混合模型（Mixed Model）。不同模型的平方和与自由度的分解公式没有区别，但在进行F假设检验时是不同的。模型分析的侧重点不完全相同，方差期望值也不一样，固定模型主要侧重于在供试处理范围内了解处理间的不同效应，而随机模型则侧重效应方差的估计和检验，即总体方差σ^2是重要的研究对象。

6.1.3 平方和与自由度的分解

通过式（2.14）可知，均方为样本观察值平方和（SS）与自由度（df）的商，因此，方差分析第一步就是平方和和自由度的分解。也就是要将总变异分解为不同来源的变异，首先要将总 SS 和总 df 分解为各个变异来源的相应部分。假定有k个处理，每个处理均有n个观察值，则该资料共有nk个观察值，其数据整理见表 6.1。

表 6.1　k 个处理每个处理均有 n 个观察值的数据符号表

处　理	重复（观察值 x_{ij}，i=1,2，…，k；j=1,2，…，n）						总　和	平　均　数	均　方
1	x_{11}	x_{12}	…	x_{1j}	…	x_{1n}	T_1	$\bar{x}_1$	s_1^2
2	x_{21}	x_{22}	…	x_{2j}	…	x_{2n}	T_2	$\bar{x}_2$	s_2^2
⋮	⋮	⋮	…	⋮	…	⋮	⋮	⋮	⋮
i	x_{i1}	x_{i2}	…	x_{ij}	…	x_{in}	T_i	$\bar{x}_i$	s_i^2
⋮	⋮	⋮	…	⋮	…	⋮	⋮	⋮	⋮
k	x_{k1}	x_{k2}	…	x_{kj}	…	x_{kn}	T_k	$\bar{x}_k$	s_k^2
							$T=\sum x_{ij}=\sum x$	$\bar{x}$	

在表 6.1 中，总变异是指 nk 个观察值的变异，故其自由度为 $df_T = nk-1$，其总平方和 SS_T 为：

$$SS_T = \sum_1^{nk}(x_{ij}-\bar{x})^2 = \sum_1^{nk}x_{ij}^2 - C \tag{6.5}$$

式（6.5）中的 C 称为矫正系数（矫正数）：

$$C = \frac{(\sum x)^2}{nk} = \frac{T^2}{nk} \tag{6.6}$$

在方差分析的基本原理这部分，我们已经知道总变异主要分为处理的效应和误差效应。通过线性可加模型的学习，也已知该资料符合式（6.2）线性可加模型，故总变异包括 k 个处理的效应和试验误差效应。

另外，我们也可以通过公式的恒等变换来阐明该资料总变异的构成。对于第 i 个处理的变异，有

$$\begin{aligned}\sum_{j=1}^{n}(x_{ij}-\bar{x})^2 &= \sum_{j=1}^{n}(x_{ij}-\bar{x}_i+\bar{x}_i-\bar{x})^2 = \sum_{j=1}^{n}[(x_{ij}-\bar{x}_i)^2+(\bar{x}_i-\bar{x})^2+2(x_{ij}-\bar{x}_i)(\bar{x}_i-\bar{x})] \\ &= \sum_{j=1}^{n}(x_{ij}-\bar{x}_i)^2+\sum_{j=1}^{n}(\bar{x}_i-\bar{x})^2+2\sum_{j=1}^{n}(x_{ij}-\bar{x}_i)(\bar{x}_i-\bar{x}) \\ &= \sum_{j=1}^{n}(x_{ij}-\bar{x}_i)^2+n(\bar{x}_i-\bar{x})^2\end{aligned} \tag{6.7}$$

式（6.7）中，因 $(\bar{x}_i-\bar{x})$ 为常数，$\sum_{j=1}^{n}(x_{ij}-\bar{x}_i)=0$，故 $2(\bar{x}_i-\bar{x})\sum_{j=1}^{n}(x_{ij}-\bar{x}_i)=0$，且 $\sum_{j=1}^{n}(\bar{x}_i-\bar{x})^2 = n(\bar{x}_i-\bar{x})^2$。

式（6.7）仅是第 i 个处理的变异，总变异是第 1, 2, …, k 个处理的变异相加，可以写为：

$$SS_T = SS_e + SS_t \tag{6.8}$$

即总平方和 SS_T=组内（误差）平方和 SS_e+处理（组间）平方和 SS_t。

即

$$SS_T = \sum_{i=1}^{k}\sum_{j=1}^{n}(x_{ij}-\bar{x}_i)^2 + n\sum_{i=1}^{k}(\bar{x}_i-\bar{x})^2 \tag{6.9}$$

组间变异是由 k 个处理平均数与总平均数之间的变异引起的，故其自由度 $df_t = k-1$，处

理间平方和SS_t为：

$$
\begin{aligned}
SS_t &= n\sum_{i=1}^{k}(\overline{x}_i-\overline{x})^2 = n\sum_{i=1}^{k}(\overline{x}_i^{\,2}-2\overline{x}_i\overline{x}+\overline{x}^2) \\
&= n\sum_{i=1}^{k}\overline{x}_i^{\,2}-2n\sum_{i=1}^{k}\overline{x}_i\overline{x}+n\sum_{i=1}^{k}\overline{x}^2 \\
&= n\sum_{i=1}^{k}\overline{x}_i^{\,2}-2\overline{x}\sum_{i=1}^{k}(\overline{x}_i\times n)+nk\overline{x}^2 \\
&= n\sum_{i=1}^{k}\left(\frac{T_i}{n}\right)^2-2\frac{T}{nk}T+nk\left(\frac{T}{nk}\right)^2 \\
&= \frac{1}{n}\sum_{1}^{k}T_i^2-\frac{T^2}{nk} \\
&= \frac{1}{n}\sum_{1}^{k}T_{i.}^2-C
\end{aligned}
\tag{6.10}
$$

组内变异是各组内观察值与组平均的变异，故每组具有自由度$n-1$，而资料共有k个组，故组内自由度$df_e=k(n-1)$，组内平方和为：

$$SS_e=\sum_{i=1}^{k}\sum_{j=1}^{n}(x_{ij}-\overline{x}_i)^2=SS_T-SS_t \tag{6.11}$$

表 6.1 类型的自由度分解式为：

$$nk-1=(k-1)+k(n-1) \tag{6.12}$$

即总自由度df_T=组间自由度df_t+组内自由度df_e

求得各变异来源的自由度和平方和后，可进一步计算各项方差值即均方值：

总均方 $$MS_T=s_T^2=\frac{SS_T}{df_T}=\frac{\sum\sum(x_{ij}-\overline{x})^2}{nk-1}$$

处理间的均方 $$MS_t=s_t^2=\frac{SS_t}{df_t}=\frac{n\sum(\overline{x}_i-\overline{x})^2}{k-1}$$

处理内的均方 $$MS_e=s_e^2=\frac{SS_e}{df_e}=\frac{\sum\sum(x_{ij}-\overline{x}_i)^2}{k(n-1)} \tag{6.13}$$

均方用MS表示，也用s^2表示，两者可以互换。若假定处理间平均数差异不显著(或处理无效),则MS_t和MS_e是σ^2的两个独立估计量，其中组内均方MS_e也称为误差均方，它是由多个总体或处理所提供的组内变异（或误差）的平均值。

［**例 6.1**］为了研究GA_3对小麦株高的影响，选用浓度分别为 0、50、100、150 和 200 mg/L 的GA_3处理小麦种子，重复 4 次。成熟后测定小麦株高，数据见表 6.2，试进行平方和和自由度的分解。

分析：根据题意可知，这是一个单因素 5 水平的完全随机的试验，处理数$k=5$，重复数$n=4$，观察值总数$nk=5\times4=20$。根据式（6.8）可得：

表 6.2 不同浓度 GA_3 处理的小麦株高

浓度（mg/L）	株高（cm）				总和 T_i	平均 $\overline{x}_i$
0（ck）	85	83	87	80	335	83.75
50	88	84	89	86	347	86.75
100	90	87	89	92	358	89.50
150	92	95	93	97	377	94.25
200	91	93	90	94	368	92.00
					$T=1785$	$\overline{x}=89.25$

① 平方和的分解：

$$C=\frac{T^2}{nk}=\frac{1785^2}{20}=159311.25$$

$$\mathrm{SS}_T=\sum_1^{nk}(x_{ij}-\overline{x})^2=\sum_1^{nk}x_{ij}^2-C=85^2+83^2+\ldots+94^2-159311.25=355.75$$

$$\mathrm{SS}_t=\frac{1}{n}\sum_1^{k}T_{i.}^2-C=\frac{1}{4}(335^2+347^2+358^2+377^2+368^2)-159311.25=276.5$$

$$\mathrm{SS}_e=\mathrm{SS}_T-\mathrm{SS}_t=355.75-276.5=79.25$$

② 自由度的分解：

$$\mathrm{df}_T=nk-1=19$$

$$\mathrm{df}_t=k-1=4$$

$$\mathrm{df}_e=\mathrm{df}_T-\mathrm{df}_t=15$$

③ 均方的计算：

$$\mathrm{MS}_t=\frac{\mathrm{SS}_t}{\mathrm{df}_t}=\frac{276.5}{4}=69.13$$

$$\mathrm{MS}_e=\frac{\mathrm{SS}_e}{\mathrm{df}_e}=\frac{79.25}{15}=5.28$$

$$\mathrm{MS}_T=\frac{\mathrm{SS}_T}{\mathrm{df}_T}=\frac{355.75}{19}=18.72$$

6.1.4 *F* 假设检验

例 6.1 中，由于同一处理（GA_3 浓度）内的几个重复是完全相同的处理，重复间的差异由随机误差引起，此时处理内的均方可以估计误差均方，而处理间的均方可以估计 GA_3 浓度对株高影响的差异，因此，为了比较不同 GA_3 浓度间株高有无差别，可利用 F 分布进行 F 检验（F-test）。

第 3 章中，我们已经了解关于 F 分布的相关知识，在方差分析体系中，F 检验可用于检测某项变异是否真实存在。所以在计算 F 值时，总是将要检验的那一项变异因素的均方作分子，而以另一项变异（例如试验误差项）的均方作分母。F 检验中，如果 $F<1$，不必查表即可确定 $p>0.05$，应接受 H_0。

［例 6.2］ 例 6.1 中了解不同浓度 GA_3 对小麦株高是否有显著影响？

分析：这是两个总体方差间的假设检验，应选择 F 检验进行分析，现已知 $\mathrm{df}_t=4$，$\mathrm{df}_e=15$，$s_t^2=69.13$，$s_e^2=5.28$，进行 F 检验。

$$H_0:\sigma_t^2=\sigma_e^2；\quad H_A:\sigma_t^2\neq\sigma_e^2$$

$$\alpha=0.05 \text{ 或 } \alpha=0.01$$

$$F=\frac{\mathrm{MS}_t}{\mathrm{MS}_e}=\frac{69.13}{5.28}=13.08$$

实得的 $F=13.08$，查附表 5 得 $F_{(4,15)0.05}=3.06$，$F_{(4,15)0.01}=4.89$。实得 $F>F_{0.01}>F_{0.05}$，故应否定 H_0，接受 H_A，即不同的 GA_3 浓度对小麦株高具有极显著影响。

在方差分析中，通常将变异来源、平方和、自由度、均方和 F 值整理成一张方差分析表，见表 6.3。

表 6.3　不同 GA_3 浓度的方差分析表

变异来源	SS	df	MS	F	$F_{0.05}$	$F_{0.01}$
GA_3 浓度间（处理间）	276.5	4	69.125	13.08**	3.06	4.89
GA_3 浓度内（处理内）	79.25	15	5.283			
总变异	355.75	19				

以上实例说明通过 $F=\mathrm{MS}_t/\mathrm{MS}_e$ 检验处理间的差异是否真实存在，这一方法即为方差分析法。这里所检验的统计假设也可是处理间的变异与处理内变异相等，即 $H_0:\sigma_t^2=\sigma_e^2$ 或 $H_0:\mu_1=\mu_2=\mu_3=\mu_4=\mu_5$，对应的备择假设为 H_A：$\sigma_t^2\neq\sigma_e^2$ 或各处理间平均数 μ_i 存在差异（即不全相等）。

在实际进行方差分析时，只需计算出各项平方和与自由度，各项均方的计算及 F 检验可在方差分析表上进行。表中的 F 值应与相应的被检验因素齐行。F 值显著或极显著，否定了无效假设 H_0，表明试验中各处理平均数间存在显著或极显著差异。

在进行方差分析的 F 检验时，数据应符合一定的条件：变数 x 遵循正态分布 $N(\mu,\sigma^2)$；s_1^2、s_2^2 彼此独立。当资料不符合这些条件时，需进行适当的数据转换（见第 6.3 节）。

6.2　多 重 比 较

F 检验如果接受了 H_A，表明各个处理间平均数有显著或极显著的差异。但对大多数试验来说，其目的不仅在于了解一组处理间总体上有无实质性差异，更重要的是了解哪些处理间存在真实差异，哪个处理的效果最好，故需进一步进行处理平均数间的比较。一个试验中 k 个处理，平均数间可能有 $k(k-1)/2$ 个比较，因而这种比较是复式比较亦称为多重比较（Multiple Comparisons）。

多重比较有多种方法，常用的主要有最小显著差数法（LSD 法）和最小显著极差法（LSR 法），其中最小显著极差法又包括复极差法（q 法）和 Duncan 氏新复极差法（SSR 法）。

6.2.1　最小显著差数法

最小显著差数法（Least Significant Difference）简称 LSD 法，由统计学家 R.A.Fisher 提出，其实质是第 4 章中介绍的两个平均数相比较的 t 检验法。方法是：在处理间 F 检验显著的前提下，计算出显著水平为α的最小显著差数LSD_α；任何两个平均数的差数，如其绝对值大于LSD_α，即为在α水平上显著；反之，则为在α水平上不显著。该法又称为F检验保护下的最小显著差数法（Fisher's Protected LSD，或 FPLSD）。

根据第 4 章两个平均数相比较的t检验法，我们已知：

当$|t| \geqslant t_\alpha$时，两个平均数的差数$\bar{x}_1 - \bar{x}_2$在α水平上差异显著，即

$$|t| = \frac{|\bar{x}_1 - \bar{x}_2|}{s_{\bar{x}_1 - \bar{x}_2}} \geqslant t_{\alpha/2,\mathrm{df}}$$

将上式两边同乘以$s_{\bar{x}_1 - \bar{x}_2}$，不等式变换为：

$$|\bar{x}_1 - \bar{x}_2| \geqslant t_{\alpha/2,\mathrm{df}} s_{\bar{x}_1 - \bar{x}_2}$$

当$\bar{x}_1 \geqslant \bar{x}_2$时，上式可写为：

$$\bar{x}_1 - \bar{x}_2 \geqslant t_{\alpha/2,\mathrm{df}} s_{\bar{x}_1 - \bar{x}_2}$$

令

$$\mathrm{LSD} = t_{\alpha/2,\mathrm{df}} s_{\bar{x}_1 - \bar{x}_2} \tag{6.14}$$

其中，当两个样本的容量相等$n_1 = n_2 = n$时：

$$s_{\bar{x}_1 - \bar{x}_2} = \sqrt{\frac{s_e^2}{n_1} + \frac{s_e^2}{n_2}} = \sqrt{\frac{2s_e^2}{n}} \tag{6.15}$$

s_e^2为两个样本平均数的加权均方，在方差分析中可用MS_e（多个处理的组内变异的方差）来替换s_e^2，因此，式（6.15）中的$s_{\bar{x}_1 - \bar{x}_2}$为：

$$s_{\bar{x}_1 - \bar{x}_2} = \sqrt{\frac{2MS_e}{n}} \tag{6.16}$$

此时，注意式（6.14）中，$t_{\alpha/2}$的自由度为误差项的自由度df_e。

［例 6.3］ 试以 LSD 法检验例 6.1 中不同GA_3浓度间的小麦株高差异显著性。

已知不同 GA_3 浓度间小麦株高有极显著性差异，故可进行多重比较，$MS_e = 5.283$，$df_e = 15$，故查附表 4 可知，$df = 15$时，$t_{0.05/2} = 2.131$，$t_{0.01/2} = 2.947$

$$s_{\bar{x}_1 - \bar{x}_2} = \sqrt{\frac{2MS_e}{n}} = \sqrt{\frac{2 \times 5.283}{4}} = 1.625$$

故$LSD_{0.05} = 2.131 \times 1.625 = 3.46$，$LSD_{0.01} = 2.947 \times 1.625 = 4.79$。

将不同浓度的GA_3处理后的株高与对照相比，差数大于 3.46cm 为差异显著，大于 4.79cm 为差异极显著。由表 6.2 可知，GA_3浓度为 100mg/L、150mg/L、200mg/L 时，其平均株高与对照相比的差数分别为 5.75cm、10.50cm 和 8.25cm，大于 4.79cm，说明在 0.01 水平上差异极显著；GA_3浓度为 50 mg/L 时，其平均株高与对照相比的差数为 3cm，小于 3.46cm，说明在 0.05 水平上差异不显著。

LSD 法实际上是用t检验对所有平均数进行一对一的检验，比较式只需计算一个LSD_α，使用方便。但 LSD 法没有考虑平均数依数值大小排列上的顺序即秩次，多次重复使用t检验的方法，会大大增加犯第一类错误的概率。

6.2.2 最小显著极差法

由于使用 LSD 法进行多重比较会增加犯第一类错误的概率，20 世纪 50 年代以来，统计学家们提出了多重范围检验的思想，即把平均数按大小排列后，对离得远的平均数采用较大的临界值。其中应用较多的有最小显著极差法（Least Significant Ranges，LSR）。

LSR 法采用不同的显著差数标准对不同处理平均数间进行比较，根据极差范围内所包含的处理数的不同，即平均数间秩次距（p）的不同而采用不同的检验尺度。这种在显著水平 α 上依秩次距不同而采用不同检验尺度的显著性检验方法称为最小显著极差法。最小显著极差法又包括复极差法（q 法）、Duncan 氏新复极差法（SSR 法）。

1. 复极差检验法 q 法

1952 年，由 Student-Newman-Keul 基于极差分布理论提出的一种检验方法，称为 q 检验法或复极差法，也称为 Student-Newman-Keul（SNK 或 NK）检验。

q 检验方法是将 k 个处理平均数由大到小排列后，根据所比较的两个处理平均数的差数是几个平均数间的极差，分别确定最小显著极差 LSR 值的方法。q 检验是根据极差抽样分布原理进行计算，其各个比较都可以保证同一 α 显著水平。其公式为：

$$\mathrm{LSR}_{\alpha} = q_{\alpha;p;\mathrm{df}}\mathrm{SE} \tag{6.17}$$

$$\mathrm{SE} = \sqrt{\frac{\mathrm{MS}_e}{n}} \tag{6.18}$$

式（6.17）中，q 值可由附表 7 查得，p 为所有比较的平均数按从大到小顺序排列所计算出的两极差范围内所包含的平均数个数（称为秩次距），$2 \leqslant p \leqslant k$。df 为误差项自由度，SE 为平均数的标准误。平均数比较时，尺度值随秩次距的不同而异。

［例 6.4］ 试以 q 法检验例 6.1 中不同 GA_3 浓度间小麦株高的差异显著性。

已知 $\mathrm{MS}_e = 5.28$，故 $\mathrm{SE} = \sqrt{\frac{\mathrm{MS}_e}{n}} = \sqrt{\frac{5.283}{4}} = 1.15$。

查附表 7 得，当 $\mathrm{df}_e = 15$ 时，$p = 2$、3、4、5 时 q_{α} 的值，并根据式（6.17）计算比较标准尺度 LSR_{α}，列于表 6.4。

表 6.4 GA_3 浓度对小麦株高影响的 LSR_{α} 检验（q 法）

	p=2	p=3	p=4	p=5
$q_{0.05}$	3.01	3.67	4.08	4.37
$q_{0.01}$	4.17	4.84	5.25	5.56
$\mathrm{LSR}_{0.05}$	3.46	4.22	4.69	5.03
$\mathrm{LSR}_{0.01}$	4.79	5.57	6.04	6.39

由表 6.1 可知，$\bar{x}_4 = 94.25\,\mathrm{cm}$，$\bar{x}_5 = 92.00\,\mathrm{cm}$，$\bar{x}_3 = 89.50\,\mathrm{cm}$，$\bar{x}_2 = 86.75\,\mathrm{cm}$，$\bar{x}_1 = 83.75\,\mathrm{cm}$。由此可得：

当 $p = 2$ 时，$\bar{x}_4 - \bar{x}_5 = 2.25\,\mathrm{cm}$，差异不显著。

$\bar{x}_5 - \bar{x}_3 = 2.50\,\mathrm{cm}$，差异不显著。

$\bar{x}_3 - \bar{x}_2 = 2.75\,\mathrm{cm}$，差异不显著。

$\bar{x}_2 - \bar{x}_1 = 3.00\,\mathrm{cm}$，差异不显著。

当 $p=3$ 时，$\bar{x}_4-\bar{x}_3=4.75$ cm，5%水平上差异显著。

$\bar{x}_5-\bar{x}_2=5.25$ cm，5%水平上差异显著。

$\bar{x}_3-\bar{x}_1=5.75$ cm，1%水平上差异显著。

当 $p=4$ 时，$\bar{x}_4-\bar{x}_2=7.50$ cm，1%水平上差异显著。

$\bar{x}_5-\bar{x}_1=8.25$ cm，1%水平上差异显著。

当 $p=5$ 时，$\bar{x}_4-\bar{x}_1=10.50$ cm，1%水平上差异显著。

结论：q 法检验表明例 6.1 中不同 GA_3 浓度处理下，150 mg/L GA_3 处理与对照及 50 mg/L GA_3 处理间有极显著差异，200 mg/L GA_3 处理与对照间有极显著差异，100 mg/L GA_3 处理与对照间有极显著差异，150 mg/L 与 100 mg/L GA_3 处理有极显著差异，200 mg/L GA_3 处理与 50 mg/L GA_3 处理间有显著差异，其余处理两两间无显著差异。

2. 新复极差检验 SSR 法

通过 q 法检验我们可以发现，不同秩次距 p 下的最小显著极差变幅比较大，为此，D.B.Duncan 于 1955 年提出了新复极差法（New Multiple Range Test），或最短显著极差法（Shortest Significant Ranges，SSR），有时也称为邓肯（Duncan）法或 Duncan 多范围检验法（Duncan Multiple Range Test）。该法与 q 法相似，其区别在于计算最小显著极差 LSR_α 时不是查附表 7 的 q 值表而是查附表 8 的 SSR 值表，所得最小显著极差值随着 p 值增大通常比 q 检验时减小。

其尺度值构成为：

$$LSR_\alpha = SSR_{\alpha;p;df}SE \tag{6.19}$$

式（6.19）中，SSR 值可由附表 8 查得，此时，不同秩次距 p 下，平均数间比较的显著水平按两两比较是 α，但按 p 个秩次距则为保护水平 $\alpha'=1-(1-\alpha)^{p-1}$。

［**例 6.5**］ 试以 SSR 法检验例 6.1 中不同 GA_3 浓度间小麦株高的差异显著性。

已知：

$$SE=\sqrt{\frac{MS_e}{n}}=\sqrt{\frac{5.28}{4}}=1.15$$

$\bar{x}_4=94.25$ cm，$\bar{x}_5=92.00$ cm，$\bar{x}_3=89.50$ cm，$\bar{x}_2=86.75$ cm，$\bar{x}_1=83.75$ cm。

查附表 8，当 $df_e=15$ 时，$p=2$、3、4、5 时 SSR_α 的值，并根据式（6.19）计算比较标准尺度 LSR_α，列于表 6.5。

表 6.5　GA_3 浓度对小麦株高影响的 LSR_α 检验（SSR 法）

	p=2	p=3	p=4	p=5
$SSR_{0.05}$	3.01	3.16	3.25	3.31
$SSR_{0.01}$	4.17	4.37	4.50	4.58
$LSR_{0.05}$	3.46	3.63	3.74	3.81
$LSR_{0.01}$	4.79	5.03	5.18	5.27

当 $p=2$ 时，$\bar{x}_4-\bar{x}_5=2.25$ cm，差异不显著。

$\bar{x}_5-\bar{x}_3=2.5$ cm，差异不显著。

$\bar{x}_3-\bar{x}_2=2.75$ cm，差异不显著。

$\bar{x}_3-\bar{x}_1=3.0$ cm，差异不显著。

当 $p=3$ 时，$\overline{x}_4-\overline{x}_3=4.75\,\text{cm}$，5%水平上差异显著。

$\overline{x}_5-\overline{x}_2=5.25\,\text{cm}$，1%水平上差异显著。

$\overline{x}_3-\overline{x}_1=5.75\,\text{cm}$，1%水平上差异显著。

当 $p=4$ 时，$\overline{x}_4-\overline{x}_2=7.50\,\text{cm}$，1%水平上差异显著。

$\overline{x}_5-\overline{x}_1=8.25\,\text{cm}$，1%水平上差异显著。

当 $p=5$ 时，$\overline{x}_4-\overline{x}_1=10.50\,\text{cm}$，1%水平上差异显著。

结论：例 6.1 中不同 GA_3 浓度处理下，150 mg/L GA_3 处理与对照及 50 mg/L GA_3 处理间、200 mg/L GA_3 处理与对照及 50 mg/L GA_3 处理间、100 mg/L GA_3 处理与对照间均有极显著差异，150 mg/L 与 100 mg/L GA_3 处理有显著差异，其余处理两两间无显著差异。

6.2.3 多重比较结果的表示方法

处理平均数经过多重比较后，应以简洁的形式将结果表示出来。常用的方法有列梯形表法、画线法、标记字母法几种。

1．列梯形表法

将全部平均数按从大到小顺次排列，然后算出各平均数间的差数。凡达到 $\alpha=0.05$ 水平的差数，在右上角标一个"*"号，凡达到 $\alpha=0.01$ 水平的差数在右上角标两个"**"号，凡未达到 $\alpha=0.05$ 水平的差数则不予标记。以列梯形表法表示例 6.1 的新复极差检验结果，见表 6.6。

表 6.6　GA_3 浓度对株高影响的 SSR 检验（列梯形表法）

浓度（mg/L）	平均数 $\overline{x}_i$（cm）	差异			
		$\overline{x}_i-83.75$	$\overline{x}_i-86.75$	$\overline{x}_i-89.50$	$\overline{x}_i-92.00$
150	94.25	10.50**	7.50**	4.75*	2.25
200	92.00	8.25**	5.25**	2.50	
100	89.50	5.75**	2.75		
50	86.75	3.00			
0	83.75				

该法十分简单直观，但占篇幅较大，特别是处理较多时。因此，科技论文中很少用这种表示方法。

2．画线法

将平均数按大小顺序排列，以第一个平均数为标准与以后各平均数比较，在平均数下方把差异不显著的平均数用横线连接起来，依次以第 2, 3, …, $k-1$ 个平均数为标准按上述方法进行。这种方法称为画线法。达 0.05 显著水平画虚线，0.01 水平画实线。下面就是表 6.5 资料用画线法标出 0.05 水平下平均数差异显著性的结果（SSR 法）。

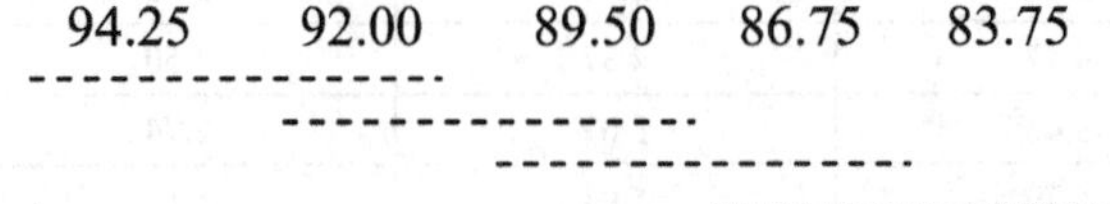

该法十分简单直观，占篇幅较少，但在科技论文中也很少用。

3．标记字母法

标记字母法是科技论文里最常见的一种多重比较结果的表示方法。其核心思想是在处理平均数后面根据多重比较的结果标记上字母，各平均数间，凡有一个相同标记字母的即为差异不显著，凡没有相同标记字母的即为差异显著。

在应用时，往往还需区分 0.05 水平和 0.01 水平的差异。用小写字母表示 0.05 显著水平，用大写字母表示 0.01 显著水平。标记字母法的具体步骤如下：

① 将全部平均数从大到小依次排列。

② 在最大的平均数上标字母 a，将该平均数与以下各平均数相比，凡相差不显著的标 a，直至某个与之相差显著的则标以字母 b。

③ 以该标有 b 的平均数为标准，与比它大的各个平均数比较，凡不显著的在字母 a 的右边加标字母 b。

④ 以标 b 的最大平均数为标准与以下未曾标有字母的平均数比较，凡差数不显著的继续标以字母 b，直至差异显著的平均数标以字母 c。

⑤ 重复进行，直至最小的平均数有了标记字母，并与上面的平均数比较后为止。

［**例 6.6**］试以标记字母法表示例 6.1 资料的不同 GA_3 浓度间小麦株高的差异显著性（见表 6.7）。

表 6.7　GA_3 浓度对小麦株高影响的 SSR 检验（标记字母法）

浓度（mg/L）	平均株高（cm）	差异显著性	
		0.05	0.01
150	94.25	a	A
200	92.00	ab	A
100	89.50	bc	AB
50	86.75	cd	BC
0	83.75	d	C

结论：例 1 中不同 GA_3 浓度处理下，150 mg/L 与 200 mg/L GA_3 处理间无显著差异；200 mg/L 与 100 mg/L GA_3 处理间无显著差异；100 mg/L GA_3 处理与 50 mg/L GA_3 间无显著差异；50 mg/L GA_3 处理与对照间无显著差异，其余处理两两差异显著或极显著。

6.2.4　多重比较方法的选择

以上介绍的三种多重比较方法，各有优缺点，在实际使用时该如何选择呢？这里提供几个原则供参考：

① 试验前，事先确定要比较的标准，凡与对照相比较，或与预定对象比较，一般可选用简单的最小显著差数法。

② 根据否定一个正确的 H_0 和接受一个不正确的 H_0 的相对重要性来决定。三种方法的显著尺度不相同，LSD 法最低，SSR 法次之，q 法最高。

③对于试验结论事关重大或有严格要求的，宜用 q 检验，q 检验可以不经过 F 检验；一般试验可采用 SSR 检验。我们在学习三种多重比较方法的时候发现，当 $k=2$ 时，LSD 法、SSR 法和 q 法的检验尺度完全相同；当 $k\geqslant3$ 时，三种方法的显著尺度不同。

综上所述，方差分析的基本步骤是：

① 自由度和平方和的分解。将资料总变异的自由度和平方和分解为各变异原因的自由度和平方和，并进而算得其均方。

② F 检验。以明确各变异因素的重要程度，列出方差分析表。

③ 多重比较。对各平均数进行多重比较。

④ 结论。将多重比较的结果以简明文字的形式总结出来。

6.3 方差分析的基本假定和数据转换

6.3.1 方差分析的基本假定

前面提到，方差分析是建立在一定线性可加模型基础上的。方差分析中所有数据都可以分解为几个分量的和。以例 6.1 资料为例，该资料的变异来源可以分为处理效应和试验误差。故其线性可加模型由式（6.2）可知：

$$x_{ij} = \mu + \tau_i + \varepsilon_{ij}$$

要想建立这样一个模型，试验数据必须满足三个假定，如下所述。

1. 可加性（Additivity）

方差分析的每一个观察值都包含了总体平均数、各因素主效应、各因素间的交互效应、随机误差等许多部分，这些组成部分必须以叠加的方式综合起来，即每一个观察值都可视为这些组成部分的累加。

方差分析的数学模型明确提出了处理效应与误差效应是“可加的”，正是由于这一“可加性”，才有了样本平方和的“可加性”，亦即有了试验观测值总平方和的“可剖分性”。

方差分析的数学模型均为线性可加模型,其理论分析是建立在线性统计模型的基础上的，这正说明可加性是方差分析的重要先决条件。

以例 6.1 资料的线性可加模型为例给予说明：

$$x_{ij} = \mu + \tau_i + \varepsilon_{ij} \tag{6.20}$$

式（6.20）两边同时减去总体平均数 μ，再各取平方,最后求所有数据的总和后为：

$$\sum (x_{ij} - \mu)^2 = n\sum \tau_i^2 + \sum \varepsilon_{ij}^2 \tag{6.21}$$

由于右边有一个乘积和 $\sum \tau_i \varepsilon_i$，因两类效应均各自独立，所以乘积和 $\sum \tau_i \varepsilon_i$ 为零。从而，由式（6.21）可得到总平方和等于处理效应平方和加试验误差平方和。这一可加特性是方差分析的主要特征，当从样本估计时，则为：

$$\sum (x_{ij} - \overline{x})^2 = n\sum (\overline{x}_i - \overline{x})^2 + \sum (x_{ij} - \overline{x}_i)^2 \tag{6.22}$$

即$\mathrm{SS}_T = \mathrm{SS}_t + \mathrm{SS}_e$，这是样本平方和的可加性。

2. 正态性（Normality）

即随机误差 ε_{ij} 必须服从平均数为零的正态分布 $N(0,\sigma^2)$，并且是独立的随机变量。因为多样本（处理）的 F 检验是假定 k 个样本是从 k 个正态总体中随机抽取的，所以 ε_{ij} 一定是随机的。方差分析只能估计随机误差，顺序排列或顺序取样资料不能获得无偏误差估计，所以不能进行方差分析。

如果试验误差 ε_{ij} 不是正态分布，则表现为处理的误差趋向于作为处理平均数的一种函数关系。如果数据资料不符合正态分布，对资料进行适当数据转换后，也能进行方差分析。

3．方差齐性（Homogeneity）

即要求所有处理随机误差的方差都要相等，换句话说不同处理不能影响随机误差的方差。只有这样，才有理由以各个处理均方的合并均方作为检验各处理差异显著性的共同的误差均方。如有方差异质的现象，可将变异特别明显的数据剔除；或者将试验数据分成几个部分分析，使每部分具有同质的方差。

如果在方差分析前发现有某些异常的观测值、处理或单位组，只要不属于研究对象本身的原因，在不影响分析正确性的条件下应加以删除。

若在这三个条件不满足的情况下进行方差分析，很可能会导致错误的结论。因此，如试验数据不满足这三个条件，应在进行方差分析之前对数据进行转换。

6.3.2　数据转换的方法

有些资料就其性质来说不符合方差分析的基本假定。其中最常见的一种情况是处理平均数和均方有一定关系（如泊松分布和二项式分布）。对这类资料不能直接进行方差分析，而应考虑采用非参数方法分析或进行适当数据转换后再作方差分析。样本的非正态性、不可加性和方差的异质性通常连带出现，主要考虑的是处理效应与误差效应的可加性，其次才考虑方差同质性。下面介绍几种常用的转换方法及适用条件。

1．平方根转换

主要适用于各组均方与其平均数之间有某种比例关系的资料，尤其适用于总体呈泊松分布的资料。样本平均数与其方差有比例关系，采用平方根转换可获得同质的方差。平方根变换对方差的降缩作用较强。

转换方法：把数据换成其平方根，即用 $\sqrt{x}$ 代替 x，然后再进行计算。若大多数据观察值甚小，个别 x 接近 0，可用 $\sqrt{x+1}$ 代替。

2．反正弦转换

主要适用于以百分数形式给出的二项分布数据。即样本方差与均数呈抛物线关系。转换后的数值是以度为单位的角度。反正弦转换也称为角度转换。如果数据集中于 30～70 之间，二项分布本就接近正态分布，此时也可不做变换。但若变化超出上述范围很大则应变换。

转换方法：令 $\theta = \arcsin\sqrt{P}$ 。即先开平方，再取反正弦。也可直接查表得到。P 为百分数资料，θ 为相应的角度值。把数据转换成角度以后，接近于 0 和 100%的数值变异度增大，使方差变大，这样有利于满足方差同质性的要求。如果资料中的百分数介于 30%～70%之间，因资料的分布接近于正态分布，通常数据转换与否对分析结果影响不大。

3．对数转换

主要用于指数分布或对数正态分布数据。这些资料表现的效应不是可加的，而是成倍加性或可乘性，样本均数与极差或者标准差成比例，且不能取负值。应用对数变换可以同时改善效应的可加性与方差齐性。

转换方法：令 $x' = \lg x$ ，若大部分数据小于 10，个别接近 0，可采用 $x' = \lg(x+1)$ 变换。然后对 x' 进行方差分析。对数转换对于削弱大变数的作用要比平方根转换强。

4. 采用几个观察值的平均数做方差分析

平均数比单个观察值更易接近正态分布，如抽取样本平均数，再以这些平均数进行方差分析，可减少各种不符合基本假定因素的影响。

对于一般非连续性的数据，最好在方差分析前先检查各处理平均数与相应处理内均方是否存在相关性和各处理均方间的变异是否较大。如果存在相关性，或者变异较大，则应考虑对数据做出适当的转换。要确定适当的转换方法并不容易，可事先在试验中选取几个平均数为大、中、小的试验处理作转换，哪种方法能使处理平均数与其均方的相关性最小，哪种方法就是最合适的转换方法。

并非所有分布形式的数据都可通过数据变换的方法正态化。例如当数据呈双峰状分布(即密度函数有两个峰值）时，就不可能找到一种使它正态化的变换方法。因此变换后的数据仍需要检验是否符合正态分布。

无论采用何种数据转换方法，在对转换后的数据进行方差分析时，若经检验差异显著，在进行平均数的多重比较时需用转换后的数据进行计算。由于方差、标准差等不能变换回去，因此不能对原数据进行多重比较。

习　题　6

1．方差分析法的核心思想是什么？

2．多重比较的方法有哪些？常用多重比较结果的表示方法有哪些？如何选择合适的多重比较方法？

3．方差分析的基本假定是什么？常用的数据转换方法有哪些？

4．为了比较不同浓度的活性炭（AC）对玉米幼胚愈伤组织的培养效果，在 N6 诱导培养基中分别添加 0、0.3%、0.6%和 0.9%的活性炭（AC），统计每皿胚性愈伤组织数目，数据如下表，试进行方差分析。

活性炭浓度（%）	重复 1	重复 2	重复 3	重复 4
0	37	32	28	30
0.3	45	42	39	47
0.6	50	55	60	49
0.9	43	48	50	47

［答案：$F = 21.66$］

第 7 章　试验设计和抽样调查

7.1 试 验 设 计

所谓试验，就是在某种确定的条件下观察所发生的现象。试验用于无限总体的探索性研究。通过试验所得的数据称为试验数据，是统计资料的主要来源。

7.1.1　试验设计的基本原则

1．设置重复（Set Up Replication）

在一个试验中各处理占有的小区数就是各处理的重复次数。有的试验中各处理的重复次数都相等，有的试验中各处理的重复次数不相等。例如，处理 A 重复 3 次，处理 B 重复 4 次，处理 C 重复 3 次。小区试验通常可用 3～6 次重复，而大区试验 2 次重复即可。重复次数越多，试验误差越小。例如，同一处理分别做 4 次和 9 次重复，已知反映该处理误差大小的标准差 $\sigma=1$，则重复次数不同的两个标准误分别为：

$$\sigma_{\bar{x}}=1/\sqrt{4}=1/2$$

$$\sigma_{\bar{x}}=1/\sqrt{9}=1/3$$

显然后者的标准误比前者的标准误小，即 1/3<1/2。这是重复对降低试验误差所起的作用。另外，重复还对估计试验误差起决定作用，如果某处理不设重复，即只有一个观察值，则无法估计试验误差。同一处理必须有两次以上的重复，才能从这些重复间的差异估计试验误差。所以，为了估计试验误差，应有两次以上的重复才行。

2．随机排列（Random Assortment）

在试验中各处理所在的小区和各个试验进行的次序都是随机的即为随机排列。随机的方法有抽签法、查随机数字表法、计算机或电子计算器产生随机数字法等。随机的作用是使非试验因素对各处理影响所造成的误差大致相等，从而能够获得无偏的试验误差估计。

3．局部控制（Local Control）

在试验中把全部试验空间按重复次数划分为条件相似的几个局部空间，每个局部空间中都安排试验处理的一次重复，通常叫做区组（Block）。由于局部空间（区组）中的试验条件差异较小，从而可以更好地控制非试验因素对试验的影响。降低试验误差是局部控制的主要作用，便于操作管理则是局部控制的次要作用。这种用局部空间控制误差的手段即为局部控制。在田间试验、实验室试验和温室试验中的三种局部控制形式如图 7.1 所示。

区组越小对控制和降低误差所起的作用就越大。有些试验可以用一片叶或一个果实作为一个区组。例如，苹果阳面和阴面含糖量的对比试验，就是以一个果作为一个区组。

试验设计的三个基本原则，即设置重复、随机排列和局部控制间的关系及作用，如图 7.2 所示。

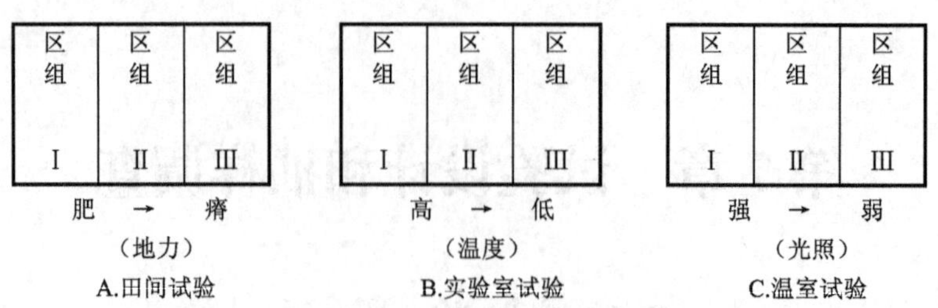

图 7.1　试验空间中局部控制的三种形式

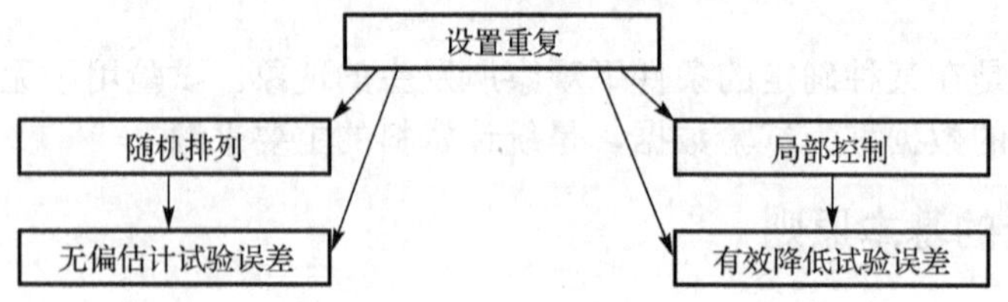

图 7.2　试验设计的三个基本原则间的关系及作用

7.1.2　常用的试验设计

采用重复、随机和局部控制三原则进行试验设计，可以有效地降低试验误差。不同的试验设计需要用不同的统计方法。用适当的统计方法相匹配，既能估计无偏的、最小的试验误差，又能使处理间的比较准确可靠。良好的试验设计是正确的统计分析的前提和条件。以下介绍在试验设计中，合理地运用试验设计的三个基本原则所形成的一些常用的试验设计方法。

1．对比法设计（Contrast Design）

按重复和局部控制两个原则设计试验小区。适用于单因素试验。例如品种比较试验，其基本原则是试验小区的排列特点是每一供试品种旁边都安排一个对照（ck），即每隔两个品种设一个 ck 称对比法。对比法使供试品种与 ck 间的比较因局部控制而有较高的精确度。每一重复内的各试验小区都是顺序排列，故称为顺序排列的试验设计。一般重复次数为 3～6 次。重复排列成多排时，为了避免同一品种的各小区排在一直线上，不同重复内的试验小区可用逆向式或阶梯式排列，如图 7.3 所示。

Ⅰ	Ⅱ	Ⅲ
1	8	1
ck	ck	ck
2	7	2
3	6	3
ck	ck	ck
4	5	4
5	4	5
ck	ck	ck
6	3	6
7	2	7
ck	ck	ck
8	1	8

(a) 逆向式

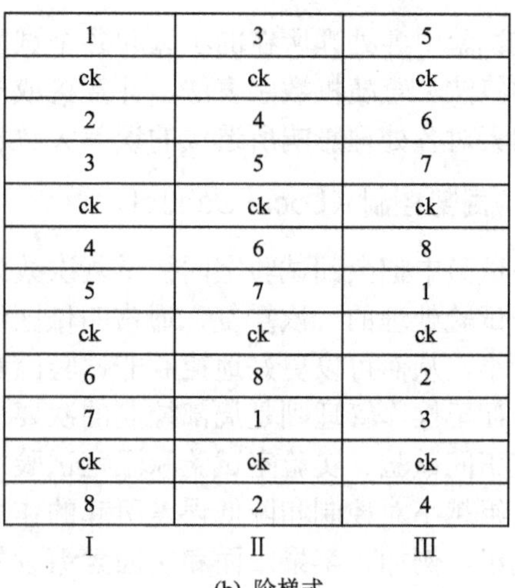

Ⅰ	Ⅱ	Ⅲ
1	3	5
ck	ck	ck
2	4	6
3	5	7
ck	ck	ck
4	6	8
5	7	1
ck	ck	ck
6	8	2
7	1	3
ck	ck	ck
8	2	4

(b) 阶梯式

图 7.3　对比排列的试验设计（品种代号：1～8）

在对比法排列的试验设计中，供试品种为偶数时，ck 占试验空间的 1/3；供试品种为奇数时，ck 占试验空间的 1/3 以上。所以，试验空间的利用率较低是其缺点。另外由于未进行随机排列，不能获得无偏的试验误差估计，试验结果的统计分析一般都采用百分比法，即设 ck 的产量（或其他性状）为 100，然后将各供试品种的产量和 ck 相比较，求其百分数，统计分析比较容易，方法简单。

2．间比法设计（Interval Contrast Design）

按重复和局部控制两个设计原则进行顺序排列。例如品种比较试验，其基本原则是试验小区的排列特点是每一重复的第一个小区和末尾的小区一定是 ck，每两个 ck 间排列相同数目的供试品种，一般间隔 4～9 个供试品种，ck 所占的试验空间比对比法中 ck 占的试验空间小，因而提高了试验空间的利用率。但是，由于在间比法中是以前后两个 ck 产量的平均数 $\overline{\text{ck}}$ 为 100，然后将间隔的几个供试品种的产量分别和 $\overline{\text{ck}}$ 相比较，求其百分数，这种局部控制的效果比对比法中局部控制的效果要差一些，故试验结果的精确度较低。重复次数可为 2～4 次，各重复可排成一排或多排，排成多排时仍可用逆向式和阶梯式排列，如图 7.4 所示。

Ⅰ	Ⅱ	Ⅲ
ck	ck	ck
1	16	1
2	15	2
3	14	3
4	13	4
ck	ck	ck
5	12	5
6	11	6
7	10	7
8	9	8
ck	ck	ck
9	8	9
10	7	10
11	6	11
12	5	12
ck	ck	ck
13	4	13
14	3	14
15	2	15
16	1	16
ck	ck	ck

(a) 逆向式

Ⅰ	Ⅱ	Ⅲ
ck	ck	ck
1	5	9
2	6	10
3	7	11
4	8	12
ck	ck	ck
5	9	13
6	10	14
7	11	15
8	12	16
ck	ck	ck
9	13	1
10	14	2
11	15	3
12	16	4
ck	ck	ck
13	1	5
14	2	6
15	3	7
16	4	8
ck	ck	ck

(b) 阶梯式

图 7.4　间比排列的试验设计（品种代号：1～12）

3．完全随机试验设计（Completely Random Experiment Design）

按重复和随机两个原则设计试验小区。适用于单因素试验和多因素试验。试验小区的排列特点是全部试验小区在试验空间中随机排列，对试验空间的几何形状没有限制，要求环境条件均匀一致。试验中各处理的重复次数可以相等，也可以不相等，给试材数不等的试验提供了方便。完全随机设计广泛应用于环境差异较小的盆栽试验、温室试验和实验室试验，在田间试验中则很少应用。由于没有局部控制，所以试验误差较大，但是可以得到无偏的试验误差估计值。试验结果可做方差分析，是方差分析中最简单的情形。试验中即使发生某些试验小区的数据缺失现象，也能作方差分析。因此，完全随机设计简单实用，灵活方便。它比对比法和间比法设计的精确度高。

在完全随机设计中，处理数少时重复次数要多；处理多时重复次数可少。在方差分析中误差的自由度 $df_e=k(n-1)$，一般要求 $df_e \geqslant 12$，由此推出当 $n \geqslant \dfrac{12}{k}+1$ 时，满足 $df_e \geqslant 12$。例如，3 个处理至少需要 $\dfrac{12}{3}+1=5$ 次以上的重复；6 个处理至少需要 $\dfrac{12}{6}+1=3$ 次重复；12 个处理可用 $\dfrac{12}{12}+1=2$ 次重复。

［例 7.1］ 某食品添加剂试验，按用量分为 5 个处理（以 A_1、A_2、A_3、A_4、A_5 表示），要求误差的自由度 $df_e=12$，则所需的重复次数 n 应为多少？试做完全随机设计。

解：
$$n \geqslant 12 \div 5+1=2.4+1=3.4 \approx 4$$

可设 4 次重复，全试验共有 5×4=20 个试验小区。用抽签法进行随机时，首先要把试验空间划分为 20 个小区，然后把各处理 A_1～A_5 分别都写 4 个牌，将这 20 个牌充分混合后即可进行随机排列，从 1 号小区开始逐个随机，如图 7.5 所示。

1 A_4	2 A_1	3 A_3	4 A_5	5 A_2
6 A_5	7 A_3	8 A_4	9 A_3	10 A_1
11 A_3	12 A_5	13 A_1	14 A_4	15 A_2
16 A_2	17 A_2	18 A_4	19 A_1	20 A_5

图 7.5 完全随机排列的试验设计（上：小区编号 下：处理代号）

4. 随机区组试验设计（Kandomized Blocks Experiment Design）

按重复、随机和局部控制三个原则设计试验，可以获得无偏的试验误差，是最常用的一种试验设计，广泛用于单因素试验和多因素试验。试验结果作方差分析，同一试验用随机区组设计比用完全随机设计的误差要小。在方差分析中误差的自由度 $df_e=(k-1)(n-1)$，一般要求 $df_e \geqslant 12$，重复次数与处理数之间的关系为 $n \geqslant \dfrac{12}{k-1}+1$。例如，3 个处理要重复 7 次以上；4 个处理要重复 5 次以上；5～6 个处理可重复 4 次；7～12 个处理可重复 3 次；13 个以上的处理只需要重复 2 次即可。由于在方差分析中重复的自由度被区组占去的缘故，所以其重复次数比完全随机设计的重复次数多。

［例 7.2］ 某食品添加剂试验，按用量分为 5 个处理（以 A_1、A_2、A_3、A_4、A_5 表示），要求误差的自由度 $df_e \geqslant 12$，则所需的重复次数 n 应为多少？试做随机区组设计。

解：

$$n \geqslant \frac{12}{k-1}+1=\frac{12}{5-1}+1=4$$

由此可见，5 个处理需要 4 次重复。用随机区组设计时，首先要把试验空间划分为 4 个同样大小的区组（局部控制），每个区组的环境条件允许存在一定的差异。其次把每个区组都划分为与处理数相等的 5 个试验小区。第三步，在每个区组内用抽签法或查随机表法安排 5 个试验处理。

① 抽签法。做代表试验处理的五个牌（A_1、A_2、A_3、A_4、A_5），将其充分混合后即可对每个区组进行随机排列。这种对区组完全随机设计的方法，可称为完全随机区组设计。

② 查随机表法。可从随机表的任一位置向任意方向读数。譬如得到 1～5 的随机数为 4、1、5、3、2，把对应的处理 A_4、A_1、A_5、A_3、A_2 分别安排在第 1～5 个试验小区，就算完成了第 I 个区组的随机化。同样的方法，用随机数确定区组 II～IV 中试验处理的随机排列，如图 7.6 所示。查随机表时，遇到相同的数应以第一个数为准。

I	A_4	A_1	A_5	A_3	A_2
II	A_2	A_4	A_3	A_5	A_1
III	A_5	A_2	A_3	A_1	A_4
IV	A_1	A_4	A_5	A_2	A_3

图 7.6　随机区组排列的试验设计

前面介绍了用一位随机数进行随机的方法，下面再介绍一种用两位随机数进行随机化的方法。在查随机数字表时，如果一次读两位数，要把“00”作 100 看待，并且要以 100 除以处理数作为组距将随机数分组。例如在上述食品添加剂的试验中，处理数为 5，100÷5=20，那么就以 20 作为组距把随机数划分为 5 组：1 组为 01～20；2 组为 21～40；3 组为 41～60；4 组为 61～80；5 组为 81～00。譬如从随机数字表的左下角向上读 2 位数：90，88，09，85，34，…，则对应的组号分别为 5，5，1，5，2，…，这样就得到了 1～5 的随机数，用它就可以对处理进行随机排列了。这种读两位随机数的方法，特别适合 10 个以上的处理。如处理数为 12 时，用 100÷12=8.3 取 8 作为组距，把随机数从 01～96 分为 12 组，而将多余的随机数 97、98、99 和 00 都略去。这种读两位随机数分组随机化的方法，因为各组中包含的随机数的个数都相等，故而符合均匀分布的原理。由于随机数的均匀分布，从而保证了试验小区的均匀分布，使各处理的误差都大致相等，这就是所谓“误差的同质性”（见第 5 章）。

5．拉丁方试验设计（Latin Square Experiment Design）

拉丁方是用拉丁字母表示处理，以横向进行随机区组排列，又以纵向进行随机区组排列构成的拉丁字母方块。拉丁方很多，如 2×2 的拉丁方有 2 个；3×3 的拉丁方有 12 个；4×4 的拉丁方有 576 个，5×5 的拉丁方有 161 280 个……随着处理数的增加，拉丁方数亦迅速增多。但是，2×2～4×4 的拉丁方实用价值不大，故本书仅列出了 5×5～9×9 的拉丁方，见图 7.7。

图 7.7 所列的拉丁方都是标准方。所谓标准方是指第一横行和第一纵行均为顺序排列的拉丁方。例如，5×5 的标准方就有 56 个，图 7.7 中所列的 5×5 的拉丁方只是这其中的一个。将一个标准方的横行或纵行进行随机又可以化出 $k!(k-1)!$（k 代表处理数）个不同的拉丁方，如 5×5 的一个标准方就可化出 5!(5–1)! ＝2880 个拉丁方。拉丁方总数则等于标准方数与每个标准方可化出的拉丁方数的乘积，如 5×5 的拉丁方总数为 56×2880=161 280。我们将利用拉丁方行列可随机的性质，对试验处理进行随机排列。

在拉丁方设计中，每个处理在行区组或列区组中只出现 1 次，即每个行区组或列区组中都应包括各处理的 1 次重复，处理数＝行区组数＝列区组数＝重复次数。正因如此，拉丁方设计需要方方正正的试验空间，仅适用于处理数为 5～9 个的试验。对试验结果进行方差分析可发现，同一试验用拉丁方设计比用随机区组设计的误差更小，这是因为多一个方向的局部控制进一步降低了试验误差的缘故。

5×5

A	B	C	D	E
B	A	E	C	D
C	D	A	E	B
D	E	B	A	C
E	C	D	B	A

6×6

A	B	C	D	E	F
B	F	D	C	A	E
C	D	E	F	B	A
D	A	F	E	C	B
E	C	A	B	F	D
F	E	B	A	D	C

7×7

A	B	C	D	E	F	G
B	C	D	E	F	G	A
C	D	E	F	G	A	B
D	E	F	G	A	B	C
E	F	G	A	B	C	D
F	G	A	B	C	D	E
G	A	B	C	D	E	F

8×8

A	B	C	D	E	F	G	H
B	C	D	E	F	G	H	A
C	D	E	F	G	H	A	B
D	E	F	G	H	A	B	C
E	F	G	H	A	B	C	D
F	G	H	A	B	C	D	E
G	H	A	B	C	D	E	F
H	A	B	C	D	E	F	G

9×9

A	B	C	D	E	F	G	H	I
B	C	D	E	F	G	H	I	A
C	D	E	F	G	H	I	A	B
D	E	F	G	H	I	A	B	C
E	F	G	H	I	A	B	C	D
F	G	H	I	A	B	C	D	E
G	H	I	A	B	C	D	E	F
H	I	A	B	C	D	E	F	G
I	A	B	C	D	E	F	G	H

图 7.7　5×5～9×9 的标准拉丁方

1.选择拉丁方

	1	2	3	4	5
1	A	B	C	D	E
2	B	A	E	C	D
3	C	D	A	E	B
4	D	E	B	A	C
5	E	C	D	B	A

2.横行随机

	1	2	3	4	5
3	C	D	A	E	B
5	E	C	D	B	A
1	A	B	C	D	E
2	B	A	E	C	D
4	D	E	B	A	C

3.直行随机

	2	4	5	3	1
3	D	E	B	A	C
5	C	B	A	D	E
1	B	D	E	C	A
2	A	C	D	E	B
4	E	A	C	B	D

4.处理随机

$A_4\ A_5\ A_2\ A_1\ A_3$

$A_3\ A_2\ A_1\ A_4\ A_5$

$A_2\ A_4\ A_5\ A_3\ A_1$

$A_1\ A_3\ A_4\ A_5\ A_2$

$A_5\ A_1\ A_3\ A_2\ A_4$

图 7.8　拉丁方随机排列的试验设计

［例 7.3］　某食品添加剂试验有 5 个处理，做拉丁方设计。

解：因为 k=5，所以需要选择 5×5 的拉丁方，并把试验空间划分为 5×5=25 个试验小区；其次，选择合适的标准方用抽签法或查随机表法对行区组和列区组都进行随机；第三步，用随机后的拉丁方把各处理进行随机排列后对号入座（见图 7.8）。

6．裂区试验设计（Split-plot Experiment Design）

对一些有特殊要求的多因素试验需要用裂区设计。在一个因素比另一因素需要更大的面积时宜用裂区设计；在某一因素比另一因素更重要时亦适合用裂区设计。例如，小麦 3 个播种期和 2 个品种的试验，若用随机区组设计，需要把 3×2=6 个处理组合在每个区组内随机排列，由于不同的播种期在区组内随机排列时农事操作极为不便，且两个相邻的不同播种期的试验小区亦会影响品种间比较的可靠性，这种试验就需要用裂区设计。

在裂区设计中，把试验空间划分区组的过程和上述方法相同，试验小区的划分却和上述方法不同。首先，将区组划分为主区，把次要因素 A 在主区中随机排列，如播种期是次要因素应放在主区中，播种期分 3 个水平，A_1 为 9 月 10 日播种，A_2 为 9 月 20 日播种，A_3 为 9

月 30 日播种。然后，把每个主区划分为副区，把主要因素 B 在副区中随机排列。如品种是主要因素应放在副区中，品种分 2 个水平，B_1 为鲁麦 15 号；B_2 为北京 8694 小麦品种（见图 7.9）。这种把试验空间进行二次分裂的试验设计叫作二裂式裂区设计，即一般所说的裂区设计。若再引入第三个因素，则需把试验空间进行三次分裂，故称为三裂式裂区设计或再裂区设计。

在裂区设计中，主区因占据较大的试验空间，其重复次数较少；而副区则因占据较小的试验空间，其重复次数较多。在每个主区中都包括副处理的一次重复，相当于一个区组，但是 A 因素的水平不尽相同，故将这种区组特别地称为不完全区组。

对裂区试验结果作方差分析时，有主区和副区两个误差，这两个误差的和等于二因素随机区组中的误差。由于副区比主区的重复次数多，且因重复次数越多误差越小，所以一般情况下，副区误差小于主区误差。因此，副处理及 A 和 B 的互作在用副区误差进行显著性检验时，其精确度较高；而主处理要用主区误差进行显著性检验，其精确度较低。

Ⅰ	A_1B_2	A_3B_1	A_2B_2
	A_1B_1	A_3B_2	A_2B_1
Ⅱ	A_3B_2	A_2B_2	A_1B_1
	A_3B_1	A_2B_1	A_1B_2
Ⅲ	A_2B_1	A_1B_2	A_3B_1
	A_2B_2	A_1B_1	A_3B_2

图 7.9　裂区随机排列的试验设计（处理代号：AB）

7. 条区试验设计（Strip Blocks Experiment Design）

专门为重点考察两个因素的交互作用而设计，A 和 B 因素同等重要。条区设计同时具有随机区组设计、拉丁方设计和裂区设计的某些特点，因而是一种较复杂的试验设计。

［例 7.4］ 研究播种期和施肥量对饲草（或绿肥）产量的影响，施肥量分 A_1、A_2、A_3 三个水平，播期分 B_1、B_2、B_3 三个水平，重复 6 次，用条区设计。

试验设计的方法如下（见图 7.10）：

① 把试验空间划分为 6 个区组作为重复。

② 将每个区组横向划分为 3 个横向小区组，把施肥量的 3 个水平随机排列。

③ 将每个区组纵向划分为 3 个纵向小区组，把播种期的 3 个水平随机排列。

④ 将在②和③中经过随机排列的播种期的3个水平与施肥量的3个水平相交构成的处理随机排列于全部试验小区。

注意：步骤②和③可以调换，即划分小区组的方向及因素 A 和 B 都可调换。

在条区设计中，使用了区组、横向小区组和纵向小区组作局部控制，可谓具备随机区组设计的特点；在同一区组内既有横向小区组和纵向小区组的交叉，也有 A 因素的各水平与 B 因素的各水平的交叉，可谓具备拉丁方设计的特点；在同一区组内 A 因素的每个水平所占的横向小区组相当于 B 因素的一个不完全区组，B 因素的每个水平所占的纵向小区组则相当于 A 因素的一个不完全区组，可谓具备裂区设计的特点；因此，可以认为条区设计是随机区组设计、拉丁方设计和裂区设计的结合。

对条区试验结果做方差分析时，可对 3 种误差做出估计，一个是 A 因素的误差（E_a）；一个是 B 因素的误差（E_b）；还有一个是 A 和 B 互作的误差（E_c）。这 3 个误差的和等于二因素随机区组设计中的误差，即 $E_a+E_b+E_c=E$。B 因素的误差与 A 和 B 互作的误差之和 $E_b+E_c=E_{副}$，即等于裂区设计中的副区误差。

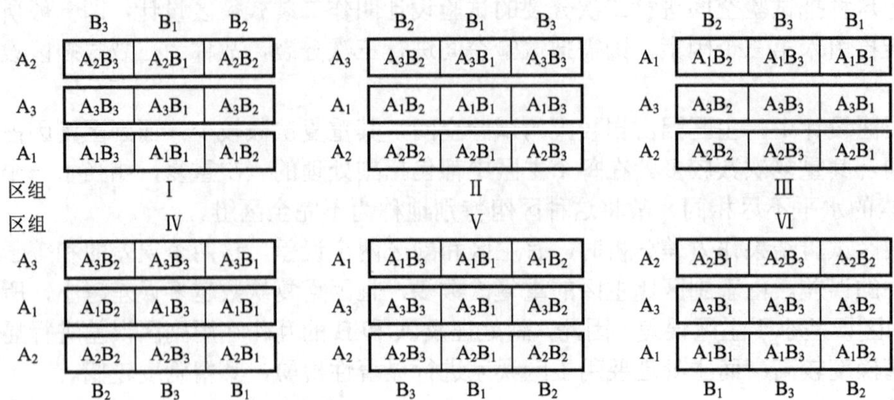

图 7.10　条区随机排列的试验设计（处理代号：AB）

8．系统分组试验设计（Systematic Grouping Experimental Design）

这种设计又叫巢（或窝）设计（Nested Design）或分枝设计（Branch Design），是专门为重点考察 A 因素和 A 因素对 B 因素、C 因素、D 因素等更多因素的影响而设计的一种特殊的复因素设计。

这种用两个因素所作的系统分组设计称为二级系统分组设计，即一般所说的系统分组设计。若再引入第三个因素 C，则称为三级系统分组设计。同样，若再引入第四个因素 D，则称为四级系统分组设计。

在系统分组设计中，A 因素对 B 因素的影响具有单向性，即 A→B。如公猪只能配母猪，而不能颠倒，这是系统分组和交叉分组的主要区别点。用一头公猪配几头母猪，就是几个不同的处理，这是一个系统分组。每头公猪交配的母猪数可以相等，也可以不相等。在试验中因素 A 有几个水平就有几个系统分组，譬如有 3 头公猪就有 3 个系统分组。正是由于这种相对独立的系统分组，因而把因素 B 的效应和因素 A×B 互作的效应混合在一起，这是系统分组设计不利的一方面；但也有有利的一方面，就是在安排试验小区时，可以一个系统组一个系统组地分开做试验，把大试验分解为小试验，因为试验空间越小，局部控制的效果就越好，所以能够降低试验误差，提高试验结果的精确度。

对系统分组设计中的重复可以这样来理解：把每个系统分组想象为大楼的一个单元，全部的系统分组构成大楼的第一层，这就是系统分组设计中的 1 次重复；依此类推，二层就是第 2 次重复……重复次数可以相等，也可以不相等，譬如母猪所产的仔猪数就属于重复次数不等的情形。由于系统分组设计的重复是在立体空间上，所以从图 7.11 中看不出重复，这是系统分组设计的一个极重要的特性。前面介绍的所有设计，其试验空间都是平面空间。

9．正交试验设计

是指用正交表所作的试验设计，即用正交表从全部试验处理中选作部分处理。重点考察因素间的综合作用，是多因素多水平的综合性试验的一种科学的设计方法，能够解答下面的几个问题：因素的主次；因素与指标的关系；选出较好的处理组合。

［例 7.5］ 研究品种、密度、施肥量和灌水量 4 个因素对作物产量的影响，试验的目的是希望能够从中找到适合当地推广的综合配套技术，用正交设计的方法描述如下。

① 确定因素和水平数。确定品种为 A 因素，为 A_1、A_2、A_3、A_4 4 个水平；密度为 B 因素，分 B_1、B_2 2 个水平；施肥量为 C 因素，分 C_1、C_2 2 个水平；灌水量为 D 因素，分 D_1、D_2 2 个水平。为了表示清楚把因素和水平综合列于表 7.1。

表 7.1 因素和水平表

因 素	水 平 数			
品 种	A_1	A_2	A_3	A_4
密 度	B_1	B_2		
施肥量	C_1	C_2		
灌水量	D_1	D_2		

根据表 7.1 中的因素和水平数，全面试验共有 4×2×2×2＝32 个处理组合，即使做 2 次重复也需 32×2＝64 个试验小区，无论是用完全随机设计或随机区组设计或裂区设计等都不好办，只有用正交设计最合适。

② 选择正交表。在附表中列出了可供选择的多个正交表，有相同水平的正交表，如 $L_4(2^3)$, $L_8(2^7)$, $L_9(3^4)$ 等；亦有混合水平的正交表，如 $L_{16}(4^1+2^4)$ 等。其中 L 代表正交表；L 右下角的数字表示从全部处理组合中选出的处理组合数；括号内的底数表示水平数；指数表示最多可以安排的因素数。选择正交表的原则：正交表中的水平数与供试因素水平数相一致；正交表中可以安排的因素数不少于供试因素数；选用试验次数较少的正交表，即处理组合数能少则少，若考虑交互作用时，应选择较大的正交表，若不考虑交互作用，可选择较小的正交表。对表 7.1 而言，选择 $L_8(4^1+2^4)$的正交表即可（表 7.2）。

③ 设计表头。正交表选好以后，就要考虑如何把各供试因素分别放在正交表的适当列上，即设计表头。本例拟选用 $L_8(4^1+2^4)$的正交表，因为只有第一列有 4 个水平（表内数字 1、2、3、4 代表水平），所以把品种即 A 因素放在第一列。而第 2～5 列都是 2 个水平，当因素之间没有或有不显著的交互作用时，可以在这些列上任意安排 2 水平的因素，现把施肥量即 C 因素放在第二列；灌水量 D 因素放在第三列；密度 B 因素放在第五列。见表 7.2。

④ 拟定试验方案。把因素 A、B、C、D 各列下面的水平组合起来，即得这个试验方案的 8 个处理组合（见表 7.2）。这 8 个处理组合是从全面试验的 32 个处理组合中选出的代表，这种代表性体现在两个方面，首先同一因素的各个不同水平在这些处理组合中出现了相同的次数，如 A 因素的 1、2、3、4 水平在 8 个处理组合中都出现了 2 次，而 B、C、D 因素的 1、2 水平则在 8 个处理组合中都出现了 4 次；其次任何两个因素的各种不同水平间的搭配次数相等，如 A 和 B、A 和 C 及 A 和 D 因素间的水平搭配为（1，1）、（1，2）、（2，1）、（2，2）、（3，1）、（3，2）、（4，1）、（4，2），分别出现在 8 个处理组合中，且每种组合都出现了 1 次，但是，B 和 C、B 和 D 及 C 和 D 因素间的水平搭配为（1，1）、（1，2）、（2，1）、（2，2），分别在 8 个处理组合中都出现了 2 次。正交表的这两个性质称为正交性，换句话说，具有这两个性质的表即为正交表。由于正交表具有正交性，使正交设计的部分处理组合能够比较全面地反映各因素各水平对指标影响的综合作用。因此，正交设计是一种适合于多因素多水平的理想的部分试验，能够用较少的试验次数获得相当可靠的试验结论。

表 7.2　A、B、C、D 四因素的正交试验设计

处 理 号	A	C	D		B	处理组合
1	1	1	1	1	1	$A_1B_1C_1D_1$
2	1	2	2	2	2	$A_1B_2C_2D_2$
3	2	1	1	2	2	$A_2B_2C_1D_1$
4	2	2	2	1	1	$A_2B_1C_2D_2$
5	3	1	2	1	2	$A_3B_2C_1D_2$
6	3	2	1	2	1	$A_3B_1C_2D_1$
7	4	1	2	2	1	$A_4B_1C_1D_2$
8	4	2	1	1	2	$A_4B_2C_2D_1$

对正交试验的结果，可用极差进行直观分析，也可进行方差分析。空列可以提供对误差的估计，如表 7.2 的第 4 列就可提供对误差的估计值。

以上介绍了 9 种试验设计的方法，基本上可以满足农业科学试验的需要，根据试验条件灵活选择。一个良好的试验设计，能够有效地控制试验误差，获得可靠的试验数据，有相应的统计分析方法，用最节省的财力和时间进行试验。

7.2　抽 样 调 查

7.2.1　抽样调查的设计

抽样调查是一种非全面调查，它是从全部调查研究对象中，抽选一部分单位进行调查，并据以对全部调查研究对象作出估计和推断的一种调查方法。统计调查方案应当包括以下五个方面：确定调查的目的；确定统计调查的对象和调查单位；确定统计调查的内容和调查表；确定统计调查的组织形式、范围、方式和方法；调查工作的组织实施。

抽样调查可以分为概率抽样和非概率抽样两类。

1．概率抽样（Probability Sampling）

概率抽样是按照概率论和数理统计的原理，从调查研究的总体中根据随机原则来抽选样本，并从数量上对总体的某些特征得出推断估计，对推断可能出现的误差可以从概率意义上加以控制。习惯上将概率抽样称为抽样调查。

1）随机抽样（Simple Sampling）

在抽选单位时，应该使总体内所有单位均有同等机会被抽取，换句话说，都具有相等的被抽取的概率，因此随机抽样又称为概率抽样。一般可采用抽签法或随机数字表法进行随机抽样。由于随机性，任意单位被抽取不受主观因素的偏袒作用，正确的误差估计成为可能，概率理论能够应用，从而作出可靠的科学结论。

随机抽样的优点是简单直观，均数（或率）及其标准误的计算简便。缺点是当总体较大时，难以对总体中的个体一一进行编号，且抽到的样本分散，不易组织调查。

2）系统抽样（Systematic Random Sampling）

系统抽样又称等距抽样或顺序抽样。按照某种既定的顺序抽取一定数量抽样单位构成样本。例如，在总体单位编号中，按间隔相等编号依次抽出所需单位编号 5、15、25、35 等。常用的顺序抽样方式有对角线式、棋盘式、分行式、平行线式及 Z 字形式等。

系统抽样的优点是易于理解，简便易行；容易得到一个在总体中分布均匀的样本，其抽样误差小于单纯随机抽样。缺点是抽到的样本较分散，不易组织调查；当总体中观察单位按顺序有周期趋势或单调增加（减小）趋势时，容易产生偏差。

3）分层抽样（Stratified Random Sampling）

分层抽样又称分类抽样或类型抽样。将总体划分为若干个同质层，再在各层内随机抽样或机械抽样。分层抽样的特点是将科学分组法与抽样法结合在一起，分组减小了各抽样层变异性的影响，抽样保证了所抽取的样本具有足够的代表性。分层抽样根据在同质层内抽样方式不同，又可分为一般分层抽样和分层比例抽样。一般分层抽样是根据样品变异性大小来确定各层的样本容量，变异性大的层多抽样，变异性小的层少抽样，在事先并不知道样品变异性大小的情况下，通常多采用分层比例抽样。

分层随机抽样的优点是样本具有较好的代表性，抽样误差较小，分层后可根据具体情况对不同的层采用不同的抽样方法。

4）整群抽样法（Cluster Sampling）

先将总体单元分群，可以按照自然分群或按照需要分群，也可以按照地理特征进行分群，随机选择群体作为抽样样本，调查样本群中的所有单元。整群抽样样本比较集中，可以降低调查费用。例如，在进行居民出行调查中，可以采用这种方法，以住宅区的不同将住户分群，然后随机选择群体为抽取的样本。

整群抽样的优点是便于组织调查，节省经费，容易控制调查质量。缺点是当样本含量一定时，抽样误差大于单纯随机抽样。

四种抽样方法的抽样误差大小一般是：整群抽样≥随机抽样≥系统抽样≥分层抽样。

5）多阶段抽样法（Multistage Sampling）

它是采取两个或多个连续阶段抽取样本的一种不等概率抽样。对阶段抽样的单元是分级的，每个阶段的抽样单元在结构上也不同，多阶段抽样的样本分布集中，能够节省时间和经费。调查的组织复杂，总体估计值的计算复杂。

6）双重抽样（Double Sampling）

双重抽样又称二重抽样、复式抽样，是指在抽样时分两次抽取样本的一种抽样方式，具体做法为首先抽取一个初步样本，并搜取一些简单项目以获得有关总体的信息，然后在此基础上再进行深入抽样。在实际运用中，双重抽样可以推广为多重抽样。

7）按规模大小成比例的概率抽样（Probability Sampling）

该抽样简称为 PPS 抽样，它是一种使用辅助信息，使每个单位均有按其规模大小成比例的被抽中概率的一种抽样方式。其抽选样本的方法有汉森-赫维茨方法、拉希里方法等。

PPS 抽样的主要优点是使用了辅助信息，减少抽样误差。主要缺点是对辅助信息要求较高，方差的估计较复杂。

8）典型抽样（Typical Sampling）

按研究目的从总体内有意识地选取有代表性的典型单位或单位群，至少要求所选取单位能代表总体的绝大多数。用这种方法选取的样本称为典型样本。从很大容量的总体中选取较少数量的抽样单位时，往往采用这种方法。例如，羊毛长度的调查，由于羊毛在身体各部位的变异较大，可以在目测有代表性的几个部位取样调查。但是由于这种方法完全依据于调查工作者的经验知识和技能，结果很不稳定，而且不符合随机原理，无法估计抽样误差。

2. 非概率抽样（Non-probability Sampling）

非概率抽样就是调查者根据自己的方便或主观判断抽取样本的方法。它不是严格按随机抽样原则来抽取样本，所以失去了大数定律的存在基础，也就无法确定抽样误差，无法正确地说明样本的统计值在多大程度上适合于总体。虽然根据样本调查的结果也可在一定程度上说明总体的性质、特征，但不能从数量上推断总体。当研究者对总体具有较好的了解时可以采用此方法，或是总体过于庞大、复杂，采用概率方法有困难时，可以采用非概率抽样来避免概率抽样中容易抽到实际无法实施或“差”的样本，从而避免影响对总体的代表度。常用的非概率抽样方法有四类。

1）方便抽样（Convenience Sampling）

指根据调查者的方便选取的样本，以无目标、随意的方式进行。例如街头拦截访问（看到谁就访问谁）、个别入户项目谁开门就访问谁。

优点：适用于总体中每个个体都是“同质”的项目，最方便、最省钱；可以在探索性研究中使用，另外还可用于小组座谈会、预测问卷等方面的样本选取工作。

缺点：抽样偏差较大，不适用于要做总体推断的任何民意项目，对描述性或因果性研究最好不要采用方便抽样。

2）判断抽样（Judgment Sampling）

指由专家判断而有目的地抽取他认为“有代表性的样本”。例如社会学家研究某国家的一般家庭情况时，常以专家判断方法挑选“中型城镇”进行；也有家庭研究专家选取某类家庭进行研究，如选三口之家（子女正在上学的）。在探索性研究中，如抽取深度访问的样本，可以使用这种方法。

优点：适用于总体的构成单位极不相同而样本数很小，同时设计调查者对总体的有关特征具有相当的了解（明白研究的具体指向）的情况，适合特殊类型的研究（如产品口味测试等）；操作成本低，方便快捷，在商业性调研中较多用。

缺点：该类抽样结果受研究人员的倾向性影响大，一旦主观判断偏差，则极易引起抽样偏差；不能直接对研究总体进行推断。

3）配额抽样（Quota Sampling）

指先将总体元素按某些控制的指标或特性分类，然后按方便抽样或判断抽样选取样本元素。相当于包括两个阶段的加限制的判断抽样。在第一阶段需要确定总体中的特性分布（控制特征），通常样本中具备这些控制特征的元素的比例与总体中有这些特征的元素的比例是相同的，通过第一步的配额，保证了在这些特征上样本的组成与总体的组成是一致的。在第二阶段，按照配额来控制样本的抽取工作，要求所选出的元素要适合所控制的特性。例如定点街访中的配额抽样。

优点：适用于设计调查者对总体的有关特征具有一定的了解而样本数较多的情况。实际上，配额抽样属于先“分层”（事先确定每层的样本量）再“判断”（在每层中以判断抽样的方法选取抽样个体）；费用不高，易于实施，能满足总体比例的要求。

缺点：容易掩盖不可忽略的偏差。

4）滚雪球抽样（Snowball Sampling）

指先随机选择一些被访者并对其实施访问，再请他们提供另外一些属于所研究目标总体的调查对象，根据所形成的线索选择此后的调查对象。第一批被访者是采用概率抽样得来的，之后的被访者都属于非概率抽样，此类被访者彼此之间较为相似，如目前中国的小轿车车主等。

优点：可以根据某些样本特征对样本进行控制，适用于寻找一些在总体中十分稀少的人物。

缺点：有选择偏差，不能保证代表性。

7.2.2 抽样调查中样本容量的估计

样本容量指一个样本的单位数目。在抽样调查中，样本容量的确很重要。因为样本容量太大,会造成人力、物力和财力的很大浪费；样本容量太小，会使抽样误差太大,使调查结果与实际情况相差很大，影响调查的效果。在组织抽样调查时，抽样误差的大小直接影响样本指标代表性的大小，而必要的样本单位数目是保证抽样误差不超过某一给定范围的重要因素之一。因此，在抽样设计时，必须决定样本单位数目，因为适当的样本单位数目是保证样本指标具有充分代表性的基本前提。

1．抽样调查中样本容量确定的原则

① 研究对象的变化程度。

② 所要求或允许的误差大小（精度要求）。

③ 要求推断的置信程度。也就是说，当所研究的现象越复杂，差异越大时，样本量要求越大；当要求的精度越高，可推断性要求越高时，样本量越大。确定样本量有相应的统计学公式，不同的抽样方法对应不同的公式。

2．对总体平均数抽样调查的样本容量估计

抽样调查的目的是用样本平均数对总体平均数做出无偏估计,并且希望在一定置信度下，估计误差（样本平均数与总体平均数之差）不超过一定范围 d，确定一个合适的样本容量 n。对于简单随机抽样，样本容量 n 的计算如下：

$$n = t_\alpha^2 s^2 / d^2 \qquad (7.1)$$

［例 7.7］ 欲对新世纪二号柿子苗木高度进行抽样调查，根据以往的研究已知标准差 $s =$ 4.07cm，要求估计的误差 $d = 1.5$cm，取置信度为 95%，采用简单随机抽样方法，问需要抽取多少株才能满足要求？

解：因为 $p = 1-\alpha = 0.95$，所以 $\alpha = 0.05$。当 df $=\infty$时，$t_{0.05}$=1.96。首先确定样本容量为：

$$n = t_\alpha^2 s^2 / d^2 = 1.96^2 \times 4.07^2 / 1.5^2 = 28.3 \approx 29 \text{ 株}$$

再以 df = 29–1=28，$t_{0.05}$=2.048，确定一个样本容量为：

$$n = t_\alpha^2 s^2 / d^2 = 2.048^2 \times 4.07^2 / 1.5^2 = 30.9 \approx 31 \text{ 株}$$

再以 df = 31–1=30，$t_{0.05}$=2.042，确定一个样本容量为：

$$n = t_\alpha^2 s^2 / d^2 = 2.042^2 \times 4.07^2 / 1.5^2 = 30.7 \approx 31 \text{ 株}$$

前后两次计算的结果相同，确定样本容量为 n=31。.

3．对总体百分数抽样调查的样本容量估计

抽样调查的目的是用样本百分数对总体百分数做出无偏估计,并且希望在一定置信度下，估计误差（样本百分数与总体百分数之差）不超过一定范围 d，确定一个合适的样本容量 n。对于简单随机抽样，样本容量 n 的计算如下：

$$n = u_\alpha^2 \sigma^2 / d^2 = u_\alpha^2 p(1-P) / d^2 \qquad (7.2)$$

［例 7.6］ 欲对黄金梨的染病率进行抽样调查，根据以往的研究已知染病率一般在 6%，要求估计的误差不超过 1%，即 $d=0.01$；取置信度为 95%，采用简单随机抽样方法，问需要抽取多少株才能满足要求？

解：因为 p=0.06，所以 q=1−0.06=0.94。当 $u_{0.05}$=1.96 时，首先确定样本容量为：

$$n=u_{\alpha}^{2}\sigma^{2}/d^{2}=1.96^{2}\times(0.06\times0.94)/0.01^{2}=2166.7\approx2167\text{ 株}$$

如果 p 未知，可以用 p=0.5 对 n 做一个保守估计，因为 p=0.5 时 $p(1-P)$最大。

习 题 7

1．试验设计的三个基本原则是什么？各有何作用？
2．书中介绍了试验设计的哪些方法？分别举例说明其用法。
3．二因素随机区组设计与二因素裂区设计有何不同？
4．二级系统分组设计能够用于哪些农业试验？结合专业举例说明。
5．概率抽样和非概率抽样的方法有哪些？怎样确定样本容量？举例说明。

第 8 章　试验结果的统计分析

在第 7 章介绍了常用的 9 种试验设计：对比法试验设计、间比法试验设计、完全随机试验设计、随机区组试验设计、拉丁方试验设计、裂区试验设计、条区试验设计、系统分组试验设计和正交试验设计。对这些试验可用两种方法进行统计分析：对比试验和间比试验用直观分析，其他试验需进行方差分析。

8.1　对比法设计试验结果的直观分析

用对比法设计的试验，由于处理作顺序排列，缺乏随机性，故不能获得无偏试验误差估计值，对这种试验结果可采用相对增减百分数进行直观分析。相对增减百分数按下式计算：

$$Q=\frac{\text{tr}-\text{ck}}{\text{ck}}\times 100 \tag{8.1}$$

$$\overline{Q}=\frac{\sum Q}{n} \tag{8.2}$$

式中 tr 代表处理的观察值；ck 代表对照的观察值；Q 为处理比对照增加或减少的百分数；$\overline{Q}$ 为平均增减百分数。

在各重复中相对增减百分数 Q 的大小反映了试验误差的大小，而平均百分数则是处理比对照增减产的代表值。在直观分析中用 Q 和 $\overline{Q}$ 判断处理与对照间的差异显著性。如果处理的平均百分数 $\left|\overline{Q}\right|<10\%$ 即为差异不显著；如果处理的平均百分数 $\left|\overline{Q}\right|\geqslant 10\%$，再看该处理在各重复中相对百分数 Q 的变异性，若满足表 8.1 的标准即为差异显著。用“Δ”表示减产显著；用“▲”表示增产显著；不显著的则不用标记。这种用相对增减百分数进行统计分析的方法称为直观分析法。

表 8.1　用 Q 和 $\overline{Q}$ 判断处理与对照间的差异显著性的标准

重复次数	$\|Q\|\geqslant 10\%$的重复	$\|Q\|<10\%$的重复	$\|\overline{Q}\|$的标准
1	1	0	≥10%
2	2	0	≥10%
3～4	2～3	1	≥10%
5～6	4～5	1～2	≥10%

［例 8.1］ 有 8 个黄瓜品种，以当地品种为对照，用对比法做比较试验，重复 3 次，试对试验结果做直观分析？

① 整理资料。做表 8.2 所示的直观分析表，将供试品种和对照的小区产量填入表中。

② 计算 Q 值。用式（8.1）计算各重复内处理与对照的相对增减百分数。例如，重复Ⅰ、Ⅱ、Ⅲ中品种 A 与对照的相对增减百分数为：

$$Q_{A_1}=\frac{A_1-\text{ck}_1}{\text{ck}_1}\times 100=\frac{17.1-16.7}{16.7}\times 100=2.40$$

$$Q_{A_2}=\frac{A_2-ck_2}{ck_2}\times 100=\frac{20.6-22.9}{22.9}\times 100=-10.04$$

$$Q_{A_3}=\frac{A_3-ck_3}{ck_3}\times 100=\frac{17.5-16.5}{16.5}\times 100=6.06$$

表 8.2 黄瓜品种对比试验的直观分析

品种	小区产量（kg）			相对增减（%）			平均增减	理论产量	位次
	Ⅰ	Ⅱ	Ⅲ	Q_1	Q_2	Q_3	（%）	（kg）	
A	17.1	20.6	17.5	2.40	−10.04	6.06	−0.53	18.12	6
ck_1	16.7	22.9	16.5						
B	16.2	22.3	18.4	−2.99	−2.62	11.52	1.97	18.57	3
C	10.3	9.7	14.3	−49.26	−51.50	−34.40	−45.05	10.01	9
ck_2	20.3	20.0	21.8						
D	11.9	9.7	19.1	−41.38	−51.50	−12.39	−35.09	11.82	8
E	21.5	9.2	19.2	−8.51	−8.91	−9.43	−8.95	16.59	7
ck_3	23.5	10.1	21.2						
F	23.9	15.4	27.8	1.70	52.48	31.13	28.44	23.40	1
G	15.5	19.2	18.3	14.81	24.68	9.58	16.36	21.20	2
ck_4	13.5	15.4	16.7						
H	14.1	15.2	16.4	4.44	−1.30	−1.80	0.45	18.30	4
ck 合计	74.0	68.4	76.2					18.22	5

③ 计算$\overline{Q}$值。用式（8.2）计算各处理的平均增减百分数。例如，品种 A 的平均增减百分数为：

$$\overline{Q}=\frac{\sum Q}{n}=\frac{2.40+(-10.04)+6.06}{3}=-0.53$$

④ 判断差异显著性。按表 8.1 的标准用相对增减百分数 Q 和 $|\overline{Q}|$ 判断处理与对照间的差异显著性。品种 F 和 G 比对照增产显著；品种 C 和 D 则比对照减产显著；而 4 个品种 A、B、E、H 与对照间差异不显著。需要指出这里所说的显著和不显著，并没有概率保证，这是直观分析法与 u 检验或 t 检验等检验方法的最大区别点。

⑤ 估计各处理的理论产量确定位次。对照的理论产量是试验中全部对照产量的平均数，即

$$\overline{ck}=\frac{\sum_{1}^{n}\sum_{1}^{m}ck_{ij}}{nm} \tag{8.3}$$

处理的理论产量按式（8.4）计算：

$$tr_e=\overline{ck}+\frac{\overline{ck}\cdot\overline{Q}}{100} \tag{8.4}$$

式中，n 为重复次数；m 为每一重复内的对照数；$\overline{ck}$ 代表对照的平均产量；tr_e 代表处理的理论产量。对于表 8.2 用式（8.3）计算得：

$$\overline{\mathrm{ck}}=\frac{\sum_{1}^{n}\sum_{1}^{m}\mathrm{ck}_{ij}}{nm}=\frac{74.0+68.4+76.2}{3\times4}=18.22\,(\mathrm{kg})$$

A 品种的理论产量用式（8.4）计算得：

$$A_e=\overline{\mathrm{ck}}+\frac{\overline{\mathrm{ck}}\times\overline{Q}}{100}=18.22+\frac{18.22\times(-0.53)}{100}=18.12\,(\mathrm{kg})$$

最后，根据理论产量的高低确定各处理的位次（表 8.2），产量最高居第 1 位的是品种 F，其次第 2 位是品种 G，品种 B 和 H 分别为第 3 和第 4 位，对照品种的产量为第 5 位，排在对照后面的品种其产量都比对照的产量低。综上所述，在当地推广 F 和 G 两个黄瓜品种可望获得高产。

8.2　间比法设计试验结果的直观分析

［例 8.2］ 有 12 个小麦品系，以当地主栽品种为对照，用间比法进行品比试验，重复 4 次，试做直观分析。

间比试验直观分析的方法与对比试验直观分析的方法相同。首先，计算对照的平均数，按式（8.5）计算：

$$\overline{\mathrm{ck}}=\frac{\mathrm{ck}_1+\mathrm{ck}_2}{2}\tag{8.5}$$

式中，ck_1 为前面的对照；ck_2 为后面的对照；$\overline{\mathrm{ck}}$ 代表对照的平均产量。

各重复内处理与对照的相对增减百分数按式（8.6）计算：

$$Q=\frac{\mathrm{tr}-\overline{\mathrm{ck}}}{\overline{\mathrm{ck}}}\times100\tag{8.6}$$

① 整理资料。做一个直观分析表，将供试品种和对照的产量填入表 8.3 中。

② 计算 Q 值。用式（8.6）计算各重复内处理与对照的相对增减百分数。例如，重复 I 中 4 个品种 A、B、C、D 与对照的相对增减百分数为：

$$\overline{\mathrm{ck}}=\frac{\mathrm{ck}_1+\mathrm{ck}_2}{2}=\frac{34.3+31.5}{2}=32.9$$

$$Q_{\mathrm{A}_1}=\frac{A_1-\overline{\mathrm{ck}}}{\overline{\mathrm{ck}}}\times100=\frac{39.2-32.9}{32.9}\times100=19.15$$

$$Q_{\mathrm{B}_1}=\frac{B_1-\overline{\mathrm{ck}}}{\overline{\mathrm{ck}}}\times100=\frac{30.8-32.9}{32.9}\times100=-6.38$$

$$Q_{\mathrm{C}_1}=\frac{C_1-\overline{\mathrm{ck}}}{\overline{\mathrm{ck}}}\times100=\frac{34.2-32.9}{32.9}\times100=3.95$$

$$Q_{\mathrm{D}_1}=\frac{D_1-\overline{\mathrm{ck}}}{\overline{\mathrm{ck}}}\times100=\frac{40.0-32.9}{32.9}\times100=21.58$$

③ 计算 $\overline{Q}$ 值。用式（8.2）计算各处理的平均增减百分数。例如，品种 A 的平均增减百分数为：

$$\overline{Q}_A = \frac{\sum Q_A}{n} = \frac{19.15+13.51+25.26+20.79}{4} = 19.68$$

④ 判断差异显著性。仍按表 8.1 的标准用相对增减百分数 Q 和 $|\overline{Q}|$ 判断处理与对照间的差异显著性。A、H、K 和 L 4 个品种比对照增产显著，而其他品种与对照间差异不显著。

⑤ 估计各处理的理论产量确定位次。首先用式（8.3）计算对照的理论产量（平均产量），再根据理论产量的高低，确定出各处理的位次（见表 8.3）。产量居第 1～4 位的分别是品种 A、L、K、H，与对照间差异显著；第 5～8 位的是品种 F、C、I、D，与对照间差异不显著；第 9 位是对照品种。其他几个品种的产量都比对照低。

表 8.3　小麦品系间比试验的直观分析

品　种	小区产量（kg）				相对增减（%）		相对增减（%）		平均增减 (%)	理论产量 (kg)	位　次
	Ⅰ	Ⅱ	Ⅲ	Ⅳ	Q_1	Q_2	Q_3	Q_4			
ck	34.3	32.5	28.2	35.2							
A	39.2	39.9	36.2	43.0	19.15	13.51	25.26	20.79	19.68	38.56	1
B	30.8	31.4	28.1	29.4	−6.38	−10.67	−2.77	−17.42	−9.31	29.22	13
C	34.2	39.1	30.4	36.3	3.95	11.24	5.19	1.97	5.59	34.02	6
D	40.0	34.3	31.1	29.0	21.58	−2.42	7.61	−18.54	2.06	32.88	8
ck	31.5	37.8	29.6	36.0							
E	27.3	34.7	28.9	34.0	−9.75	−4.14	−1.03	−1.45	−4.09	30.90	12
F	32.2	34.2	34.3	37.8	6.45	−5.52	17.47	9.57	6.99	34.47	5
G	32.8	27.1	29.7	36.1	8.43	−25.14	1.71	4.64	−2.59	31.38	11
H	34.5	39.8	37.5	38.0	14.05	9.94	28.42	10.14	15.64	37.26	4
ck	29.0	34.6	28.8	33.0							
I	25.8	34.9	31.0	37.3	−9.79	4.96	7.27	8.27	2.68	33.08	7
J	25.4	33.1	28.9	38.2	−11.19	−0.45	0.00	10.89	−0.19	32.16	10
K	32.8	41.4	32.9	39.8	14.69	24.51	13.84	15.53	17.14	37.74	3
L	34.0	36.9	35.8	39.8	18.88	10.98	23.88	15.53	17.32	37.80	2
ck	28.2	31.9	29.0	35.9							
ck 合计	123.0	136.8	115.6	140.1						32.22	9

8.3　完全随机设计试验结果的方差分析

完全随机设计可以分为单因素完全随机设计和二因素完全随机设计。所得试验资料均采用方差分析。

8.3.1　单因素完全随机设计试验结果的方差分析

1．重复次数相等资料的方差分析

在 k 个处理中，每个处理重复 n 次，其数据资料模式见表 8.5。其中任何一个观察值的线性模型如下：

$$x_{ij} = \mu + \tau_i + \varepsilon_{ij} \tag{8.7}$$

方差分析的公式列于表 8.4。

表 8.4　组内观察值数目相等的单因素资料的方差分析表

变异来源	SS	df	MS	F
处理间	$n\sum(\overline{x}_t-\overline{x})^2$	$k-1$	MS_t	MS_t/MS_e
处理内	$\sum\sum(x_{ij}-\overline{x}_t)^2$	$k(n-1)$	MS_e	
总变异	$\sum\sum(x_{ij}-\overline{x})^2$	$nk-1$		

［例 8.3］　做一烟草施肥试验，设 4 个处理，A_1 为不施肥，A_2 施尿素，A_3 施碳酸氢铵，A_4 施复合肥。每处理 5 个小区，共 20 个小区，烟草亩产量（kg）列于表 8.5，试检验各处理平均数间的差异显著性。

表 8.5　不同肥料试验的烟草产量

肥　料	生物产量（kg）					总和 T_i	平均 $\overline{x}_i$
A_1	168	172	166	174	170	850	170.0
A_2	185	177	170	175	180	887	177.4
A_3	173	169	172	177	179	870	174.0
A_4	181	179	182	180	184	906	181.2
						$T=3513$	$\overline{x}=175.65$

这是一个单因素 4 水平的完全随机试验，处理数 $k=4$，重复数 $n=5$，观察值总数 $nk=5\times4=20$。方差分析如下所述。

① 自由度和平方和的分解：

$$C=\frac{T^2}{nk}=\frac{3513^2}{20}=617\,058.45$$

$$SS_T=\sum_1^{nk}(x_{ij}-\overline{x})^2=\sum_1^{nk}x_{ij}^2-C=168^2+172^2+\cdots+184^2-617\,058.45=586.55$$

$$SS_t=\frac{1}{n}\sum_1^k T_{i.}^2-C=\frac{1}{5}(850^2+887^2+870^2+906^2)-617\,058.45=342.55$$

$$SS_e=SS_T-SS_t=586.55-342.55=244.00$$

$$df_T=nk-1=19$$

$$df_t=k-1=3$$

$$df_e=df_T-df_t=16$$

② F 检验。方差分析见表 8.6。

表 8.6　不同肥料试验的方差分析表

变异来源	SS	df	MS	F	$F_{0.05}$	$F_{0.01}$
处理间	342.55	3	114.18	7.49	3.24	5.29
处理内	244.00	16	15.25			
总变异	586.55	19				

实得 $F>F_{0.01}$，说明不同肥料间的烟草产量差异极显著，不同肥料对烟草产量具有不同的效应。

③ 多重比较（采用 LSD 法）

处理平均数差数的标准误为：

$$s_{\bar{x}_1-\bar{x}_2}=\sqrt{2\mathrm{MS}_e/n}=\sqrt{2\times 15.25/5}=2.47$$

则

$$\mathrm{LSD}_{0.05}=t_{0.05/2}\times s_{\bar{x}_1-\bar{x}_2}=2.120\times 2.47=5.24$$

$$\mathrm{LSD}_{0.01}=t_{0.01/2}\times s_{\bar{x}_1-\bar{x}_2}=2.921\times 2.47=7.21$$

用标记字母法，将多重比较结果列于表 8.7。

表 8.7　不同肥料的烟草亩产 LSD 检验

肥　料	平均亩产（kg）	差异显著性	
		0.05	0.01
A_4	181.2	a	A
A_2	177.4	ab	A
A_3	174.0	bc	AB
A_1	170.0	c	B

结论：A_4 与 A_1，A_2 与 A_1 差异极显著；A_4 与 A_3 之间差异显著；其余处理间没有显著差异。

2．重复次数不等资料的方差分析

在试验的过程中，有时会遇到试验单元有限，不能保证 k 组处理中，每处理皆含有 n 个重复的试验单元；或在试验过程中由于某些原因有些处理少了几个重复观察值，造成试验中 k 组处理的观察值数目不等，重复次数分别为 n_1，n_2，…，n_k。这种组内观察值数目不等的单因素资料的线性模型仍为式（8.7），即 $x_{ij}=\mu+\tau_i+\varepsilon_{ij}$。但是，因为每组 n_i 不同，因此在方差分析中相关公式需做相应的调整。主要区别如下所述。

1）自由度和平方和的分解

$$\left.\begin{array}{ll}\text{总变异自由度} & \mathrm{df}_T=\sum n_i-1\\ \text{处理间自由度} & \mathrm{df}_t=k-1\\ \text{误差自由度} & \mathrm{df}_e=\sum n_i-k\end{array}\right\}\tag{8.8}$$

$$\left.\begin{array}{ll}\text{总变异平方和} & \mathrm{SS}_T=\sum_{i=1}^{k}\sum_{j=1}^{n}(x_{ij}-\bar{x})^2=\sum_{i=1}^{k}\sum_{j=1}^{n}x_{ij}^2-C\\ \text{处理间平方和} & \mathrm{SS}_t=\sum n_i(\bar{x}_t-\bar{x})^2=\sum_{1}^{k}\left(\dfrac{T_i^2}{n_i}\right)-C\\ \text{误差平方和} & \mathrm{SS}_e=\sum(x_{ij}-\bar{x}_t)^2=\mathrm{SS}_T-\mathrm{SS}_t\\ \text{其中，矫正数} & C=\dfrac{T^2}{\sum n_i}\end{array}\right\}\tag{8.9}$$

2）多重比较

在进行多重比较时，由于处理内观察值个数不等，需要先算出处理观察值个数的调和平均数 n_0：

$$n_0 = \frac{(\sum n_i)^2 - \sum n_i^2}{(\sum n_i)\ (k-1)} \tag{8.10}$$

平均数的标准误为：

$$\text{SE} = \sqrt{\text{MS}_e / n_0} \tag{8.11}$$

平均数差数的标准误为：

$$s_{\bar{x}_1 - \bar{x}_2} = \sqrt{2\text{MS}_e / n_0} \tag{8.12}$$

［例 8.4］ 同期播种 3 种密度（4500 株/667m^2、5500 株/667m^2 和 6500 株/667m^2）的玉米试验，见表 8.8，成熟后测定其产量（kg），试进行方差分析。

表 8.8 玉米不同密度的产量结果

密度（株/667m^2）	产量（kg）						总和 T_i	平均 $\bar{x}_i$
4500 （A_1）	590	605	600	618			2413	603.25
5500 （A_2）	580	600	620	615	630	615	3660	610.00
6500 （A_3）	575	590	560	603	585		2913	582.60
							$T = 8986$	$\bar{x} = 599.07$

这是一个单因素 3 水平的完全随机试验，处理数 k=3，重复数 $n_1 = 4$，$n_2 = 6$，$n_3 = 5$。由于各处理观察值数目不等，属于组内观察值数目不等的单因素资料，其方差分析如下所述。

① 自由度和平方和的分解：

$$C = \frac{T^2}{\sum n_i} = \frac{8986^2}{15} = 5\,383\,213.07$$

$$\text{SS}_T = \sum (x_{ij} - \bar{x})^2 = \sum x_{ij}^2 - C = 590^2 + 605^2 + \cdots + 585^2 - 5\,383\,213.07 = 5144.93$$

$$\text{SS}_t = \sum_1^k \left(\frac{T_i^2}{n_i}\right) - C = \frac{2413^2}{4} + \frac{3660^2}{6} + \frac{2913^2}{5} - C = 2142.98$$

$$\text{SS}_e = \sum (x_{ij} - \bar{x}_i)^2 = \text{SS}_T - \text{SS}_t = 5144.93 - 2142.98 = 3001.95$$

$$\text{df}_T = \sum n_i - 1 = 15 - 1 = 14$$

$$\text{df}_t = k - 1 = 3 - 1 = 2$$

$$\text{df}_e = \sum n_i - k = 15 - 3 = 12$$

② F 检验 方差分析见表 8.9。

表 8.9 玉米不同密度试验的方差分析表

变异来源	SS	df	MS	F	$F_{0.05}$	$F_{0.01}$
处理间	2142.98	2	1071.49	4.28*	3.89	6.93
处理内	3001.95	12	250.16			
总变异	5144.93	14				

实得 $F > F_{0.05}$，说明不同种植密度间的玉米产量差异显著，不同的密度对玉米产量具有不同的效应。

③ 多重比较

在 F 检验显著的情况下方能进行多重比较。首先，需计算重复次数的调和平均数 n_0 值：

$$n_0=\frac{(\sum n_i)^2-\sum n_i^2}{(\sum n_i)(k-1)}=\frac{15^2-(4^2+6^2+5^2)}{15\times(3-1)}=4.93\approx 5$$

则处理平均数差数的标准误为：

$$s_{\bar{x}_1-\bar{x}_2}=\sqrt{2\mathrm{MS}_e/n_0}=\sqrt{2\times 250.16/5}=10.0$$

平均数的标准误为：

$$\mathrm{SE}=\sqrt{\mathrm{MS}_e/n_0}=\sqrt{250.16/5}=7.07$$

组内观察值数目不等的试验要尽量避免，因为这样的试验数据不仅计算麻烦，最重要的是数据分析的精确度有所较低。本例采用 LSD 法进行多重比较：

$$\mathrm{LSD}_{0.05}=t_{0.05/2}\times \overline{s}_{\bar{x}_1-\bar{x}_2}=2.179\times 10.0=21.79$$

$$\mathrm{LSD}_{0.01}=t_{0.01/2}\times \overline{s}_{\bar{x}_1-\bar{x}_2}=3.055\times 10.0=30.55$$

玉米不同密度试验的 LSD 检验见表 8.10。

表 8.10　玉米不同密度试验的 LSD 检验

密　　度	平均产量（kg）	差异显著性	
A_2	610.00	27.40^{**}	6.75
A_1	603.25	20.65	
A_3	582.60		

结论：A_2 密度与 A_3 密度差异极显著；其余处理间没有显著差异。

8.3.2　二因素完全随机设计试验结果的方差分析

两个因素的完全随机化设计资料分为两种类型：观测值重复一次的二因素方差分析和观测值重复 n 次的二因素方差分析。下面分别介绍这两种类型数据资料方差分析的方法。

1．重复一次的二因素随机试验的方差分析

设有 A、B 两个因素，A 因素有 a 个水平，B 因素有 b 个水平，若两个因素各水平均衡相遇，共有 ab 个处理。若因素间无交互作用，每个处理可只设一个观测值，即 r=1，则试验共有 ab 个观察值。这时，我们可以将试验数据整理成 A 因素为行分组、B 因素为列分组的两向分组资料，其资料类型见表 8.11。这类资料也称为组合内只有单个观察值的两向分组资料。

表 8.11　观测值重复一次的二因素数据资料

A 因　素	B 因　素				A 因素总和 T_i	A 因素平均 $\bar{x}_i$
	B_1	B_2	…	B_b		
A_1	x_{1_1}	x_{1_2}	…	x_{1_b}	T_{a_1}	$\bar{x}_{a_1}$
A_2	x_{2_1}	x_{2_2}	…	x_{2_b}	T_{a_2}	$\bar{x}_{a_2}$
⋮	⋮	⋮	⋮	⋮	⋮	⋮
A_a	x_{a_1}	x_{a_2}	…	x_{a_a}	T_{a_a}	$\bar{x}_{a_a}$
B 因素总和（T_j）	T_{b_1}	T_{b_2}	…	T_{b_b}	$T=\sum_{i=1}^{a}\sum_{j=1}^{b}x_{ij}$	
B 因素平均（$\bar{x}_j$）	$\bar{x}_{b_1}$	$\bar{x}_{b_2}$		$\bar{x}_{b_b}$	$\bar{x}=T/ab$	

在重复一次的二因素数据资料中，A 因素的每一个水平有 b 个重复，而 B 因素的每一个水平有 a 个重复。每个观测值既受 A 因素的影响，又受 B 因素的影响。每一个观察值的线性模型为：

$$x_{ij} = \mu + \alpha_i + \beta_j + \varepsilon_{ij} \tag{8.13}$$

其中 α_i 、β_i 分别是 A 因素、B 因素的效应（i=1, 2, …, a；j=1,2, …,b），可以是固定模型，也可以是随机模型。ε_{ij} 是误差效应。

1）自由度和平方和的分解

$$\left.\begin{aligned} C &= \frac{T^2}{ab} \\ SS_T &= \sum\sum(x_{ij}-\overline{x})^2 = \sum x^2 - C \\ SS_A &= b\sum(\overline{x_{a.}}-\overline{x})^2 = \frac{\sum T_{a.}{}^2}{b} - C \\ SS_B &= a\sum(\overline{x_{.b}}-\overline{x})^2 = \frac{\sum T_{.b}{}^2}{a} - C \end{aligned}\right\} \tag{8.14}$$

$$\left.\begin{aligned} SS_e &= SS_T - SS_A - SS_B \\ df_T &= ab-1 \\ df_A &= a-1 \\ df_B &= b-1 \\ df_e &= (a-1)(b-1) \end{aligned}\right\} \tag{8.15}$$

2）列方差分析表（见表 8.12）

表 8.12　观测值重复一次的二因素随机试验的方差分析表

变异来源	SS	df	MS	F
A 因素	$b\sum(\bar{x}_i-\bar{x})^2$	$a-1$	MS_A	MS_A/MS_e
B 因素	$a\sum(\bar{x}_j-\bar{x})^2$	$b-1$	MS_B	MS_B/MS_e
误差	$SS_T-SS_A-SS_B$	$(a-1)(b-1)$	MS_e	
总变异	$\sum_{i=1}^{a}\sum_{j=1}^{b}(x_{ij}-\bar{x})^2$	$ab-1$		

上述这种资料如果 A、B 因素间存在互作，则互作与误差混淆，因而无法分析互作，也不能得到合理的误差估计。只有 A、B 无互作时，才能正确估计误差。为了提高误差估计的精确度，这种试验设计的误差自由度一般不应小于 12。

［例 8.5］ 采用 5 种培养基培养绿色木霉菌，接种后放置于培养箱中培养，5 种培养基每层各放置 1 个，共放置 4 层，保证同层各培养皿的环境一致。培养 4 天后，统计菌落的直径（cm），结果列于表 8.13，试作方差分析。

分析：根据题意，该试验的因素是培养基，共 5 个水平；每层各种培养基各放置 1 个，共放置 4 层，$n=4$，但题目中提到“保证同层各培养皿的环境一致”，也就是说培养箱中 4 层的培养条件可能不一致，4 个重复是有差别的，属于观测值重复一次的二因素完全随机试验资料。其中，培养基（A）和区组（B）两个因素间无互作，共有 $ab=5\times4=20$ 个观察值，其自由度和平方和如下：

表 8.13　5 种培养基培养下绿色木霉菌的菌落直径（cm）

培养基（A）	B				A 因素总和 T_a	A 因素平均 $\bar{x}_a$
	B_1	B_2	B_3	B_4		
A_1	7.8	8.0	8.1	7.9	31.8	7.95
A_2	8.0	8.2	8.3	8.1	32.6	8.15
A_3	8.1	8.2	8.4	8.2	32.9	8.23
A_4	8.6	8.5	8.7	8.7	34.5	8.63
A_5	8.8	8.6	8.9	8.8	35.1	8.78
B 因素总和（T_b）	41.3	41.5	42.4	41.7	$T=166.9$	
B 因素平均（$\bar{x}_b$）	8.26	8.3	8.48	8.34	$\bar{x}=8.35$	

① 自由度和平方和的分解

$$C=\frac{T^2}{ab}=\frac{166.9^2}{5\times4}=1392.78$$

$$\mathrm{SS}_T=\sum\sum(x_{ij}-\bar{x})^2=\sum x^2-C=7.8^2+8.0^2+\cdots+8.8^2-1392.78=2.11$$

$$\mathrm{SS}_A=b\sum(\bar{x}_{a.}-\bar{x})^2=\frac{\sum T_{a.}{}^2}{b}-C=\frac{31.8^2+32.6^2+\cdots+35.1^2}{4}-1392.78=1.887$$

$$SS_B=a\sum(\bar{x}_{.b}-\bar{x})^2=\frac{\sum T_{.b}{}^2}{a}-C=\frac{41.3^2+41.5^2+\cdots+41.7^2}{5}-1392.78=0.138$$

$$\mathrm{SS}_e=\mathrm{SS}_T-\mathrm{SS}_A-\mathrm{SS}_B=2.110-1.887-0.138=0.085$$

$$\mathrm{df}_T=ab-1=19$$

$$\mathrm{df}_A=a-1=5-1=4$$

$$\mathrm{df}_B=b-1=4-1=3$$

$$\mathrm{df}_e=(a-1)(b-1)=(5-1)\times(4-1)=12$$

② F 检验

表 8.14 中，为检验各培养基间（处理间）有无不同效应，假设 H_0：$\kappa_A^2=0$，则有：

$$F=\mathrm{MS}_A/\mathrm{MS}_e=0.472/0.007=66.6$$

由于实得 $F>F_{(4,12)0.01}$，故否定 H_0，接受 H_A：$\kappa_A^2\neq0$。

而为检验各层间有无不同效应，假设 H_0：$\sigma_B^2=0$，则有：

$$F=\mathrm{MS}_B/\mathrm{MS}_e=0.046/0.007=6.47$$

表 8.14　5 种培养基下绿色木霉菌菌落直径（cm）的方差分析表

变异来源	SS	df	MS	F	$F_{0.05}$	$F_{0.01}$
培养基间	1.887	4	0.472	66.6**	3.26	5.41
层间	0.138	3	0.046	6.47**	3.49	5.95
误差	0.085	12	0.007			
总变异	2.110	19				

由于实得 $F>F_{(3,12)0.01}$，故否定 H_0，接受 H_A：$\sigma_B^2\neq0$。推断：不同培养基间及培养箱不同层间均有极显著差异，需进一步检验各处理平均数间的差异显著性。而对于培养箱的层间即使差异显著，也不需要进行多重比较。

③ 处理平均数间的多重比较（SSR 法）

培养基处理平均数的标准误为：

$$SE_a=\sqrt{\frac{s_e^2}{b}}=\sqrt{\frac{0.007}{4}}=0.042$$

查附表 8，当 $df_e=12$ 时，$p=2,3,4,5$ 的 SSR_α 值，并计算 LSR_α，列于表 8.15。由 LSR_α 值对 5 种培养基绿色木霉菌菌落直径的差异显著性检验结果列于表 8.16。

表 8.15　5 种培养基绿色木霉菌菌落直径多重比较的 LSR_α 值

秩 次 距	$SSR_{0.05}$	$SSR_{0.01}$	$LSR_{0.05}$	$LSR_{0.01}$
$p=2$	3.08	4.32	0.129	0.181
$p=3$	3.23	4.55	0.136	0.191
$p=4$	3.33	4.68	0.140	0.197
$p=5$	3.36	4.76	0.141	0.200

表 8.16　5 种培养基绿色木霉菌菌落直径的 SSR 检验结果

培 养 液	平均直径（cm）	差异显著性	
		0.05	0.01
A_5	8.78	a	A
A_4	8.63	b	A
A_3	8.23	c	B
A_2	8.150	c	B
A_1	7.950	d	C

④ 结论

由（表 8.16）可知，A_3 与 A_2 间无显著差异；A_5 与 A_4 间有显著差异；其余培养基间均有极显著的差异。且 A_5 培养基的绿色木霉菌菌落直径最大。

本例中，若需要对不同培养层间进行多重比较，其平均数标准误为：

$$SE_b=\sqrt{MS_e/a}=\sqrt{0.007/5}=0.037$$

需要特别指出，观测值重复一次的二因素方差分析，所估计的误差实际上包含两个因素的互作和随机误差。因此，只有两个因素不存在互作时，统计分析的结果才可信。

2．重复多次的二因素随机试验的方差分析

如果两个因素存在互作，必须有 2 次以上的重复观测值才能对其互作进行估计。设有 A、B 两个因素，A 因素有 a 个水平，B 因素有 b 个水平，若两个因素各水平均衡相遇，共有 ab 个处理。每处理均有 r 个重复，则试验共有 rab 个观察值。

我们可以将试验数据整理成以处理为横行分组的单向分组资料，数据类型同表 8.5，通过表 8.5 可以计算总变异、处理间变异和试验误差的变异。再将试验数据整理成 A 因素为行分组、B 因素为列分组的两向分组资料，其资料类型如表 8.17。通过 A×B 的两向表计算出 A 因素、B 因素的主效和 A×B 的交互作用。这类资料也称为组合内有重复观察值的两向分组资料。

对于表 8.17 中每一个观察值的线性模型，可以由单因素完全随机的线性模型推导得出。

$$x_{ijk}=\mu+\tau_i+\varepsilon_{ijk} \tag{8.16}$$

$$\tau_i=\alpha_i+\beta_j+(\alpha\beta)_{ij}$$

表 8.17　有重复观测值的二因素完全随机化设计的数据资料

（i=1,2，…，a；j=1,2，…，b；k=1,2，…,r,）

A 因 素	B 因 素				A 因素总和（T_i）	A 因素平均（$\bar{x}_i$）
	B_1	B_2	…	B_b		
A_1	x_{111}	x_{121}	…	x_{1b1}	T_{a_1}	$\bar{x}_{a_1}$
	x_{112}	x_{122}	…	x_{1b2}		
	⋮	⋮	⋮	⋮		
	x_{11n}	x_{12n}	…	x_{1bn}		
A_2	x_{211}	x_{221}	…	x_{2b1}	T_{a_2}	$\bar{x}_{a_2}$
	x_{212}	x_{222}	…	x_{2b2}		
	⋮	⋮	⋮	⋮		
	x_{21n}	x_{22n}	…	x_{2bn}		
⋮	⋮	⋮	⋮	⋮	⋮	⋮
A_a	x_{a11}	x_{a21}	…	x_{ab1}	T_{a_a}	$\bar{x}_{a_a}$
	x_{a12}	x_{a22}	…	x_{ab2}		
	⋮	⋮	⋮	⋮		
	x_{a1n}	x_{a2n}	…	x_{abn}		
B 因素总和（T_j）	T_{b_1}	T_{b_2}	…	T_{b_b}	$T=\sum_{i=1}^{a}\sum_{j=1}^{b}\sum_{k=1}^{n}x_{ijk}$	
B 因素平均（$\bar{x}_j$）	$\bar{x}_{b_1}$	$\bar{x}_{b_2}$		$\bar{x}_{b_b}$	$\bar{x}=T/abr$	

式（8.16）中 τ_{ij} 分解成了 3 部分，其中 α_i、β_j 分别是 A 因素、B 因素的主要效应，$(\alpha\beta)_{ij}$ 为 A×B 的互作效应。也就是说表 8.17 资料中的总变异可分解为 A 因素的主效 α_i、B 因素的主效 β_j、A×B 的互作效应 $(\alpha\beta)_{ij}$ 及试验误差 ε_{ijk} 4 部分，则有重复观测值的二因素完全随机化设计的线性模型为：

$$x_{ijk}=\mu+\alpha_i+\beta_j+(\alpha\beta)_{ij}+\varepsilon_{ijk} \tag{8.17}$$

（1）自由度和平方和的分解

$$\left.\begin{aligned}
&C=\frac{T^2}{abn}\\
&\mathrm{SS}_T=\sum\sum\sum(x_{ijk}-\bar{x})^2=\sum x^2-C\\
&\mathrm{SS}_t=n\sum(\bar{x}_{ab}-\bar{x})^2=\frac{\sum T_{ab}{}^2}{n}-C\\
&\mathrm{SS}_e=\sum(x_{ijk}-\bar{x}_{ab})^2=\mathrm{SS}_T-\mathrm{SS}_t\\
&\text{其中}\\
&\mathrm{SS}_t\begin{cases}\mathrm{SS}_A=bn\sum(\bar{x}_{a.}-\bar{x})^2=\dfrac{\sum T_a{}^2}{bn}-C\\ \mathrm{SS}_B=an\sum(\bar{x}_{.b}-\bar{x})^2=\dfrac{\sum T_b{}^2}{an}-C\\ \mathrm{SS}_{A\times B}=\mathrm{SS}_t-\mathrm{SS}_A-\mathrm{SS}_B\end{cases}
\end{aligned}\right\} \tag{8.18}$$

$$
\left.\begin{aligned}
&\mathrm{df}_T = abn-1 \\
&\mathrm{df}_t = ab-1\begin{cases}\mathrm{df}_A = a-1\\ \mathrm{df}_B = b-1\\ \mathrm{df}_{A\times B} = \mathrm{df}_t - \mathrm{df}_A - \mathrm{df}_B = (a-1)\times(b-1)\end{cases} \\
&\mathrm{df}_e = ab(n-1) = \mathrm{df}_T - \mathrm{df}_t
\end{aligned}\right\} \tag{8.19}
$$

（2）将各变异来源的自由度和平方和整理成表 8.18。需要注意 $n=r$。

表 8.18　有重复观测值的二因素 SS 和 df 的分解

变异来源	SS	df	MS
处理组合间	$r\sum(\bar{x}_{ab}-\bar{x})^2$	$ab-1$	MS_t
A 因素	$br\sum(\bar{x}_a-\bar{x})^2$	$a-1$	MS_A
B 因素	$ar\sum(\bar{x}_b-\bar{x})^2$	$b-1$	MS_B
A×B 互作	$\mathrm{SS}_t-\mathrm{SS}_A-\mathrm{SS}_B$	$(a-1)(b-1)$	$\mathrm{MS}_{A\times B}$
误差	$\mathrm{SS}_T-\mathrm{SS}_t$	$ab(r-1)$	MS_e
总变异	$\sum_{i=1}^{k}\sum_{j=1}^{n}(x_{ij}-\bar{x})^2$	$abr-1$	

（3）F 检验

a. 固定模型：在固定模型中，α_i、β_j 和 $(\alpha\beta)_{ij}$ 均为固定效应，即 $\sum\alpha_i=\sum\beta_j=\sum(\alpha\beta)_{ij}=0$。在 F 检验时，A 因素、B 因素及 A×B 互作项均以 MS_e 为分母。

b. 随机模型：对于随机模型，α_i、β_j 和 $(\alpha\beta)_{ij}$ 是相互独立的随机变量，都遵从正态分布。在 F 检验时，检验 A×B 互作项以 MS_e 为分母：

$$
F_{A\times B} = \mathrm{MS}_{A\times B}/\mathrm{MS}_e \tag{8.20}
$$

检验 A、B 时，以 $\mathrm{MS}_{A\times B}$ 为分母：

$$
\begin{aligned}
F_A &= \mathrm{MS}_A/\mathrm{MS}_{A\times B}\\
F_B &= \mathrm{MS}_B/\mathrm{MS}_{A\times B}
\end{aligned} \tag{8.21}
$$

c. 混合模型（以 A 固定 B 随机模型为例）　在混合模型中，A 的效应 α_i 为固定效应，B 的效应 β_j 为随机效应，$(\alpha\beta)_{ij}$ 为随机效应。对固定因素（A）检验时应以 $\mathrm{MS}_{A\times B}$ 为分母；对随机因素（B）及 A×B 互作项作检验时应以 MS_e 为分母，即

$$
\left.\begin{aligned}
F_A &= \mathrm{MS}_A/\mathrm{MS}_{A\times B}\\
F_B &= \mathrm{MS}_B/\mathrm{MS}_e\\
F_{A\times B} &= \mathrm{MS}_{A\times B}/\mathrm{MS}_e
\end{aligned}\right\} \tag{8.22}
$$

在实际应用中固定模型最多，随机模型和混合模型相对较少。

上述检验中，因素互作项的分析非常重要，一般先由 $F_{A\times B}=\mathrm{MS}_{A\times B}/\mathrm{MS}_e$ 检验互作项的显著性，不显著时无论哪种模型均可以 MS_e 作分母检验 A、B 的效应；显著时直接进行处理组

合的多重比较，不再检验 A、B 效应，因互作显著时，A、B 主效无实际意义。但习惯上仍然对各因素效应作 F 检验。

［例 8.6］ 采用 3 种培养基培养 4 种绿色木霉菌菌株，接种后放置于培养箱中培养，每处理重复 3 皿。培养 4 天后统计菌落的直径（cm），结果列于表 8.19，试进行方差分析。

表 8.19 绿色木霉菌的菌落直径（cm）

A 因素（培养基）	重复	B 因素（菌株）				A 因素总和（T_i）	A 因素平均（$\overline{x}_i$）
		B_1	B_2	B_3	B_4		
A_1	1	7.8	8.2	8.2	8.3	95.8	7.98
	2	7.9	7.8	8.0	8.1		
	3	7.9	7.9	7.8	7.9		
	T_{ij}	23.6	23.9	24	24.3		
A_2	1	8.1	8.3	8.2	8.5	99.2	8.27
	2	8.2	8.1	8.4	8.3		
	3	8.1	8.5	8.3	8.2		
	T_{ij}	24.4	24.9	24.9	25		
A_3	1	8.3	8.5	8.5	8.6	101.3	8.44
	2	8.2	8.4	8.4	8.3		
	3	8.5	8.6	8.6	8.4		
	T_{ij}	25	25.5	25.5	25.3		
B 因素总和	T_j	73.0	74.3	74.4	74.6	$T=296.3$	
B 因素平均	$\overline{x}_j$	8.11	8.26	8.27	8.29	$\overline{x}=8.23$	

分析：根据题意，该试验的试验因素是培养基（A）和菌株（B），a=3，b=4，共有 $ab=3\times4=12$ 个处理。每处理均有 $n=r=3$ 次重复，则试验共有 $abr=3\times4\times3=36$ 个观察值。属于有 r 次重复观测值的二因素完全随机试验资料。其中培养基（A）和菌株（B）两个因素属于固定模型，其方差分析如下：

① 自由度和平方和的分解：

$$C=\frac{T^2}{abn}=\frac{296.3^2}{3\times4\times3}=2438.71$$

$$\mathrm{SS}_T=\sum\sum\sum(x_{ijk}-\overline{x})^2=\sum x^2-C=(7.8^2+7.9^2+\cdots+8.4^2)-C=2.04$$

$$\mathrm{SS}_t=n\sum(\overline{x}_{ab}-\overline{x})^2=\frac{\sum T_{ab}^2}{n}-C=\frac{1}{3}(23.6^2+23.9^2+\cdots+25.3^2)-C=1.50$$

$$\mathrm{SS}_e=\sum(x_{ijk}-\overline{x}_{ab})^2=\mathrm{SS}_T-\mathrm{SS}_t=0.54$$

其中
$$\mathrm{SS}_A=bn\sum(\overline{x}_{a.}-\overline{x})^2=\frac{\sum T_{a.}{}^2}{bn}-C=\frac{(95.8^2+99.2^2+101.3^2)}{4\times3}-C=1.28$$

$$\mathrm{SS}_B=an\sum(\overline{x}_{.b}-\overline{x})^2=\frac{\sum T_{.b}{}^2}{an}-C=\frac{(73^2+74.3^2+74.4^2+74.6^2)}{3\times3}-C=0.18$$

$$\mathrm{SS}_{A\times B}=\mathrm{SS}_t-\mathrm{SS}_A-\mathrm{SS}_B=0.04$$

$$df_T = abn - 1 = 36 - 1 = 35$$

$$df_t = ab - 1 = 12 - 1 = 11$$

$$df_e = ab(n-1) = 12 \times (3-1) = 24$$

$$df_A = a - 1 = 3 - 1 = 2$$

$$df_B = b - 1 = 4 - 1 = 3$$

$$df_{A\times B} = (a-1)\times(b-1) = (3-1)\times(4-1) = 6$$

② F 检验

从表 8.20 可以看出，培养基（A）和菌株（B）间无显著的交互作用；不同菌株间也无显著差异；但培养基对菌落有极显著的影响，需要进行培养基间的多重比较。

表 8.20　绿色木霉菌的菌落直径的方差分析（固定模型）

变异来源	SS	df	MS	F	$F_{0.05}$	$F_{0.01}$
A 因素	1.28	2	0.64	28.53	3.40	5.61
B 因素	0.18	3	0.06	2.61	3.01	4.72
A×B 互作	0.04	6	0.01	0.27	2.51	3.67
误差	0.54	24	0.02			
总变异	2.04	35				

③ 多重比较（SSR 法）

$$SE_A = \sqrt{\frac{MS_e}{bn}} = \sqrt{\frac{0.02}{4\times 3}} = 0.041$$

查附表 8，当 $df_e = 24$ 时，$p = 2, 3$ 的 SSR_α 值计算 LSR_α，列于表 8.21，并由 LSR_α 值对 3 种培养基下绿色木霉菌菌落直径的差异显著性进行分析，结果列于表 8.22。

表 8.21　绿色木霉菌菌落直径的 LSR_α 值

秩　次　距	$SSR_{0.05}$	$SSR_{0.01}$	$LSR_{0.05}$	$LSR_{0.01}$
$p=2$	2.92	3.96	0.120	0.162
$p=3$	3.07	4.14	0.126	0.170

表 8.22　绿色木霉菌菌落直径多重比较的 SSR 检验

培　养　基	平均直径（cm）	差异显著性	
		0.05	0.01
A_3	8.44	a	A
A_2	8.26	b	B
A_1	7.98	c	C

④ 结论

由表 8.22 可知，A_3 培养基的绿色木霉菌菌落直径最大，极显著高于 A_2 和 A_1 培养基的绿色木霉菌菌落直径。

本例中，若需要进行不同菌株（B）间多重比较，其平均数标准误为：

$$SE_B = \sqrt{MS_e / an}$$

若需要进行不同处理组合间多重比较，处理平均数的标准误为：

$$SE_t = \sqrt{MS_e / n}$$

由于$SS_{A\times B}$一般要大于SS_e，交互作用存在时更为明显，因此若不能区分因素是随机或固定，有可能错用统计量导致错误的结论。因此在两个以上因素的方差分析中，区分因素类型显得更为重要。

随机、混合模型中仅重复1次时，无法把$SS_{A\times B}$和SS_e分开，此时随机模型仍可对主效应进行检验，混合模型中也可以对固定因素的主效应进行检验。但当交互作用存在时，仅检验主效应没有太大意义，因为有可能是交互作用起主要作用，试验时应尽可能设置重复。

8.4 随机区组设计试验结果的方差分析

8.4.1 单因素随机区组设计试验结果的方差分析

随机区组试验设计是指试验中的几个重复间存在着差异，即具有一定的系统误差，因此，重复也是数据资料的分组条件。我们一般将处理看作A因素，区组看作B因素，其剩余部分则为试验误差。假定一个随机区组试验，以k表示横行（处理），$i=1,2$，…，k；以r表示纵列（区组），$j=1, 2$, …，r，共有kr个数据。

每一个观察值的线性模型为：

$$x_{ij} = \mu + \tau_i + \beta_j + \varepsilon_{ij} \tag{8.23}$$

式中，μ为总体平均数，τ_i为处理效应或行的效应，τ_i可为固定模型或随机模型，在固定模型中假定$\sum \tau_i = 0$。在随机模型中假定$\tau_i \sim N(0, \sigma_\tau^2)$；$\beta_j$为列的效应或区组效应，一般为随机模型，假定$\beta_j \sim N(0, \sigma_\beta^2)$，若为固定模型则 ε_{ij}为相互独立的随机误差，服从$N(0, \sigma^2)$。

单因素随机区组设计资料的方差分析见表8.23，可参照重复一次的二因素随机试验的方差分析。其自由度和平方和的分解式如下：

总自由度=处理自由度+区组自由度+误差自由度

即

$$kr-1=(k-1)+(r-1)+(k-1)(r-1) \tag{8.24}$$

总平方和=处理平方和+区组平方和+误差平方和

即

$$\sum_{i=1}^{k}\sum_{j=1}^{r}(x-\overline{x})^2 = r\sum_{i=1}^{k}(\overline{x}_i-\overline{x})^2 + k\sum_{j=1}^{r}(\overline{x}_j-\overline{x})^2 + \sum_{i=1}^{k}\sum_{j=1}^{r}(x-\overline{x}_i-\overline{x}_j+\overline{x})^2 \tag{8.25}$$

式中，x表示观察值，$\overline{x}_i$表示处理平均数，$\overline{x}_j$表示区组平均数，$\overline{x}$表示该试验的平均数。

表 8.23 单因素随机区组试验的方差分析表

变异来源	SS	df	MS	F
因素	$r\sum(\overline{x}_i-\overline{x})^2$	$k-1$	MS_t	MS_t/MS_e
区组	$k\sum(\overline{x}_j-\overline{x})^2$	$r-1$	MS_r	MS_r/MS_e
误差	$SS_T-SS_t-SS_r$	$(k-1)(r-1)$	MS_e	
总变异	$\sum_{i=1}^{k}\sum_{j=1}^{r}(x_{ij}-\overline{x})^2$	$kr-1$		

［例 8.7］ 有一玉米引种试验，共有 A、B、C、D、E、F 6 个品种，其中 A 为当地玉米品种，其余为从各地区引入的玉米品种，按土壤肥力随机区组设计，重复 3 次，小区计产面积 25(m^2)，其产量结果列于表 8.24，试进行方差分析。

表 8.24 6 个玉米品种随机区组试验的产量（kg）

品　种	Ⅰ	Ⅱ	Ⅲ	处理总和 T_i	处理平均 $\overline{x}_i$
A	10.2	10.9	11.5	32.6	10.9
B	11.5	12.1	12.8	36.4	12.1
C	10.5	11.2	11.9	33.6	11.2
D	11.8	12.5	13.2	37.5	12.5
E	10.9	11.6	12.3	34.8	11.6
F	12.3	12.9	13.5	38.7	12.9
区组总和（T_j）	67.2	71.2	75.2	$T=213.6$	
区组平均（$\overline{x}_j$）	11.2	11.9	12.5	$\overline{x}=11.9$	

分析：根据题意，试验因素是玉米品种 $k=6$；随机区组设计 $r=3$；属于单因素随机区组设计资料的方差分析，见表 8.25，共有 $kr=6\times3=18$ 个观察值，分析如下。

① 自由度和平方和的分解

$$C=\frac{T^2}{kr}=\frac{213.6^2}{6\times3}=2534.720$$

$$SS_T=\sum\sum(x_{ij}-\overline{x})^2=\sum x^2-C=10.2^2+10.9^2+\cdots+13.5^2-C=14.520$$

$$SS_t=r\sum(\overline{x}_{i.}-\overline{x})^2=\frac{\sum T_{i.}^{\ 2}}{r}-C=\frac{32.6^2+36.4^2+\cdots+38.7^2}{3}-C=9.167$$

$$SS_r=k\sum(\overline{x}_{.j}-\overline{x})^2=\frac{\sum T_{.j}^{\ 2}}{k}-C=\frac{67.2^2+71.2^2+75.2^2}{6}-C=5.333$$

$$SS_e=SS_T-SS_t-SS_r=0.020$$

$$df_T=kr-1=17$$

$$df_t=k-1=6-1=5$$

$$df_r=r-1=3-1=2$$

$$df_e=(k-1)(r-1)=(6-1)\times(3-1)=10$$

② F 检验

表 8.25　6 个玉米品种随机区组试验产量的方差分析表

变异来源	SS	df	MS	F	$F_{0.05}$	$F_{0.01}$
品种间	9.167	5	1.833	916.67**	3.33	5.64
区组间	5.333	2	2.667	1333.34**	4.10	7.56
误差	0.020	10	0.002			
总变异	14.520	17				

检验玉米品种间（处理间）有无不同效应，假设 H_0： $\kappa_A^2 = 0$，或 $\mu_A = \mu_B = \cdots = \mu_F$ （各品种间平均产量全相等），对应的 H_A： μ_B， μ_F，…， μ_A 不全相等，则

$$F = \text{MS}_t / \text{MS}_e = 1.833/0.002 = 916.67 > F_{(5,10)0.01}$$

故否定 H_0，接受 H_A。所以 6 个供试玉米品种的总体产量平均数间差异极显著，需进一步多重比较。

对区组间做 F 检验，假设 H_0：$\sigma_B^2 = 0$，则 $F = MS_r / MS_e = 2.667/0.002 = 1333.34 > F_{(2,10)0.01}$，故否定 H_0，接受 H_A： $\sigma_B^2 \neq 0$，说明 3 个区组间的土壤肥力有极显著差别。在随机区组设计中，区组作为局部控制的一项手段，对于减少误差是非常有效的，一般不需要进行多重比较。

③ 处理平均数间的多重比较

如果只想将引进品种与当地对照品种 A 相比，宜用 LSD 法。如果试验目的不仅为了了解引进品种与当地对照品种的差异显著性，而且还要了解引进品种间的差异显著性，则应选用 SSR 法或 q 法。下面以 LSD 为例。

品种间处理平均数差数的标准误为：

$$s_{\bar{x}_1 - \bar{x}_2} = \sqrt{\frac{2\text{MS}_e}{n}} = \sqrt{\frac{2 \times 0.002}{3}} = 0.0365$$

查附表 4 可知， $\nu = 10$ 时，

$$t_{0.05/2} = 2.228，\quad t_{0.01/2} = 3.169$$

故

$$\text{LSD}_{0.05} = 2.228 \times 0.0365 = 0.081$$

$$\text{LSD}_{0.01} = 3.169 \times 0.0365 = 0.115$$

用标记字母法,将多重比较结果列于表 8.26。

表 8.26　随机区组试验设计玉米品种产量的比较

处　理	均　值	5%显著水平	1%极显著水平
F	12.9	a	A
D	12.5	b	B
B	12.1	c	C
E	11.6	d	D
C	11.2	e	E
A	10.9	f	F

④ 结论

从表 8.26 可以看出，引进的 5 个玉米品种的产量均极显著高于当地对照品种，其中 F 品种的产量最高。推广新引进的 5 个玉米品种，可望获得较高的产量。

8.4.2 二因素随机区组设计试验结果的方差分析

设有 A、B 两个因素，A 因素有 a 个水平，B 因素有 b 个水平，若两个因素各水平均衡搭配，共有 $k=ab$ 个处理。每处理均有 r 个重复，则共有 abr 个观察值。

这类资料每一个观察值的线性模型为：

$$x_{ij}=\mu+\tau_i+\beta_j+\varepsilon_{ij} \tag{8.26}$$

$$\tau_{ij}=A_\alpha+(AB)_{ab}+B_b$$

与前述不同的是式（8.26）中 τ_i 分解成了 3 部分，其中 A_a、B_b 分别是 A 因素、B 因素的主要效应，$(AB)_{ab}$ 为 $A\times B$ 的互作效应，也就是该资料中的总变异可分解为 A 因素的主效 A_a、B 因素的主效 B_b、$A\times B$ 的互作效应 $(AB)_{ab}$、区组的效应 β_j 及试验误差 ε_{ij} 5 部分，则二因素随机区组试验设计的线性模型为：

$$x_{ij}=\mu+A_a+B_b+(AB)_{ab}+\beta_j+\varepsilon_{ij} \tag{8.27}$$

该资料的方差分析步骤如下：首先，将数据整理成以处理为横行分组、区组为纵列分组的两向分组资料，估算出总变异、处理间变异、区组间变异和试验误差的变异；再将试验数据整理成 A 因素为行分组、B 因素为列分组的两向分组资料；通过 $A\times B$ 的两向分组资料估算出 A 因素、B 因素的主效和 $A\times B$ 的交互作用，其方差分析见表 8.27。

表 8.27 二因素随机区组试验资料 SS 和 df 的分解

变异来源	SS	df	MS
区组间	$ab(\bar{x}_r-\bar{x})^2$	$r-1$	MS_r
处理组合间	$r\sum(\bar{x}_{ab}-\bar{x})^2$	$ab-1$	MS_t
A 因素	$br\sum(\bar{x}_a-\bar{x})^2$	$a-1$	MS_A
B 因素	$ar\sum(\bar{x}_b-\bar{x})^2$	$b-1$	MS_B
$A\times B$ 互作	$SS_t-SS_A-SS_B$	$(a-1)(b-1)$	$MS_{A\times B}$
误差	$SS_e=SS_T-SS_t-SS_r$	$ab(r-1)$	MS_e
总变异	$\sum_{i=1}^{a}\sum_{j=1}^{b}\sum_{k=1}^{r}(x_{ijk}-\bar{x})^2$	$abr-1$	

［例 8.8］ 采用 3 种培养液（A）施与 3 个玉米品种（B），3 次重复，随机区组设计。拔节期测量植株的高度（cm），结果列于表 8.28，试进行方差分析。

分析：根据题意，该试验的试验因素是培养液（A）和品种（B），$a=3$，$b=3$，共有 $ab=3\times3=9$ 个处理。每处理均有 $r=3$ 个小区，则试验共有 $abr=3\times3\times3=27$ 个观察值。属于二因素随机区组设计的试验资料。肥料（A）和品种（B）两个因素属于固定模型。

① 结果整理

表 8.28 是处理为横行分组、区组为纵列分组的两向分组资料，因此，还需将结果整理成 AB 因素的两向表。表 8.29 中数据为 3 次重复之和。

表 8.28　品种、肥料的玉米苗高试验结果

A 因　素	B 因　素	Ⅰ	Ⅱ	Ⅲ	总和（T_{ab}）
A_1	B_1	101	95	103	299
	B_2	100	102	108	310
	B_3	103	111	106	320
A_2	B_1	104	112	108	324
	B_2	105	108	113	326
	B_3	107	112	115	334
A_3	B_1	115	118	122	355
	B_2	116	119	123	358
	B_3	117	121	124	362
总和（T_r）		968	998	1022	$T=2988$

表 8.29　$A\times B$ 两向表

	B_1	B_2	B_3	T_a
A_1	299	310	320	929
A_2	324	326	334	984
A_3	355	358	362	1075
T_b	978	994	1016	$T=2988$

表中T_r、T_a、T_b和T_{ab}依次分别为各区组、培养液、品种、各处理的总和数，T为全试验总和数。各个总和数所包含的观察值数目，为总观察值数目（abr）除以该总和数的下标所具有的水平数。例如，每个T_r包括$abr/r=ab=3\times3=9$个观察值，每个T_a包括$abr/a=br=3\times3=9$个观察值等。

② 自由度和平方和的分解

$$C=\frac{T^2}{abr}=\frac{2988^2}{3\times3\times3}=330\,672$$

$$\mathrm{SS}_T=\sum\sum\sum(x-\overline{x})^2=\sum x^2-C=(101^2+95^2+\ldots+124^2)-C=1582.01$$

$$\mathrm{SS}_t=r\sum(\overline{x}_{ab}-\overline{x})^2=\frac{\sum T_{ab.}{}^2}{r}-C=\frac{1}{3}(299^2+310^2+\cdots+362^2)-C=1308.67$$

$$\mathrm{SS}_r=ab\sum(\overline{x}_r-\overline{x})^2=\frac{\sum T_{r.}{}^2}{ab}-C=\frac{1}{9}(968^2+998^2+1022^2)-C=162.67$$

$$\mathrm{SS}_e=\sum(x-\overline{x}_{ab}-\overline{x}_r+\overline{x})^2=\mathrm{SS}_T-\mathrm{SS}_t-\mathrm{SS}_r=110.67$$

其中

$$\mathrm{SS}_A=br\sum(\overline{x}_{a.}-\overline{x})^2=\frac{\sum T_{a.}{}^2}{br}-C=\frac{(929^2+984^2+1075^2)}{3\times3}-C=1208.22$$

$$\mathrm{SS}_B=ar\sum(\overline{x}_{.b}-\overline{x})^2=\frac{\sum T_{.b}{}^2}{ar}-C=\frac{(978^2+994^2+1016^2)}{3\times3}-C=80.89$$

$$SS_{A\times B}=SS_t-SS_A-SS_B=19.56$$

$$df_T=abr-1=27-1=26$$

$$df_t=ab-1=9-1=8$$

$$df_r=r-1=3-1=2$$

$$df_e=(ab-1)(r-1)=8\times(3-1)=16$$

$$df_A=a-1=3-1=2$$

$$df_B=b-1=3-1=2$$

$$df_{A\times B}=(a-1)\times(b-1)=(3-1)\times(3-1)=4$$

③ F 检验

将各变异来源的自由度和平方和整理成表 8.30。

表 8.30　品种、肥料的玉米苗高的方差分析（固定模型）

变异来源	SS	df	MS	F	$F_{0.05}$	$F_{0.01}$
区　组	162.67	2	81.33	11.76**	3.63	6.23
处理间	1308.67	8	163.58	23.65**	2.59	3.89
A 因素	1208.22	2	604.11	87.34**	3.63	6.23
B 因素	80.89	2	40.44	5.85**	3.63	6.23
$A\times B$	19.56	4	4.89	0.71	3.01	4.77
误　差	110.67	16	6.92			
总变异	1582.00	26				

从表 8.30 可以看出，培养液（A）和品种（B）间无显著的相互作用，不同培养液、品种、处理和区组间存在极显著差异，需要进行培养液、品种和处理间的多重比较。

由于 F 值的大小表示着效应或互作变异的大小，故在上述显著的效应和互作中，其对株高作用的大小次序为 $A>B>AB$。

④ 多重比较（SSR 法）

培养液间平均数标准误为：

$$SE_A=\sqrt{MS_e/br}=\sqrt{6.92/3\times3}=0.88$$

品种间平均数标准误为：

$$SE_B=\sqrt{MS_e/ar}=\sqrt{6.92/3\times3}=0.88$$

处理间平均数标准误为：

$$SE_t=\sqrt{MS_e/r}=\sqrt{6.92/3}=1.52$$

查附表 8，当 $df_e=16$ 时计算 LSR_α（表略），并由 LSR_α 值对 3 种培养液、3 个玉米品种及 9 个处理下玉米株高的差异显著性分析结果列于表 8.31。

④ 结论

由表 8.31 可知，3 种培养液间具有极显著差异，其中 A_3 培养液对玉米苗高的效应最大；B_3 与 B_2 品种间、B_2 与 B_1 品种间玉米苗高差异不显著，其余品种间差异极显著；A_3B_3、A_3B_2、A_3B_1 间差异不显著，但均极显著高于其他处理。

表 8.31　品种、肥料玉米苗高多重比较的 SSR 检验

项　目		平均株高（cm）	差异显著性	
			0.05	0.01
肥料	A_3	119.44	*a*	*A*
	A_2	109.33	*b*	*B*
	A_1	103.22	*c*	*C*
品　种	B_3	112.89	*a*	*A*
	B_2	110.44	*ab*	*AB*
	B_1	108.67	*b*	*B*
处　理	A_3B_3	120.67	*a*	*A*
	A_3B_2	119.33	*a*	*A*
	A_3B_1	118.33	*a*	*A*
	A_2B_3	111.33	*b*	*B*
	A_2B_2	108.67	*b*	*BC*
	A_2B_1	108.00	*bc*	*BC*
	A_1B_3	106.67	*bc*	*BC*
	A_1B_2	103.33	*cd*	*CD*
	A_1B_1	99.67	*d*	*D*

对于三因素及更多因素的试验资料的方差分析，可以参考二因素试验资料的方差分析。例如，三因素试验资料的处理效应可以分为各因素的主效（A、B、C）及两个因素间的一级互作（$A\times B$、$A\times C$、$B\times C$）和 3 个因素间的二级互作（$A\times B\times C$）。想要估算这些效应我们可以将资料整理成 $A\times B$、$A\times C$、$B\times C$ 3 个两向表。交互作用的计算为：

$$
\begin{aligned}
\mathrm{SS}_{A\times B} &= \mathrm{SS}_{AB} - \mathrm{SS}_{A} - \mathrm{SS}_{B} \\
\mathrm{SS}_{A\times C} &= \mathrm{SS}_{AC} - \mathrm{SS}_{A} - \mathrm{SS}_{C} \\
\mathrm{SS}_{B\times C} &= \mathrm{SS}_{BC} - \mathrm{SS}_{B} - \mathrm{SS}_{C} \\
\mathrm{SS}_{A\times B\times C} &= \mathrm{SS}_{ABC} - \mathrm{SS}_{A} - \mathrm{SS}_{B} - \mathrm{SS}_{C} - \mathrm{SS}_{A\times B} - \mathrm{SS}_{A\times C} - \mathrm{SS}_{B\times C}
\end{aligned}
\tag{8.28}
$$

式中，SS_A 表示 A 因素主效的平方和，$\mathrm{SS}_{A\times B}$ 表示 A、B 两个因素交互作用的平方和，SS_{AB} 表示只考虑 A、B 两个因素各水平相遇形成的处理的平方和，SS_{ABC} 表示 A、B 和 C 三个因素各水平相遇形成的处理的平方和。其余平方和和自由度的估算与前述方法相同，在此不赘述。

8.5　拉丁方设计试验结果的方差分析

设 A 因素有 k 个水平，采用 $k\times k$ 的拉丁方设计，则共有 k^2 个观察值。这类资料每一个观察值的线性模型为：

$$x_{ijt} = \mu + \beta_i + \kappa_j + \tau_t + \varepsilon_{ijt} \tag{8.29}$$

式中，μ 为总体平均数；β_i 为横行效应；κ_j 为纵行效应；τ_t 为处理效应；ε_{ijt} 为随机误差。其方差分析见表 8.32。

表 8.32 单因素拉丁方试验资料 SS 和 df 的分解

变异来源	SS	df	MS
横行区组	$k\sum(\bar{x}_r-\bar{x})^2$	k–1	MS_r
纵行区组	$k\sum(\bar{x}_c-\bar{x})^2$	k–1	MS_c
处理间	$k\sum(\bar{x}_t-\bar{x})^2$	k–1	MS_t
误差	$SS_T-SS_r-SS_c-SS_t$	(k–1)(k–2)	MS_e
总变异	$\sum_{i=1}^{k}\sum_{j=1}^{k}(x_{ij}-\bar{x})^2$	K^2–1	

［例 8.9］ 5 个茶品种（A、B、C、D、E）作盆栽比较试验，其中 E 为对照，采用 5×5 的拉丁方设计，其田间排列和产量（g）结果列于表 8.33 和表 8.34，试作方差分析。

表 8.33 茶品种 5×5 拉丁方试验的产量资料Ⅰ

横行区组	纵行区组										T_r
	Ⅰ		Ⅱ		Ⅲ		Ⅳ		Ⅴ		
Ⅰ	C	76	B	88	E	76	D	74	A	76	390
Ⅱ	D	72	C	64	A	70	B	96	E	80	382
Ⅲ	A	64	E	60	D	52	C	54	B	64	294
Ⅳ	B	86	A	76	C	82	E	56	D	74	374
Ⅴ	E	54	D	60	B	82	A	68	C	60	324
T_c		352		348		362		348		354	T=1764

表 8.34 茶品种 5×5 拉丁方试验的产量资料Ⅱ

品　种	纵行区组					T_t
	Ⅰ	Ⅱ	Ⅲ	Ⅳ	Ⅴ	
A	64	76	70	68	76	354
B	86	88	82	96	64	416
C	76	64	82	54	60	336
D	72	60	52	74	74	332
E	54	60	76	56	80	326
T_c	352	348	362	348	354	T=1764

① 自由度和平方和的分解

$$C=\frac{T^2}{k^2}=\frac{1764^2}{5^2}=124\,467.84$$

$$SS_T=\sum\sum(x-\bar{x})^2=\sum x^2-C=(76^2+88^2+\cdots+60^2)-C=3260.16$$

$$SS_t=k\sum(\bar{x}_t-\bar{x})^2=\frac{\sum T_t^2}{k}-C=\frac{1}{5}\times(354^2+416^2+\cdots+326^2)-C=1085.76$$

$$SS_r=k\sum(\bar{x}_r-\bar{x})^2=\frac{\sum T_{r.}{}^2}{k}-C=\frac{1}{5}\times(390^2+382^2+\cdots+324^2)-C=1394.56$$

$$SS_c=k\sum(\bar{x}_c-\bar{x})^2=\frac{\sum T_{c.}{}^2}{k}-C=\frac{1}{5}\times(352^2+348^2+\cdots+354^2)-C=26.56$$

$$SS_e = \sum(x - \bar{x}_t - \bar{x}_r - \bar{x}_c + 2\bar{x})^2 = SS_T - SS_t - SS_r - SS_c = 753.28$$

$$df_T = k^2 - 1 = 25 - 1 = 24$$

$$df_t = k - 1 = 5 - 1 = 4$$

$$df_r = k - 1 = 5 - 1 = 4$$

$$df_c = k - 1 = 5 - 1 = 4$$

$$df_e = (k-1)(k-2) = (5-1)\times(5-2) = 12$$

② F 检验

从表 8.35 可以看出，列区组间无显著差异；行区组间存在极显著的差异；品种间存在显著的差异，故需要对品种间进行多重比较。

表 8.35 茶品种拉丁方试验的方差分析（固定模型）

变异来源	平 方 和	自 由 度	方 差	F	$F_{0.05}$	$F_{0.01}$
行区组	1394.56	4	348.64	5.55**	3.26	5.41
列区组	26.56	4	6.64	0.11	3.26	5.41
品种间	1085.76	4	271.44	4.32*	3.26	5.41
误 差	753.28	12	62.77			
总变异	3260.16	24	135.84			

③ 多重比较（SSR 法）

品种间平均数标准误为：

$$SE = \sqrt{\frac{MS_e}{K}} = \sqrt{\frac{62.77}{5}} = 3.543$$

查附表 8，当 df_e=12 时，$p = 2, 3, 4, 5$ 的 SSR_α 计算 LSR_α，并由 LSR_α 值对 5 个茶品种产量的差异显著性进行比较结果列于表 8.36。

表 8.36 5 个茶品种产量差异多重比较的 SSR 检验

秩 次 距	2	3	4	5	品 种	平 均 数	α=0.05	α=0.01
					B	83.2	a	A
SSR0.05	3.08	3.23	3.33	3.36	A	70.8	b	AB
SSR0.01	4.32	4.55	4.68	4.76	C	67.2	b	AB
LSR0.05	10.91	11.44	11.80	11.90	D	66.4	b	B
LSR0.01	15.31	16.12	16.58	16.80	E	65.2	b	B

④ 结论

由表 8.36 可知，B 与 E、B 与 D 品种间差异极显著；B 与 A、B 与 C 品种间差异显著；其余品种间差异不显著。

8.6 裂区设计试验结果的方差分析

设 A 因素有 a 个水平，B 因素有 b 个水平，共有 ab 个处理。每处理均有 r 个重复，则共有 rab 个观察值。二因素裂区设计试验每一个观察值的线性模型为：

$$x_{ij} = \mu + A_a + B_b + (AB)_{ab} + \beta_j + \varepsilon_{ij} + \varepsilon_{ijk} \tag{8.30}$$

二因素裂区设计试验资料 SS 和 df 的分解见表 8.37。

表 8.37 二因素裂区设计试验资料 SS 和 df 的分解

变异来源	SS	df	MS
区组间	$ab(\bar{x}_r-\bar{x})^2$	$r-1$	MS_r
A 因素	$br\sum(\bar{x}_a-\bar{x})^2$	$a-1$	MS_A
主区误差	$SS_{ar}-SS_r-SS_a$	$(r-1)(a-1)$	MS_{EA}
B 因素	$ar\sum(\bar{x}_b-\bar{x})^2$	$b-1$	MS_B
A×B 互作	$SS_t-SS_A-SS_B$	$(a-1)(b-1)$	MS_{AB}
副区误差	$SS_T-SS_{ar}-SS_b-SS_{AB}$	$a(r-1)(b-1)$	MS_{Eb}
总变异	$\sum_{i=1}^{a}\sum_{j=1}^{b}\sum_{k=1}^{r}(x_{ijk}-\bar{x})^2$	$abr-1$	

［例 8.10］ 3 个花生品种（A），采用 3 个播种期（B），3 次重复，裂区设计。小区产量（kg）结果列于（见表 8.38），试进行方差分析。

表 8.38 处理与区组两向表 I

处　理	I	II	III	平均数 $\bar{x}_{ab}$	总和 T_{ab}
A_1B_1	11	10	13	11.3	34
A_1B_2	10	12	15	12.3	37
A_1B_3	13	15	16	14.7	44
A_2B_1	17	16	18	17.0	51
A_2B_2	15	18	20	17.7	53
A_2B_3	16	18	20	18.0	54
A_3B_1	26	28	27	27.0	81
A_3B_2	26	29	27	27.3	82
A_3B_3	27	28	29	28.0	84
总和 T_r	161	174	185		$T=520$

① 结果整理

表 8.38 处理为横行分组、区组为纵列分组的两向分组资料；表 8.39 为 A×B 因素的两向表；表 8.40 为 A×R 的两向表。

表 8.39 A×B 两向表 II

因　素	B_1	B_2	B_3	平均数 $\bar{x}_a$	T_a
A_1	34	37	44	12.8	115
A_2	51	53	54	17.6	158
A_3	81	82	84	27.4	247
平均数 $\bar{x}_b$	18.4	19.1	20.2		
T_b	166	172	182		$T=520$

表中 T_r、T_a、T_b 和 T_{ab} 依次分别为各区组、品种、播种期、各处理的总和数，T 为全试验总和数。各个总和数所包含的观察值数目，为总观察值数目（abr）除以该总和数的下标所具有的水平数。例如，每个 T_r 包括 $abr/r=ab=3\times3=9$ 个观察值，每个 T_a 包括 $abr/a=br=3\times3=9$ 个观察值等。

表 8.40　A×R 两向表Ⅲ

因　素	Ⅰ	Ⅱ	Ⅲ	T_a
A_1	34	37	44	115
A_2	48	52	58	158
A_3	79	85	83	247
T_r	161	174	185	$T=520$

② 自由度和平方和的分解

第一步，按照表 8.38 进行分解：

$$C=\frac{T^2}{abr}=\frac{520^2}{3\times3\times3}=10014.81$$

$$\mathrm{SS}_T=\sum\sum\sum(x-\overline{x})^2=\sum x^2-C=(11^2+10^2+\cdots+29^2)-C=1081.19$$

$$\mathrm{SS}_r=ab\sum(\overline{x}_r-\overline{x})^2=\frac{\sum T_{r.}{}^2}{ab}-C=\frac{1}{9}\times(161^2+174^2+\cdots+185^2)-C=32.07$$

$$\mathrm{SS}_t=r\sum(\overline{x}_{ab}-\overline{x})^2=\frac{\sum T_{ab.}{}^2}{r}-C=\frac{1}{3}\times(34^2+37^2+\cdots+84^2)-C=1027.85$$

$$\mathrm{SS}_e=\sum(x-\overline{x}_{ab}-\overline{x}_r+\overline{x})^2=\mathrm{SS}_T-\mathrm{SS}_t-\mathrm{SS}_r=21.26$$

$$\mathrm{df}_T=rab-1=3\times3\times3-1=26$$

$$\mathrm{df}_r=r-1=3-1=2$$

$$\mathrm{df}_t=ab-1=9-1=8$$

$$\mathrm{df}_e=\mathrm{df}_T-\mathrm{df}_r-\mathrm{df}_t=26-2-8=16$$

第二步，按照表 8.39 进行分解：

$$\mathrm{SS}_A=br\sum(\overline{x}_{.a}-\overline{x})^2=\frac{\sum T_a{}^2}{br}-C=\frac{(115^2+158^2+247^2)}{3\times3}-C=1007.19$$

$$\mathrm{SS}_B=ar\sum(\overline{x}_{.b}-\overline{x})^2=\frac{\sum T_{.b}{}^2}{ar}-C=\frac{(166^2+172^2+182^2)}{3\times3}-C=14.52$$

$$\mathrm{SS}_{A\times B}=\mathrm{SS}_t-\mathrm{SS}_A-\mathrm{SS}_B=6.15$$

$$\mathrm{df}_A=a-1=3-1=2$$

$$\mathrm{df}_B=b-1=3-1=2$$

$$\mathrm{df}_{A\times B}=(a-1)(b-1)=(3-1)\times(3-1)=4$$

第三步，按照表 8.40 进行分解：

$$SS_{ar}=b\sum(\overline{x}_{ar}-\overline{x})^2=\frac{\sum T_{ar}^2}{b}-C=\frac{1}{3}\times(34^2+37^2+\cdots+83^2)-C=1047.85$$

$$SS_{Ea}=SS_{ra}-SS_a-SS_r=8.59$$

$$SS_{Eb}=SS_e-SS_{Ea}=12.67$$

$$df_{ra}=ra-1=3\times3-1=8$$

$$df_{Ea}=df_{ra}-df_r-df_a=8-2-2=4$$

$$df_{Eb}=df_e-df_{Ea}=16-4=12$$

或者用下面的方法计算：

副区总　$SS_f=SS_T-SS_{ar}=1081.19-1047.85=33.34$

$SS_{Eb}=SS_f-SS_B-SS_{AB}=33.34-14.52-6.15=12.67$

$df_f=df_T-df_{ar}=26-8=18$

$df_{Eb}=df_f-df_B-df_{AB}=18-2-4=12$

③ F 检验

将各变异来源的自由度和平方和整理成表 8.41。

表 8.41　表 8.38 资料裂区试验的方差分析

变异来源	SS	df	MS	F	$F_{0.05}$	$F_{0.01}$
区组间	32.07	2	16.04	7.47*	6.94	18.00
A	1007.19	2	503.59	234.43**	6.94	18.00
误差 E_a	8.59	4	2.15			
主区总	1047.85	8				
B	14.52	2	7.26	6.88*	3.89	6.93
A×B	6.15	4	1.54	1.46	3.26	5.41
误差 E_b	12.67	12	1.06			
副区总	33.34	18				
总变异	1081.19	26				

从表 8.41 可以看出，不同区组间差异显著；不同品种（A）间差异极显著；不同播种期（B）间差异显著；品种（A）和播种期（B）间的交互作用不显著。由于 F 值的大小表示效应的大小，对花生产量影响作用的大小次序为品种 A>播种期 B>交互作用 A×B。

④ 多重比较（SSR 法）

品种间平均数标准误为：

$$SE_a=\sqrt{MS_{ea}/br}=\sqrt{2.15/3\times3}=0.4886$$

秩次距 k=2 时，$LSR_{0.05}$=3.93×0.4886=1.92，$LSR_{0.01}$=6.51×0.4886=3.18

k=3 时，$LSR_{0.05}$=4.01×0.4886=1.96，$LSR_{0.01}$=6.80×0.4886=3.32

播种期间平均数标准误为：

$$SE_b=\sqrt{MS_{eb}/ar}=\sqrt{1.06/3\times3}=0.3425$$

秩次距 k=2 时，$LSR_{0.05}$=3.08×0.3425=1.05，$LSR_{0.01}$=4.32×0.3425=1.48

k=3 时，$LSR_{0.05}$=3.23×0.3425=1.11，$LSR_{0.01}$=4.55×0.3425=1.56

不同品种和播种期花生产量的 SSR 检验见表 8.42。

表 8.42　不同品种和播种期花生产量的 SSR 检验

项　目		平均株高（cm）	差异显著性	
			0.05	0.01
品　种	A_3	27.4	a	A
	A_2	17.6	b	B
	A_1	12.8	c	C
播种期	B_3	20.2	a	A
	B_2	19.1	b	AB
	B_1	18.4	b	B

处理间平均数标准误为：

$$SE_t = \sqrt{MS_{eb}/r} = \sqrt{1.06/3} = 0.5944$$

⑤ 结论

由表 8.42 可知，3 个品种间的比较均差异极显著，其中 A_3 品种的花生产量最高；播种期 B_2 与 B_1 间差异不显著，其中播种期 B_3 的花生产量最高。由于品种（A）和播种期（B）间的交互作用不显著，所以品种（A）和播种期（B）取相加效应，A_3B_3 的花生产量最高。

8.7　条区设计试验结果的方差分析

设 A 因素有 a 个水平，B 因素有 b 个水平，，共有 ab 个处理。每处理均有 r 个重复，则共有 rab 个观察值。

二因素条区设计试验资料 SS 和 df 的分解见表 8.43。

表 8.43　二因素条区设计试验资料 SS 和 df 的分解

变异来源	SS	df	MS
区组间	$ab(\bar{x}_r - \bar{x})^2$	$r-1$	MS_r
A 因素	$br\sum(\bar{x}_a - \bar{x})^2$	$a-1$	MS_A
A 区误差	$SS_{ar} - SS_r - SS_a$	$(r-1)(a-1)$	MS_{EA}
B 因素	$ar\sum(\bar{x}_b - \bar{x})^2$	$b-1$	MS_B
B 区误差	$SS_{br} - SS_r - SS_b$	$(r-1)(b-1)$	MS_{Eb1}
A×B 互作	$SS_t - SS_A - SS_B$	$(a-1)(b-1)$	MS_{AB}
互作误差	$SS_T - SS_r - SS_t - SS_{Ea} - SS_{Eb1}$	$(a-1)(b-1)(r-1)$	MS_{Eb2}
总变异	$\sum_{i=1}^{k}\sum_{j=1}^{r}(x_{ijk} - \bar{x})^2$	$(rab-1)$	

［例 8.11］ 3 个小麦品种（A），采用 4 种施肥量（B），3 次重复，条区设计。小区产量（kg）结果列于表 8.44，试进行方差分析。

① 结果整理

表 8.44 为处理×区组的两向表；表 8.45 为 A×B 因素的两向表；表 8.46 为 A×R 的两向表；表 8.47 为 B×R 的两向表。

表 8.44　处理与区组两向表Ⅰ

处　　理	Ⅰ	Ⅱ	Ⅲ	平均数 $\bar{x}_{ab}$	总和 T_{ab}
A_1B_1	18	20	19	19.0	57
A_1B_2	23	22	21	22.0	66
A_1B_3	26	23	26	25.0	75
A_1B_4	21	22	21	21.3	64
A_2B_1	23	20	25	22.7	68
A_2B_2	25	23	24	24.0	72
A_2B_3	28	28	26	27.3	82
A_2B_4	24	23	27	24.7	74
A_3B_1	28	27	26	27.0	81
A_3B_2	23	21	22	22.0	66
A_3B_3	22	21	20	21.0	63
A_3B_4	23	24	20	22.3	67
总和 T_r	284	274	277		$T=835$

表 8.45　A×B 两向表Ⅱ

因　　素	B_1	B_2	B_3	B_4	$\bar{x}_a$	T_a
A_1	57	66	75	64	21.8	262
A_2	68	72	82	74	24.7	296
A_3	81	66	63	67	23.1	277
$\bar{x}_b$	22.9	22.7	24.4	22.8		
T_b	206	204	220	205		$T=835$

表 8.46　A×R 两向表 Ⅲ

因　　素	Ⅰ	Ⅱ	Ⅲ	T_a
A_1	88	87	87	262
A_2	100	94	102	296
A_3	96	93	88	277
T_r	284	274	277	$T=835$

表 8.47　B×R 两向表 Ⅳ

因　　素	Ⅰ	Ⅱ	Ⅲ	T_b
B_1	69	67	70	206
B_2	71	66	67	204
B_3	76	72	72	220
B_4	68	69	68	205
T_r	284	274	277	$T=835$

表中 T_r、T_a、T_b 和 T_{ab} 依次分别为各区组、品种、施肥、各处理的总和数，T 为全试验总和数。各个总和数所包含的观察值数目，为总观察值数目 abr 除以该总和数的下标所具有

的水平数。例如，每个 T_r 包括 $abr/r=ab=3\times4=12$ 个观察值，每个 T_a 包括 $abr/a=br=4\times3=12$ 个观察值等。

② 自由度和平方和的分解

第一步，按照表 8.44 进行分解:

$$C=\frac{T^2}{abr}=\frac{835^2}{3\times4\times3}=19367.36$$

$$SS_T=\sum\sum\sum(x-\overline{x})^2=\sum x^2-C=(18^2+20^2+\cdots+20^2)-C=253.64$$

$$SS_r=ab\sum(\overline{x}_r-\overline{x})^2=\frac{\sum T_{r.}{}^2}{ab}-C=\frac{1}{3\times4}\times(284^2+274^2+277^2)-C=4.39$$

$$SS_t=r\sum(\overline{x}_{ab}-\overline{x})^2=\frac{\sum T_{ab.}{}^2}{r}-C=\frac{1}{3}\times(57^2+66^2+\cdots+67^2)-C=202.31$$

$$SS_e=\sum(x-\overline{x}_r-\overline{x}_{ab}+\overline{x})^2=SS_T-SS_r-SS_t=46.94$$

$$df_T=rab-1=3\times3\times4-1=35$$

$$df_r=r-1=3-1=2$$

$$df_t=ab-1=3\times4-1=11$$

$$df_e=df_T-df_r-df_t=35-2-11=22$$

第二步，按照表 8.45 进行分解:

$$SS_A=br\sum(\overline{x}_{.a}-\overline{x})^2=\frac{\sum T_a{}^2}{br}-C=\frac{(262^2+296^2+277^2)}{4\times3}-C=48.39$$

$$SS_B=ar\sum(\overline{x}_{.b}-\overline{x})^2=\frac{\sum T_{.b}{}^2}{ar}-C=\frac{(206^2+204^2+220^2+205^2)}{3\times3}-C=18.97$$

$$SS_{A\times B}=SS_t-SS_A-SS_B=202.31-48.39-18.97=134.94$$

$$df_A=a-1=3-1=2$$

$$df_B=b-1=4-1=3$$

$$df_{A\times B}=(a-1)\times(b-1)=(3-1)\times(4-1)=6$$

第三步，按照表 8.46 进行分解:

$$SS_{ar}=b\sum(\overline{x}_{ar}-\overline{x})^2=\frac{\sum T_{ar}^2}{b}-C=\frac{1}{4}(88^2+87^2+\cdots+88^2)-C=65.39$$

$$SS_{Ea}=SS_{ra}-SS_a-SS_r=65.39-48.39-4.39=12.61$$

$$SS_{Eb}=SS_e-SS_{Ea}=46.94-12.61=34.33$$

$$df_{ra}=ra-1=3\times3-1=8$$

$$df_{Ea}=df_{ra}-df_r-df_a=8-2-2=4$$

$$df_{Eb} = df_e - df_{Ea} = 22 - 4 = 18$$

第四步，按照表 8.47 进行分解：

$$SS_{br} = a\sum(\overline{x}_{br} - \overline{x})^2 = \frac{\sum T_{br}^2}{a} - C = \frac{1}{3}\times(69^2 + 67^2 + \cdots + 68^2) - C = 28.97$$

$$SS_{Eb1} = SS_{br} - SS_r - SS_B = 28.97 - 4.39 - 18.97 = 5.61$$

$$SS_{Eb2} = SS_{Eb} - SS_{Eb1} = 34.33 - 5.61 = 28.72$$

$$df_{rb} = rb - 1 = 3\times 4 - 1 = 11$$

$$df_{Eb1} = df_{rb} - df_r - df_B = 11 - 2 - 3 = 6$$

$$df_{Eb2} = df_{Eb} - df_{Eb1} = 18 - 6 = 12$$

③ F 检验

将各变异来源的自由度和平方和整理成表 8.48。

表 8.48　表 8.44 资料条区试验的方差分析

变异来源	平　方　和	自　由　度	方　　差	F 值	$F_{0.05}$	$F_{0.01}$
区组间	4.39	2	2.19	0.70	6.94	18.00
A	48.39	2	24.19	7.67*	6.94	18.00
误差 E_a	12.61	4	3.15			
B	18.97	3	6.32	6.76*	4.76	9.78
误差 E_{b1}	5.61	6	0.94			
A×B	134.94	6	22.49	9.40**	3.00	4.82
误差 E_{b2}	28.72	12	2.39			
总变异	253.64	35				

从表 8.48 可以看出，不同区组间差异不显著；不同品种（A）间差异显著；不同施肥量（B）间差异显著；品种（A）和施肥量（B）间的交互作用极显著。由于 F 值的大小表示效应的大小，对小麦产量影响作用的大小次序为交互作用 AB＞品种 A＞施肥量 B。

④ 多重比较（SSR 法）

品种间平均数标准误为：

$$SE_a = \sqrt{MS_{Ea}/br} = \sqrt{3.15/4\times 3} = 0.5126$$

秩次距 k=2 时，$LSR_{0.05}$=3.93×0.5126=2.01，$LSR_{0.01}$=6.51×0.5126=3.34

k=3 时，$LSR_{0.05}$=4.01×0.5126=2.06，$LSR_{0.01}$=6.80×0.5126=3.49

施肥量间平均数标准误为：

$$SE_{b1} = \sqrt{MS_{Eb}/ar} = \sqrt{0.94/3\times 3} = 0.3223$$

秩次距 k=2 时，$LSR_{0.05}$=3.46×0.3223=1.12，$LSR_{0.01}$=5.24×0.3223=1.69

k=3 时，$LSR_{0.05}$=3.58×0.3223=1.15，$LSR_{0.01}$=5.51×0.3223=1.78

k=4 时，$LSR_{0.05}$=3.64×0.3223=1.17，$LSR_{0.01}$=5.65×0.3223=1.82

处理间平均数标准误为：

$$SE_{b2}=\sqrt{MS_{Eb2}/r}=\sqrt{2.39/3}=0.8926$$

处理间平均数比较的 $SSR_α$ 值 $LSR_α$ 值计算表见表 8.49。

表 8.49　处理间平均数比较的 $SSR_α$ 值和 $LSR_α$ 值计算表

秩　次　距	$SSR_{0.05}$	$SSR_{0.01}$	$LSR_{0.05}$	$LSR_{0.01}$
2	3.08	4.32	2.75	3.86
3	3.23	4.55	2.88	4.06
4	3.33	4.68	2.97	4.18
5	3.36	4.76	3.00	4.25
6	3.40	4.84	3.03	4.32
7	3.42	4.92	3.05	4.39
8	3.44	4.96	3.07	4.43
9	3.44	5.02	3.07	4.48
10	3.46	5.07	3.09	4.53
11	3.46	5.10	3.09	4.55
12	3.46	5.13	3.09	4.58

不同品种和施肥量小麦产量的 SSR 检验见表 8.50。

表 8.50　不同品种和施肥量小麦产量的 SSR 检验

项　目		平均产量（kg）	差异显著性	
			0.05	0.01
品种	A_2	24.7	*a*	*A*
	A_3	23.1	*ab*	*A*
	A_1	21.8	*b*	*A*
施肥量	B_3	24.4	*a*	*A*
	B_1	22.9	*b*	*A*
	B_4	22.8	*b*	*A*
	B_2	22.7	*b*	*A*
处理	A_2B_3	27.3	*a*	*A*
	A_3B_1	27.0	*a*	*A*
	A_1B_3	25.0	*ab*	*AB*
	A_2B_4	24.7	*ab*	*AB*
	A_2B_2	24.0	*bc*	*ABC*
	A_2B_1	22.7	*bc*	*BC*
	A_3B_4	22.3	*bc*	*BC*
	A_1B_2	22.0	*bc*	*BC*
	A_3B_2	22.0	*bc*	*BC*
	A_1B_4	21.3	*cd*	*BC*
	A_3B_3	21.0	*cd*	*BC*
	A_1B_1	19.0	*d*	*C*

⑤ 结论

由表 8.50 可知，A_2与A_1品种间差异显著，其他品种间差异不显著。施肥量B_3与B_1、B_2、B_4间差异显著，而B_1、B_2、B_4间差异不显著。A_2B_3、A_3B_1的产量最高，在生产中推广可望获得高产。

8.8 系统分组设计试验结果的方差分析

我们常常会遇到这样的农业试验，例如对数个河流取水样分析，每个河流取了若干个样点，而每一个样点又取了几次水样，或者在调查某地农作物病害情况时，随机选择了几块试验地，在每块试验地随机选择若干株作物，在每株作物上又随机选择几个部位的叶片，每一叶片上选择不同的几个调查点。这类资料称为巢式设计资料（Nest Experiment）或系统分组资料。它是指每组（每个处理）分为若干亚组，亚组内还可以再分为小组，小组内还可分小亚组……一直如此分下去。下面讨论的是简单的系统分组资料，即二级分组情况，每组内分亚组，每个亚组内有若干相同个数的观察值的组内又分亚组的单向分组资料。更复杂的系统分组资料的分析与组内分亚组的单向分组资料相似。

假定某一系统分组资料共有 l 组，每组内分为 m 个亚组，每一亚组内有 n 个观察值，则该资料共有 lmn 个观察值，其资料类型见表 8.51。

表 8.51　二级系统分组资料的数据结构

组别	亚组	观察值						亚组总和 T_{ij}	亚组平均 $\overline{x}_{ij}$	组总和 T_i	组平均 $\overline{x}_i$
1	…	…						…	…	T_1	$\overline{x}_1$
2	…	…						…	…	T_2	$\overline{x}_2$
⋮	⋮	…						⋮	⋮	⋮	⋮
i	1	x_{i11}	x_{i12}	…	x_{i1k}	…	x_{i1n}	T_{i1}	$\overline{x}_{i1}$	T_i	$\overline{x}_i$
	2	x_{i21}	x_{i22}	…	x_{i2k}	…	x_{i2n}	T_{i2}	$\overline{x}_{i2}$		
	⋮							⋮	⋮		
	j	x_{ij1}	x_{ij2}	…	x_{ijk}	…	x_{ijn}	T_{ij}	$\overline{x}_{ij}$		
	⋮							⋮	⋮		
	m	x_{im1}	x_{im2}	…	x_{imk}	…	x_{imn}	T_{im}	$\overline{x}_{im}$		
⋮	⋮	…						⋮	⋮	⋮	⋮
l	…	…						…	…	T_l	$\overline{x}_l$
$T=\sum_{i=1}^{l}\sum_{j=1}^{m}\sum_{n=1}^{n}x_{ijk}$，$\overline{x}=T/lmn$											

表 8.51 中每一观察值的线性可加模型为：

$$x_{ijk}=\mu+\tau_i+\varepsilon_{ij}+\delta_{ijk} \tag{8.31}$$

其中 μ 为总体平均数；τ_i 为组效应（处理效应），组效应可以是固定模型（$\sum\tau_i=0$）或随机模型 $\tau_i\sim N(0,\sigma_\tau^2)$；$\varepsilon_{ij}$ 为同组内各亚组的效应，也可为固定模型（$\sum\varepsilon_{ij}=0$）或随机模型 $\varepsilon_{ij}\sim N(0,\sigma_e^2)$；$\delta_{ijk}$ 为同一亚组内各个观察值的随机变异（随机误差），具有 $N(0,\sigma^2)$。上式说明，表 8.51 的任一观察值的总变异可分解为 3 种变异来源：组间（处理间）变异、同一组内亚组间变异、同一亚组内重复观察值间的变异（随机误差）。其自由度和平方和分解如下。

① 总变异

$$\left.\begin{aligned}&\mathrm{df}_T=lmn-1\\&C=\frac{T^2}{lmn}\\&\mathrm{SS}_T=\sum_1^{lmn}(x_{ijk}-\overline{x})^2=\sum_1^{lmn}x_{ijk}^2-C\end{aligned}\right\}\tag{8.32}$$

② 组间（处理间）变异

$$\left.\begin{aligned}&\mathrm{SS}_t=mn\sum_{i=1}^{l}(\overline{x}_i-\overline{x})^2=\frac{1}{mn}\sum_1^{k}T_i^2-C\\&\mathrm{df}_t=l-1\end{aligned}\right\}\tag{8.33}$$

③ 同一组内不同亚组间变异

$$\left.\begin{aligned}&\mathrm{SS}_{e_1}=\sum_{i=1}^{l}\sum_{j=1}^{m}n(\overline{x}_{ij}-\overline{x}_i)^2=\frac{1}{n}\sum_{i=1}^{l}\sum_{j=1}^{m}T_{ij}^2-\frac{1}{mn}\sum_1^{l}T_i^2\\&\mathrm{df}_{e_1}=l(m-1)\end{aligned}\right\}\tag{8.34}$$

④ 亚组内变异

$$\left.\begin{aligned}&\mathrm{SS}_{e_2}=\sum_{i=1}^{l}\sum_{j=1}^{m}\sum_{k=1}^{n}(x_{ijk}-\overline{x}_{ij})^2=\sum_{i=1}^{l}\sum_{j=1}^{m}\sum_{k=1}^{n}x_{jk}^2-\frac{1}{n}\sum_{i=1}^{l}\sum_{j=1}^{m}T_{ij}^2=\mathrm{SS}_T-\mathrm{SS}_t-\mathrm{SS}_{e_1}\\&\mathrm{df}_{e_2}=lm(n-1)=\mathrm{df}_T-\mathrm{df}_t-\mathrm{df}_{e_1}\end{aligned}\right\}\tag{8.35}$$

二级系统分组资料的方差分析表见表 8.52。

表 8.52　二级系统分组资料的方差分析表

变异来源	SS	df	MS	F
组间	$mn\sum(\overline{x}_i-\overline{x})^2$	$l-1$	MS_t	$\mathrm{MS}_t/\mathrm{MS}_{e_1}$
组内亚组间	$\sum\sum n(\overline{x}_{ij}-\overline{x}_i)^2$	$l(m-1)$	MS_{e_1}	$\mathrm{MS}_{e_1}/\mathrm{MS}_{e_2}$
亚组内	$\sum\sum\sum(x_{ijk}-\overline{x}_{ij})^2$	$lm(n-1)$	MS_{e_2}	
总变异	$\sum_1^{lmn}(x_{ijk}-\overline{x})^2$	$lmn-1$		

在表 8.52 中，为检验各组间（处理间）有无不同效应，即假设检验时 H_0：$\sigma_\tau^2=0$，或 H_0：$\kappa_\tau^2=0$，则

$$F=\mathrm{MS}_t/\mathrm{MS}_{e_1}\tag{8.36}$$

在进行组间平均数的多重比较时，处理平均数的标准误为：

$$\mathrm{SE}=\sqrt{\mathrm{MS}_{e_1}/mn}\tag{8.37}$$

处理平均数差数的标准误为：

$$s_{\overline{x}_1-\overline{x}_2}=\sqrt{2\mathrm{MS}_{e_1}/mn}\tag{8.38}$$

而为检验各亚组间有无不同效应，即假设检验时 H_0：$\sigma_\varepsilon^2=0$，则

$$F = \text{MS}_{e_1} / \text{MS}_{e_2} \tag{8.39}$$

在进行亚组间平均数的多重比较时，平均数的标准误为：

$$\text{SE} = \sqrt{\text{MS}_{e_2} / n} \tag{8.40}$$

亚组间平均数差数的标准误为：

$$s_{\bar{x}_{i1}-\bar{x}_{i2}} = \sqrt{2\text{MS}_{e_2} / n} \tag{8.41}$$

［例 8.12］ 以 3 种培养液培养玉米，每种 3 盆，每盆 4 株，放在温室中培养。3 叶期测定其株高（cm），得结果于表 8.53，试进行方差分析。

表 8.53　3 种培养液下玉米的株高

培 养 液	A			B			C		
盆号	A_1	A_2	A_3	B_1	B_2	B_3	C_1	C_2	C_3
重复	50	43	44	53	55	59	70	73	76
	45	46	48	55	60	62	68	75	79
	52	50	50	51	58	65	65	72	73
	40	53	52	58	62	63	71	78	80
盆总和 T_{ij}	187	192	194	217	235	249	274	298	308
培养液总和 T_i		573			701			880	$T=2154$
培养液平均 $\bar{x}_i$		47.8			58.4			73.3	

分析：根据题意，该试验的因素是培养液，共 3 个水平，即大组（处理）数 $l=3$；每种培养液内又分为 3 盆（亚组），$m=3$；每盆内种植 4 株，$n=4$。该试验属于单向系统分组资料，共有 $lmn=3\times3\times4=36$ 个观察值，分析如下。

① 自由度和平方和的分解

总变异：

$$\text{df}_T = lmn-1 = 36-1 = 35$$

$$C = \frac{T^2}{lmn} = \frac{2154^2}{36} = 128\,881$$

$$\text{SS}_T = \sum_1^{lmn}(x_{ijk}-\bar{x})^2 = \sum_1^{lmn}x_{ijk}^2 - C = (50^2+45^2+\cdots+80^2) - C = 4575.00$$

组间（处理间）变异：

$$\text{df}_t = l-1 = 3-1 = 2$$

$$\text{SS}_t = mn\sum_{i=1}^{l}(\bar{x}_i-\bar{x})^2 = \frac{1}{mn}\sum_1^k T_{i.}^2 - C = \frac{1}{3\times4}\times(573^2+701^2+880^2) - C = 3963.17$$

同一组内不同亚组间变异：

$$\text{df}_{e_1} = l(m-1) = 3\times(3-1) = 6$$

$$\text{SS}_{e_1} = \sum_{i=1}^{l}\sum_{j=1}^{m}n(\bar{x}_{ij}-\bar{x}_i)^2 = \frac{1}{n}\sum_{i=1}^{l}\sum_{j=1}^{m}T_{ij}^2 - \frac{1}{mn}\sum_1^l T_i^2$$

$$= \frac{1}{4}(187^2+192^2+\cdots+308^2) - \frac{1}{3\times4}\times(573^2+701^2+880^2) = 287.83$$

亚组内变异：

$$df_{e_2}=lm(n-1)=3\times3\times(4-1)=27$$

$$SS_{e_2}=\sum_{i=1}^{l}\sum_{j=1}^{m}\sum_{k=1}^{n}(x_{ijk}-\overline{x}_{ij})^2=SS_T-SS_t-SS_{e_1}=324.00$$

② F 检验

由上述结果列出方差分析表，见表 8.54。

表 8.54　3 种培养液下玉米株高的方差分析表

变异来源	平方和	自由度	方差	F	$F_{0.05}$	$F_{0.01}$
A 间	3963.17	2	1981.58	41.31**	5.14	10.92
A 下 B 间	287.83	6	47.97	4.00**	2.46	3.56
误差	324.00	27	12.00			
总变异	4575.00	35	130.71			

在表 8.54 中，为检验各培养液间（处理间）有无不同效应，假设 H_0： $\kappa_\tau^2=0$，则

$$F=MS_t/MS_{e_1}=1981.58/47.97=41.31$$

由于 $F>F_{(2,6)0.01}$，故否定 H_0： $\kappa_\tau^2=0$，接受 H_A： $\kappa_\tau^2\neq0$。

为检验各盆（亚组）间有无不同效应，假设 H_0： $\sigma_\varepsilon^2=0$，则

$$F=MS_{e_1}/MS_{e_2}=47.97/12.00=4.00$$

由于 $F>F_{(6,27)0.01}$，故否定 H_0： $\sigma_\varepsilon^2=0$，接受 H_A： $\sigma_\varepsilon^2\neq0$。推断：不同培养液间及同一培养液内不同盆间均有极显著差异。需进一步检验各处理平均数间的差异显著性。一般情况下，同一培养液内不同盆间即使差异显著一般也不需要进行多重比较。

③ 处理组间平均数的多重比较

处理平均数的标准误为：

$$SE=\sqrt{MS_{e_1}/mn}=\sqrt{47.97/12}=2.00$$

当 $df_{e_1}=6$ 时，查附表 8 得 $p=2$、3 时的 SSR_α 值，并计算 LSR_α 值。对 3 种培养液玉米株高的差异显著性分析结果列于表 8.55。

表 8.55　3 种培养液玉米株高的差异显著性 SSR 检验

秩次距	2	3	培养液	平均株高（cm）	α=0.05	α=0.01
$SSR_{0.05}$	3.46	3.58				
$SSR_{0.01}$	5.24	5.51	C	73.33	*a*	*A*
$LSR_{0.05}$	6.92	7.16	B	58.42	*b*	*B*
$LSR_{0.01}$	10.48	11.02	A	47.75	*c*	*C*

④ 结论

由表 8.55 可知，3 种培养液间玉米株高具有极显著的差异，其中 C 培养液的玉米株高最高。

8.9 正交设计试验结果的方差分析

［例 8.13］ 在大麦无芽酶试验中，用氨水抑制大麦发芽，因素以 A 记，分为 0.25、0.26、0.27、0.28（%）4 个水平；用赤霉素促进酶的形成，因素以 B 记，分为 0.75、1.50、2.25、3.00（mg/kg）4 个水平；吸氨量因素以 C 记，分为 2、3、4、5（g）4 个水平；大麦所含的水分为底水，因素以 D 记，分为 136、138（g/100 g）2 个水平。试验指标为粉状粒（%），越高越好。正交试验结果列于表 8.56，要求进行统计分析，找出最优组合。

表 8.56 大麦无芽酶 L_{16}（$4^3\times2^6$）正交试验

	B	A	C						D	
处理号	1	2	3	4	5	6	7	8	9	合计
1	1	1	1	1	1	1	1	1	1	59
2	1	2	2	1	1	2	2	2	2	48
3	1	3	3	2	2	1	1	2	2	34
4	1	4	4	2	2	2	2	1	1	20
5	2	1	2	2	2	1	2	1	2	39
6	2	2	1	2	2	2	1	2	1	48
7	2	3	4	1	1	1	2	2	1	23
8	2	4	3	1	1	2	1	1	2	29
9	3	1	3	1	2	2	2	2	1	36
10	3	2	4	1	2	1	1	1	2	55
11	3	3	1	2	1	2	2	1	2	56
12	3	4	2	2	1	1	1	2	1	39
13	4	1	4	2	1	2	1	2	2	18
14	4	2	3	2	1	1	2	1	1	35
15	4	3	2	1	2	2	1	1	1	34
16	4	4	1	1	2	1	2	2	2	46
										T=619
合计 T_1	161.0	152.0	209.0	330.0	307.0	330.0	316.0	327.0	294.0	C=23947.6
合计 T_2	139.0	186.0	160.0	289.0	312.0	289.0	303.0	292.0	325.0	
合计 T_3	186.0	147.0	134.0							
合计 T_4	133.0	134.0	116.0							
平均 $\bar{x}_1$	40.3	38.0	52.3	41.3	38.4	41.3	39.5	40.9	36.8	
平均 $\bar{x}_2$	34.8	46.5	40.0	36.1	39.0	36.1	37.9	36.5	40.6	
平均 $\bar{x}_3$	46.5	36.8	33.5							
平均 $\bar{x}_4$	33.3	33.5	29.0							$\bar{x}=38.7$
最大值	46.5	46.5	52.3	41.3	39.0	41.3	39.5	40.9	40.6	
最小值	33.3	33.5	29.0	36.1	38.4	36.1	37.9	36.5	36.8	
极差 R	13.3	13.0	23.3	5.1	0.6	5.1	1.6	4.4	3.9	

该试验供试因素的水平数分别为 a=4，b=4，c=4，d=2。全面试验的处理组合数为 $abcd$=4×4×4×2=128 个。而选择正交试验仅做 16 个试验，大大减少了试验的次数，128−16=112。

1. 极差分析

表 8.46 中 T_1、T_2、T_3、T_4 分别是每列各水平的合计数，平均 $\overline{x}_1$、$\overline{x}_2$、$\overline{x}_3$、$\overline{x}_4$ 分别是每列各水平的平均数，T 是全试验的合计数。极差是用平均数中的最大值减最小值，极差反映了供试因素对试验指标影响的大小，根据极差的大小可以排出供试因素的主次顺序为 $C>B>A>D$。空列的极差反映了误差的大小。如果某因素所在列的极差小于空列的极差，则可合理地认为该因素不重要，如本例中的因素 D。但是，如果出现空列极差特别大的情况，说明存在因素间的交互作用，需要做进一步的分析。这种用极差分析正交试验的方法称为极差分析法，该方法的特点是简单粗放。

2. 方差分析

正交试验中的总变异被划分为各列变异，即总变异等于各列变异之和，总平方和等于各列平方和之和，总自由度等于各列自由度之和。表 8.46 中总变异划分为 9 个列变异，其中 A、B、C、D 在第 2、1、3、9 列，4、5、6、7、8 列作为误差变异。方差分析的结果列于表 8.57。因为每一列都可以整理成为单因素完全随机试验资料，所以方差分析并不难计算。

表 8.57 正交试验的方差分析

变异来源	平方和	自由度	方差	F	$F_{0.05}$	$F_{0.01}$
A	368.69	3	122.90	2.06	5.41	12.06
B	434.19	3	144.73	2.42	5.41	12.06
C	1225.69	3	408.56	6.84^*	5.41	12.06
D	60.06	1	60.06	1.01	6.61	16.26
误差	298.81	5	59.76			
总变异	2387.44	15	159.16			

从表 8.57 F 检验的结果，只有 C 因素吸氨量间差异显著，其他因素 A、B、D 均无显著差异。用 SSR 法对吸氨量多重比较的结果见表 8.58。

表 8.58 大麦无芽酶试验吸氨量的 SSR 检验

秩次距	2	3	4	处理	平均	0.05	0.01
$SSR_{0.05}$	3.64	3.74	3.79	C_1	52.25	a	A
$SSR_{0.01}$	5.70	5.96	6.11	C_2	40.00	ab	AB
$LSR_{0.05}$	14.07	14.46	14.65	C_3	33.50	b	B
$LSR_{0.01}$	22.03	23.04	23.62	C_4	29.00	b	B

综合上述，C 因素是主要因素；A、B、D 因素是次要因素。可以参照平均数的最大值作为最优水平，选择的最优组合为 $A_2B_3C_1D_2$。由于正交试验是部分试验，该组合 $A_2B_3C_1D_2$ 并没有在这次的试验当中。可用下面的公式估计其理论值为：

$$X_{优} = \sum_1^k \overline{x}_{\max} - (k-1)\overline{x} \tag{8.42}$$

式（8.42）中 $X_{优}$ 为最优组合的理论估计值；$\overline{x}_{\max}$ 为各因素平均数的最大值；$\overline{x}$ 为全试验的总平均数；k 为因素个数。本例计算得：

$$X_{优} = \sum_1^k \overline{x}_{\max} - (k-1)\overline{x} = 46.5 + 46.5 + 52.3 + 40.6 - (4-1) \times 38.7 = 69.8$$

在实际试验的最大值是 $A_1B_1C_1D_1$ 组合，试验指标为 59，但是根据正交试验选择的最优组合 $A_2B_3C_1D_2$，其理论估计值为 69.8，这充分体现了正交试验的优越性。

习 题 8

1．有 8 个地瓜品种，以当地品种为对照，用对比法作比较试验，重复 3 次，试对试验结果进行直观分析。

小区产量（kg）				
品　种	Ⅰ	Ⅱ	Ⅲ	Ⅳ
A	20.1	23.6	20.5	22.6
ck_1	19.7	25.9	19.5	24.9
B	19.2	25.3	21.4	24.3
C	13.3	12.7	17.3	11.7
ck_2	23.3	23	24.8	22
D	14.9	12.7	22.1	11.7
E	24.5	12.2	22.2	11.2
ck_3	26.5	13.1	24.2	12.1
F	26.9	18.4	30.8	17.4
G	18.5	22.2	21.3	21.2
ck_4	16.5	18.4	19.7	17.4
H	17.1	18.2	19.4	17.2

2．有 12 个花生品种，以当地主栽品种为对照，用间比法进行品比试验，试进行直观分析。

小区产量（kg）				
品　种	Ⅰ	Ⅱ	Ⅲ	Ⅳ
ck	31.3	29.5	25.2	32.2
A	36.2	36.9	33.2	40
B	27.8	28.4	25.1	26.4
C	31.2	36.1	27.4	33.3
D	37	31.3	28.1	26
ck	28.5	34.8	26.6	33
E	24.3	31.7	25.9	31
F	29.2	31.2	31.3	34.8
G	29.8	24.1	26.7	33.1
H	31.5	36.8	34.5	35
ck	26	31.6	25.8	30
I	22.8	31.9	28	34.3
J	22.4	30.1	25.9	35.2
K	29.8	38.4	29.9	36.8
L	31	33.9	32.8	36.8
ck	25.2	28.9	26	32.9

3. 一小麦施肥试验，设 4 个处理，A_1 为不施肥；A_2 施尿素 5kg；A_3 为施尿素 10kg；A_4 为施尿素 15kg。每处理 5 个小区，共 20 个小区，小麦产量（kg）列于表 8.5，试检验各处理平均数间的差异显著性。

肥　料	小区产量（kg）				
A_1	68	72	66	74	70
A_2	85	77	70	75	80
A_3	73	69	72	77	79
A_4	81	79	82	80	84

4. 有一苹果引种试验，共有 A、B、C、D、E、F 6 个品种，其中 A 为对照品种，其余为从国外引入的苹果品种，按土壤肥力随机区组设计，重复 4 次，小区产量结果列于下表，试进行方差分析。

品　种	Ⅰ	Ⅱ	Ⅲ	Ⅳ
A	20.4	21.8	23.0	22.8
B	23.0	24.2	25.6	25.2
C	21.0	22.4	23.8	23.4
D	23.6	25.0	26.4	26.0
E	21.8	23.2	24.6	24.2
F	24.6	25.8	27.0	26.8

5. 5 个杏品种（A、B、C、D、E）做盆栽比较试验，其中 E 为对照，采用 5×5 的拉丁方设计，其田间排列和产量（g）结果列于下表，试进行方差分析。

横 行 区 组	纵 行 区 组									
	Ⅰ		Ⅱ		Ⅲ		Ⅳ		Ⅴ	
Ⅰ	C	26	B	38	E	26	D	24	A	26
Ⅱ	D	22	C	14	A	20	B	46	E	30
Ⅲ	A	14	E	10	D	2	C	4	B	14
Ⅳ	B	36	A	26	C	32	E	6	D	24
Ⅴ	E	4	D	10	B	32	A	18	C	10

6. 采用 3 种肥料（A）施与 3 个玉米品种（B），4 次重复，随机区组设计，其产量（kg）结果列于下表，试进行方差分析。

因　素		Ⅰ	Ⅱ	Ⅲ	Ⅳ
A_1	B_1	101	95	103	100
	B_2	100	102	108	107
	B_3	103	111	106	116
A_2	B_1	104	112	108	117
	B_2	105	108	113	113
	B_3	107	112	115	117
A_3	B_1	115	118	122	123
	B_2	116	119	123	124
	B_3	117	121	124	126

7. 有 3 个玉米品种（A），采用 3 个播种期（B），3 次重复，裂区设计。小区产量（kg）结果列于下表，试进行方差分析。

处　理	Ⅰ	Ⅱ	Ⅲ
A_1B_1	17	16	19
A_1B_2	16	18	21
A_1B_3	19	21	22
A_2B_1	23	22	24
A_2B_2	21	24	26
A_2B_3	22	24	26
A_3B_1	32	34	33
A_3B_2	32	35	33
A_3B_3	33	34	35

8. 有3个小麦品种（A），采用4个播种期（B），3次重复，条区设计。小区产量（kg）结果列于下表，试进行方差分析。

处　理	Ⅰ	Ⅱ	Ⅲ
A_1B_1	36	40	38
A_1B_2	46	44	42
A_1B_3	52	46	52
A_1B_4	42	44	42
A_2B_1	46	40	50
A_2B_2	50	46	48
A_2B_3	56	56	52
A_2B_4	48	46	54
A_3B_1	56	54	52
A_3B_2	46	42	44
A_3B_3	44	42	40
A_3B_4	46	48	40

第 9 章　直线回归和相关分析

9.1　相关的概念

相关和回归分析是变数之间相关关系的一种统计方法。在农业试验中，变数间的相关关系普遍存在，如施肥量与产量间的相关关系，药剂浓度与杀虫率间的相关关系，食品供应量与价格间的相关关系，播种期、播种量与产量间的相关关系等。在诸多的因素中，有些是属于人们一时还没有认识或掌握的，有些是已认识但暂时还无法控制或测量的，再加上在测量上或多或少都有些误差，所有这些因素的综合作用，造成了变数之间关系的不确定性，在统计上将变数间的这种非确定性的数量关系称为相关关系（Correlativity）。在变数的相关关系中，某些变数是可以测量或控制的非随机变数，如施肥量、药剂浓度、食品供应量、播种期和播种量等，这类变数称为自变数（Independent Variable），以 x 记；另一类变数与之有关，但它是随机变数，例如产量，这类变数称为因变数（Dependent Variable），以 y 记。一个自变数称为一元，故将 x 与 y 间的回归分析称为一元回归分析（Analysis of Simple Regression）。

9.2　直 线 回 归

对于两个变数 x 和 y 间的散点图呈直线趋势的进行直线回归分析。用回归分析的方法，可以从大量的观测数据中找出自变数 x 与因变数 y 间的量变规律性。根据自变数 x 预测因变数 y 的取值，并给出这种预测的概率保证。

9.2.1　直线回归方程

1．直线回归方程式

一元线性回归又叫直线回归。如果自变数 x 与因变数 y 之间呈直线相关关系（见图 9.1），可以用线性回归方程表示 x 与 y 间的量变规律。总体和样本的线性回归方程为：

总体直线回归方程　　$$\mu_{y/x} = \alpha + \beta x \tag{9.1}$$

样本直线回归方程　　$$\hat{y} = a + bx \tag{9.2}$$

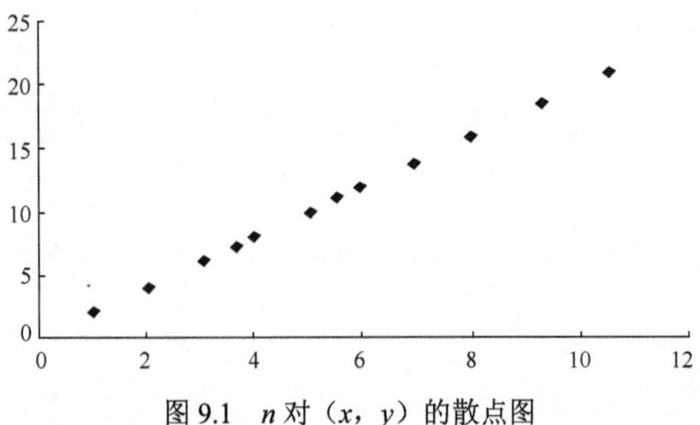

图 9.1　n 对（x，y）的散点图

式中，$\mu_{y/x}$ 是与 x 相对应的 y 总体的平均数；$\hat{y}$ 是 $\mu_{y/x}$ 的样本估计值；a 为回归截距，当 $x=0$ 时,$\hat{y}=a$，是回归直线与 y 轴的交点值；b 为回归系数，是 x 每增加一个单位时，$\hat{y}$ 平均地增加（b>0）或减少（b<0）的单位数。如图 9.2 所示。

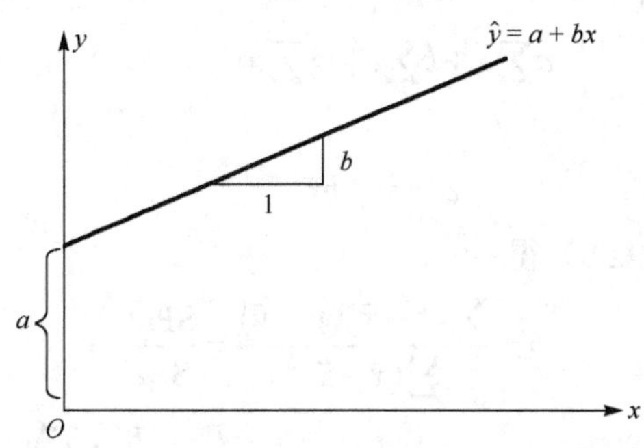

图 9.2　回归截距 a 和回归系数 b 的几何意义

2．直线回归的数学模型和基本假定

据式（9.1）给出一元线性回归总体观察值 y_i 的线性可加数学模型为：

$$y_i = \alpha + \beta x_i + \varepsilon_i \tag{9.3}$$

由样本估计一元线性回归中观察值 y_i 的线性可加数学模型为：

$$y_i = \hat{y} + e_i = a + bx_i + e_i \tag{9.4}$$

由图 9.3 可以看出，在 x 变数的任一变量值上都有一个 y 变数的正态总体分布，所有 y 总体都具有共同的误差方差 σ_ε^2，记作 $y \sim N(\mu_{y/x}, \sigma_\varepsilon^2)$ 或 $N(\alpha + \beta x, \sigma_\varepsilon^2)$。

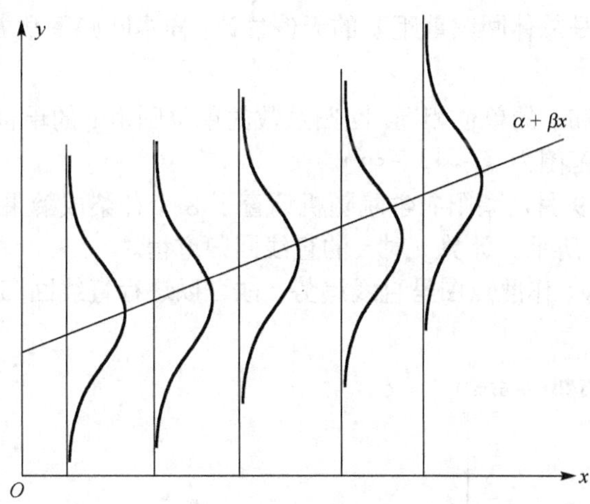

图 9.3　一元线性回归数学模型示意图

对于线性回归分析的资料，要求满足正态性、可加性及同一性的要求，参见第 6 章。

3．直线回归方程的计算及性质

根据最小二乘法计算出 a 和 b 的值，即

$$Q = \sum (y - \hat{y})^2 = \sum (y - a - bx)^2 = \min$$

要使 Q 取得最小值，即 $Q=\sum(y-a-bx)^2=$ 最小，由偏微分中多元函数求极值的办法，分别对 a 和 b 求偏导数，并令其等于 0，得到正规方程组：

$$an+b\sum x=\sum y \tag{9.5a}$$

$$a\sum x+b\sum x^2=\sum xy \tag{9.5b}$$

根据式（9.5a）得：

$$a=\overline{y}-b\overline{x} \tag{9.5c}$$

把式（9.5c）代入式（9.5b）得：

$$b=\frac{\sum(x-\overline{x})(y-\overline{y})}{\sum(x-\overline{x})^2}=\frac{\mathrm{SP}_{xy}}{\mathrm{SS}_x} \tag{9.6}$$

$$\mathrm{SP}_{xy}=\sum(x-\overline{x})(y-\overline{y})=\sum xy-\frac{\sum x\sum y}{n} \tag{9.7}$$

将 $a=\overline{y}-b\overline{x}$ 代入 $\hat{y}=a+bx$，可以得到样本直线回归方程的另一个表达式为：

$$\hat{y}=a+bx=\overline{y}-b\overline{x}+bx=\overline{y}+b(x-\overline{x}) \tag{9.8a}$$

对应的总体直线回归方程的另一表达式为：

$$\mu_{y/x}=\alpha+\beta x=\mu_y+\beta(x-\mu_x) \tag{9.8b}$$

直线回归方程具有以下性质：

①离回归的代数和等于零，即 $\sum(y-\hat{y})=0$；

②离回归的平方和最小，即 $\sum(y-\hat{y})^2=\min$；

③回归直线必通过（$\overline{x}$，$\overline{y}$）的坐标点。由式（9.8）可以看出，当 $x=\overline{x}$ 时，$\hat{y}=\overline{y}$。

④样本回归截距 a 是总体回归截距 α 的无偏估计；样本回归系数 b 是总体回归系数 β 的无偏估计。

⑤回归截距的单位和 y 的单位相同。回归系数的单位则由 y 的单位和 x 的单位复合而成。

⑥回归截距的取值范围为（−∞，+∞）。

［**例 9.1**］ 1979 年 9 月，莱阳农学院随机调查了 8 个茌梨成龄果园，以枝条数量为 x，以叶面积为 y，如图 9.4 所示。计算 y 对 x 的直线回归方程。

将表 9.1 中的（x，y）作散点图呈直线趋势，故可以进行直线回归分析。表 9.2 是其直线回归分析计算表。

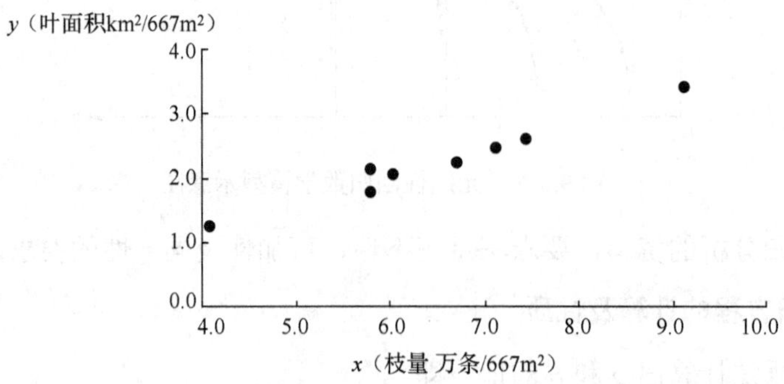

图 9.4 茌梨成龄果园枝条数量与叶面积的散点图

表 9.1　在梨成龄果园枝条数量与叶面积的关系

x（枝量）万条/667m^2	4.1	5.8	5.8	6.0	6.7	7.1	7.4	9.1
y（叶面积）km^2/667m^2	1.3	1.8	2.1	2.1	2.3	2.5	2.6	3.4

注：资料来源，莱阳农学院《农业科技资料》，1980 年第 3 期，P1-P9。

表 9.2　直线回归分析计算表

序　号	x	y	x^2	y^2	xy
1	4.1	1.3	16.81	1.69	5.33
2	5.8	1.8	33.64	3.24	10.44
3	5.8	2.1	33.64	4.41	12.18
4	6.0	2.1	36.00	4.41	12.60
5	6.7	2.3	44.89	5.29	15.41
6	7.1	2.5	50.41	6.25	17.75
7	7.4	2.6	54.76	6.76	19.24
8	9.1	3.4	82.81	11.56	30.94
Σ	52.0	18.1	352.96	43.61	123.89

首先，计算基础数据：

$$n = 8$$

$$\overline{x} = \frac{\sum x}{n} = \frac{52.0}{8} = 6.5000$$

$$\overline{y} = \frac{\sum y}{n} = \frac{18.1}{8} = 2.2625$$

$$\mathrm{SS}_x = \sum x^2 - \left(\sum x\right)^2 / n = 352.96 - (52.0)^2 / 8 = 14.9600$$

$$\mathrm{SS}_y = \sum y^2 - \left(\sum y\right)^2 / n = 43.61 - (18.1)^2 / 8 = 2.6588$$

$$\mathrm{sp}_{xy} = \sum xy - (\sum x \sum x)/n = 123.89 - 52.0 \times 18.1 / 8 = 6.2400$$

然后，代入式（9.5）和式（9.6）计算得：

$$b = \mathrm{sp}_{xy} / \mathrm{SS}_x = 6.2400 / 14.9600 = 0.4171$$

$$a = \overline{y} - b\overline{x} = 2.2625 - 0.4171 \times 6.5000 = -0.4487$$

故得表 9.1 资料的直线回归方程为：

$$\hat{y} = -0.4487 + 0.4171x$$

上述方程中回归系数的统计意义为：当在梨成龄果园 667m^2 的枝条数量增加 1 万条时，叶面积将增加 0.4171 km^2，即 417.1 m^2。由于 x 变数的实测区间为［4.1,9.1］，当 $x<4.1$ 或者 $x>9.1$ 时，y 的变化是否符合 $\hat{y} = -0.4487 + 0.4171x$ 的规律未知，因此，在应用 $\hat{y} = -0.4487 + 0.4171x$ 进行预测时，必须限定 x 的区间为［4.1,9.1］。

4．直线回归方程的图示

直线回归图包括回归直线的图像和散点图（Scatter Diagram），可以醒目地表示 x 和 y 的数量关系。用 Excel 软件可以很方便地完成这项工作：第一步作（x，y）的散点图；第二步添加趋势线。

9.2.2 直线回归的假设检验

如果 x 和 y 变数的总体并不存在直线回归关系，则随机抽取的一个样本用上述方法也能够获得一个直线回归方程 $\hat{y}=a+bx$。毫无疑问，这样的一个回归方程是不可靠的。所以，对于随机样本获得的直线回归方程存在抽样误差，必须检验其来自无直线回归关系总体的概率，只有当这种概率小于 0.05 或者 0.01 时，我们才能冒较小的风险确认其总体存在直线回归关系。直线回归的假设检验方法有 F 检验和 t 检验。

1. 直线回归关系的 *F* 检验

y 变数具有平方和 $\sum(y-\overline{y})^2$ 和自由度 $n-1$。存在两种变异原因，一种变异原因是当 y 与 x 确有直线回归关系时，x 影响 y 的部分称为回归变异，回归平方和为 $\sum(\hat{y}-\overline{y})^2$，回归自由度为 1（因为仅有一个自变数 x，所以自由度等于 1）。另一种变异原因是除去 x 影响 y 的部分，其他因素影响 y 的部分称为离回归变异，离回归平方和为 $\sum(y-\hat{y})^2$，离回归自由度为 $n-2$。

y 的总变异=回归变异+离回归变异

平方和
$$\sum(y-\overline{y})^2=\sum(\hat{y}-\overline{y})^2+\sum(y-\hat{y})^2 \tag{9.9}$$
$$\mathrm{SS}_y=U+Q$$

自由度
$$(n-1)=1+(n-2) \tag{9.10}$$
$$\mathrm{df}_y=\mathrm{df}_u+\mathrm{df}_Q$$

回归平方和 $U=\sum(\hat{y}-\overline{y})^2$ 可以用下面的公式进行简化计算：

$$\begin{aligned}U&=\sum(\hat{y}-\overline{y})^2\\&=\sum\{[\overline{y}+b(x-\overline{x})]-\overline{y}\}^2\\&=b^2\sum(x-\overline{x})^2\\&=b^2\mathrm{SS}_x &(9.11\mathrm{a})\\&=b\mathrm{SS}_x\mathrm{sp}_{xy}/\mathrm{SS}_x\\&=b\mathrm{sp}_{xy} &(9.11\mathrm{b})\\&=\mathrm{sp}_{xy}\mathrm{sp}_{xy}/\mathrm{SS}_x\\&=(\mathrm{sp}_{xy})^2/\mathrm{SS}_x &(9.11\mathrm{c})\end{aligned}$$

离回归平方和 $Q=\sum(y-\hat{y})^2$ 可以用下面的公式进行简化计算：

$$\begin{aligned}Q&=\sum(y-\hat{y})^2\\&=\mathrm{SS}_y-b^2\mathrm{SS}_x &(9.12\mathrm{a})\\&=\mathrm{SS}_y-b\mathrm{sp}_{xy} &(9.12\mathrm{b})\end{aligned}$$

$$=\mathrm{SS}_y-(\mathrm{sp}_{xy})^2/\mathrm{SS}_x \tag{9.12c}$$

$$=\mathrm{SS}_y-U \tag{9.12d}$$

［例 9.2］ 用 F 检验法对例 9.1 的资料进行直线回归的假设检验。

在例 9.1 中已经算得 SS_y=2.6588，再用式（9.11c）算得：

$$U=\sum(\hat{y}-\overline{y})^2=(\mathrm{sp}_{xy})^2/\mathrm{SS}_x=6.2400^2/14.9600=2.6028$$

$$Q=\sum(y-\hat{y})^2=\mathrm{SS}_y-U=2.6588-2.6028=0.0560$$

所以 $$F=\mathrm{MS}_U/\mathrm{MS}_Q=2.6028/0.0093=279.02$$

例 9.1 资料回归关系的方差分析见表 9.3。

表 9.3 例 9.1 资料回归关系的方差分析

变异来源	SS	df	MS	F	$F_{0.01}$
回归	2.6028	1	2.6028	279.02	13.75
离回归	0.0560	6	0.0093		
总变异	2.6588	7			

由表 9.3 得到 F=279.02>$F_{0.01}$=13.75，表明在梨成龄果园枝条数量与叶面积是有真实直线回归关系的，具有统计学上极显著的意义。

直线回归方程离回归均方的算术平方根定义为回归方程的估计标准误：

$$S_{y/x}=\sqrt{\frac{Q}{n-2}}=\sqrt{\mathrm{MS}_Q}=\sqrt{0.0093}=0.0964$$

$S_{y/x}$ 的统计意义是：使用直线回归方程 $\hat{y}=-0.4487+0.4171x$，按照茌梨成龄果园的枝条数量预测叶面积时，有一个 0.0964 的估计标准误。在 $\hat{y}\pm0.0964$ 的范围内，约有 68.27%个观察值；在 $\hat{y}\pm0.1928$ 的范围内，约有 95.45%个观察值。

2. 回归系数的 t 检验

由式（9.8）可以得出如下推论：如果总体不存在直线回归关系，则总体回归系数 $\beta=0$；如果总体存在直线回归关系，则总体回归系数 $\beta\neq0$。所以，对于直线回归关系的检验假设为 H_0：$\beta=0$，H_A：$\beta\neq0$。

回归系数的标准误为：

$$S_b=\sqrt{\frac{\mathrm{MS}_Q}{\mathrm{SS}_x}} \tag{9.13}$$

$$t=\frac{b-\beta}{S_b}=\frac{b}{S_b} \tag{9.14}$$

$$\mathrm{df}=n-2 \tag{9.15}$$

关于自由度 $\mathrm{df}=n-2$ 的解释：由于在建立回归方程时，使用了两个统计数 a 和 b，故 Q 的自由度为 $\mathrm{df}=n-2$；存在两个约束条件，$\sum(x-\overline{x})=0$，$\sum(y-\overline{y})=0$，所以自由度 $\mathrm{df}=n-2$。

［例 9.3］ 用 t 检验法对例 9.1 资料的总体回归系数进行假设检验。

解：假设 H_0：$\beta=0$，对 H_A：$\beta\neq 0$

$\alpha=0.01$

检验计算：

$$S_b=\sqrt{\frac{\mathrm{MS}_Q}{\mathrm{SS}_x}}=\sqrt{\frac{0.0093}{14.96}}=0.0249$$

$$t=\frac{b}{S_b}=\frac{0.4171}{0.0249}=16.73$$

$$\mathrm{df}=n-2=8-2=6$$

$$t_{0.01/2}=3.707$$

推断：因为实际算得 $t=16.73>t_{0.01}=3.707$，表明在 $\beta=0$ 的总体中因抽样误差而获得现有样本的概率小于 0.01。所以，应当否定 H_0，接受 H_A：$\beta\neq 0$，即认为在梨成龄果园枝条数量与叶面积间存在真实直线回归关系，回归系数 $b=0.4171$ 具有统计学上极显著的意义。

对于同一资料进行直线回归的假设检验，t 检验和 F 检验的结论是相同的。这里 t 检验和 F 检验存在如下数学关系：

$$t^2=F \tag{9.16}$$

$$t_{\alpha/2}^2=F_\alpha$$

本例中，$t^2=16.73^2=279.92$（前面计算得 $F=279.02$，差数是舍入误差）。$t^2_{0.01/2}=3.707^2=13.75=F_{0.01}$。因此，只需要选择 t 检验或者 F 检验的一种，进行直线回归的假设检验即可。

3．回归截距的 t 检验

样本回归截距 $a=\bar{y}-b\bar{x}$，$\bar{y}$ 和 b 的误差方差分别是 $S_{\bar{y}}=\frac{S_{y/x}^2}{n}$，$S_b^2=\frac{S_{y/x}^2}{\mathrm{SS}_x}$，根据误差方差合成的原理，回归截距的标准误为：

$$S_a=\sqrt{\mathrm{MS}_Q\left(\frac{1}{n}+\frac{\bar{x}^2}{\mathrm{SS}_x}\right)} \tag{9.17}$$

$$t=\frac{a-\alpha}{S_a}=\frac{a}{S_a} \tag{9.18}$$

$$\mathrm{df}=n-2$$

［**例 9.4**］ 用 t 检验法对例 9.1 资料的总体回归截距进行假设检验。

解：假设 H_0：$\alpha=0$；H_A：$\alpha\neq 0$

$\alpha=0.05$

检验计算：

$$S_a=\sqrt{\mathrm{MS}_Q\left(\frac{1}{n}+\frac{\bar{x}^2}{\mathrm{SS}_x}\right)}$$

$$=\sqrt{0.0093\times\left(\frac{1}{8}+\frac{6.5^2}{14.96}\right)}=0.1656$$

$$t=\frac{a-\alpha}{S_a}=\frac{a}{S_a}=\frac{-0.4487}{0.1656}=-2.7093$$

$$\mathrm{df}=n-2=8-2=6$$

$$t_{0.05/2}=2.447$$

推断：因为实际算得$|t|$=2.7093>$t_{0.05/2}$=2.447，表明在$\alpha=0$的总体中因抽样误差而获得现有样本的概率小于0.05。所以，应当否定H_0，接受H_A：$\alpha\neq0$，即回归截距$a=-0.4487$具有统计学上显著的意义。

9.2.3 总体直线回归的区间估计

从直线回归总体$N(\alpha+\beta x,\sigma_\varepsilon^2)$中抽样，每个样本的直线回归方程$\hat{y}=a+bx$不尽相同，这是由于抽样误差$\sigma_\varepsilon^2$造成的结果。抽样误差决定着$S_{y/x}$和$a$、$b$的误差大小。所以，有必要对总体参数$\alpha$、$\beta$、$\mu_{y/x}$进行区间估计。

总体直线回归的区间估计与在第4章学习的参数区间估计，其基本原理和方法大致相同。双侧置信区间的置信下限L_1=统计数−临界值×标准误；置信上限L_2=统计数+临界值×标准误。

1．总体回归截距α的置信区间

回归截距α的标准误为：

$$s_\alpha=S_{y/x}\sqrt{\frac{1}{n}+\frac{\overline{x}^2}{\mathrm{SS}_x}}$$

$$\mathrm{df}=n-2$$

所以，总体回归截距α的95%置信区间为：

$$\begin{aligned}L_1&=a-t_{0.05/2}S_a\\L_2&=a+t_{0.05/2}S_a\end{aligned}\qquad(9.19)$$

［例9.5］ 对例9.1的资料，求总体回归截距95%的置信区间。

解：

$$s_a=S_{y/x}\sqrt{\frac{1}{n}+\frac{\overline{x}^2}{\mathrm{SS}_x}}=0.0964\times\sqrt{\frac{1}{8}+\frac{6.5^2}{14.96}}=0.1656$$

$$\mathrm{df}=n-2=8-2=6$$

$$t_{0.05/2}=2.447$$

置信下限　$L_1=a-t_{0.05/2}\times s_a=-0.4487-2.447\times0.1656=-0.4487-0.4052=-0.8539$

置信上限　$L_2=a+t_{0.05/2}\times s_a=-0.4487+2.447\times0.1656=-0.4487+0.4052=-0.0435$

所以，总体回归截距α 95%的置信区间为:

$$P(-0.8539\leqslant\alpha\leqslant-0.0435)=1-0.05=0.95$$

2．总体回归系数β的置信区间

回归系数的标准误为：

$$S_b = \sqrt{\frac{\text{MS}_Q}{\text{SS}_x}} = \frac{S_{y/x}}{\sqrt{\text{SS}_x}}$$

$$\text{df} = n - 2$$

所以，总体回归系数 β 的 95%置信区间为：

$$L_1 = b - t_{0.05/2}s_b$$
$$L_2 = b + t_{0.05/2}s_b \tag{9.20}$$

［例 9.6］ 对例 9.1 的资料，求总体回归系数 95%的置信区间。

解：

$$S_b = \frac{S_{y/x}}{\sqrt{\text{SS}_x}} = \frac{0.0964}{\sqrt{14.9600}} = 0.0249$$

$$\text{df} = n-2 = 8-2 = 6$$

$$t_{0.05/2} = 2.447$$

置信下限　$L_1 = b - t_{0.05/2}s_b = 0.4171 - 2.447 \times 0.0249 = 0.4171 - 0.0610 = 0.3561$

置信上限　$L_2 = b + t_{0.05/2}s_b = 0.4171 + 2.447 \times 0.0249 = 0.4171 + 0.0610 = 0.4781$

所以，总体回归系数 β 95%的置信区间为:

$$P(0.3561 \leqslant \beta \leqslant 0.4781) = 1 - 0.05 = 95\%$$

总体回归截距 α 和总体回归系数 β 的 95%置信区间，用 Excel 一步完成，在工具—数据分析—回归的分析结果中。

9.2.4 直线回归方程的应用

1. 用回归方程进行统计预测

直线回归方程有三个用途：一是用来说明随机变量之间是否存在数量依存关系（是不是有相关性）；二是用来预测；三是用来控制。用求得的线性回归方程对尚未发生的事件或已经发生但未观察的事件进行预测。对任一给定的 x_0，由回归方程作统计预测的点估计值为 $\hat{y}_0 = a + bx_0$。

① 条件总体平均数 $\mu_{y/x}$ 的预测置信区间

根据一元线性回归数学模型，每一个 x 上都有一个 y 变数的条件正态总体分布（图 9.3），总体平均数为 $\mu_{y/x}$，样本估计值为 $\hat{y}_0$。由于 $\hat{y} = \overline{y} + b(x - \overline{x})$，故样本估计值 $\hat{y}_0$ 的标准误为：

$$S_{\hat{y}} = S_{y/x}\sqrt{\frac{1}{n} + \frac{(x-\overline{x})^2}{\text{SS}_x}} \tag{9.21}$$

$$\text{df} = n - 2$$

所以，条件总体回归平均数 $\mu_{y/x}$ 的 95%置信区间为：

$$L_1 = \hat{y}_0 - t_{0.05/2}S_{\hat{y}}$$
$$L_2 = \hat{y}_0 + t_{0.05/2}S_{\hat{y}} \tag{9.22}$$

［例 9.7］ 对例 9.1 的资料，当枝条数量 x=5.0（万条/667m^2）时，求叶面积的条件总体回归平均数 $\mu_{y/x}$ 95%的置信区间。

解：

$$\hat{y}_0 = -0.4487 + 0.4171x = -0.4487 + 0.4171 \times 5.0 = 1.6368$$

$$S_{\hat{y}} = S_{y/x}\sqrt{\frac{1}{n} + \frac{(x-\overline{x})^2}{\mathrm{SS}_x}} = 0.0964 \times \sqrt{\frac{1}{8} + \frac{(5.0-6.5)^2}{14.9600}} = 0.0506$$

$$\mathrm{df} = n-2 = 8-2 = 6$$

$$t_{0.05/2} = 2.447$$

置信下限 $L_1 = \hat{y}_0 - t_{0.05/2}S_{\hat{y}} = 1.6368 - 2.447 \times 0.0506 = 1.6368 - 0.1238 = 1.5130$

置信上限 $L_2 = \hat{y}_0 + t_{0.05/2}S_{\hat{y}} = 1.6368 + 2.447 \times 0.0506 = 1.6368 + 0.1238 = 1.7606$

所以，条件总体回归平均数 $\mu_{y/x}$ 的预测置信区间为：

$$P(1.5130 \leqslant \mu_{y/x} \leqslant 1.7606) = 1 - 0.05 = 95\%$$

② 条件总体 y_{0i} 的预测置信区间

因为 x 与 y 变数间为相关关系，所以与 x_0 对应的有一个预测值 y_0 的总体分布。因此，仅仅求出点估计值是不够的，需要计算对应 x_0 的总体 y_0 的预测区间。根据一元线性回归数学模型，每一个 x 上都有一个 y 变数的条件正态总体分布（图 9.3），总体平均数为 $\mu_{y/x}$，样本估计值为 $\hat{y}_0$。由于 $y_{0i} = \overline{y} + b(x-\overline{x}) + e_i$，所以条件总体单个预测值的估计标准误为：

$$S_y = S_{y/x}\sqrt{1 + \frac{1}{n} + \frac{(x-\overline{x})^2}{\mathrm{SS}_x}} \tag{9.23}$$

$$\mathrm{df} = n-2$$

条件总体单个预测值 y_{0i} 的 95%置信区间为：

$$\begin{aligned} L_1 &= \hat{y}_0 - t_{0.05/2}S_y \\ L_2 &= \hat{y}_0 + t_{0.05/2}S_y \end{aligned} \tag{9.24}$$

［例 9.8］ 对例 9.1 的资料，当枝条数量 x=5.0（万条/667m^2）时，求叶面积的条件总体单个预测值 95%的置信区间。

解：$\hat{y}_0 = -0.4487 + 0.4171x = -0.4487 + 0.4171 \times 5.0 = 1.6368$

$$S_y = S_{y/x}\sqrt{1 + \frac{1}{n} + \frac{(x-\overline{x})^2}{\mathrm{ss}_x}} = 0.0964 \times \sqrt{1 + \frac{1}{8} + \frac{(5.0-6.5)^2}{14.9600}} = 0.1089$$

$$\mathrm{df} = n-2 = 8-2 = 6$$

$$t_{0.05/2} = 2.447$$

置信下限 $L_1 = \hat{y}_0 - t_{0.05/2}S_y = 1.6368 - 2.447 \times 0.1089 = 1.6368 - 0.2664 = 1.3704$

置信上限 $L_2 = \hat{y}_0 + t_{0.05/2}S_y = 1.6368 + 2.447 \times 0.1089 = 1.6368 + 0.2664 = 1.9032$

所以，条件总体单个预测值的置信区间为：

$$P(1.3704 \leqslant Y_{0i} \leqslant 1.9032) = 1 - 0.05 = 95\%$$

需要注意，在用求得的回归方程进行统计预测时，x_0 的取值范围必须限定在原观察值的范围，不能随意外推。将 $\mu_{y/x}$ 和 y_0 的预测区间进行比较，两者的区别在于所用的预测标准误不同，分别为 $S_{\hat{y}}$ 和 S_y，不可混淆。用 S_y 求得的 y_{0i} 的预测区间大于用 $S_{\hat{y}}$ 求得的预测区间。当 $x_0=\overline{x}$ 时，$S_{\hat{y}}$ 和 S_y 皆为最小，故预测区间亦为最小；当 $|x-\overline{x}|$ 的差数增大时，$S_{\hat{y}}$ 和 S_y 随之增大。

③ 用回归方程进行统计控制

统计控制是预测的逆运算，$y_0 \to \hat{x}_0$。对任一给定的 y_0，由回归方程进行统计控制的点估计值为：

$$\hat{x}_0=\frac{y_0-a}{b} \tag{9.25}$$

当两个变数 x 与 y 间为二元正态分布时，可以逆推出 x_0 的控制区间。但因 x_0 的控制区间难以计算，且不好理解，故仅介绍统计控制中的点估计。

［例 9.9］ 对例 9.1 的资料，要求叶面积 y_0=1.6368 km^2/667 m^2 时，应当把枝条数量控制在多少？

解：$\hat{x}_0=\dfrac{y_0-a}{b}$=(1.6368–(–0.4487))/0.4171=5.0（万条/667m^2）

由此可见，欲获得 1.6368（km^2/667m^2）的叶面积，必须将枝条数量控制在 5.0（万个/667m^2）以上，这种统计控制具有重要的实践意义，应当加强这方面的应用。

另外，还可以用回归方程把 x 对 y 的影响进行统计控制，如果所有的 x 都矫正到 x_0 或者 $\overline{x}$，则相应的 y_c 矫正值为：

$$y_c=y-b(x-x_0)$$
$$y_c=y-b(x-\overline{x}) \tag{9.26}$$

回归矫正值 y_c 的示意图如图 9.5 所示。

通过对原始数据的矫正，把 x 对 y 的影响加以控制，用统计控制的方法消除了 x 的不同对 y 的影响，这称为统计控制。

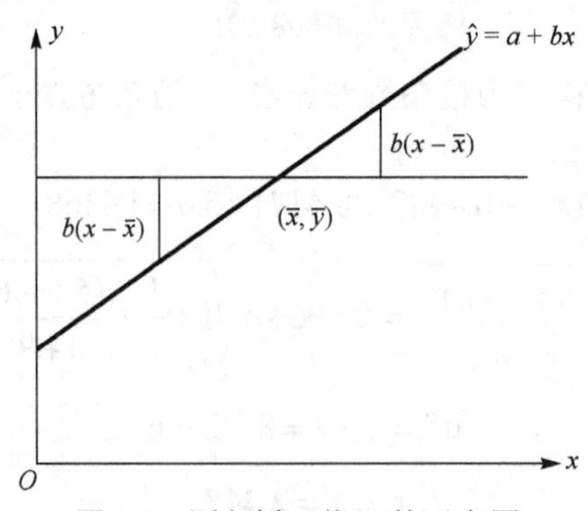

图 9.5　回归矫正值 y_c 的示意图

9.3 直线相关

设双变数总体具有 N 对(x, y)。不同总体(x, y)的相关散点图如图 9.6 所示。直线相关研究的问题仅限于图 9.6 中(a)和(b)两种情形。

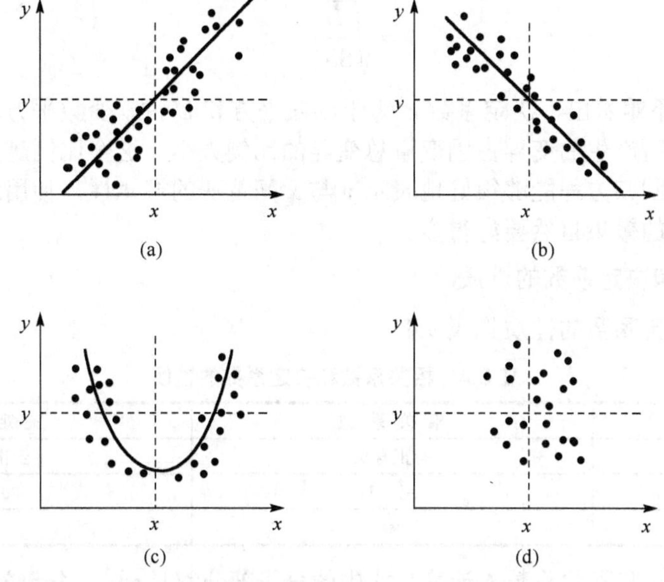

图 9.6　四种不同总体（x, y）的相关散点图

9.3.1　相关系数和决定系数

1．相关系数

对于（x, y）的散点图呈直线趋势的两个变数，需要了解其相关程度和性质（正相关或负相关）。表示两个变数间相关程度和性质的特征数，称为相关系数，以 r 表示样本的相关系数，以 ρ 表示总体的相关系数。

$$\rho = \frac{\sum(x-\mu_x)(y-\mu_y)}{\sqrt{\sum(x-\mu_x)^2\sum(y-\mu_y)^2}} \tag{9.27}$$

$$r = \frac{\sum(x-\overline{x})(y-\overline{y})}{\sqrt{\sum(x-\overline{x})^2\sum(y-\overline{y})^2}} = \frac{\mathrm{sp}_{xy}}{\sqrt{\mathrm{SS}_x \cdot \mathrm{SS}_y}} \tag{9.28}$$

2．决定系数

相关系数的平方定义为决定系数，记作 r^2。

$$r^2 = \frac{(\mathrm{sp}_{xy})^2}{\mathrm{SS}_x\mathrm{SS}_y} \tag{9.29}$$

决定系数又称为拟合度。r^2 仅表示两个变数间相关的程度，不表示两个变数间相关的性质。

前已述及，y 变数的平方和 $\mathrm{SS}_y = \sum(y-\overline{y})^2$，在进行回归分析时被分成了两部分，一部分是回归平方和 $U = \sum(\hat{y}-\overline{y})^2 = (\mathrm{sp}_{xy})^2 / \mathrm{SS}_x$；另一部分是离回归平方和 $Q = \sum(y-\hat{y})^2$。所以，决定系数 r^2 又可用下面的公式计算：

$$r^2 = \frac{U}{\mathrm{SS}_y} \tag{9.30}$$

于是推论得：

$$r=\sqrt{\frac{U}{\mathrm{SS}_y}} \tag{9.31}$$

从式（9.30）不难看出，决定系数 r^2 等于回归平方和 U 占 y 变数平方和的比率，说明了由于自变量的影响所产生的变异占因变量总变异的比例大小。这个比例越大，说明自变量的影响就越大，直线回归方程能够很好地表示 y 与 x 间量变的规律性，使用这样的直线回归方程进行估计和预测的效果自然要好得多。

3. 相关系数和决定系数的性质

相关系数和决定系数的性质见表 9.4。

表 9.4　相关系数和决定系数的性质

项　目	相 关 系 数	决 定 系 数
正负	有正有负	全部为正
取值	−1～1	0～1
单位	无	无

由于相关系数 r 和回归系数 b 计算公式中的分子部分都是 sp_{xy}，分母部分又总是取正值，所以相关系数 r 和回归系数 b 取相同的正负号，r 为正 b 亦为正，r 为负 b 亦为负。

4. 相关系数和决定系数的计算

［例 9.10］ 2011 年，青岛农业大学调查了 15 个金花柿的单果重（g）和果实横径（cm），计算相关系数和决定系数。

金花柿的单果重和果实横径见表 9.5。

表 9.5　金花柿的单果重和果实横径

序　号	x 横径（cm）	y 单果重（g）	序　号	x 横径（cm）	y 单果重（g）
1	6.5	127.45	9	4.5	55.68
2	6.0	126.19	10	4.1	51.86
3	5.9	109.94	11	4.2	53.60
4	5.4	99.23	12	4.0	49.34
5	5.6	92.26	13	4.0	47.27
6	4.8	62.72	14	3.7	39.68
7	4.9	68.01	15	2.4	13.29
8	4.9	70.71			

解：

$$r=\frac{\mathrm{sp}_{xy}}{\sqrt{\mathrm{SS}_x\mathrm{SS}_y}}=\frac{476.5105}{\sqrt{15.67\times 15322.49}}=0.9725$$

$$r^2=\frac{U}{\mathrm{SS}_y}=\frac{14490.8710}{15322.4900}=0.9457$$

用 Excel 可以很方便地求出相关系数，在[工具]—[数据分析]—[相关系数]的分析结果中。

9.3.2　相关系数的假设检验

1. 直线相关关系的 F 检验

y 变数具有平方和 $\sum(y-\overline{y})^2$ 和自由度 n–1。存在两种变异原因，一种变异原因是当 y 与

x 确有直线相关关系时，x 影响 y 的部分称为相关变异，具有相关平方和 $\sum(\hat{y}-\overline{y})^2$ 和相关自由度 1。另一种变异原因是非相关变异，具有非相关平方和 $\sum(y-\hat{y})^2$ 及非相关自由度 n–2。

y 的总变异=相关变异+非相关变异

平方和
$$\sum(y-\overline{y})^2=\sum(\hat{y}-\overline{y})^2+\sum(y-\hat{y})^2$$
$$\text{ss}_y=U+Q$$

自由度
$$(n-1)=1+(n-2)$$
$$\text{df}_y=\text{df}_u+\text{df}_Q$$

相关平方和可以用下面的公式进行简化计算：

$$U=\sum(\hat{y}-\overline{y})^2=r^2\text{SS}_y \tag{9.32}$$

非相关平方和可以用下面的公式进行简化计算:

$$Q=\sum(y-\hat{y})^2=(1-r^2)\text{SS}_y=\text{SS}_y-U \tag{9.33}$$

［例 9.11］ 用 F 检验法对例 9.10 的资料进行直线相关关系的假设检验。

在例 9.10 中已经算得 $\text{SS}_y=15322.49$，再用式（9.32）算得：

$$U=\sum(\hat{y}-\overline{y})^2=r^2\text{SS}_y=0.9457\times15322.4900=14490.8710$$

$$Q=\sum(y-\hat{y})^2=\text{SS}_y-U=15322.4900-14490.8710=831.6190$$

所以 $$F=\text{MS}_U/\text{MS}_Q=14490.8710/63.9707=226.52$$

例 9.10 资料相关关系的方差分析见表 9.6。

表 9.6 例 9.10 资料相关关系的方差分析

变异来源	SS	df	MS	F	$F_{0.01}$
相　关	14490.8710	1	14490.8710	226.52	9.07
非 相 关	831.6190	13	63.9707		
总 变 异	15322.4908	14			

由表 9.6 得到 $F=226.52>F_{0.01}=9.07$，表明金花柿的单果重与果实横径有真实直线相关关系，具有统计学上极显著的意义。

需要说明一点：相关平方和=回归平方和，相关自由度=回归自由度；非相关平方和=离回归平方和，非相关自由度=离回归自由度。因此，直线回归关系的 F 检验与直线相关关系的 F 检验相同。

2．相关系数的 t 检验

这是检验样本所属的总体相关系数 ρ 是否为 0。如果总体不存在直线相关关系，则总体相关系数 $\rho=0$；如果总体存在直线相关关系，则总体相关系数 $\rho\neq0$。所以，对于直线相关关系的检验假设为 H_0：$\rho=0$，H_A：$\rho\neq0$。

相关系数的标准误为：

$$S_r=\sqrt{\frac{1-r^2}{n-2}} \tag{9.34}$$

$$t = \frac{r-\rho}{S_r} = \frac{r}{S_r} \tag{9.35}$$

$$\mathrm{df} = n-2$$

［例 9.12］ 用 t 检验法对例 9.10 资料的总体相关系数进行假设检验。

解：假设 H_0：$\rho = 0$，H_A：$\rho \neq 0$

$\alpha = 0.01$

检验计算：

$$S_r = \sqrt{\frac{1-r^2}{n-2}} = \sqrt{\frac{1-0.9457}{15-2}} = 0.0646$$

$$t = \frac{r}{S_r} = \frac{0.9725}{0.0646} = 15.05$$

$$\mathrm{df} = n-2 = 15-2 = 13$$

$$t_{0.01/2} = 3.012$$

推断：因为实际算得 t=15.05>$t_{0.01/2}$=3.012，表明在 $\rho = 0$ 的总体中因抽样误差而获得现有样本的概率小于 0.01。所以，应当否定 H_0，接受 H_A：$\rho \neq 0$，即认为金花柿的单果重与果实横径存在真实直线相关关系，相关系数 r= 0.9725 具有统计学上极显著的意义。

对于同一资料而言，相关系数的 t 检验和回归系数的 t 检验以及 F 检验的结论三者都是相同的。这里 t 检验和 F 检验存在如下数学关系：

$$t_r^2 = t_b^2 = F \tag{9.36}$$

$$t_{\alpha/2}^2 = F_\alpha$$

本例中，t^2=15.05^2=226.50=F；$t^2_{0.01/2}$= 3.012^2=9.07=$F_{0.01}$。所以，只选择 t 检验或者 F 检验中的一种即可。

3. 相关系数的查表检验

根据相关系数的 t 检验，可以推导出相关系数的临界值。

证明：

$$t = \frac{r}{S_r} = \frac{r}{\sqrt{\frac{1-r^2}{n-2}}}$$

$$t^2 = \frac{r^2}{\frac{1-r^2}{n-2}} = \frac{r^2(n-2)}{1-r^2}$$

$$t^2(1-r^2) = r^2(n-2)$$

$$t^2 - t^2r^2 = r^2(n-2)$$

$$t^2 = r^2(n-2) + t^2r^2$$

$$r^2[(n-2)+t^2] = t^2$$

$$r^2 = \frac{t^2}{(n-2)+t^2}$$

$$r = \sqrt{\frac{t^2}{(n-2)+t^2}}$$

由此推论得出：

$$r_\alpha = \sqrt{\frac{t_{\alpha/2}^2}{(n-2)+t_{\alpha/2}^2}} \tag{9.37}$$

对于例 9.12，已知 $\mathrm{df} = n-2 = 15-2 = 13$，$t_{0.05/2} = 2.160$，$t_{0.01/2} = 3.012$，代入式（9.37）计算得相关系数的两个临界值为：

$$r_{0.05} = \sqrt{\frac{2.160^2}{(15-2)+2.160^2}} = 0.514$$

$$r_{0.01} = \sqrt{\frac{3.012^2}{(15-2)+3.012^2}} = 0.641$$

实际算得的相关系数 $|r| > r_{0.05}$=0.514，即为达到 $\alpha = 0.05$ 显著水平，可以在相关系数右上角标注“*”；$|r| > r_{0.01}$= 0.641，即为达到 $\alpha = 0.01$ 显著水平，可以在相关系数右上角标注“**”。相关系数临界值表参见附表 10。本例中 r = 0.9725> $r_{0.01}$=0.641，达到极显著水平，简记为 r=0.9725**。

相关系数的查表检验和前面介绍的 t 检验以及 F 检验比较，是最简单的一种检验方法。

总结上述，进行直线回归和相关分析的步骤为：首先计算相关系数并且查表检验，如果 $|r| < r_{0.05}$ 即为不显著，没有必要再进行直线回归分析；如果实得相关系数 $|r| > r_{0.05}$ 或者 $|r| > r_{0.01}$，则表明相关系数达到显著或极显著水平，需要继续进行直线回归分析。

9.3.3 总体相关系数的区间估计

样本相关系数 r 的抽样分布如图 9.7 所示。当 $\rho = 0$ 时，r 近似服从正态分布；当 $\rho \neq 0$ 时，r 的分布为偏态分布，且因 n 和 ρ 的不同而不同。费歇（R. Fisher）提出用式（9.38）将 r 转换为 z，则 z 近似于正态分布。因此，便可按照正态分布对总体相关系数进行区间估计。

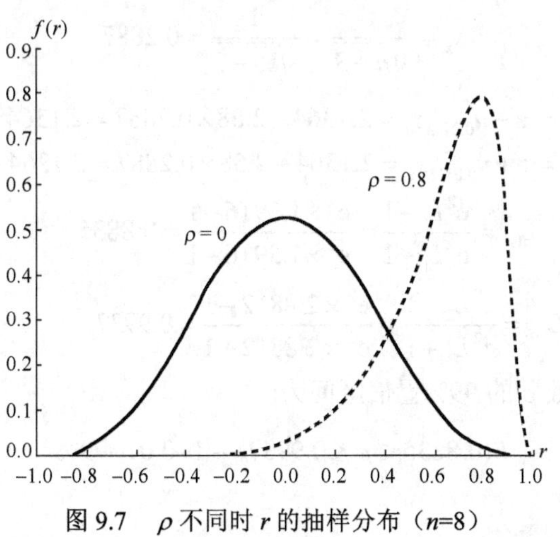

图 9.7　ρ 不同时 r 的抽样分布（n=8）

$$z=\ln\sqrt{\frac{1+r}{1-r}} \tag{9.38}$$

如果 $r<0$，即 r 为负数时，可以先不管符号，将 r 代入上式计算出 z 值，然后再加上负号。z 的总体平均数和标准差为：

$$\mu_z=\ln\sqrt{\frac{1+\rho}{1-\rho}} \tag{9.39}$$

$$\sigma_z=\frac{1}{\sqrt{n-3}} \tag{9.40}$$

z 的标准化正态变量为：

$$u=\frac{z-\mu_z}{\sigma_z} \tag{9.41}$$

根据式（9.41）和区间估计的原理及方法，给出 μ_z 的 $p=1-\alpha$ 置信限：

$$\begin{aligned}L_1&=z-u_{\alpha/2}\sigma_z\\L_2&=z+u_{\alpha/2}\sigma_z\end{aligned} \tag{9.42}$$

式（9.38）的反函数为：

$$\begin{aligned}L_{1\rho}&=\frac{\mathrm{e}^2L_1-1}{\mathrm{e}^2L_1+1}\\L_{2\rho}&=\frac{\mathrm{e}^2L_2-1}{\mathrm{e}^2L_2+1}\end{aligned} \tag{9.43}$$

［例 9.13］ 对例 9.10 的资料，已知样本相关系数 r=0.9725，n=15，求总体相关系数 99%的置信区间。

解：

$$z=\ln\sqrt{\frac{1+r}{1-r}}=\sqrt{\frac{1+0.9725}{1-0.9725}}=2.1364$$

$$s_z=\frac{1}{\sqrt{n-3}}=\frac{1}{\sqrt{15-3}}=0.2887$$

μ_z 的置信下限　$L_1=z-u_{0.01/2}s_z=2.1364-2.58\times0.2887=2.1364-0.7448=1.3916$

μ_z 的置信上限　$L_2=z+u_{0.01/2}s_z=2.1364+2.58\times0.2887=2.1364+0.7448=2.8812$

ρ 的置信下限　$L_{1\rho}=\dfrac{\mathrm{e}^2L_1-1}{\mathrm{e}^2L_1+1}=\dfrac{\mathrm{e}^2\times1.3916-1}{\mathrm{e}^2\times1.3916+1}=0.8835$

ρ 的置信上限　$L_{2\rho}=\dfrac{\mathrm{e}^2L_2-1}{\mathrm{e}^2L_2+1}=\dfrac{\mathrm{e}^2\times2.8812-1}{\mathrm{e}^2\times2.8812+1}=0.9937$

所以，总体相关系数 ρ 的 99%置信区间为:

$$P(0.8835\leqslant\rho\leqslant0.9937)=1-0.01=99\%$$

9.4 直线回归和相关的关系及应用要点

9.4.1 直线回归和相关的关系

1. 直线回归分析与直线相关分析的联系

① 都是对两个随机变量 x、y 的分析；

② 都要求两个随机变量 x、y 服从正态分布；

③ r 和 b 具有相同的正负号，要么都是正数，要么都是负数，不可能一正一负；

④ 假设检验结果相同，要么都有统计学意义，要么都没有统计学意义，假设检验结果等价。

2. 直线回归分析与直线相关分析的区别

① 研究目的不同，回归是研究随机变量之间的数量依存关系，相关是研究随机变量之间联系的密切程度；

② 结果不同，回归分析得到的结果是一个回归方程，相关分析得到的是一个相关系数；

③ 用途不同，回归方程可用于统计预测和统计控制，相关系数可用来衡量随机变量之间的密切程度及其性质。

9.4.2 直线回归和相关的应用要点

① 不是任何两个变量都可以进行直线相关分析。首先要看进行相关分析是否有实际意义。另外，直线相关要求 x 和 y 变数都必须服从正态分布。

② 正确地理解和应用直线回归和相关分析。相关系数 r 根据随机样本计算得到。由于存在抽样误差，即使从一个不存在相关关系的总体中（总体相关系数 $\rho=0$）随机抽样，也可能得到较大的相关系数。所以，必须对样本相关系数进行假设检验。只有当样本相关系数有统计学意义时，才能说有相关关系，所求得的直线回归方程才能够正确地表达 y 和 x 之间量变的规律性。

两个变量之间相关系数和直线回归方程有统计学意义，只能反映两者之间的变化存在某种规律性，可能是因果关系，也可能是伴随关系，或者其他偶然的联系。比如，一家生了个儿子，栽了一棵小树，每隔半个月测量一次小孩的身高和小树的高度，半年以后，计算小孩身高和小树高度的相关系数和直线回归方程，会发现两者呈显著正相关关系，但常识告诉我们，这样的相关关系说明不了什么问题，更不是什么因果关系，这样的直线回归方程无意义。所以，有无因果关系需要从专业角度进行分析，变数间是否存在相关以及在什么条件下会发生什么相关等问题，都必须由各具体学科作出正确的判断。

③ 直线相关关系未必是最好的相关关系。直线相关关系只是相关关系中的一种，一个显著的直线回归和相关，并不一定具有实践上的预测意义。例如，由附表 10 可知，当 df = 60 时，$r_{0.05}$=0.25，这表明 x 和 y 可用线性关系说明的部分仅占总变异的 6.25%。x 和 y 没有直线相关关系，说不定还有“曲线”相关关系。再说，直线相关系数没有统计学意义，说不定等级相关系数有统计学意义。另外，还要考虑会不会犯了第二类错误。所以，下结论要慎重，不可绝对化。

④ 为了提高直线回归和相关分析的准确性，两个变数的样本容量要求 $n>5$。同时，x 的变异范围要尽可能大些，一方面可以减小回归方程的误差，另一方面也能及时发现 x 和 y 间可能存在的曲线相关关系。

习 题 9

1．名词解释：回归截距、回归系数、相关系数、决定系数。

2．直线回归方程的性质是什么？

3．相关系数和决定系数的性质是什么？

4．回归平方和离回归平方和的计算公式有哪些？

5．相关平方和非相关平方和的计算公式有哪些？

6．相关系数和回归系数的取值范围是否相同？

7．测得（x, y）的数据如下。

①计算相关系数；

②求直线回归方程。

x	12	11	13	15	16	18	13
y	24	23	25	28	29	31	26

8．用第 7 题的资料，对总体回归截距、总体回归系数进行统计假设检验。

9．用第 7 题的资料，求总体回归截距、总体回归系数 95%的置信区间。

10．用第 7 题的资料，进行预测和控制。

① $x_0=14$，求条件总体平均数 $\mu_{y/x}$ 和条件总体 y_{0i} 95%的预测置信区间；

② $y_0=27$，求 $\hat{x}_0$ 值。

第 10 章　曲线回归和相关分析

曲线回归分析（Analysis of Curvilinear Regression）又称为一元非线性回归分析（Analysis of Simple Non-Linear Regression）。在农业试验中，大多数双变数资料都不是简单的线性相关关系，而是复杂的非线性相关关系。在回归分析中，若把非线性相关关系的双变数资料当作线性相关关系进行分析，将会得出相关不显著的错误结论。但是，若把线性相关关系的资料作为非线性相关关系进行分析，将会得出相关显著的正确结论，因为直线仅是曲率为 0 的特殊曲线。如果自变数 x 与因变数 y 之间呈曲线相关关系，可用曲线回归方程表示 x 与 y 间的量变规律。

10.1　曲线回归的类型

曲线回归方程的类型可以归为两大类：一类是可以化为直线的曲线类型，包括乘幂曲线、指数曲线、对数曲线、双曲线和 S 形曲线等。另一类是不能化为直线的曲线类型，仅有多项式曲线一种类型。

10.1.1　能够化为直线的曲线回归方程

1．乘幂曲线

① $y=ax^b$，图像如图 10.1 所示。　　（10.1）

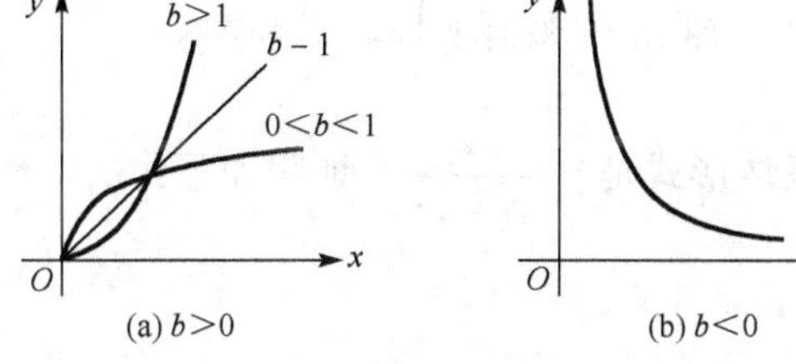

图 10.1　乘幂曲线 $y=ax^b$ 的图像

2．指数曲线

① $y=ae^{bx}$，图像如图 10.2 所示。　　（10.2）

② $y=ab^x$　　（10.3）

③ $y=axe^{bx}$　　（10.4）

④ $y=ae^{b/x}$　　（10.5）

3．对数曲线

① $y = a+b\ln x$，图像如图 10.3 所示。　　（10.6）

② $\lg y=a+bx$　　（10.7）

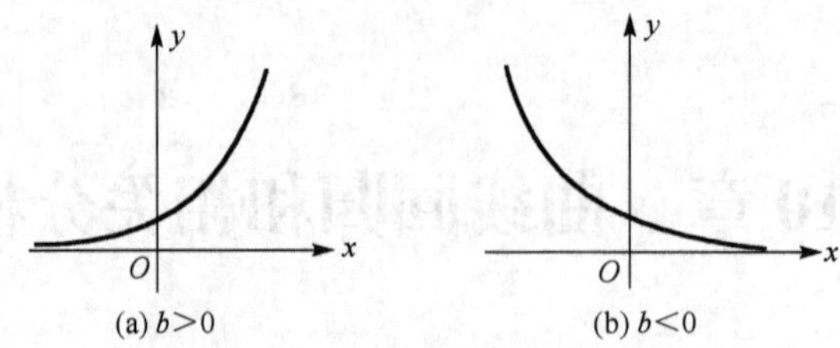

(a) $b>0$　　(b) $b<0$

图 10.2　指数曲线 $y=ae^{bx}$ 的图像

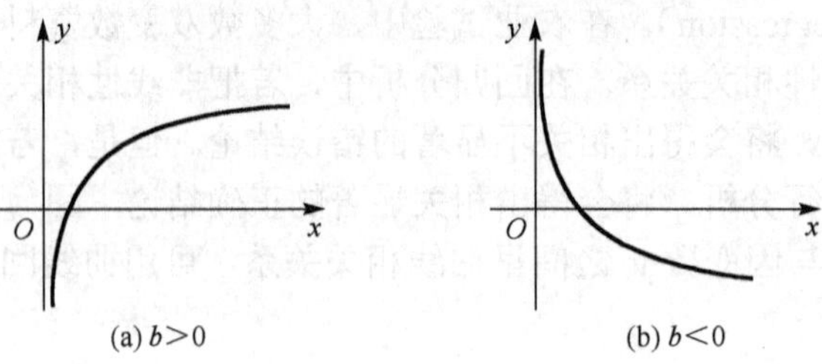

(a) $b>0$　　(b) $b<0$

图 10.3　对数曲线 $y=a+b\ln x$ 的图像

4．双曲线

① $\frac{1}{y}=a+\frac{b}{x}$，图像如图 10.4 所示。　（10.8）

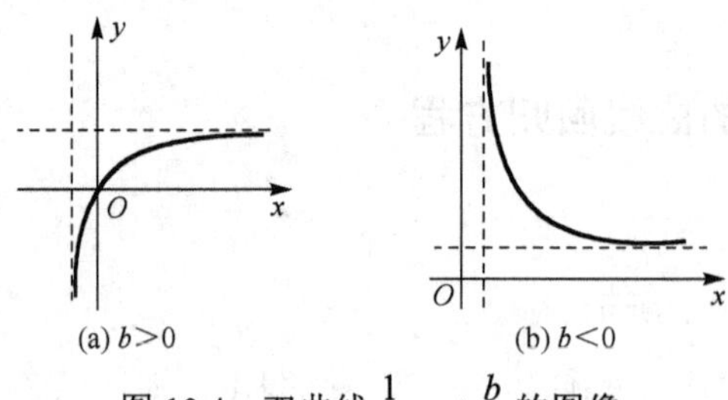

(a) $b>0$　　(b) $b<0$

图 10.4　双曲线 $\frac{1}{y}=a+\frac{b}{x}$ 的图像

式（10.8）的另外一种表达形式是 $y=\frac{x}{b+ax}$，证明如下：

证明

$$y=\frac{x}{b+ax}$$

$$\frac{1}{y}=\frac{b+ax}{x}=a+\frac{b}{x}$$

② $y=\frac{a+bx}{x}$　（10.9）

③ $y=\frac{1}{a+bx}$　（10.10）

④ $y=\frac{1}{ax^b}$　（10.11）

5．S 形曲线（Logistic 曲线）

① $y=\frac{k}{1+ae^{-bx}}$（k、a、b 均大于 0），图像如图 10.5 所示。　（10.12）

② $y=\dfrac{k}{1+e^{a-bx}}$ （10.13）

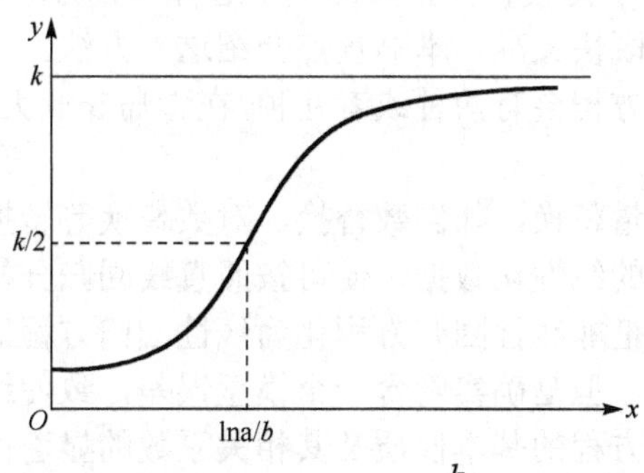

图 10.5 Logistic 曲线 $y=\dfrac{k}{1+ae^{-bx}}$ 的图像

10.1.2 多项式曲线回归方程

多项式是不能化为直线的曲线类型（k=1 次多项式除外），k 次多项式曲线的一般形式为：

$$y=a+b_1x+b_2x^2+b_3x^3+b_4x^4+\cdots+b_kx^k \tag{10.14}$$

其图像如图 10.6 所示。

① k=1 次多项式曲线： $y=a+b_1x=a+bx$

② k=2 次多项式曲线： $y=a+b_1x+b_2x^2$ （10.15）

③ k=3 次多项式曲线： $y=a+b_1x+b_2x^2+b_3x^3$ （10.16）

④ k=4 次多项式曲线： $y=a+b_1x+b_2x^2+b_3x^3+b_4x^4$ （10.17）

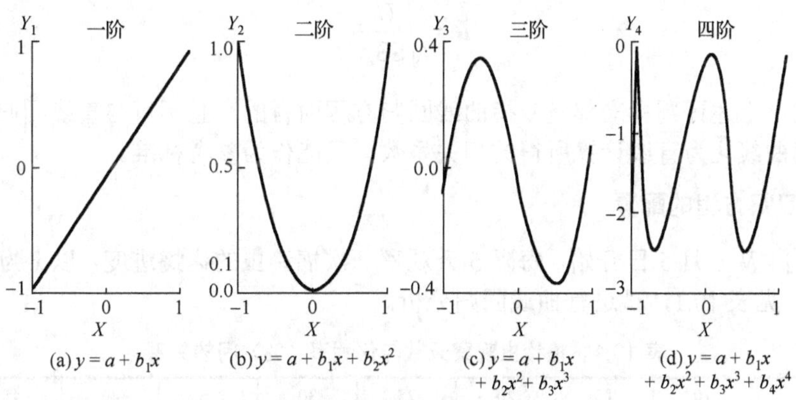

图 10.6 多项式曲线的图像

10.2 曲线回归分析

10.2.1 能够化为直线的曲线回归分析

1. 曲线回归分析的基本步骤

第一步，选择适当的曲线类型。可以有 3 种选择方法：

① 根据专业知识选择曲线回归方程。

② 根据实测(x, y)的散点图选择曲线回归方程，这一传统的方法不仅落后，且慢而不准。

③ 通过使用计算机程序，比较相关指数的大小选择曲线方程，相关指数越大说明选择的曲线方程越好，该法先进，既快又准，本书重点介绍这一方法。

有时候选择的曲线回归方程会有两种或者几种，在青岛农业大学编制的"辛氏秒算法"中就有16种曲线回归方程。

第二步，通过适当的变量替换，如倒数替换、对数替换等转换方法，把曲线回归方程化为直线回归方程。对转换后的线性化数据，便可按照直线回归分析的方法计算回归统计数，并作出统计推断。但是，在把非线性回归方程化为线性回归方程的过程中，从表面上看变量间的转换似乎没有什么问题，但是确实隐含一个模型误差，致使线性方程的基本性质不符合非线性回归方程。直线回归方程的基本性质及其相关系数的显著性仅适于转化后的数据，尤其是线性离回归平方和最小，并不等于非线性离回归平方和就一定最小。

第三步，把线性化的方程再还原为非线性方程，才能正确地表达x和y间的曲线相关关系。

第四步，从多个曲线回归方程中选择一个最优曲线回归方程。评判标准主要有3个：

① 第一个标准是该曲线回归方程的回归平方和最大，而离回归平方和最小。

即
$$U = \sum(\hat{y} - \bar{y})^2 = \max$$
$$Q = \sum(y - \hat{y})^2 = \min \tag{10.18}$$

② 或者是该曲线回归方程的决定系数最大。

即
$$R^2 = \frac{U}{\mathrm{SS}_y} = \max \tag{10.19}$$

③ 或者是该曲线回归方程的相关指数最大。

即
$$R = \sqrt{\frac{U}{\mathrm{SS}_y}} \tag{10.20}$$

需要注意，上述评判标准都是专指曲线回归方程而言的，且不可与直线回归方程的标准混为一谈。把曲线化为直线计算所得的相关系数，只能作为参考标准。

2．曲线回归方程的配置

［例10.1］ 从6月5日开始，每隔5天观察一次棉铃虫的化蛹进度，以x为天数，y为化蛹率（%），见表10.1，试进行曲线回归分析。

表10.1 棉铃虫观察天数与化蛹率（%）间的关系

x	5	10	15	20	25	30	35	40	45	50
y(%)	3.5	6.4	14.6	31.4	45.6	60.4	75.2	90.2	95.4	97.5

注：x以5月31日为0(d)。

1）乘幂曲线回归方程的配置

第一步，选择适当的曲线类型。根据实测（x, y）的散点图选择曲线回归方程。

第二步，通过适当的变量替换，把曲线回归方程化为直线回归方程。

证明：
$$y = ax^b$$
$$\lg y = \lg a + b\lg x$$
$$y' = a' + bx'$$

棉铃虫观察天数与化蛹率（%）间的曲线关系图如图 10.7 所示。

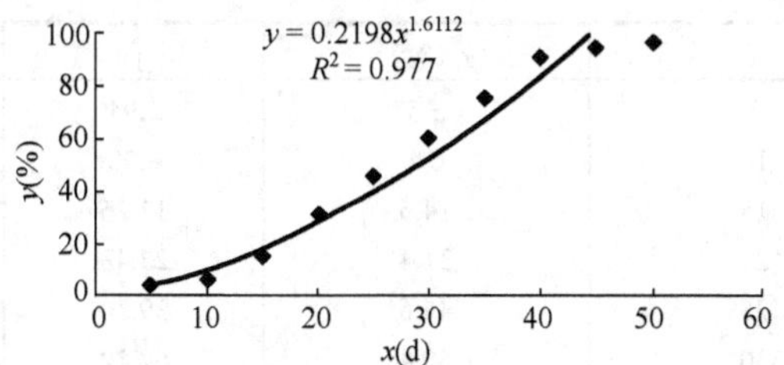

图 10.7 棉铃虫观察天数与化蛹率（%）间的曲线关系图

棉铃虫观察天数与化蛹率（%）间的直线关系图如图 10.8 所示。

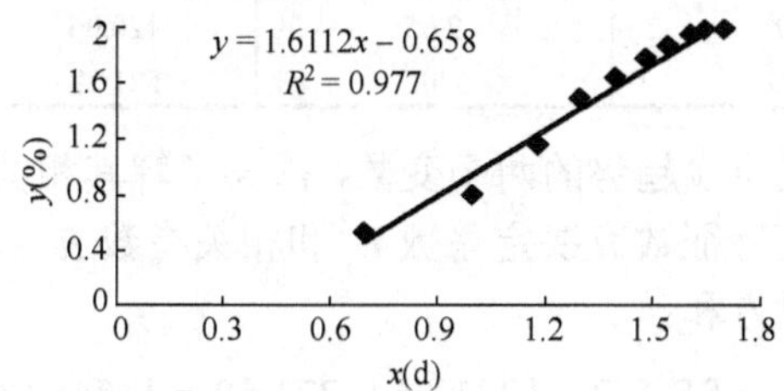

图 10.8 棉铃虫观察天数与化蛹率（%）间的直线关系图

$$r' = \frac{sp_{x'y'}}{\sqrt{SS_{x'}SS_{y'}}} = \frac{1.4696}{\sqrt{0.9121 \times 2.4236}} = 0.9884^{**}$$

$$df = n - 2 = 10 - 2 = 8 \quad r_{0.01} = 0.765$$

$$b = sp_{x'y'} / SS_{x'} = 1.4696 / 0.9121 = 1.6112$$

$$a = \overline{y}' - b\overline{x}' = 1.5252 - 1.6112 \times 1.3549 = -0.6580$$

故得表 10.2 资料（x'=lg$x$，y'=lg$y$）的直线回归方程为：

$$\hat{y}' = -0.6580 + 1.6112x'$$

第三步，把线性化的方程再还原为非线性方程，即把直线方程还原为曲线方程：

$$a = 10^{-0.6580} = 0.2198$$

故得表 10.1 资料（x, y）的曲线回归方程为：

$$\hat{y} = ax^b = 0.2198x^{1.6112}$$

表 10.2 棉铃虫观察天数与化蛹率（%）间的回归分析计算表

x	y（%）	x' = lg$x$	y' =lg$y$
5	3.5	0.6990	0.5441
10	6.4	1.0000	0.8062
15	14.6	1.1761	1.1644
20	31.4	1.3010	1.4969
25	45.6	1.3979	1.6590
30	60.4	1.4771	1.7810
35	75.2	1.5441	1.8762
40	90.2	1.6021	1.9552
45	95.4	1.6532	1.9795
50	97.5	1.6990	1.9890

表 10.3　棉铃虫观察天数（x）与化蛹率（y）间的离回归平方和计算表

序　号	x	y（%）	$\hat{y}$	$y-\hat{y}$	$y-\hat{y}^2$
1	5	3.5	2.94	0.56	0.31
2	10	6.4	8.98	-2.58	6.65
3	15	14.6	17.26	-2.66	7.06
4	20	31.4	27.43	3.97	15.75
5	25	45.6	39.30	6.30	39.69
6	30	60.4	52.72	7.68	59.00
7	35	75.2	67.58	7.62	58.04
8	40	90.2	83.80	6.40	40.90
9	45	95.4	101.32	−5.92	35.01
10	50	97.5	120.06	−22.56	509.08
Σ	275	520.2	521.39	−1.19	771.50

对于（x, y）的散点图呈曲线趋势的两个变数，需要了解其相关程度。在曲线相关关系中，表示两个变数间相关程度的特征数有决定系数 R^2 和相关指数 R，见表 10.4。

曲线回归方程的回归平方和：

$$U = \text{SS}_y - Q = 12317.54 - 771.50 = 11546.04$$

曲线回归方程的决定系数：

表 10.4　相关指数和决定系数的性质

项目	相关指数 R	决定系数 R^2
正负	全部为正	全部为正
取值	0～1	0～1
单位	无	无

$$R^2 = \frac{U}{\text{SS}_y} = \frac{11546.04}{12317.54} = 0.9374$$

曲线回归方程的相关指数为：

$$R = \sqrt{\frac{U}{\text{SS}_y}} = \sqrt{0.9374} = 0.9682^{**}$$

$$\text{df} = n - 2 = 10 - 2 = 8 \quad r_{0.01} = 0.765$$

2）S 形曲线回归方程的配置

第一步，选择适当的曲线类型，根据实测（x, y）的散点图选择曲线回归方程。

$$y = \frac{k}{1 + a\text{e}^{-bx}}$$

该式为 Logistic 曲线回归方程，k 为未知常数。根据 k 是终极生长量，即最大值的特点，有两种方法确定 k 值。

①如果是百分数资料，则 k=100。

②如果是生长量或繁殖量，可取 3 个等距离的 x 值。在一般情况下，取 $x_1=x_{\min}$，得到对应的 y_1；取 $x_3=x_{\max}$；得到对应的 y_3；取 $x_2=(x_1+x_3)/2$，得到对应的 y_2。然后，代入式（10.21）计算 k 值：

$$k = \frac{{y_2}^2 - 2y_1y_2y_3}{{y_2}^2 - y_1y_3} \tag{10.21}$$

本例因为是百分数资料，所以 k=100。

第二步，通过适当的变量替换，把曲线回归方程化为直线回归方程，证明如下：

$$y=\frac{k}{1+ae^{-bx}}$$
$$k=y(1+ae^{-bx})=y+yae^{-bx}$$
$$\frac{k-y}{y}=ae^{-bx}$$
$$\ln\left(\frac{k-y}{y}\right)=\ln a-bx$$
$$Y'=a'+b'x$$

把曲线回归方程化为直线回归方程，线性化以后的相关系数、回归系数和回归截距计算如下：

$$r'=\frac{sp_{xy'}}{\sqrt{SS_x SS_{y'}}}=\frac{-322.576}{\sqrt{2062.50\times 50.61}}=-0.9984^{**}$$
$$df=n-2=10-2=8 \quad r_{0.01}=0.765$$
$$b'=sp_{x'y'}/SS_x=-322.56/2062.50=-0.1564$$
$$a'=\overline{y}'-b'\overline{x}=-0.1723-(-0.1564\times 27.5000)=4.1286$$

故得表 10.1（$x, y'=\ln\left(\frac{k-y}{y}\right)$）的直线回归方程为：

$$\hat{y}'=4.1286-0.1564x$$

第三步，把直线方程还原为曲线方程。

$$b=b'=-0.1564$$
$$a=e^{a'}=e^{4.1286}=62.0917$$

故得表 10.1（x, y）的曲线回归方程为：

$$\hat{y}=\frac{k}{1+ae^{-bx}}=\frac{100}{1+62.0917e^{-0.1564x}}$$

棉铃虫观察天数（x）与化蛹率（y）间的离回归平方和计算表见表 10.5。

表 10.5　棉铃虫观察天数（x）与化蛹率（y）间的离回归平方和计算表

序号	x	y（%）	y'	$\hat{y}$	$y-\hat{y}$	$y-\hat{y}^2$
1	5	3.5	3.32	3.40	0.10	0.01
2	10	6.4	2.68	7.14	−0.74	0.55
3	15	14.6	1.77	14.40	0.20	0.04
4	20	31.4	0.78	26.88	4.52	20.42
5	25	45.6	0.18	44.55	1.05	1.09
6	30	60.4	−0.42	63.72	−3.32	11.03
7	35	75.2	−1.11	79.34	−4.14	17.10
8	40	90.2	−2.22	89.35	0.85	0.72
9	45	95.4	−3.03	94.83	0.57	0.32
10	50	97.5	−3.66	97.57	−0.07	0.00
$\sum$	275	520.2	−1.72	521.18	−0.98	51.30

曲线回归方程的回归平方和为：

$$U = \mathrm{SS}_y - Q = 12317.54 - 51.30 = 12266.23$$

决定系数：

$$R^2 = \frac{U}{\mathrm{SS}_y} = \frac{12266.23}{12317.54} = 0.9958$$

相关指数：

$$R = \sqrt{\frac{U}{\mathrm{SS}_y}} = \sqrt{0.9958} = 0.9979^{**}$$

$$\mathrm{df} = n - 2 = 10 - 2 = 8 \qquad r_{0.01} = 0.765$$

从表 10.3 和表 10.5 可以看出，曲线回归方程的离回归代数和不等于 0。原因有两个，一个是模型误差，另外一个是舍入误差。

第四步，从多个曲线回归方程中选择一个最优曲线回归方程。有 3 个评判标准：①该曲线回归方程的回归平方和最大，而离回归平方和最小。②该曲线回归方程的决定系数最大。③该曲线回归方程的相关指数最大。

对于表 10.1 的资料，前面用了两个曲线回归方程进行拟合，究竟哪一个更好呢？从表 10.6 不难看出，Logistic 曲线回归方程优于乘幂曲线回归方程。

表 10.6　棉铃虫观察天数（x）与化蛹率（y）间的两个曲线回归方程比较表

项　　目	乘幂曲线回归方程	Logistic 曲线回归方程
回归平方和	11546.0382	12266.2326
离回归平方和	771.4978	51.3034
决定系数	0.9374	0.9958
相关指数	0.9682	0.9979

该方程在动植物的饲养和栽培试验中已有较广泛的应用。Logistic 曲线回归方程的拐点在 x=–ln$a$/b=–ln62.0917/–0.1564=–4.1286/–0.1564=26.4，这是从理论上推测棉铃虫化蛹率达到 50%的日期，专业上称为化蛹高峰期，也是化蛹最快的时期。

10.2.2　多项式曲线回归分析

在双变量资料中，如果 y 对 x 的关系为非线性相关关系，采用上述曲线回归方程又不合适，则可以考虑用多项式进行回归分析，n 对（x, y）的观察值最多可配到 k=n–1 次多项式，这时离回归平方和 $Q = \sum (y - \hat{y})^2$ 为最小。k 次多项式曲线回归方程的一般表达式为：

$$y = a + b_1 x + b_2 x^2 + b_3 x^3 + b_4 x^4 + \cdots + b_k x^k$$

多项式回归的特例是 k=1 时，$y = a + b_1 x$，即前面所讲述的直线回归方程。农业试验中常用的两种多项式回归方程为：

k=2 次多项式曲线　　　　$y = a + b_1 x + b_2 x^2$

k=3 次多项式曲线 $y = a + b_1 x + b_2 x^2 + b_3 x^3$

多项式曲线的特征是有峰和谷的变化，峰和谷的数目等于多项式的最高指数减 1，即 $k-1$。观察值 (x, y) 的散点图中峰和谷的数目可以作为确定多项式 k 的依据。当 k=2 时，仅有 2–1=1 个峰或谷，$b_2<0$ 时为峰；$b_2>0$ 时为谷。当 k=3 时，有 3–1=2 个峰和谷，$b_3<0$ 时，谷在前峰在后；$b_3>0$ 时，峰在前谷在后（图 10.6）。

［例 10.2］ 鲁玉十号玉米的密度（x，千株/667m^2）和产量（y，×10^2 kg/667m^2）间呈抛物线关系，见表 10.7，试配二次多项式回归方程。

表 10.7 鲁玉十号玉米的密度与产量间的关系

x（千株/667m^2）	2.70	3.08	3.63	3.71	4.50	5.00	5.48
y（×10^2 kg/667m^2）	4.61	4.84	5.44	5.57	5.68	5.28	5.02

多项式曲线方程的配置，随着 k 增大，包含的统计数越多，计算越麻烦，必须用计算机进行统计分析。用 Excel 可以很容易完成这项工作，第一步作（x，y）的散点图，第二步添加趋势线（见图 10.9）。

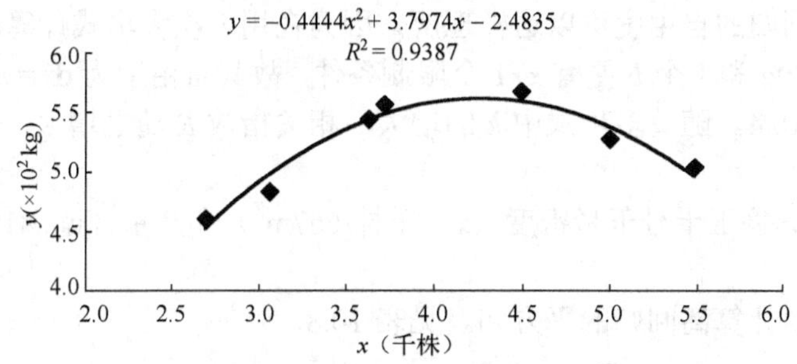

图 10.9 鲁玉十号玉米的密度与产量间的关系图

由于二次多项式的一阶导数和二阶导数分别为：

$$\frac{\mathrm{d}y}{\mathrm{d}x} = b_1 + 2b_2 x$$

$$\frac{\mathrm{d}^2 y}{\mathrm{d}x^2} = 2b_2$$

所以，当 $b_2<0$ 时，若 $x<\frac{-b_1}{2b_2}$，则 y 随 x 的增加而增加；若 $x>\frac{-b_1}{2b_2}$，则 y 随 x 的增加而减少；即 $x=\frac{-b_1}{2b_2}$ 时，y 有最大值 $y_{\max}=a-\frac{b_1^2}{4b_2}$。对于本例：

$$x = \frac{-b_1}{2b_2} = \frac{-3.7974}{2\times(-0.4444)} = 4.273 \text{（千株/667m}^2\text{）}$$

$$y_{\max} = a - \frac{b_1^2}{4b_2} = -2.4835 - \frac{3.7974^2}{4\times(-0.4444)} = 5.628 \text{（×10}^2\text{ kg/667m}^2\text{）}$$

因此，当鲁玉十号玉米的密度为 4273（株/667m^2）时，估计的最高产量为 562.8（×10^{2}kg/667m^2）。

10.3 曲线相关

10.3.1 相关指数

相关指数亦可用于表示 y 和 x 多项式的相关密切程度，用式（10.22）计算：

$$R=\sqrt{\frac{U}{\mathrm{SS}_y}}=\sqrt{\frac{\mathrm{SS}_y-Q}{\mathrm{SS}_y}}=\sqrt{1-\frac{Q}{\mathrm{SS}_y}} \tag{10.22}$$

离回归标准误：

$$S_{y.x.x2}=\sqrt{\frac{Q}{n-k-1}}$$

自由度：

$$\mathrm{df}=n-k-1$$

对多项式中离回归的自由度可以这样理解，因为在用 k 次多项式计算时，使用了 k+1 个样本统计数，即 1 个 a 和 k 个 b 便有 k+1 个限制条件，故其自由度为 $\mathrm{df}=n-(k+1)=n-k-1$。相关指数的性质见表 10.4。随着多项式中 k 的增大，相关指数 R 随之增大，当 $k=n-1$ 时，R 值达到最大。

［例 10.3］ 计算鲁玉十号玉米密度（x，千株/667m^2）和产量（y，×10^2 kg/667m^2）间的相关指数。

解：首先，需要计算离回归的平方和，见表 10.8。

$$Q=\sum(y-\hat{y})^2=0.0577$$
$$U=\mathrm{SS}_y-Q=0.9412-0.0577=0.8835$$

表 10.8 鲁玉十号玉米的密度与产量间的离回归平方和计算表

序　号	x	y	$\hat{y}$	$y-\hat{y}$	$y-\hat{y}^{\,2}$
1	2.70	4.61	4.5298	0.0802	0.0064
2	3.08	4.84	4.9967	-0.1567	0.0246
3	3.63	5.44	5.4452	-0.0052	0.0000
4	3.71	5.57	5.4881	0.0819	0.0067
5	4.50	5.68	5.6057	0.0743	0.0055
6	5.00	5.28	5.3935	-0.1135	0.0129
7	5.48	5.02	4.9807	0.0393	0.0015
Σ	28.10	36.44	36.4398	0.0002	0.0577

相关指数：

$$R=\sqrt{\frac{U}{\mathrm{SS}_y}}=\sqrt{\frac{0.8835}{0.9412}}=0.9689$$

离回归标准误：

$$S_{y.x.x2}=\sqrt{\frac{Q}{n-k-1}}=\sqrt{\frac{0.0577}{7-2-1}}=0.1201$$

10.3.2 相关指数的假设检验

1．F 检验

y 变数具有平方和 $\sum(y-\overline{y})^2$ 和自由度 n–1。存在两种变异原因：一种变异原因是 k 次多项式的相关变异，相关平方和 $U=\sum(\hat{y}-\overline{y})^2$ 及相关自由度 $df_u=k$；另一种变异原因是非相关变异，非相关平方和 $Q=\sum(y-\hat{y})^2$ 及非相关自由度 $df_Q=n-k-1$。

y 的总变异=相关变异+非相关变异

平方和
$$\sum(y-\overline{y})^2=\sum(\hat{y}-\overline{y})^2+\sum(y-\hat{y})^2$$
$$SS_y=U+Q$$

自由度
$$(n-1)=k+(n-k-1)$$
$$df_y=df_u+df_Q$$

非相关平方和用式（10.23）进行计算：

$$Q=\sum(y-\hat{y})^2 \tag{10.23}$$

相关平方和可以用式（10.24）进行简化计算：

$$U=\sum(\hat{y}-\overline{y})^2=SS_y-Q \tag{10.24}$$

［例 10.4］ 用 F 检验法对例 10.2 资料进行多项式相关关系的假设检验。

在例 10.2 中已经算得 $Q=\sum(y-\hat{y})^2=0.0577$，$U=\sum(\hat{y}-\overline{y})^2=SS_y-Q=0.9412-0.0577=0.8835$，所以，不难得出：

$$F=0.4417/0.0144=30.63$$

由表 10.9 得到 F=30.63>$F_{0.01}$=18.00，表明鲁玉十号玉米的密度与产量间是有真实的多项式相关关系，具有统计学上极显著的意义。

表 10.9 例 10.2 资料多项式相关关系的方差分析

变异来源	SS	df	MS	F	$F_{0.01}$
相关	0.8835	2	0.4417	30.63**	18.00
非相关	0.0577	4	0.0144		
总变异	0.9412	6			

2．相关指数的查表检验

由于在 df_u 和 df_Q 一定时 F_α 与 R_α 有如下数学关系：

$$R_\alpha=\sqrt{\frac{df_u\times F_\alpha}{df_u\times F_\alpha+df_Q}} \tag{10.25}$$

对于例 10.4 资料，有相关指数临界值：

$$R_{0.01}=\sqrt{\frac{df_u\times F_\alpha}{df_u\times F_\alpha+df_Q}}=\sqrt{\frac{2\times18.00}{2\times18.00+4}}=0.949$$

根据自由度 $df_Q = n-k-1$，查相关指数临界值表（附表 10）。实际算得的相关指数 $R > R_{0.05}$ 即为达到 α=0.05 显著水平，可以在相关指数右上角标注一个“*”； $R > R_{0.01}$ 即为达到 α=0.01 显著水平，可以在相关指数右上角标注两个“**”。本例自由度 $df_Q = n - k - 1 = 7 - 2 - 1 = 4$，变数的个数为 k+1=2+1=3，相关指数临界值 $R_{0.01}$=0.949。相关指数 R=0.9689>$R_{0.01}$=0.949，达到极显著水平，简记为 $R=0.9689^{**}$。

相关指数和相关系数的查表检验都是最简单的一种检验方法。但是，相关系数是表示两个变数间直线相关程度和性质的特征数；相关指数则是表示两个变数间曲线相关程度的特征数。两者的自由度不同，相关系数的自由度 df = n–2；相关指数的自由度 df = n–2（多项式以外的曲线类型）或者 $df_Q=n-k-1$（多项式曲线）。

讨论：一元回归的综合分析

综上所述，我们分别学习了直线相关与回归，能够化为直线的曲线回归分析及多项式曲线回归分析，这些都是属于一元回归分析。其共同特点是都有（x,y）两个变数，也都是研究其量变的规律性。如何用现代手段达到这个目的呢？随着计算机的普及和应用，简单明了的统计程序已经变为现实。

青岛农业大学辛淑亮编制的“辛氏秒算法”简便易行。已经挂在青岛农业大学——网络教学平台上。选择其中的一个程序“6 条趋势线”就能够完成一元回归分析，包括直线相关与回归分析、曲线回归分析、多项式曲线回归分析，同时输出回归方程、决定系数和回归示意图。

以表 10.7 资料为例，鲁玉十号玉米的密度与产量间的关系选择“辛氏秒算法”中的 6 条趋势线，输入 x 和 y 的数值，一边输入，一边计算，输入完成，计算也完成了。

如果选择“辛氏秒算法”中的 16 个曲线方程，可以同时获得直线相关与回归分析，16 个曲线回归分析的结果，既有化为直线的曲线回归分析结果和回归示意图，也有曲线回归分析结果和回归示意图，对从中选出最优曲线回归方程有极大帮助。这就是我们经常说的撒大网、捞金鱼的统计学方法。以表 10.1 资料为例，棉铃虫观察天数与化蛹率间的关系，选择 16 个曲线方程计算的结果见表 10.10。

表 10.10　棉铃虫观察天数与化蛹率间的 16 个曲线方程

序　号	曲线方程	相关系数 r'	相关指数 R	a	b
0	$y=a+bx$	0.9886			
1	$y=a+\frac{b}{x}$	–0.7734	0.7734	82.2434	–515.9385
2	$y=\frac{1}{a+bx}$	–0.7794		0.1908	–0.0047
3	$y=\frac{x}{a+bx}$	–0.8367		1.4048	–0.0235
4	$y=ae^{bx}$	0.9346	0.5851	4.4063	0.0738
5	$y=axe^{bx}$	0.8673		0.6910	0.0277
6	$y=ax^b$	0.9884	0.9682	0.2198	1.6112
7	$y=ae^{bx^2}$	0.8328		10.9212	0.0012
8	$y=\frac{k}{1+e^{a-bx}}$	–0.9984	0.9979	4.1286	–0.1564
9	$y=a+b\lg x$	0.9338	0.9338	–95.0104	108.5138

续表

序　号	曲线方程	相关系数 r'	相关指数 R	a	b
10	$y=\frac{1}{a+be^{-x}}$	0.8686		0.0375	36.9519
11	$y=ae^{b/x}$	−0.9249	0.8924	107.6901	−19.9297
12	$y=\frac{1}{ax^b}$	−0.9884	0.9682	4.5495	−1.6112
13	$y=\frac{a+bx}{x}$	0.9749		−1302.8000	117.5145
14	$y=ab^x$	0.9346	0.5851	4.4063	1.0766
15	$\lg y=a+bx$	0.9346	0.5851	0.6441	0.0320
16	$\frac{1}{y}=a+\frac{b}{x}$	0.9907		−0.0322	1.6182

习　题　10

1．曲线回归方程的类型有哪些？

2．能够化为直线的曲线回归分析的基本步骤有哪些？

3．选择最优曲线回归方程的评判标准主要有哪些？

4．能够用计算机同时完成直线回归分析、曲线回归分析吗？

5．测得（x, y）的数据如下。

①计算相关指数；

②求曲线回归方程。

x	15	20	25	30	35	40	45
y	58	67	79	140	200	300	480

第 11 章　多元回归和相关分析

第 9～10 章所讨论的回归是因变数 y 对一个自变数 x 的回归，包括线性回归和非线性回归，可以统称为一元回归。但是，在客观事物中变数间的关系并非这样简单，因变数 y 往往和多个自变数 x 有关。例如，玉米产量与播期（x_1）、密度（x_2）、施肥量（x_3）和收获期（x_4）等因素有关。在统计学上，把因变数 y 与两个或两个以上自变数 x（$x_1, x_2, x_3, \cdots, x_m$）的回归称为多元回归或复回归。

11.1　多 元 回 归

11.1.1　多元线性回归方程

如果自变数 x 与因变数 y 都是线性关系，则 m 元线性回归方程为：

$$\hat{y} = a + b_1x_1 + b_2x_2 + b_3x_3 + \cdots + b_mx_m \tag{11.1}$$

式中，a 是$(x_1, x_2, x_3, \cdots, x_m)$为 0 时的点估计值，即 $\hat{y} = a$；$b_1 = b_{y1.23\cdots m}$；$b_2 = b_{y2.13\cdots m}$；$b_3 = b_{y3.12\cdots m}$；$\cdots$ $b_m = b_{ym.12m-1}$称为偏回归系数。它是（m–1）个自变数固定时，一个自变数与因变数间的偏回归系数。例如，$b_1 = b_{y1.23\cdots m}$是 x_2，x_3，…，x_m 皆保持一定时，x_1 每变化一个单位使因变数 y 变化的单位数。

根据最小二乘法原理，即离回归平方和为：

$$Q = \sum(y - \hat{y})^2 = \sum(y - a - b_1x_1 - b_2x_2 - b_3x_3 - \cdots - b_mx_m)^2 = \min$$

因此，需要分别对 a，b_1，b_2，b_3，…，b_m 求偏导数，并令其等于 0，导出 a，b_1，b_2，b_3，…，b_m 的计算公式，可参考辛淑亮主编的《现代农业试验统计》。下面介绍用 Excel 和 DPS 计算 a、b_1、b_2、b_3、…、b_m 的步骤。

［例 11.1］2011 年，青岛农业大学随机抽样测量了新世纪二号柿子 20 个果实的纵径(x_1)、横径（x_2）和单果重（y），见表 11.1。试配二元线性回归方程。

表 11.1　新世纪二号柿子果实的纵径（x_1）、横径（x_2）和单果重（y）的关系

序　号	x_1（cm）	x_2（cm）	y（g）	序　号	x_1（cm）	x_2（cm）	y（g）
1	5.2	7.9	214.76	11	5.2	7.4	181.88
2	4.8	8.0	209.25	12	5.1	7.3	193.63
3	5.1	7.8	217.53	13	4.6	7.1	159.97
4	5.0	7.9	194.59	14	4.7	7.4	187.79
5	5.2	7.7	206.33	15	5.2	7.7	192.76
6	5.0	8.0	202.52	16	4.6	7.5	177.33
7	5.2	7.8	209.69	17	4.7	6.8	157.21
8	5.0	7.5	192.27	18	4.5	6.7	153.80
9	5.0	7.9	200.83	19	4.6	7.0	167.69
10	5.0	7.7	191.09	20	5.0	7.3	166.20

第一步，将表 11.1 中的有关数据输入 Excel 工作簿。

第二步，按照工具—数据分析—回归的操作步骤及其要求，得到分析结果，见表 11.2。

表 11.2　表 11.1 资料用 Excel 多元回归分析的结果

SUMMARY OUTPUT

回归统计	
Multiple R	0.9167
R Square	0.8403
Adjusted R Square	0.8216
标准误差	8.2657
观测值	20.0000

方差分析

	df	SS	MS	*F*	Significance F
回归分析	2	6113.4405	3056.7203	44.7404	0.0000
残差	17	1161.4621	68.3213		
总计	19	7274.9027			

	Coefficients	标准误差	t Stat	P-value	Lower 95%	Upper 95%
Intercept	−187.6361	41.9075	−4.4774	0.0003	−276.0532	−99.2189
X Variable 1	19.3896	10.3133	1.8801	0.0773	−2.3695	41.1487
X Variable 2	37.3410	6.2967	5.9302	0.0000	24.0560	50.6260

RESIDUAL OUTPUT

观　测　值	预测 *y*	残　　差	标准残差
1	208.1838	6.5762	0.8411
2	204.1621	5.0879	0.6507
3	202.5108	15.0192	1.9210
4	204.3059	−9.7159	−1.2427
5	200.7156	5.6144	0.7181
6	208.0400	−5.5200	−0.7060
7	204.4497	5.2403	0.6702
8	189.3695	2.9005	0.3710
9	204.3059	−3.4759	−0.4446
10	196.8377	−5.7477	−0.7351
11	189.5133	−7.6333	−0.9763
12	183.8403	9.7897	1.2521
13	166.6773	−6.7073	−0.8579
14	179.8185	7.9715	1.0196
15	200.7156	−7.9556	−1.0175
16	181.6137	−4.2837	−0.5479
17	157.4139	−0.2039	−0.0261
18	149.8019	3.9981	0.5114
19	162.9432	4.7468	0.6071
20	181.9013	−15.7013	−2.0082

PROBABILITY OUTPUT

百分比排位	*y*
2.5	153.80
7.5	157.21
12.5	159.97
17.5	166.20
22.5	167.69
27.5	177.33
32.5	181.88
37.5	187.79
42.5	191.09
47.5	192.27
52.5	192.76
57.5	193.63
62.5	194.59
67.5	200.83
72.5	202.52
77.5	206.33
82.5	209.25
87.5	209.69
92.5	214.76
97.5	217.53

为了验证和便于解读，将表 11.1 中的有关数据输入 DPS 数据处理系统，按照多元分析—回归分析—线性回归的操作步骤，得到表 11.3 所示的分析结果。

表 11.3　表 11.1 资料用 DPS 多元回归分析的结果

计算结果　　当前日期 2014-1-23　8:59:34

变　量	平 均 值	标 准 差	膨胀系数 VIF
x_1	4.9350	0.2390	1.6899
x_2	7.5200	0.3915	1.6899
y	188.8560	19.5676	

相关系数

	x_1	x_2	y
x_1	1.0000	0.0024	0.0004
x_2	0.6390	1.0000	0.0000
y	0.7142	0.8984	1.0000

方差分析

方差来源	平 方 和	df	均 方	F 值	显著水平
回归	6113.4406	2	3056.7203	44.7404	0.0000
剩余	1161.4621	17	68.3213		
总计	7274.9027	19	382.8896		

相关系数 R=0.916704　　决定系数 R^2=0.840347　　调整相关 R'=0.906402

变量	回归系数	标准系数	偏相关	标准误	t 值	显著水平
b_0	−187.6361			41.90753	−4.47738	0.00029
b_1	19.3896	0.23685	0.41489	10.31329	1.88006	0.07638
b_2	37.3410	0.74708	0.82105	6.29675	5.9302	0.00001

press=1530.83549

剩余标准差 ss_e=8.26567

预测误差标准差 MSPE'=9.48942

Durbin-Watson d=2.37082

序　号	观察值	拟合值	残　差	标准残差	残　差	cook 距离
1	214.76	208.18	6.58	0.80	0.85	0.03
2	209.25	204.16	5.09	0.62	0.73	0.07
3	217.53	202.51	15.02	1.82	1.90	0.11
4	194.59	204.31	−9.72	−1.18	−1.25	0.06
5	206.33	200.72	5.61	0.68	0.72	0.02
6	202.52	208.04	−5.52	−0.67	−0.73	0.03
7	209.69	204.45	5.24	0.63	0.67	0.02
8	192.27	189.37	2.90	0.35	0.36	0.00
9	200.83	204.31	−3.48	−0.42	−0.45	0.01
10	191.09	196.84	−5.75	−0.70	−0.72	0.01
11	181.88	189.51	−7.63	−0.92	−1.04	0.09
12	193.63	183.84	9.79	1.18	1.30	0.11
13	159.97	166.68	−6.71	−0.81	−0.88	0.05
14	187.79	179.82	7.97	0.96	1.02	0.04
15	192.76	200.72	−7.96	−0.96	−1.03	0.05
16	177.33	181.61	−4.28	−0.52	−0.59	0.03
17	157.21	157.41	−0.20	−0.02	−0.03	0.00
18	153.80	149.80	4.00	0.48	0.58	0.05
19	167.69	162.94	4.75	0.57	0.63	0.03
20	166.20	181.90	−15.70	−1.90	−2.00	0.15

通径系数分析

作用因子	直接作用	通过 x_1	通过 x_2
x_1	0.2369		0.4774
x_2	0.7471	0.1513	

剩余通径系数=0.399566

故所求得的二元线性回归方程为：

$$\hat{y}=a+b_1x_1+b_2x_2=-187.6361+19.38961x_1+37.341x_2$$

11.1.2 多元回归关系的假设检验

样本的 m 元线性回归方程为：

$$\hat{y}=a+b_1x_1+b_2x_2+b_3x_3+\cdots+b_mx_m$$

总体的 m 元线性回归方程为：

$$\hat{y}=\alpha+\beta_1x_1+\beta_2x_2+\beta_3x_3+\cdots+\beta_mx_m \tag{11.2}$$

多元回归关系的假设检验就是检验样本的 m 元线性回归方程抽自没有多元回归关系的总体的概率。假设检验的方法有 F 检验和 t 检验。

① 多元回归关系的 F 检验

y 变数具有平方和 $\sum(y-\overline{y})^2$ 和自由度 n–1。存在两种变异原因：一种变异原因是回归变异，回归平方和 $\sum(\hat{y}-\overline{y})^2$ 及回归自由度 m（因为有 m 个自变数，所以自由度等于 m）；另一种是离回归变异，离回归平方和 $\sum(y-\hat{y})^2$ 及离回归自由度 n–m–1。

y 的总变异=回归变异+离回归变异

平方和 $$\sum(y-\overline{y})^2=\sum(\hat{y}-\overline{y})^2+\sum(y-\hat{y})^2 \tag{11.3}$$

$$\mathrm{SS}_y=U+Q$$

自由度 $$n-1=m+(n-m-1) \tag{11.4}$$

$$\mathrm{df}_y=\mathrm{df}_u+\mathrm{df}_q$$

［例 11.2］ 用 F 检验法对例 11.1 资料进行多元回归的假设检验。

在例 11.1 中已经算得（见表 11.4）的有关数据，所以 F 检验结果如下：

$$F=\mathrm{MS}_U/\mathrm{MS}_Q=3056.7203/68.3213=44.74$$

表 11.4 表 11.1 资料多元回归关系的方差分析表

方差来源	平方和	df	均方	F 值	$F_{0.01}$
回归	6113.4406	2	3056.7203	44.74**	6.11
剩余	1161.4621	17	68.3213		
总计	7274.9027	19	382.8896		

由表 11.4 得 F=44.74>$F_{0.01}$=6.11，表明新世纪二号柿子果实的纵径 x_1、横径 x_2 与单果重 y 有真实的多元线性回归关系，具有统计学上极显著的意义。

多元回归方程离回归均方的算术平方根定义为多元回归方程的估计标准误：

$$S_{y/12\cdots m}=\sqrt{\frac{Q}{n-m-1}}=\sqrt{\mathrm{MS}_Q}=8.2657$$

$S_{y/x}$ 的统计意义是：使用多元回归方程 $\hat{y}=a+b_1x_1+b_2x_2=-187.6361+19.38961x_1+$

37.341x_2，按照新世纪二号柿子果实的纵径 x_1、横径 x_2 估计单果重 y 时，有一个 8.2657 的估计标准误。

② 偏回归系数的 t 检验

由式（11.2）可以得出如下推论：如果总体不存在多元线性回归关系，则总体回归系数 $\beta_i = 0$；如果总体存在多元线性回归关系，则总体回归系数 $\beta_i \neq 0$。所以，对于多元线性回归关系的检验假设为 H_0：$\beta_i = 0$，H_A：$\beta_i \neq 0$。

$$t_i = \frac{b_i - \beta}{S_{bi}} = \frac{b_i}{S_{bi}} \tag{11.5}$$

$$\mathrm{df} = n - m - 1 \tag{11.6}$$

关于自由度 df=n–m–1 的解释：①由于在建立回归方程时使用了 3 个统计数 a、b_1 和 b_2，故 Q 的自由度为 df=n–m–1；②存在 3 个约束条件，$\sum(x_1 - \overline{x}_1)^2 = 0$，$\sum(x_2 - \overline{x}_2)^2 = 0$，$\sum(y - \overline{y}) = 0$，所以自由度 df = n–3。

［**例 11.3**］ 用 t 检验法对例 11.1 资料的总体偏回归系数进行假设检验。

解：假设 H_0：$\beta_1 = 0$，H_A：$\beta_1 \neq 0$

$$\alpha = 0.05$$

检验计算：

$$t_1 = \frac{b_i}{S_{bi}} = \frac{b_1}{S_{b1}} = \frac{19.3896}{10.3133} = 1.8801$$

$$\mathrm{df} = n - 3 = 20 - 3 = 17$$

$$t_{0.05/2} = 2.110$$

推断：因为实际算得 t_1=1.8801< $t_{0.05/2}$=2.110，表明在 $\beta_1 = 0$ 的总体中因抽样误差而获得现有样本的概率大于 0.05。所以，应当接受 H_0：$\beta_1 = 0$，即认为新世纪二号柿子果实的纵径 x_1 与单果重 y 间并不存在真实的偏回归关系，偏回归系数 b_1=19.3896 没有统计学上显著的意义。

解：假设 H_0：$\beta_2 = 0$，H_A：$\beta_2 \neq 0$

$$\alpha = 0.01$$

检验计算：

$$t_2 = \frac{b_i}{S_{bi}} = \frac{b_2}{S_{b2}} = \frac{37.3410}{6.2967} = 5.9302$$

$$\mathrm{df} = n - 3 = 20 - 3 = 17$$

$$t_{0.01/2} = 2.898$$

推断：因为实际算得 t_2=5.9302>$t_{0.01/2}$=2.898，表明在 $\beta_2 = 0$ 的总体中因抽样误差而获得现有样本的概率小于 0.05。所以，应当否定 H_0 接受 H_A：$\beta_2 \neq 0$，即认为新世纪二号柿子果实的横径 x_2 与单果重 y 间存在真实的偏回归关系，偏回归系数 b_2=37.3410 具有统计学上极显著的意义。

总结上述对两个偏回归系数的假设检验结果，偏回归系数 b_1 没有统计学上显著的意义；偏回归系数 b_2 具有统计学上极显著的意义。因此，可以将 x_1 删除，仅用 x_2 表示 x 与 y 间的回归关系。简化的回归方程为：$\hat{y}$=–148.83+44.905x。

11.2　多元相关和偏相关

11.2.1　复相关系数及其假设检验

复相关系数或多元相关系数是表示 m 个自变数和因变数间相关程度的特征数，记作 $R_{y.12\cdots m}$，简记为 R。

$$R=\sqrt{\frac{U}{\mathrm{SS}_y}}=\sqrt{1-\frac{Q}{\mathrm{SS}_y}} \tag{11.7}$$

复相关系数的平方定义为复决定系数，记作 R^2。

$$R^2=\frac{U}{\mathrm{SS}_y} \tag{11.8}$$

［例 11.4］ 计算新世纪二号柿子果实的纵径 x_1、横径 x_2 和单果重 y 的复相关系数和复决定系数。

解：复相关系数 R

$$R=\sqrt{\frac{U}{\mathrm{SS}_y}}=\sqrt{\frac{6113.4406}{7274.9027}}=0.9167$$

复决定系数 R^2

$$R^2=\frac{U}{\mathrm{SS}_y}=\frac{6113.4406}{7274.9027}=0.8403$$

根据自由度 $\mathrm{df}_Q=n-m-1$，查相关系数临界值表（附表 10）。实际算得的相关系数 $R>R_{0.05}$ 即为达到 $\alpha=0.05$ 显著水平，可以在相关系数右上角标注一个“*”；$R>R_{0.01}$ 即为达到 $\alpha=0.01$ 显著水平，可以在相关系数右上角标注两个“**”。本例自由度 $\mathrm{df}_Q=n-m-1=20-2-1=17$，变数的个数为 $m+1=2+1=3$，复相关系数临界值 $R_{0.01}=0.647$。复相关系数 $R=0.9167>R_{0.01}=0.647$，达到极显著水平，简记为 $R=0.9167^{**}$。

11.2.2　偏相关系数及其假设检验

偏相关系数和偏回归系数的意义相似，表示在其他自变数都保持一定时，指定的某一自变数与因变数间相关的密切程度，$r_{y1\cdot23\ldots m}$ 即为与偏回归系数 $b_{y1\cdot23\ldots m}$ 相对应的偏相关系数。在相关模型中，偏相关系数则表示在其他变数保持一定时，指定的两个变数间相关的密切程度，这样 $M=m+1$ 个变数就有 $\frac{M\times(M-1)}{2}$ 个偏相关系数。例如，$M=2+1=3$，则有 $\frac{3\times(3-1)}{2}=3$ 个偏相关系数，即 $r_{y1\cdot2}$；$r_{y2\cdot1}$；$r_{12\cdot y}$，下标点前是发生偏相关的变数；下标点后是被固定的变数。

［例 11.5］ 计算新世纪二号柿子果实纵径 x_1、横径 x_2 和单果重 y 间的偏相关系数。

解：

$$r_{y1\cdot2}=0.4149$$

$$r_{y2\cdot1}=0.8211$$

$$r_{12\cdot y}=-0.0088$$

偏相关系数 $r_{y1\cdot 2}$ 和 $r_{y2\cdot 1}$ 在 DPS 的多元线性回归分析的结果中，$r_{12\cdot y}$ 需要用相关系数的逆矩阵求解，可以同时求得全部偏相关系数。

第一步将 DPS 多元线性回归分析结果中的相关系数输入 Excel 工作簿，如表 11.5 的第 2～4 列所示。

第二步选定要存放相关系数逆矩阵的区域按照 插入 — 函数 — MINVERSE 操作，然后同时按 Ctrl+Shift+Enter 键，得到相关系数的逆矩阵。

第三步用式（11.9），计算偏相关系数：

$$r_{ij\cdot} = \frac{-C_{ij}}{\sqrt{C_{ii} \times C_{jj}}} \tag{11.9}$$

例如：

$$r_{12\cdot y} = \frac{-C_{12}}{\sqrt{C_{11} \times C_{22}}} = \frac{-0.0285}{\sqrt{2.0413 \times 5.1858}} = -0.0088$$

表 11.5　表 11.1 资料偏相关系数的计算表

变　数	相 关 系 数			相关系数的逆矩阵			偏相关系数		
	x_1	x_2	y	x_1	x_2	y	x_1	x_2	y
x_1	1.0000	0.6390	0.7142	2.0413	0.0285	–1.4835		–0.0088	0.4149
x_2	0.6390	1.0000	0.8984	0.0285	5.1858	–4.6794			0.8211
y	0.7142	0.8984	1.0000	–1.4835	–4.6794	6.2636			

根据自由度 $df_Q = n - m - 1$，查相关系数临界值表（附表 10）。自由度 $df_Q = n - m - 1 = 20 - 2 - 1 = 17$，变数的个数为 m=2, 偏相关系数的临界值 $r_{0.05}$=0.456，$r_{0.01}$=0.575。偏相关系数 $r_{y1\cdot 2}$ = 0.4149 < $r_{0.05}$，不显著；$r_{y2\cdot 1}$=0.8211>$r_{0.01}$,达到极显著水平，简记为 $r_{y2\cdot 1}$=0.8211**；$r_{12\cdot y}$ =–0.0088<$r_{0.05}$，不显著。

需要注意，偏相关系数和复相关系数的自由度均为 df=n–m–1，但前者查表时自变数为 1，后者查表时自变数为 m。

11.2.3　偏相关系数和简单相关系数的关系

（1）偏相关系数和简单相关系数的关系：偏相关系数和简单相关系数有如下数学关系。

$$r_{1y\cdot 2} = \frac{r_{1y} - r_{12} \times r_{2y}}{\sqrt{(1 - r_{12}^2)(1 - r_{2y}^2)}} \tag{11.10}$$

$$r_{2y\cdot 1} = \frac{r_{2y} - r_{12} \times r_{1y}}{\sqrt{(1 - r_{12}^2)(1 - r_{1y}^2)}} \tag{11.11}$$

$$r_{12\cdot y} = \frac{r_{12} - r_{1y} \times r_{2y}}{\sqrt{(1 - r_{1y}^2)(1 - r_{2y}^2)}} \tag{11.12}$$

本例

$$r_{1y\cdot 2} = \frac{0.7142 - 0.6390 \times 0.8984}{\sqrt{(1 - 0.6390^2) \times (1 - 0.8984^2)}} = 0.4149$$

$$r_{2y\cdot 1} = \frac{0.8984 - 0.6390 \times 0.7142}{\sqrt{(1 - 0.6390^2) \times (1 - 0.7142^2)}} = 0.8211$$

$$r_{12\cdot y}=\frac{0.6390-0.7142\times 0.8984}{\sqrt{(1-0.7142^2)\times(1-0.8984^2)}}=-0.0088$$

（2）偏相关系数的性质：偏相关系数和简单相关系数的性质相同（见表 11.6 和表 11.7）。

表 11.6　偏相关系数和简单相关系数的性质

项　　目	相 关 系 数	偏相关系数
正负	+，–	+，–
取值	–1～+1	–1～+1
单位	无	无

表 11.7　表 11.1 资料的偏相关系数和简单相关系数

简单相关系数		偏相关系数	
r_{12}	0.6390	$r_{12\cdot y}$	–0.0088
r_{1y}	0.7142	$r_{1y\cdot 2}$	0.4149
r_{2y}	0.8984	$r_{2y\cdot 1}$	0.8211

从表 11.7 可以看出，偏相关系数的取值范围在–1～1 之间，但是，偏相关系数和单相关系数不仅取值互异，而且符号也可能相反，如 r_{12}=0.6390，而 $r_{12\cdot y}$=–0.0088，前者是单相关系数，它所表示的只是表面的、非本质的关系，因而在多变数资料中，其单相关系数是靠不住的。所以，对多变数资料必须采用多元回归分析，即把多个一元线性回归分析综合起来进行多元回归分析。

11.3　多元回归中自变数的相对重要性——通径分析

11.3.1　通径系数的意义

如果因变数 y 受到两个自变数 x_1 和 x_2 的影响，则其关系图为：

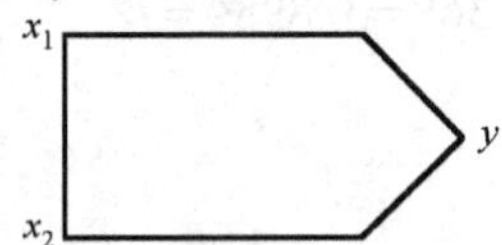

把自变数和因变数间的连接线称为通径。有两条直接通径，$x_1\to y$ 和 $x_2\to y$；有两条间接通径，$x_1\to x_2\to y$ 和 $x_2\to x_1\to y$。通径系数在 DPS 多元线性回归分析的结果中（见表 11.8）。

表 11.8　表 11.1 资料的通径系数

作用因子	$x_1\to y$	$x_2\to y$
$x_1\to$	0.2369	0.4774
$x_2\to$	0.1513	0.7471

通径系数又称为标准偏回归系数。在多元线性回归中，各个自变数对于因变数 y 的效应是不同的，一般可用标准偏回归系数表示其作用大小。标准偏回归系数是一个没有单位的纯数，不同的标准偏回归系数之间可进行比较。

11.3.2　通径系数的计算

通径系数记作 $p_{i\to j\to y}$，当 i=j 时，表示直接通径系数；当 $i\neq j$ 时，表示间接通径系数。直接通径系数的计算公式为：

$$p_{i\to y} = b_i \times \frac{s_i}{s_y} \tag{11.13}$$

间接通径系数的计算公式为：

$$\begin{aligned} p_{i\to j\to y} &= r_{ij} \times p_{j\to y} \\ p_{j\to i\to y} &= r_{ij} \times p_{i\to y} \end{aligned} \tag{11.14}$$

本例中 $$p_{1\to y} = b_1 \times \frac{s_1}{s_y} = 19.3896 \times \frac{0.2390}{19.5676} = 0.2369$$

$$p_{2\to y} = b_2 \times \frac{s_2}{s_y} =37.3410\times \frac{0.3915}{19.5676} =0.7471$$

$$p_{1\to 2\to y} = r_{12} \times p_{2\to y} = 0.6390 \times 0.7471 = 0.4774$$

$$p_{2\to 1\to y} = r_{12} \times p_{1\to y} = 0.6390 \times 0.2369 = 0.1513$$

上述计算结果表明：新世纪二号柿子的果实纵径 x_1 每增加 1 个标准差单位，可直接使单果重 y 增加 0.2369 个标准差单位；果实横径 x_2 每增加 1 个标准差单位，可直接使单果重 y 增加 0.7471 个标准差单位。由于 $p_{2\to y} > p_{1\to 2\to y} > p_{1\to y} > p_{2\to 1\to y}$，说明对增加单果重 y 起主要作用的是果实横径 x_2；果实纵径 x_1 对增加单果重 y 起的作用也是通过果实横径 x_2 实现的。

11.3.3 通径系数的性质

（1）通径系数和相关系数有如下数学关系：

$$\begin{aligned} p_{1\to y} + r_{12} p_{2\to y} &= r_{1y} \\ p_{2\to y} + r_{12} p_{1\to y} &= r_{2y} \end{aligned} \tag{11.15}$$

本例中
$$p_{1\to y} + r_{12} p_{2\to y} = 0.2369 + 0.6390 \times 0.7471 = 0.7142 = r_{1y}$$
$$P_{2\to y} + r_{12} p_{1\to y} = 0.7471 + 0.6390 \times 0.2369 = 0.8984 = r_{2y}$$

（2）通径系数和决定系数有如下数学关系：

$$R^2 = \sum_{i=1}^{m} p_{i\to y} \times r_{iy} \tag{11.16}$$

本例中 $$R^2 = \sum_{i=1}^{m} p_{i\to y} \times r_{iy} = 0.2369 \times 0.7142 + 0.7471 \times 0.8984 = 0.8403$$

这与表 11.3 计算所得结果完全相同。$p_{1\to y} r_{1y}$ 和 $p_{2\to y} r_{2y}$ 分别称为自变数 x_1 和 x_2 对多元回归方程估测可靠程度的总贡献。

（3）通径系数是一个没有单位的纯数。通径系数可以大于 1，也可以小于 1。通径系数的取值范围是$-\infty$～$+\infty$。

11.4 多元非线性回归分析

前文介绍了多元线性回归方程。如果自变数 x 与因变数 y 皆有非线性关系，则有 m 元非线性回归方程。多元非线性回归方程的计算难度很大，必须借助计算机。为了叙述方便，仍然以表 11.1 资料为例进行说明。

将表 11.1 中的有关数据输入 DPS 数据处理系统，按照多元分析—回归分析—二次多项式逐步回归的操作步骤，得到如表 11.9 所示的分析结果。关于表 11.9 的解读，参照表 11.3，这里不再详细说明。

表 11.9 表 11.1 资料用 DPS 多元非线性回归分析的结果

计算结果

变　量	平 均 值	标 准 差
x_1	4.9350	0.2390
x_2	7.5200	0.3915
x_1x_1	24.4085	2.3332
x_2x_2	56.6960	5.7935
x_1x_2	37.1680	3.3150
y	188.8560	19.5676

协方差阵	x_1	x_2	x_1x_1	x_2x_2	x_1x_2	y
x_1	1.0855	1.1360	10.5941	16.6268	13.5384	63.4668
x_2	1.1360	2.9120	10.9816	43.0796	22.4548	130.7636
x_1x_1	10.5941	10.9816	103.4279	160.7167	131.6532	616.7033
x_2x_2	16.6268	43.0796	160.7167	637.7257	330.9918	1933.6953
x_1x_2	13.5384	22.4548	131.6532	330.9918	208.7985	1103.3063
y	63.4668	130.7636	616.7033	1933.6953	1103.3063	7274.9027

相 关 系 数	x_1	x_2	x_1x_1	x_2x_2	x_1x_2	y	显著水平 p
x_1	1.0000	0.6390	0.9998	0.6319	0.8993	0.7142	0.0004
x_2	0.6390	1.0000	0.6328	0.9997	0.9107	0.8984	0.0000
x_1x_1	0.9998	0.6328	1.0000	0.6258	0.8959	0.7110	0.0004
x_2x_2	0.6319	0.9997	0.6258	1.0000	0.9071	0.8978	0.0000
x_1x_2	0.8993	0.9107	0.8959	0.9071	1.0000	0.8952	0.0000
y	0.7142	0.8984	0.7110	0.8978	0.8952	1.0000	0.0000

y= 1007.901671−364.9951925x_1 −34.25096706x_2 +27.589298842x_1x_1+15.237824901x_1x_2

	偏 相 关	t 检 验 值	显著水平 p
$r(y,x_1)$=	−0.1797	0.7074	0.4895
$r(y, x_2)$=	−0.0538	0.2085	0.8375
$r(y, x_1x_1)$=	0.1122	0.4372	0.6679
$r(y,x_1x_2)$=	0.1161	0.4526	0.6569

相关系数 R= 0.9219　　F 值=21.2243　显著水平 p=0.0000

剩余标准差 S= 8.5337

调整后的相关系数 Ra= 0.8999

样　本	观 测 值	拟 合 值	拟 合 误 差
1	214.7600	211.3285	3.4315
2	209.2500	202.7069	6.5431
3	217.5300	203.0270	14.5030
4	194.5900	203.9696	−9.3796
5	206.3300	202.3314	3.9986
6	202.5200	208.1634	−5.6434

续表

样　本	观 测 值	拟 合 值	拟 合 误 差
7	209.6900	206.8300	2.8601
8	192.2700	187.1944	5.0756
9	200.8300	203.9696	−3.1396
10	191.0900	195.5820	−4.4920
11	181.8800	188.8357	−6.9557
12	193.6300	181.2960	12.3340
13	159.9700	167.1988	−7.2288
14	187.7900	178.3863	9.4037
15	192.7600	202.3314	−9.5714
16	177.3300	181.5361	−4.2061
17	157.2100	155.9662	1.2438
18	153.8000	154.0456	−0.2456
19	167.6900	163.6145	4.0755
20	166.2000	178.8067	−12.6067

Durbin-Watson 统计量 d=2.57895116

最高指标时各个因素组合

y	x_1	x_2
215.8271	5.2000	8.0000

通径系数

因　子	直　接	$\to x_1$	$\to x_2$	$\to x_1x_1$	$\to x_1x_2$
x_1	−4.4585		−0.4379	3.2891	2.3215
x_2	−0.6853	−2.8488		2.0816	2.3508
x_1x_1	3.2896	−4.4578	−0.4336		2.3127
x_1x_2	2.5815	−4.0094	−0.6240	2.9471	

决定系数=0.84985

剩余通径系数=0.38750

习　题　11

1．什么叫作一元回归分析和多元回归分析？

2．回归系数和偏回归系数的意义是什么？如何计算？

3．按最小二乘法建立的回归方程具有哪些基本性质？

4．相关系数和偏相关系数的基本性质有哪些？怎样计算简单相关系数、K 次多项式的相关指数、偏相关系数和复相关系数？如何查相关系数表进行假设检验？

5．什么叫作通径系数？如何计算？通径系数的取值范围是什么？

第 12 章　均匀设计和结果分析

12.1　均匀设计简介

均匀设计（Uniform Design）又称均匀设计试验法（Uniform Design Experimentation）。1978 年，方开泰和王元教授创立了均匀设计理论与方法，揭示了均匀设计与古典因子设计、近代最优设计、超饱和设计、组合设计深刻的内在联系，证明了均匀设计比上述传统试验设计具有更好的稳健性。该项工作涉及数论、函数论、试验设计、随机优化、计算复杂性等领域，开创了一个新的研究方向，形成了中国人创立的学派，并获得国际认可，已在国内外诸如航天、化工、制药、材料、汽车和农业等领域得到广泛应用。

12.1.1　均匀设计的意义

均匀设计是试验设计的方法之一，它与其他的许多试验设计方法，如正交设计、最优设计、旋转设计、稳健设计和贝叶斯设计等相辅相成。试验设计就是如何在试验域内最有效地选择试验点，通过试验得到相应的观测值，然后进行数据分析，求得最优的试验条件。因此，试验设计的目标就是要用最少的试验取得尽可能充分的信息。均匀设计可以较好地实现这一目标，尤其对多因素、多水平的试验。

均匀设计的数学原理是数论中的一致分布理论，此方法借鉴了“近似分析中的数论方法”这一领域的研究成果，将数论和多元统计相结合，是属于伪蒙特卡罗方法的范畴。均匀设计只考虑试验点在试验范围内均匀散布，挑选试验代表点的出发点是“均匀分散”，而不考虑“整齐可比”，它可保证试验点具有均匀分布的统计特性，可使每个因素的每个水平做一次且仅做一次试验，任意两个因素的试验点在平面的格子点上，每行每列有且仅有一个试验点。它着重在试验范围内考虑试验点均匀散布，以求通过最少的试验来获得最多的信息，因而其试验次数比正交设计明显减少，均匀设计特别适合于多因素多水平的试验和系统模型完全未知的情况。

当试验中有 m 个因素，每个因素有 n 个水平时，如果进行全面试验，共有 n^m 种组合；正交设计是从这些组合中挑选出 n^2 个试验；而均匀设计是利用数论中的一致分布理论选取 n 个点试验，而且应用数论方法使试验点在积分范围内散布得十分均匀，并使分布点离被积函数的各种值充分接近，因此便于计算机统计建模。例如，某试验有 5 个因素，均为 10 个水平，则全面试验次数为 10^5 次，即做 100 000 次试验；正交设计是做 10^2 次，即做 100 次试验；而均匀设计只做 10 次，可见其优越性非常突出。

近几年来，均匀设计理论研究突飞猛进，对均匀设计和其他试验设计的关联和结合，如与正交设计进行了均匀性、最优性比较研究，得出在大多数情况下，特别是模型比较复杂时，均匀设计试验次数少、均匀性好，并对非线性模型有较好的估计。对线性模型，均匀设计有较好的均匀性和较少的试验次数，对正交设计有较好的估计。虽然均匀设计失去了正交设计的整齐可比性，但在选点方面比正交设计有更大的灵活性，也就是说，它更加注重了均匀性。利用均匀设计可以选到偏差更小的点，更重要的是，试验次数由 n^m 减少到 n。由于均匀设计的试验次数大大减少，从而在实践中降低了试验成本。

例如，某化工试验，欲找出最优产量或其他优化目标条件。试验因素 3 个，每个因素在取值范围内均有 7 个试验点。① 采用优选法对多因素同时选优的试验不适用。② 采用正交法需做 49 次试验方可找出最优产量或其他优化目标条件。③ 采用均匀设计只需做 7 次试验即可。

12.1.2　均匀设计的操作步骤

（1）明确试验目的，确定试验指标。试验指标可以有一个或者几个，如果考察的试验指标有多个，需要对试验指标进行综合分析。

（2）选择试验因素。根据专业知识和实践经验选择试验因素，选择对试验指标影响较大的因素进行试验。

（3）确定因素水平。根据试验条件和以往的实践经验，首先确定各因素的取值范围，然后在此范围内设置适当的水平。

（4）选择均匀设计表，安排因素水平。根据因素数、水平数选择合适的均匀设计表，进行因素水平数据排布。

（5）明确试验方案，进行试验操作。

（6）试验结果分析。建议采用回归分析的方法对试验结果进行分析，进而发现优化的试验条件。依试验目的和支持条件的不同，也可采用直接观察法取得最好的试验条件（不再进行数据的分析处理）。

（7）优化条件的试验验证。通过回归分析方法计算得出优化试验条件，一般需要进行优化试验条件的实际试验验证(可进一步修正回归模型)。

（8）缩小试验范围，进行更精确的试验，寻找更好的试验条件，直至达到试验目的为止。

12.1.3　均匀设计的注意事项

（1）当所研究的因素和水平数目较多时，均匀设计试验法比其他试验设计方法所需的试验次数更少，但不可过分追求少的试验次数，除非有很好的前期工作基础和丰富的经验，否则不要企图通过做很少的试验就可达到试验目的，因为试验结果的处理一般需要采用回归分析方法完成，过少的试验次数很可能导致无法建立有效的模型，也就不能对问题进行深入的分析和研究，最终使试验和研究停留在表面化的水平上（无法建立有效的模型，只能采用直接观察法选择最佳结果）。在一般情况下，建议试验的次数取因素数的 3～5 倍为好。例如 4 个因素，试验的次数为 12～20。

（2）优先选用 U_n^* 表进行试验设计。在通常情况下 U_n^* 表的均匀性要好于 U_n 表，其试验点布点均匀，代表性强。更容易揭示试验的规律，而且在各因素水平序号和实际水平值顺序一致的情况下，还可避免因各因素最大水平值相遇，所带来的试验过于剧烈或过于缓慢而无法控制的问题。

（3）优化试验条件。对于所确定的优化试验条件的评价，一方面要看此条件下指标结果的好坏，另一方面还要考虑试验条件是否可行，要权衡利弊，力求达到用最小的付出获取最大收益的效果。

12.2　均匀设计表

均匀设计使用的表称为均匀设计表，它是根据数论在多维数值积分中的应用原理构造的，是进行均匀设计的工具。有相等水平和混合水平的均匀设计表之分。

12.2.1 相等水平的均匀设计表

相等水平的均匀设计表用$U_n(m^k)$和$U_n^*(m^k)$表示，后者比前者的均匀性更好，应当优先选用。其中，U表示均匀设计表；n表示该表的行数，即试验方案包含的水平组合数；m表示因素水平数；k表示该表的列数，可以安排k个试验因素（见表 12.1）。但是，由于考虑到各列间的相关性，对于一个k列的均匀设计表，最好安排$\frac{k}{2}+1$个试验因素。

相等水平的均匀设计表具有以下特性：

（1）每个因素的每个水平只做一次试验。

（2）任意两个因素的试验平面图，每行每列仅有一个试验点。

例如，表 12.2 第 1 列和第 3 列的试验平面图如图 12.1（a）所示；第 2 列和第 4 列的试验平面图如图 12.1（b）所示；第 1 列和第 2 列的试验平面图如图 12.1（c）所示；第 2 列和第 3 列的试验平面图如图 12.1（d）所示。

（3）把水平数为奇数的均匀设计表去除最后一行，就能得到水平数为（奇数-1）的偶数均匀设计表。例如，将表 12.1 的均匀设计表去除最后一行，就能得到水平数为 6 的均匀设计（见表 12.3）。

表 12.1　$U_7(7^6)$的均匀设计表

试验号	1	2	3	4	5	6
1	1	2	3	4	5	6
2	2	4	6	1	3	5
3	3	6	2	5	1	4
4	4	1	5	2	6	3
5	5	3	1	6	4	2
6	6	5	4	3	2	1
7	7	7	7	7	7	7

表 12.2　$U_6^*(6^4)$的均匀设计表

试验号	1	2	3	4
1	1	2	3	6
2	2	4	6	5
3	3	6	2	4
4	4	1	5	3
5	5	3	1	2
6	6	5	4	1

表 12.3　$U_6(6^6)$的均匀设计表

试验号	1	2	3	4	5	6
1	1	2	3	4	5	6
2	2	4	6	1	3	5
3	3	6	2	5	1	4
4	4	1	5	2	6	3
5	5	3	1	6	4	2
6	6	5	4	3	2	1

试验号	1	2	3	4	5	6
1					*	
2			*			
3	*					
4						*
5				*		
6		*				

(a) 第 1 列和第 3 列的试验平面图

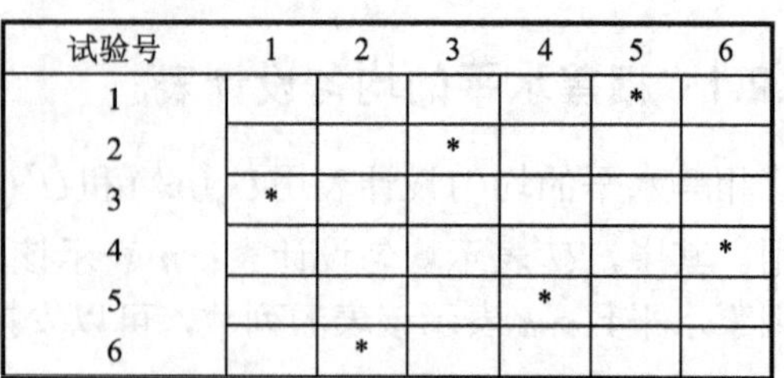

试验号	1	2	3	4	5	6
1					*	
2			*			
3	*					
4						*
5				*		
6		*				

(b) 第 2 列和第 4 列的试验平面图

试验号	1	2	3	4	5	6
1				*		
2	*					
3					*	
4		*				
5						*
6			*			

(c) 第 1 列和第 2 列的试验平面图

试验号	1	2	3	4	5	6
1			*			
2						*
3		*				
4					*	
5	*					
6				*		

(d) 第 2 列和第 3 列的试验平面图

图 12.1　两列的试验平面图

12.2.2　混合水平的均匀设计表

将相等水平的均匀设计表用拟水平的方法可以转化为混合水平的均匀设计表。例如，某试验有 3 个试验因素，A、B 因素 3 个水平，C 因素 2 个水平。

第一步，选择相等水平的均匀设计表，$U_6(6^6)$的均匀设计表。

第二步，把 A、B、C 3 因素分别安排在 $U_6(6^6)$ 均匀设计表的前 3 列。

第三步，采用拟水平的方法，把第一列和第二列做如下转换：

$(1, 2)\to 1$；　$(3, 4)\to 2$；　$(5, 6)\to 3$

把第三列做如下转换：

$(1, 2, 3)\to 1$；　$(4, 5, 6)\to 2$；

于是，得到混合水平的均匀设计表（见表 12.4）。

表 12.4　$U_6(3^2\times 2^1)$混合水平的的均匀设计表

试验号	1	2	3
1	(1)1	(2)1	(3)1
2	(2)1	(4)2	(6)2
3	(3)2	(6)3	(2)1
4	(4)2	(1)1	(5)2
5	(5)3	(3)2	(1)1
6	(6)3	(5)3	(4)2

混合水平的均匀设计表一般形式为 $U_n(m_1^{k1}\times m_2^{k2}\times m_3^{k3})$。其中，$U$ 表示均匀设计表；n 表示该表的行数；m_1、m_2、m_3 表示每列的水平数。k_1、k_2、k_3 表示水平为 m_1、m_2、m_3 的列数。

12.3　均匀设计和结果分析

12.3.1　均匀设计的试验方案

（1）根据试验目的，选择试验因素，同时确定试验指标，可以采用单指标，也可以采用多指标。

（2）确定因素水平。根据以往的实践经验，首先确定各因素的取值范围，然后在此范围内设置适当的水平。

（3）选择均匀设计表。根据因素数、水平数选择合适的均匀设计表。

（4）制订试验方案。在选择好的均匀设计表中安排因素水平。注意每个均匀设计表都有一个附加的使用表指示列的安排。例如，$U_6(6^6)$的使用表（见表 12.5）。

表 12.5　$U_6(6^6)$的使用表

S	列 1	列 2	列 3	列 4	D
2	1	3			0.1875
3	1	2	3		0.2656
4	1	2	3	4	0.2990

在表 12.5 中，S 是试验因素数；D 是均匀性偏差（或均匀度指数），D 值越小均匀度越高。

［例 12.1］　某试验有 A、B、C 三个试验因素，每个因素都是 5 个水平（见表 12.6）。试做均匀设计，列出试验方案。

表 12.6　试验因素水平表

因　素	1	2	3	4	5
A(g)	95	115	135	155	175
B(mg)	15	17	19	21	23
C(℃)	60	70	80	90	100

根据因素和水平数选择 $U_5(5^3)$的均匀设计表，并且查 $U_5(5^3)$的使用表，应将 A、B、C 三个试验因素分别安排在第 1、2、3 列（见表 12.7）。

表 12.7　$U_5(5^3)$均匀设计的试验方案

试　验　号	1-A(g)	2-B(mg)	3-C(℃)	A-B-C
1	(1)95	(2)17	(4)90	95-17-90
2	(2)115	(4)21	(3)80	115-21-80
3	(3)135	(1)15	(2)70	135-15-70
4	(4)155	(3)19	(1)60	155-19-60
5	(5)175	(5)23	(5)100	175-23-100

［例 12.2］　对上述例子，如果考虑到 A、C 两个试验因素的水平差异比较大，则可以分别将两个试验因素的水平分成 10 个水平。B 因素的水平数不变，仍然用 5 个水平。试做均匀设计，列出试验方案。

根据因素和水平数选择 $U_{10}^*(10^8)$ 的均匀设计表，并且查 $U_{10}^*(10^8)$ 的使用表，应将 A、B、C 3 个试验因素分别安排在第 1、5、6 列（见表 12.8）。B 因素采用拟水平的方法，第 5 列需要做如下转换：

$$(1,2)\to 1;\quad (3,4)\to 2;\quad (5,6)\to 3\quad (7,8)\to 4\quad (9,10)\to 5$$

表 12.8　$U_5(10^2\times 5^1)$混合水平均匀设计的试验方案

试　验　号	1-A（g）	5-B（mg）	6-C（℃）	A-B-C
1	(1)95	(5)19	(7)86.4	95-19-86.4
2	(2)104	(10)23	(3)68.8	104-23-68.8
3	(3)113	(4)17	(10)99.6	113-17-99.6
4	(4)122	(9)23	(6)82.0	122-23-82.0

续表

试验号	1-*A*（g）	5-*B*（mg）	6-*C*（℃）	*A-B-C*
5	(5)131	(3)17	(2)64.4	131-17-64.4
6	(6)140	(8)21	(9)95.2	140-21-95.2
7	(7)149	(2)15	(5)77.6	149-15-77.6
8	(8)158	(7)21	(1)60.0	158-21-60.0
9	(9)167	(1)15	(8)90.8	167-15-90.8
10	(10)176	(6)19	(4)73.2	176-19-73.2

12.3.2 均匀设计的结果分析

均匀设计是通过一套精心设计的表来进行试验设计。均匀设计分会还编制了一套软件均匀设计与统计调优软件包供试验设计和数据处理、分析使用，非常方便。均匀设计法的试验数据分析需要采用回归分析。例如，线性回归模型、二次回归模型、非线性回归模型，以及各种选择回归变点的方法，也有利用多元样条函数技术、小波理论、人工神经网络模型应用于试验设计和数据分析。具体选择何种模型要根据实际试验的具体性质来确定。利用回归分析得出的模型，即可进行影响因素的重要性分析及预报和最优化。均匀设计的结果分析可以参考第 11 章多元回归和相关分析。

习　题　12

1．均匀设计和正交设计的异同点是什么？

2．某试验有 4 个因素，均为 12 个水平，则全面试验次数为（　　）次；正交设计是做（　　）次试验；均匀设计是做（　　）次试验。

3．将表 $U_9(9^6)$的均匀设计表去除最后一行，就能得到水平数为 8 的均匀设计表 $U_8(8^5)$，这种说法是否正确？

4．在均匀设计表的构造中，某一行的数字 T_i= (第一行的数字 T_1+上一行的数字 T_{i-1})$-n$，对否？

5．某试验有 *A*、*B*、*C* 三个试验因素，每个因素都是 12 个水平。试做均匀设计，列出试验方案。

6．试验因素 *A*、*B* 都是 12 个水平，*C* 因素 6 个水平。采用拟水平的方法做均匀设计，列出试验方案。

附表 1　10 000 个随机数字表

	1～5	6～10	11～15	16～20	21～25	26～30	31～35	36～40	41～45	46～50
1	43 763	38 620	66 343	81 675	59 432	01 615	80 968	41 441	85 736	25 413
2	85 015	80 475	93 866	90 641	75 786	38 235	75 251	21 287	26 407	96 566
3	27 612	69 213	99 775	32 603	71 552	65 209	82 093	02 246	76 527	09 914
4	28 020	90 407	48 598	97 884	93 028	18 194	76 584	18 510	08 365	59 661
5	16 001	05 755	43 050	74 808	61 915	69 076	48 084	62 645	05 235	59 675
6	19 684	99 570	95 958	21 273	89 405	89 685	67 830	49 884	51 762	28 091
7	39 499	53 158	43 653	99 239	21 409	52 774	02 584	93 589	66 432	68 718
8	89 918	22 022	84 460	39 290	92 042	32 167	86 326	38 885	37 961	94 836
9	07 702	19 670	72 286	60 110	63 801	32 805	91 619	89 672	96 278	59 155
10	01 705	85 756	55 235	33 753	50 808	53 372	84 992	75 207	41 256	70 527
11	47 824	41 731	81 878	39 581	87 104	60 493	00 745	45 206	92 637	81 947
12	86 668	89 218	25 870	21 733	86 332	39 901	50 103	10 490	34 921	62 069
13	30 987	70 653	86 312	76 434	24 433	64 393	24 648	86 453	23 746	88 813
14	87 733	69 184	37 634	83 249	34 661	60 561	88 839	06 015	40 310	02 995
15	95 001	83 506	38 165	73 037	06 924	35 086	30 764	27 688	06 377	59 289
16	97 214	49 779	67 692	72 509	20 875	88 474	24 800	58 403	87 590	78 480
17	40 839	93 315	91 539	57 875	27 921	51 904	95 221	41 853	48 692	15 306
18	67 253	88 230	79 113	59 865	50 680	97 266	20 973	68 942	15 292	67 099
19	20 938	46 985	81 806	04 649	96 186	96 337	88 231	15 850	27 528	67 614
20	26 925	61 047	87 797	20 840	21 498	00 113	00 938	73 753	83 853	59 353
21	55 697	41 073	09 684	25 449	13 524	45 502	43 717	63 173	03 291	48 431
22	55 166	49 179	12 138	87 593	71 554	72 850	72 198	78 870	33 167	24 043
23	71 753	81 213	58 377	15 408	04 508	30 941	60 117	10 675	04 496	52 423
24	12 873	62 172	53 217	85 249	56 226	92 280	86 360	47 422	47 599	07 104
25	09 582	41 453	88 689	97 004	03 070	58 478	42 083	79 169	36 299	19 588
26	38 252	77 565	57 980	36 541	95 638	09 183	27 726	64 886	46 315	12 341
27	66 811	78 630	47 641	77 430	92 026	48 544	31 912	97 192	80 094	16 305
28	79 231	42 816	02 789	83 515	75 929	75 968	85 479	65 575	77 363	04 564
29	73 226	94 330	40 029	44 688	87 872	96 432	90 943	05 075	52 538	98 125
30	24 017	77 157	12 927	39 014	21 435	92 501	19 771	18 063	69 069	91 141
31	46 793	33 335	72 185	31 500	05 626	99 156	74 345	14 172	14 027	79 351
32	02 367	78 555	43 813	86 014	42 480	55 325	89 583	74 488	20 798	96 762
33	37 656	93 912	70 358	29 311	74 778	73 443	87 067	98 592	34 049	93 530
34	40 238	73 785	12 100	37 213	21 585	20 015	01 778	29 597	76 765	41 992
35	73 775	48 457	56 108	86 129	71 122	23 144	74 503	36 791	12 549	49 244
36	33 582	40 525	96 320	82 540	86 528	27 465	10 547	10 673	46 848	04 374
37	97 624	78 239	01 088	58 488	39 379	90 797	28 254	35 717	05 624	45 935
38	33 881	57 285	98 830	02 769	60 707	60 716	12 623	30 305	03 933	45 728
39	67 612	59 244	67 273	90 245	58 803	25 878	27 733	17 477	85 656	72 307

续表

	1～5	6～10	11～15	16～20	21～25	26～30	31～35	36～40	41～45	46～50
40	14 989	80 317	412 25	65333	15 870	20 383	35 872	42 700	15 839	22 453
41	89 038	71 176	23 338	67 999	28 429	91 234	85 114	19 447	04 580	44 320
42	46 938	57 107	69 665	94 178	58 917	39 132	77 304	98 035	08 948	29 750
43	65 663	98 112	18 818	55 994	73 147	81 229	84 701	89 587	56 093	49 950
44	10 307	67 010	64 731	09 092	46 801	18 072	49 263	23 361	39 231	13 812
45	72 804	48 119	56 633	01 961	95 454	55 146	53 037	72 425	47 953	46 091
46	58 526	37 262	61 709	02 438	32 141	02 210	11 520	95 468	80 250	79 762
47	51 006	84 794	42 872	19 098	34 020	41 990	94 350	93 201	38 495	03 157
48	66 340	78 577	31 374	12 231	74 364	61 101	09 137	58 443	24 427	42 564
49	66 770	47 418	01 600	46 239	36 293	60 474	88 505	89 965	53 890	95 654
50	31 957	86 476	43 679	27 500	94 468	49 382	41 592	69 518	36 121	29 352
51	35 620	14 365	65 737	53 828	76 634	78 336	92 897	02 218	17 751	03 269
52	14 543	92 120	74 981	29 567	97 232	00 650	90 235	69 034	41 244	71 016
53	14 782	19 449	37 660	09 944	95 594	62 141	96 496	55 036	57 947	98 535
54	35 209	11 498	77 873	18 985	44 308	26 503	37 526	04 681	12 770	54 666
55	54 429	43 577	68 042	59 707	55 131	35 266	89 348	47 339	91 927	41 996
56	04 075	14 141	26 033	60 754	44 163	32 531	87 015	16 188	02 780	44 879
57	13 517	87 096	72 691	54 276	58 318	82 392	66 252	71 432	50 054	58 579
58	59 712	89 118	73 418	94 361	21 085	91 211	76 266	71 334	46 762	94 296
59	79 006	96 621	44 489	65 574	89 704	21 804	58 590	91 632	64 229	92 391
60	27 204	44 870	45 802	09 684	26 715	64 554	94 131	26 750	62 273	04 283
61	71 900	98 521	26 010	83 513	90 579	30 981	75 663	69 958	86 414	91 280
62	45 695	52 522	62 649	37 323	06 703	48 424	50 914	84 102	53 984	42 362
63	94 200	37 517	15 753	54 646	73 653	54 279	61 560	46 245	71 564	16 747
64	37 521	32 460	07 214	50 332	95 947	73 239	77 533	55 169	70 716	48 265
65	41 744	91 576	91 899	53 821	94 248	46 457	28 045	53 293	88 388	41 898
66	78 554	88 018	97 878	75 239	12 911	41 257	84 366	77 492	73 422	13 765
67	88 494	93 977	01 756	08 837	89 809	54 860	27 486	20 284	74 733	48 552
68	38 405	01 067	54 214	75 236	56 327	45 076	56 885	95 700	31 533	82 480
69	30 870	15 634	99 690	31 894	94 891	49 548	62 428	64 969	69 897	22 876
70	93 100	72 673	56 109	38 655	95 386	09 149	15 422	95 053	60 428	86 565
71	52 032	62 141	77 472	85 481	27 370	21 293	73 255	56 936	46 406	42 802
72	48 058	52 552	70 721	27 776	29 490	30 702	39 078	61 741	46 190	40 112
73	80 454	16 025	73 644	41 494	75 765	35 191	92 207	85 885	17 238	06 080
74	10 028	87 890	30 605	96 471	55 311	10 000	85 388	22 772	76 278	80 849
75	64 775	88 472	24 894	78 406	71 054	33 193	76 190	76 519	74 643	02 497
76	26 752	50 328	71 461	02 306	17 164	71 813	37 995	32 139	35 202	17 608
77	52 003	55 164	60 999	92 915	42 255	23 235	74 322	30 877	24 348	46 866
78	90 084	26 305	10 907	59 674	92 088	56 420	23 593	62 958	04 637	89 484
79	67 676	10 895	59 796	22 806	52 286	43 973	88 369	81 014	79 701	95 775
80	34 216	89 924	28 502	15 570	41 227	95 537	03 124	38 451	95 339	76 380
81	54 315	17 565	41 499	00 727	40 775	49 641	29 271	45 189	77 136	21 165
82	60 029	48 609	91 256	17 335	30 908	98 301	61 615	06 747	74 421	16 451
83	73 977	40 267	52 612	36 066	48 477	58 497	85 538	44 755	57 910	02 014

续表

	1～5	6～10	11～15	16～20	21～25	26～30	31～35	36～40	41～45	46～50
84	84 061	92 559	63 675	84 179	91 358	77 113	07 193	42 331	24 517	47 366
85	60 264	43 373	42 042	49 394	51 580	57 553	50 332	13 994	30 704	06 377
86	82 072	84 155	22 291	88 586	85 484	43 532	00 010	56 210	64 431	35 847
87	56 387	46 254	34 324	28 131	66 125	48 185	74 382	76 805	61 643	51 481
88	50 944	05 690	77 233	14 476	88 723	56 271	83 803	93 695	93 306	98 151
89	58 284	27 138	37 543	91 142	75 418	12 528	79 256	05 926	89 526	67 377
90	86 767	89 219	74 157	41 691	73 112	72 286	43 599	68 273	95 746	90 315
91	36 083	23 045	18 110	42 599	77 712	26 314	67 883	79 536	95 461	79 237
92	37 354	31 681	64 216	61 473	61 408	03 895	95 919	07 980	05 195	00 643
93	43 934	62 359	46 172	04 663	23 380	38 513	62 671	00 890	17 384	56 015
94	64 423	46 357	67 109	26 262	59 939	25 008	96 265	46 310	91 246	92 267
95	62 361	26 960	80 618	09 290	03 233	82 629	01 490	10 610	98 110	98 889
96	92 530	00 958	61 052	51 489	31 504	04 649	99 480	05 810	36 132	28 865
97	34 718	15 219	62 292	11 537	92 199	34 357	42 686	79 173	01 750	68 218
98	64 870	18 674	00 563	29 946	85 442	74 706	31 732	70 769	42 137	73 248
99	08 192	19 050	83 797	01 513	60 931	09 748	74 281	90 907	39 363	16 406
100	77 046	55 334	98 171	33 659	29 823	77 577	11 357	30 027	94 956	15 752
	51～55	56～60	61～65	66～70	71～75	76～80	81～85	86～90	91～95	96～100
1	84 190	37 285	00 557	61 880	56 172	79 675	45 211	76 728	11 067	42 027
2	83 760	35 851	61 059	14 106	96 832	95 467	41 205	57 962	06 798	79 335
3	71 723	51 838	77 551	13 663	41 958	82 066	00 098	06 569	14 618	16 308
4	37 644	28 565	52 266	06 205	53 359	05 655	05 807	87 251	15 228	56 158
5	29 692	02 073	90 534	35 437	02 288	66 359	73 326	41 669	00 743	04 850
6	57 070	43 424	92 652	31 037	06 756	33 748	92 699	92 157	03 895	51 897
7	35 687	11 134	66 639	65 892	33 200	79 903	06 107	66 943	40 352	58 986
8	93 550	90 734	92 445	31 622	48 002	20 568	79 183	46 026	43 336	02 275
9	27 107	15 557	99 006	80 521	98 318	04 179	23 638	92 157	51 430	71 348
10	69 417	93 518	85 979	00 317	12 949	45 390	20 641	31 331	59 318	42 611
11	39 959	39 479	53 224	19 807	80 715	94 737	20 544	55 835	04 958	53 894
12	82 498	51 310	68 690	49 708	10 319	63 003	74 237	05 555	23 452	88 458
13	12 325	69 237	19 562	29 281	85 760	38 375	09 188	07 840	97 003	74 334
14	57 603	03 079	33 788	71 484	39 392	00 206	55 726	17 451	75 724	08 628
15	79 007	70 403	87 358	91 366	30 765	98 543	47 629	19 775	74 394	63 210
16	02 108	73 916	10 351	98 020	48 356	83 619	98 811	14 256	37 464	43 880
17	36 861	89 671	19 232	36 304	64 620	73 331	73 141	66 206	60 476	45 521
18	88 388	52 494	73 706	94 698	83 186	62 388	81 988	10 214	75 046	09 400
19	96 288	75 892	63 759	10 386	23 899	78 114	53 366	39 125	27 355	33 089
20	87 010	44 444	39 564	90 430	92 260	79 220	22 367	74 241	99 589	91 718
21	23 472	65 092	27 915	17 031	45 441	08 976	31 373	90 531	55 521	24 841
22	38 504	65 673	09 666	49 004	42 654	87 264	73 286	97 385	34 870	38 233
23	72 698	21 215	90 520	68 490	23 022	94 292	97 361	15 847	03 314	20 526
24	58 045	89 589	53 651	40 162	71 146	10 391	64 302	23 378	36 356	64 109
25	71 457	46 774	57 101	44 227	99 718	87 401	05 365	82 753	14 914	23 798
26	05 005	96 675	80 262	93 054	11 665	62 352	36 507	64 445	49 359	08 488

续表

	51～55	56～60	61～65	66～70	71～75	76～80	81～85	86～90	91～95	96～100
27	68 481	90 765	72 418	45 643	97 848	79 726	80 412	21 398	65 810	14 831
28	93 073	76 008	17 181	08 245	30 301	99 526	43 871	25 141	80 469	40 078
29	42 929	79 022	90 722	28 943	03 646	96 171	00 696	26 123	21 841	88 779
30	89 970	61 796	96 307	47 746	77 863	15 626	55 101	12 894	67 173	52 522
31	40 163	44 327	42 395	59 182	21 330	32 920	10 826	24 565	86 071	10 766
32	65 393	32 486	21 293	89 304	29 718	12 764	97 188	05 415	44 355	15 665
33	29 493	48 109	24 582	71 274	90 927	62 437	33 542	52 174	21 642	85 425
34	59 350	73 234	20 476	55 193	74 334	32 661	65 625	20 888	68 477	87 512
35	76 491	22 652	29 529	76 267	94 147	27 805	33 596	62 329	43 825	26 026
36	35 277	83 482	90 904	46 601	55 091	02 384	28 494	19 895	34 664	13 766
37	63 326	77 210	82 539	81 034	88 780	57 947	36 643	68 800	96 216	21 100
38	56 835	96 258	92 695	16 684	41 799	49 302	01 796	91 003	18 762	46 412
39	03 168	94 198	66 470	57 654	60 943	79 638	04 966	95 369	83 960	16 354
40	13 302	06 818	53 543	88 189	15 849	97 836	57 031	93 877	79 047	71 185
41	01 884	79 899	38 756	03 113	82 628	92 585	02 698	44 468	71 339	28 985
42	85 182	94 257	27 318	02 370	58 147	73 708	36 286	24 161	62 558	89 702
43	52 905	04 490	51 865	62 012	74 239	53 358	81 976	18 412	79 085	92 460
44	60 840	36 918	08 344	75 159	83 967	09 440	65 418	15 138	10 614	13 156
45	51 081	81 878	98 940	71 912	62 318	56 870	44 222	14 433	56 423	18 951
46	18 734	95 583	16 718	04 599	37 027	44 576	60 938	26 700	43 431	34 500
47	90 608	26 709	00 236	70 050	97 059	83 219	00 634	89 171	76 802	13 150
48	20 327	90 226	40 173	29 150	11 252	00 436	30 346	95 809	12 614	87 436
49	75 680	32 861	81 333	92 553	29 981	90 148	46 317	63 824	09 295	75 395
50	66 942	28 602	84 018	71 844	02 725	25 599	63 687	41 781	74 017	64 403
51	52 484	87 728	30 455	23 040	58 722	74 158	92 236	88 614	40 766	04 311
52	16 413	81 169	18 334	20 715	04 984	33 230	69 841	11 443	89 698	52 918
53	48 167	25 557	66 396	38 351	22 989	45 597	23 518	07 507	17 096	01 030
54	78 984	97 888	98 921	98 477	89 848	95 809	96 586	68 843	84 155	03 953
55	95 018	41 589	55 879	75 855	11 597	62 969	04 994	79 617	20 549	80 231
56	75 993	65 686	78 189	53 895	11 626	27 984	54 502	15 725	07 788	99 313
57	07 631	27 955	96 325	88 088	85 887	96 440	22 674	27 883	85 391	22 768
58	18 155	15 007	02 367	67 301	06 175	10 721	14 394	02 251	79 048	61 648
59	02 443	50 360	78 934	08 703	70 028	27 860	81 529	44 952	93 581	46 190
60	04 580	81 774	71 620	13 586	98 602	31 679	85 332	39 106	67 646	10 729
61	77 230	78 101	38 250	74 625	92 119	47 814	31 124	01 607	45 464	28 530
62	94 372	17 249	13 047	69 371	26 372	70 984	12 067	50 354	55 465	74 075
63	90 295	91 730	01 403	46 240	24 349	50 769	42 421	46 609	33 492	16 312
64	55 649	83 713	57 530	87 861	13 336	96 061	84 831	00 802	61 054	06 327
65	47 052	51 561	83 041	38 200	04 316	41 816	88 072	67 720	04 569	91 095
66	77 101	72 187	70 871	51 357	35 547	15 311	78 601	42 336	68 795	84 915
67	70 619	54 781	22 695	10 521	17 380	85 938	33 267	31 565	63 414	35 734
68	66 597	08 143	35 103	50 944	75 793	37 086	09 849	37 450	00 310	17 087
69	61 012	09 352	48 867	63 199	71 428	07 816	76 901	13 285	93 000	20 149
70	29 088	84 663	64 120	18 697	99 862	18 824	99 344	62 147	04 183	09 037

续表

	51～55	56～60	61～65	66～70	71～75	76～80	81～85	86～90	91～95	96～100
71	82 313	68 734	49 888	58 112	36 753	62 937	50 816	28 569	84 685	81 678
72	91 754	19 692	66 890	63 610	18 144	05 651	11 857	66 289	33 200	44 166
73	25 185	37 217	14 840	25 119	77 342	78 871	68 781	88 239	87 231	84 486
74	26 013	69 237	76 887	16 297	07 456	68 958	94 475	38 335	43 766	88 955
75	92 186	56 021	02 863	74 768	00 876	56 127	92 545	48 196	50 703	77 519
76	27 277	05 868	92 691	36 184	37 382	18 567	93 026	42 766	56 143	51 899
77	31 727	09 336	74 436	10 163	73 884	84 491	99 597	23 294	28 456	61 739
78	21 830	56 512	81 999	42 130	52 255	23 169	55 268	06 060	47 245	69 119
79	76 978	23 547	96 756	02 761	54 340	90 012	27 299	42 448	12 667	40 209
80	91 758	96 596	13 572	60 198	59 247	05 617	44 291	25 785	10 459	39 712
81	14 833	83 625	84 396	72 242	12 442	70 296	58 396	76 435	37 225	66 503
82	00 463	46 820	72 148	46 025	31 425	84 226	20 432	90 265	74 717	38 043
83	84 536	72 818	43 593	44 714	39 465	66 390	39 614	38 612	48 225	41 829
84	36 849	25 943	02 028	60 105	92 308	81 406	19 995	20 558	69 340	55 967
85	90 568	06 007	85 028	15 485	03 021	67 392	31 166	70 406	12 746	57 022
86	63 642	38 520	97 798	91 364	17 823	27 460	00 509	59 243	37 152	70 975
87	12 995	32 788	92 607	30 824	56 374	60 608	11 822	75 320	44 339	68 892
88	88 899	25 783	70 174	32 901	21 679	48 524	73 559	70 033	47 268	37 838
89	73 718	97 208	42 952	88 530	66 384	81 652	16 246	39 357	42 512	31 361
90	09 726	71 844	58 163	08 940	16 098	32 627	70 586	96 658	41 454	70 088
91	52 741	06 744	15 172	28 049	83 570	13 559	08 159	58 888	60 202	03 529
92	19 318	47 185	86 817	22 687	84 703	74 444	80 959	60 983	23 734	09 320
93	64 607	36 229	04 780	03 744	66 204	64 657	54 110	28 273	59 813	50 670
94	83 504	61 693	42 881	91 002	86 436	81 642	98 662	81 091	94 234	92 012
95	02 280	20 838	98 052	66 524	19 089	99 190	10 501	48 991	21 030	05 120
96	92 226	64 410	60 950	50 544	57 190	98 992	64 489	68 965	15 277	41 391
97	47 137	11 981	20 446	63 748	69 653	51 751	25 150	91 516	39 686	60 928
98	23 112	92 219	21 981	90 162	83 445	01 019	36 300	47 569	70 386	76 779
99	61 376	32 272	29 694	44 997	96 256	91 033	52 944	82 792	72 567	50 996
100	19 671	07 741	61 079	73 919	50 735	22 135	98 410	34 610	11 349	09 957

附表 2　累积正态分布 $F(u_i)=P(u\leqslant u_i)=\int_{-\infty}^{u_i}\phi(u)\mathrm{d}u$ 表

u	−0.09	−0.08	−0.07	−0.06	−0.05	−0.04	−0.03	−0.02	−0.01	0.00
−3.0	0.001 00	0.001 04	0.001 07	0.001 11	0.001 14	0.001 18	0.001 22	0.001 26	0.001 31	0.001 35
−2.9	0.001 39	0.001 44	0.001 49	0.001 54	0.001 59	0.001 64	0.001 69	0.001 75	0.001 81	0.001 87
−2.8	0.001 93	0.001 99	0.002 05	0.002 12	0.002 19	0.002 26	0.002 33	0.002 40	0.002 48	0.002 56
−2.7	0.002 64	0.002 72	0.002 80	0.002 89	0.002 98	0.003 07	0.003 17	0.003 26	0.003 36	0.003 47
−2.6	0.003 57	0.003 68	0.003 79	0.003 91	0.004 02	0.004 15	0.004 27	0.004 40	0.004 53	0.004 66
−2.5	0.004 80	0.004 94	0.005 08	0.005 23	0.005 39	0.005 54	0.005 70	0.005 87	0.006 04	0.006 21
−2.4	0.006 39	0.006 57	0.006 76	0.006 95	0.007 14	0.007 34	0.007 55	0.007 76	0.007 98	0.008 20
−2.3	0.008 42	0.008 66	0.008 89	0.009 14	0.009 39	0.009 64	0.009 90	0.010 17	0.010 44	0.010 72
−2.2	0.011 01	0.011 30	0.011 60	0.011 91	0.012 22	0.012 55	0.012 87	0.013 21	0.013 55	0.013 90
−2.1	0.014 26	0.014 63	0.015 00	0.015 39	0.015 78	0.016 18	0.016 59	0.017 00	0.017 43	0.017 86
−2.0	0.018 31	0.018 76	0.019 23	0.019 70	0.020 18	0.020 68	0.021 18	0.021 69	0.022 22	0.022 75
−1.9	0.023 30	0.023 85	0.024 42	0.025 00	0.025 59	0.026 19	0.026 80	0.027 43	0.028 07	0.028 72
−1.8	0.029 38	0.030 05	0.030 74	0.031 44	0.032 16	0.032 88	0.033 62	0.034 38	0.035 15	0.035 93
−1.7	0.036 73	0.037 54	0.038 36	0.039 20	0.040 06	0.040 93	0.041 82	0.042 72	0.043 63	0.044 57
−1.6	0.045 51	0.046 48	0.047 46	0.048 46	0.049 47	0.050 50	0.051 55	0.052 62	0.053 70	0.054 80
−1.5	0.055 92	0.057 05	0.058 21	0.059 38	0.060 57	0.061 78	0.063 01	0.064 26	0.065 52	0.066 81
−1.4	0.068 11	0.069 44	0.070 78	0.072 15	0.073 53	0.074 93	0.076 36	0.077 80	0.079 27	0.080 76
−1.3	0.082 26	0.083 79	0.085 34	0.086 91	0.088 51	0.090 12	0.091 76	0.093 42	0.095 10	0.096 80
−1.2	0.098 53	0.100 27	0.102 04	0.103 83	0.105 65	0.107 49	0.109 35	0.111 23	0.113 14	0.115 07
−1.1	0.117 02	0.119 00	0.121 00	0.123 02	0.125 07	0.127 14	0.129 24	0.131 36	0.133 50	0.135 67
−1.0	0.137 86	0.140 07	0.142 31	0.144 57	0.146 86	0.149 17	0.151 51	0.153 86	0.156 25	0.158 66
−0.9	0.161 09	0.163 54	0.166 02	0.168 53	0.171 06	0.173 61	0.176 19	0.178 79	0.181 41	0.184 06
−0.8	0.186 73	0.189 43	0.192 15	0.194 89	0.197 66	0.200 45	0.203 27	0.206 11	0.208 97	0.211 86
−0.7	0.214 76	0.217 70	0.220 65	0.223 63	0.226 63	0.229 65	0.232 70	0.235 76	0.238 85	0.241 96
−0.6	0.245 10	0.248 25	0.251 43	0.254 63	0.257 85	0.261 09	0.264 35	0.267 63	0.270 93	0.274 25
−0.5	0.277 60	0.280 96	0.284 34	0.287 74	0.291 16	0.294 60	0.298 06	0.301 53	0.305 03	0.308 54
−0.4	0.312 07	0.315 61	0.319 18	0.322 76	0.326 36	0.329 97	0.333 60	0.337 24	0.340 90	0.344 58
−0.3	0.348 27	0.351 97	0.355 69	0.359 42	0.363 17	0.366 93	0.370 70	0.374 48	0.378 28	0.382 09
−0.2	0.385 91	0.389 74	0.393 58	0.397 43	0.401 29	0.405 17	0.409 05	0.412 94	0.416 83	0.420 74
−0.1	0.424 65	0.428 58	0.432 51	0.436 44	0.440 38	0.444 33	0.448 28	0.452 24	0.456 20	0.460 17

续表

u	0.00	0.01	0.02	0.03	0.04	0.05	0.06	0.07	0.08	0.09
0.0	0.500 00	0.503 99	0.507 98	0.511 97	0.515 95	0.519 94	0.523 92	0.527 90	0.531 88	0.535 86
0.1	0.539 83	0.543 80	0.547 76	0.551 72	0.555 67	0.559 62	0.563 56	0.567 49	0.571 42	0.575 35
0.2	0.579 26	0.583 17	0.587 06	0.590 95	0.594 83	0.598 71	0.602 57	0.606 42	0.610 26	0.614 09
0.3	0.617 91	0.621 72	0.625 52	0.629 30	0.633 07	0.636 83	0.640 58	0.644 31	0.648 03	0.651 73
0.4	0.655 42	0.659 10	0.662 76	0.666 40	0.670 03	0.673 64	0.677 24	0.680 82	0.684 39	0.687 93
0.5	0.691 46	0.694 97	0.698 47	0.701 94	0.705 40	0.708 84	0.712 26	0.715 66	0.719 04	0.722 40
0.6	0.725 75	0.729 07	0.732 37	0.735 65	0.738 91	0.742 15	0.745 37	0.748 57	0.751 75	0.754 90
0.7	0.758 04	0.761 15	0.764 24	0.767 30	0.770 35	0.773 37	0.776 37	0.779 35	0.782 30	0.785 24
0.8	0.788 14	0.791 03	0.793 89	0.796 73	0.799 55	0.802 34	0.805 11	0.807 85	0.810 57	0.813 27
0.9	0.815 94	0.818 59	0.821 21	0.823 81	0.826 39	0.828 94	0.831 47	0.833 98	0.836 46	0.838 91
1.0	0.841 34	0.843 75	0.846 14	0.848 49	0.850 83	0.853 14	0.855 43	0.857 69	0.859 93	0.862 14
1.1	0.864 33	0.866 50	0.868 64	0.870 76	0.872 86	0.874 93	0.876 98	0.879 00	0.881 00	0.882 98
1.2	0.884 93	0.886 86	0.888 77	0.890 65	0.892 51	0.894 35	0.896 17	0.897 96	0.899 73	0.901 47
1.3	0.903 20	0.904 90	0.906 58	0.908 24	0.909 88	0.911 49	0.913 09	0.914 66	0.916 21	0.917 74
1.4	0.919 24	0.920 73	0.922 20	0.923 64	0.925 07	0.926 47	0.927 85	0.929 22	0.930 56	0.931 89
1.5	0.933 19	0.934 48	0.935 74	0.936 99	0.938 22	0.939 43	0.940 62	0.941 79	0.942 95	0.944 08
1.6	0.945 20	0.946 30	0.947 38	0.948 45	0.949 50	0.950 53	0.951 54	0.952 54	0.953 52	0.954 49
1.7	0.955 43	0.956 37	0.957 28	0.958 18	0.959 07	0.959 94	0.960 80	0.961 64	0.962 46	0.963 27
1.8	0.964 07	0.964 85	0.965 62	0.966 38	0.967 12	0.967 84	0.968 56	0.969 26	0.969 95	0.970 62
1.9	0.971 28	0.971 93	0.972 57	0.973 20	0.973 81	0.974 41	0.975 00	0.975 58	0.976 15	0.976 70
2.0	0.977 25	0.977 78	0.978 31	0.978 82	0.979 32	0.979 82	0.980 30	0.980 77	0.981 24	0.981 69
2.1	0.982 14	0.982 57	0.983 00	0.983 41	0.983 82	0.984 22	0.984 61	0.985 00	0.985 37	0.985 74
2.2	0.986 10	0.986 45	0.986 79	0.987 13	0.987 45	0.987 78	0.988 09	0.988 40	0.988 70	0.988 99
2.3	0.989 28	0.989 56	0.989 83	0.990 10	0.990 36	0.990 61	0.990 86	0.991 11	0.991 34	0.991 58
2.4	0.991 80	0.992 02	0.992 24	0.992 45	0.992 66	0.992 86	0.993 05	0.993 24	0.993 43	0.993 61
2.5	0.993 79	0.993 96	0.994 13	0.994 30	0.994 46	0.994 61	0.994 77	0.994 92	0.995 06	0.995 20
2.6	0.995 34	0.995 47	0.995 60	0.995 73	0.995 85	0.995 98	0.996 09	0.996 21	0.996 32	0.996 43
2.7	0.996 53	0.996 64	0.996 74	0.996 83	0.996 93	0.997 02	0.997 11	0.997 20	0.997 28	0.997 36
2.8	0.997 44	0.997 52	0.997 60	0.997 67	0.997 74	0.997 81	0.997 88	0.997 95	0.998 01	0.998 07
2.9	0.998 13	0.998 19	0.998 25	0.998 31	0.998 36	0.998 41	0.998 46	0.998 51	0.998 56	0.998 61
3.0	0.998 65	0.998 69	0.998 74	0.998 78	0.998 82	0.998 86	0.998 89	0.998 93	0.998 96	0.999 00

附表3 正态离差 u_α 值表（两尾）

α	0.010	0.020	0.030	0.040	0.050	0.060	0.070	0.080	0.090	0.100
0.00	2.575 83	2.326 35	2.170 09	2.053 75	1.959 96	1.880 79	1.811 91	1.750 69	1.695 40	1.644 85
0.10	1.598 19	1.554 77	1.514 10	1.475 79	1.439 53	1.405 07	1.372 20	1.340 76	1.310 58	1.281 55
0.20	1.253 57	1.226 53	1.200 36	1.174 99	1.150 35	1.126 39	1.103 06	1.080 32	1.058 12	1.036 43
0.30	1.015 22	0.994 46	0.974 11	0.954 17	0.934 59	0.915 37	0.896 47	0.877 90	0.859 62	0.841 62
0.40	0.823 89	0.806 42	0.789 19	0.772 19	0.755 42	0.738 85	0.722 48	0.706 30	0.690 31	0.674 49
0.50	0.658 84	0.643 35	0.628 01	0.612 81	0.597 76	0.582 84	0.568 05	0.553 38	0.538 84	0.524 40
0.60	0.510 07	0.495 85	0.481 73	0.467 70	0.453 76	0.439 91	0.426 15	0.412 46	0.398 86	0.385 32
0.70	0.371 86	0.358 46	0.345 13	0.331 85	0.318 64	0.305 48	0.292 37	0.279 32	0.266 31	0.253 35
0.80	0.240 43	0.227 54	0.214 70	0.201 89	0.189 12	0.176 37	0.163 66	0.150 97	0.138 30	0.125 66
0.90	0.113 04	0.100 43	0.087 84	0.075 27	0.062 71	0.050 15	0.037 61	0.025 07	0.012 53	0.000 00

附表4　*t*分布表（两尾）

df	0.500	0.400	0.200	0.100	0.050	0.025	0.010	0.005	0.001
1	1.000	1.376	3.078	6.314	12.706	25.452	63.657	127.321	636.619
2	0.816	1.061	1.886	2.920	4.303	6.205	9.925	14.089	31.599
3	0.765	0.978	1.638	2.353	3.182	4.177	5.841	7.453	12.924
4	0.741	0.941	1.533	2.132	2.776	3.495	4.604	5.598	8.610
5	0.727	0.920	1.476	2.015	2.571	3.163	4.032	4.773	6.869
6	0.718	0.906	1.440	1.943	2.447	2.969	3.707	4.317	5.959
7	0.711	0.896	1.415	1.895	2.365	2.841	3.499	4.029	5.408
8	0.706	0.889	1.397	1.860	2.306	2.752	3.355	3.833	5.041
9	0.703	0.883	1.383	1.833	2.262	2.685	3.250	3.690	4.781
10	0.700	0.879	1.372	1.812	2.228	2.634	3.169	3.581	4.587
11	0.697	0.876	1.363	1.796	2.201	2.593	3.106	3.497	4.437
12	0.695	0.873	1.356	1.782	2.179	2.560	3.055	3.428	4.318
13	0.694	0.870	1.350	1.771	2.160	2.533	3.012	3.372	4.221
14	0.692	0.868	1.345	1.761	2.145	2.510	2.977	3.326	4.140
15	0.691	0.866	1.341	1.753	2.131	2.490	2.947	3.286	4.073
16	0.690	0.865	1.337	1.746	2.120	2.473	2.921	3.252	4.015
17	0.689	0.863	1.333	1.740	2.110	2.458	2.898	3.222	3.965
18	0.688	0.862	1.330	1.734	2.101	2.445	2.878	3.197	3.922
19	0.688	0.861	1.328	1.729	2.093	2.433	2.861	3.174	3.883
20	0.687	0.860	1.325	1.725	2.086	2.423	2.845	3.153	3.850
21	0.686	0.859	1.323	1.721	2.080	2.414	2.831	3.135	3.819
22	0.686	0.858	1.321	1.717	2.074	2.405	2.819	3.119	3.792
23	0.685	0.858	1.319	1.714	2.069	2.398	2.807	3.104	3.768
24	0.685	0.857	1.318	1.711	2.064	2.391	2.797	3.091	3.745
25	0.684	0.856	1.316	1.708	2.060	2.385	2.787	3.078	3.725
26	0.684	0.856	1.315	1.706	2.056	2.379	2.779	3.067	3.707
27	0.684	0.855	1.314	1.703	2.052	2.373	2.771	3.057	3.690
28	0.683	0.855	1.313	1.701	2.048	2.368	2.763	3.047	3.674
29	0.683	0.854	1.311	1.699	2.045	2.364	2.756	3.038	3.659
30	0.683	0.854	1.310	1.697	2.042	2.360	2.750	3.030	3.646
31	0.682	0.853	1.309	1.696	2.040	2.356	2.744	3.022	3.633
32	0.682	0.853	1.309	1.694	2.037	2.352	2.738	3.015	3.622
33	0.682	0.853	1.308	1.692	2.035	2.348	2.733	3.008	3.611
34	0.682	0.852	1.307	1.691	2.032	2.345	2.728	3.002	3.601
35	0.682	0.852	1.306	1.690	2.030	2.342	2.724	2.996	3.591

续表

df	0.500	0.400	0.200	0.100	0.050	0.025	0.010	0.005	0.001
36	0.681	0.852	1.306	1.688	2.028	2.339	2.719	2.990	3.582
37	0.681	0.851	1.305	1.687	2.026	2.336	2.715	2.985	3.574
38	0.681	0.851	1.304	1.686	2.024	2.334	2.712	2.980	3.566
39	0.681	0.851	1.304	1.685	2.023	2.331	2.708	2.976	3.558
40	0.681	0.851	1.303	1.684	2.021	2.329	2.704	2.971	3.551
41	0.681	0.850	1.303	1.683	2.020	2.327	2.701	2.967	3.544
42	0.680	0.850	1.302	1.682	2.018	2.325	2.698	2.963	3.538
43	0.680	0.850	1.302	1.681	2.017	2.323	2.695	2.959	3.532
44	0.680	0.850	1.301	1.680	2.015	2.321	2.692	2.956	3.526
45	0.680	0.850	1.301	1.679	2.014	2.319	2.690	2.952	3.520
46	0.680	0.850	1.300	1.679	2.013	2.317	2.687	2.949	3.515
47	0.680	0.849	1.300	1.678	2.012	2.315	2.685	2.946	3.510
48	0.680	0.849	1.299	1.677	2.011	2.314	2.682	2.943	3.505
49	0.680	0.849	1.299	1.677	2.010	2.312	2.680	2.940	3.500
50	0.679	0.849	1.299	1.676	2.009	2.311	2.678	2.937	3.496
60	0.679	0.848	1.296	1.671	2.000	2.299	2.660	2.915	3.460
70	0.678	0.847	1.294	1.667	1.994	2.291	2.648	2.899	3.435
80	0.678	0.846	1.292	1.664	1.990	2.284	2.639	2.887	3.416
90	0.677	0.846	1.291	1.662	1.987	2.280	2.632	2.878	3.402
100	0.677	0.845	1.290	1.660	1.984	2.276	2.626	2.871	3.390
110	0.677	0.845	1.289	1.659	1.982	2.272	2.621	2.865	3.381
120	0.677	0.845	1.289	1.658	1.980	2.270	2.617	2.860	3.373
130	0.676	0.844	1.288	1.657	1.978	2.268	2.614	2.856	3.367
140	0.676	0.844	1.288	1.656	1.977	2.266	2.611	2.852	3.361
150	0.676	0.844	1.287	1.655	1.976	2.264	2.609	2.849	3.357
160	0.676	0.844	1.287	1.654	1.975	2.263	2.607	2.846	3.352
170	0.676	0.844	1.287	1.654	1.974	2.261	2.605	2.844	3.349
180	0.676	0.844	1.286	1.653	1.973	2.260	2.603	2.842	3.345
200	0.676	0.843	1.286	1.653	1.972	2.258	2.601	2.839	3.340
∞	0.674	0.842	1.282	1.645	1.960	2.241	2.576	2.807	3.290

附表5　5%（上）和1%（下）F值表（一尾）

df_2	α	df_1												
		1	2	3	4	5	6	7	8	9	10	11	12	13
1	0.05	161.45	199.50	215.71	224.58	230.16	233.99	236.77	238.88	240.54	241.88	242.98	243.91	244.69
	0.01	4052.18	4999.50	5403.35	5624.58	5763.65	5858.99	5928.36	5981.07	6022.47	6055.85	6083.32	6106.32	6125.86
2	0.05	18.51	19.00	19.16	19.25	19.30	19.33	19.35	19.37	19.38	19.40	19.40	19.41	19.42
	0.01	98.50	99.00	99.17	99.25	99.30	99.33	99.36	99.37	99.39	99.40	99.41	99.42	99.42
3	0.05	10.13	9.55	9.28	9.12	9.01	8.94	8.89	8.85	8.81	8.79	8.76	8.74	8.73
	0.01	34.12	30.82	29.46	28.71	28.24	27.91	27.67	27.49	27.35	27.23	27.13	27.05	26.98
4	0.05	7.71	6.94	6.59	6.39	6.26	6.16	6.09	6.04	6.00	5.96	5.94	5.91	5.89
	0.01	21.20	18.00	16.69	15.98	15.52	15.21	14.98	14.80	14.66	14.55	14.45	14.37	14.31
5	0.05	6.61	5.79	5.41	5.19	5.05	4.95	4.88	4.82	4.77	4.74	4.70	4.68	4.66
	0.01	16.26	13.27	12.06	11.39	10.97	10.67	10.46	10.29	10.16	10.05	9.96	9.89	9.82
6	0.05	5.99	5.14	4.76	4.53	4.39	4.28	4.21	4.15	4.10	4.06	4.03	4.00	3.98
	0.01	13.75	10.92	9.78	9.15	8.75	8.47	8.26	8.10	7.98	7.87	7.79	7.72	7.66
7	0.05	5.59	4.74	4.35	4.12	3.97	3.87	3.79	3.73	3.68	3.64	3.60	3.57	3.55
	0.01	12.25	9.55	8.45	7.85	7.46	7.19	6.99	6.84	6.72	6.62	6.54	6.47	6.41
8	0.05	5.32	4.46	4.07	3.84	3.69	3.58	3.50	3.44	3.39	3.35	3.31	3.28	3.26
	0.01	11.26	8.65	7.59	7.01	6.63	6.37	6.18	6.03	5.91	5.81	5.73	5.67	5.61
9	0.05	5.12	4.26	3.86	3.63	3.48	3.37	3.29	3.23	3.18	3.14	3.10	3.07	3.05
	0.01	10.56	8.02	6.99	6.42	6.06	5.80	5.61	5.47	5.35	5.26	5.18	5.11	5.05
10	0.05	4.96	4.10	3.71	3.48	3.33	3.22	3.14	3.07	3.02	2.98	2.94	2.91	2.89
	0.01	10.04	7.56	6.55	5.99	5.64	5.39	5.20	5.06	4.94	4.85	4.77	4.71	4.65
11	0.05	4.84	3.98	3.59	3.36	3.20	3.09	3.01	2.95	2.90	2.85	2.82	2.79	2.76
	0.01	9.65	7.21	6.22	5.67	5.32	5.07	4.89	4.74	4.63	4.54	4.46	4.40	4.34
12	0.05	4.75	3.89	3.49	3.26	3.11	3.00	2.91	2.85	2.80	2.75	2.72	2.69	2.66
	0.01	9.33	6.93	5.95	5.41	5.06	4.82	4.64	4.50	4.39	4.30	4.22	4.16	4.10
13	0.05	4.67	3.81	3.41	3.18	3.03	2.92	2.83	2.77	2.71	2.67	2.63	2.60	2.58
	0.01	9.07	6.70	5.74	5.21	4.86	4.62	4.44	4.30	4.19	4.10	4.02	3.96	3.91
14	0.05	4.60	3.74	3.34	3.11	2.96	2.85	2.76	2.70	2.65	2.60	2.57	2.53	2.51
	0.01	8.86	6.51	5.56	5.04	4.69	4.46	4.28	4.14	4.03	3.94	3.86	3.80	3.75
15	0.05	4.54	3.68	3.29	3.06	2.90	2.79	2.71	2.64	2.59	2.54	2.51	2.48	2.45
	0.01	8.68	6.36	5.42	4.89	4.56	4.32	4.14	4.00	3.89	3.80	3.73	3.67	3.61
16	0.05	4.49	3.63	3.24	3.01	2.85	2.74	2.66	2.59	2.54	2.49	2.46	2.42	2.40
	0.01	8.53	6.23	5.29	4.77	4.44	4.20	4.03	3.89	3.78	3.69	3.62	3.55	3.50
17	0.05	4.45	3.59	3.20	2.96	2.81	2.70	2.61	2.55	2.49	2.45	2.41	2.38	2.35
	0.01	8.40	6.11	5.18	4.67	4.34	4.10	3.93	3.79	3.68	3.59	3.52	3.46	3.40
18	0.05	4.41	3.55	3.16	2.93	2.77	2.66	2.58	2.51	2.46	2.41	2.37	2.34	2.31
	0.01	8.29	6.01	5.09	4.58	4.25	4.01	3.84	3.71	3.60	3.51	3.43	3.37	3.32
19	0.05	4.38	3.52	3.13	2.90	2.74	2.63	2.54	2.48	2.42	2.38	2.34	2.31	2.28
	0.01	8.18	5.93	5.01	4.50	4.17	3.94	3.77	3.63	3.52	3.43	3.36	3.30	3.24

续表

df_2	α	df_1												
		1	2	3	4	5	6	7	8	9	10	11	12	13
20	0.05	4.35	3.49	3.10	2.87	2.71	2.60	2.51	2.45	2.39	2.35	2.31	2.28	2.25
	0.01	8.10	5.85	4.94	4.43	4.10	3.87	3.70	3.56	3.46	3.37	3.29	3.23	3.18
21	0.05	4.32	3.47	3.07	2.84	2.68	2.57	2.49	2.42	2.37	2.32	2.28	2.25	2.22
	0.01	8.02	5.78	4.87	4.37	4.04	3.81	3.64	3.51	3.40	3.31	3.24	3.17	3.12
22	0.05	4.30	3.44	3.05	2.82	2.66	2.55	2.46	2.40	2.34	2.30	2.26	2.23	2.20
	0.01	7.95	5.72	4.82	4.31	3.99	3.76	3.59	3.45	3.35	3.26	3.18	3.12	3.07
23	0.05	4.28	3.42	3.03	2.80	2.64	2.53	2.44	2.37	2.32	2.27	2.24	2.20	2.18
	0.01	7.88	5.66	4.76	4.26	3.94	3.71	3.54	3.41	3.30	3.21	3.14	3.07	3.02
24	0.05	4.26	3.40	3.01	2.78	2.62	2.51	2.42	2.36	2.30	2.25	2.22	2.18	2.15
	0.01	7.82	5.61	4.72	4.22	3.90	3.67	3.50	3.36	3.26	3.17	3.09	3.03	2.98
25	0.05	4.24	3.39	2.99	2.76	2.60	2.49	2.40	2.34	2.28	2.24	2.20	2.16	2.14
	0.01	7.77	5.57	4.68	4.18	3.85	3.63	3.46	3.32	3.22	3.13	3.06	2.99	2.94
26	0.05	4.23	3.37	2.98	2.74	2.59	2.47	2.39	2.32	2.27	2.22	2.18	2.15	2.12
	0.01	7.72	5.53	4.64	4.14	3.82	3.59	3.42	3.29	3.18	3.09	3.02	2.96	2.90
27	0.05	4.21	3.35	2.96	2.73	2.57	2.46	2.37	2.31	2.25	2.20	2.17	2.13	2.10
	0.01	7.68	5.49	4.60	4.11	3.78	3.56	3.39	3.26	3.15	3.06	2.99	2.93	2.87
28	0.05	4.20	3.34	2.95	2.71	2.56	2.45	2.36	2.29	2.24	2.19	2.15	2.12	2.09
	0.01	7.64	5.45	4.57	4.07	3.75	3.53	3.36	3.23	3.12	3.03	2.96	2.90	2.84
29	0.05	4.18	3.33	2.93	2.70	2.55	2.43	2.35	2.28	2.22	2.18	2.14	2.10	2.08
	0.01	7.60	5.42	4.54	4.04	3.73	3.50	3.33	3.20	3.09	3.00	2.93	2.87	2.81
30	0.05	4.17	3.32	2.92	2.69	2.53	2.42	2.33	2.27	2.21	2.16	2.13	2.09	2.06
	0.01	7.56	5.39	4.51	4.02	3.70	3.47	3.30	3.17	3.07	2.98	2.91	2.84	2.79
31	0.05	4.16	3.30	2.91	2.68	2.52	2.41	2.32	2.25	2.20	2.15	2.11	2.08	2.05
	0.01	7.53	5.36	4.48	3.99	3.67	3.45	3.28	3.15	3.04	2.96	2.88	2.82	2.77
32	0.05	4.15	3.29	2.90	2.67	2.51	2.40	2.31	2.24	2.19	2.14	2.10	2.07	2.04
	0.01	7.50	5.34	4.46	3.97	3.65	3.43	3.26	3.13	3.02	2.93	2.86	2.80	2.74
34	0.05	4.13	3.28	2.88	2.65	2.49	2.38	2.29	2.23	2.17	2.12	2.08	2.05	2.02
	0.01	7.44	5.29	4.42	3.93	3.61	3.39	3.22	3.09	2.98	2.89	2.82	2.76	2.70
36	0.05	4.11	3.26	2.87	2.63	2.48	2.36	2.28	2.21	2.15	2.11	2.07	2.03	2.00
	0.01	7.40	5.25	4.38	3.89	3.57	3.35	3.18	3.05	2.95	2.86	2.79	2.72	2.67
38	0.05	4.10	3.24	2.85	2.62	2.46	2.35	2.26	2.19	2.14	2.09	2.05	2.02	1.99
	0.01	7.35	5.21	4.34	3.86	3.54	3.32	3.15	3.02	2.92	2.83	2.75	2.69	2.64
40	0.05	4.08	3.23	2.84	2.61	2.45	2.34	2.25	2.18	2.12	2.08	2.04	2.00	1.97
	0.01	7.31	5.18	4.31	3.83	3.51	3.29	3.12	2.99	2.89	2.80	2.73	2.66	2.61
42	0.05	4.07	3.22	2.83	2.59	2.44	2.32	2.24	2.17	2.11	2.06	2.03	1.99	1.96
	0.01	7.28	5.15	4.29	3.80	3.49	3.27	3.10	2.97	2.86	2.78	2.70	2.64	2.59
44	0.05	4.06	3.21	2.82	2.58	2.43	2.31	2.23	2.16	2.10	2.05	2.01	1.98	1.95
	0.01	7.25	5.12	4.26	3.78	3.47	3.24	3.08	2.95	2.84	2.75	2.68	2.62	2.56
46	0.05	4.05	3.20	2.81	2.57	2.42	2.30	2.22	2.15	2.09	2.04	2.00	1.97	1.94
	0.01	7.22	5.10	4.24	3.76	3.44	3.22	3.06	2.93	2.82	2.73	2.66	2.60	2.54
48	0.05	4.04	3.19	2.80	2.57	2.41	2.29	2.21	2.14	2.08	2.03	1.99	1.96	1.93
	0.01	7.19	5.08	4.22	3.74	3.43	3.20	3.04	2.91	2.80	2.71	2.64	2.58	2.53

续表

df_2	α	df_1												
		1	2	3	4	5	6	7	8	9	10	11	12	13
50	0.05	4.03	3.18	2.79	2.56	2.40	2.29	2.20	2.13	2.07	2.03	1.99	1.95	1.92
	0.01	7.17	5.06	4.20	3.72	3.41	3.19	3.02	2.89	2.78	2.70	2.63	2.56	2.51
55	0.05	4.02	3.16	2.77	2.54	2.38	2.27	2.18	2.11	2.06	2.01	1.97	1.93	1.90
	0.01	7.12	5.01	4.16	3.68	3.37	3.15	2.98	2.85	2.75	2.66	2.59	2.53	2.47
60	0.05	4.00	3.15	2.76	2.53	2.37	2.25	2.17	2.10	2.04	1.99	1.95	1.92	1.89
	0.01	7.08	4.98	4.13	3.65	3.34	3.12	2.95	2.82	2.72	2.63	2.56	2.50	2.44
65	0.05	3.99	3.14	2.75	2.51	2.36	2.24	2.15	2.08	2.03	1.98	1.94	1.90	1.87
	0.01	7.04	4.95	4.10	3.62	3.31	3.09	2.93	2.80	2.69	2.61	2.53	2.47	2.42
70	0.05	3.98	3.13	2.74	2.50	2.35	2.23	2.14	2.07	2.02	1.97	1.93	1.89	1.86
	0.01	7.01	4.92	4.07	3.60	3.29	3.07	2.91	2.78	2.67	2.59	2.51	2.45	2.40
80	0.05	3.96	3.11	2.72	2.49	2.33	2.21	2.13	2.06	2.00	1.95	1.91	1.88	1.84
	0.01	6.96	4.88	4.04	3.56	3.26	3.04	2.87	2.74	2.64	2.55	2.48	2.42	2.36
100	0.05	3.94	3.09	2.70	2.46	2.31	2.19	2.10	2.03	1.97	1.93	1.89	1.85	1.82
	0.01	6.90	4.82	3.98	3.51	3.21	2.99	2.82	2.69	2.59	2.50	2.43	2.37	2.31
150	0.05	3.90	3.06	2.66	2.43	2.27	2.16	2.07	2.00	1.94	1.89	1.85	1.82	1.79
	0.01	6.81	4.75	3.91	3.45	3.14	2.92	2.76	2.63	2.53	2.44	2.37	2.31	2.25
200	0.05	3.89	3.04	2.65	2.42	2.26	2.14	2.06	1.98	1.93	1.88	1.84	1.80	1.77
	0.01	6.76	4.71	3.88	3.41	3.11	2.89	2.73	2.60	2.50	2.41	2.34	2.27	2.22
250	0.05	3.88	3.03	2.64	2.41	2.25	2.13	2.05	1.98	1.92	1.87	1.83	1.79	1.76
	0.01	6.74	4.69	3.86	3.40	3.09	2.87	2.71	2.58	2.48	2.39	2.32	2.26	2.20
300	0.05	3.87	3.03	2.63	2.40	2.24	2.13	2.04	1.97	1.91	1.86	1.82	1.78	1.75
	0.01	6.72	4.68	3.85	3.38	3.08	2.86	2.70	2.57	2.47	2.38	2.31	2.24	2.19
400	0.05	3.86	3.02	2.63	2.39	2.24	2.12	2.03	1.96	1.90	1.85	1.81	1.78	1.74
	0.01	6.70	4.66	3.83	3.37	3.06	2.85	2.68	2.56	2.45	2.37	2.29	2.23	2.17
500	0.05	3.86	3.01	2.62	2.39	2.23	2.12	2.03	1.96	1.90	1.85	1.81	1.77	1.74
	0.01	6.69	4.65	3.82	3.36	3.05	2.84	2.68	2.55	2.44	2.36	2.28	2.22	2.17
1000	0.05	3.85	3.00	2.61	2.38	2.22	2.11	2.02	1.95	1.89	1.84	1.80	1.76	1.73
	0.01	6.66	4.63	3.80	3.34	3.04	2.82	2.66	2.53	2.43	2.34	2.27	2.20	2.15
2000	0.05	3.85	3.00	2.61	2.38	2.22	2.10	2.01	1.94	1.88	1.84	1.79	1.76	1.73
	0.01	6.65	4.62	3.79	3.33	3.03	2.81	2.65	2.52	2.42	2.33	2.26	2.19	2.14
3000	0.05	3.84	3.00	2.61	2.37	2.22	2.10	2.01	1.94	1.88	1.83	1.79	1.76	1.72
	0.01	6.64	4.61	3.79	3.33	3.02	2.81	2.65	2.52	2.41	2.33	2.25	2.19	2.14

df_2	α	df_1												
		14	15	16	17	18	19	20	21	22	23	24	25	26
1	0.05	245.36	245.95	246.46	246.92	247.32	247.69	248.01	248.31	248.58	248.83	249.05	249.26	249.45
	0.01	6142.67	6157.28	6170.10	6181.43	6191.53	6200.58	6208.73	6216.12	6222.84	6228.99	6234.63	6239.83	6244.62
2	0.05	19.42	19.43	19.43	19.44	19.44	19.44	19.45	19.45	19.45	19.45	19.45	19.46	19.46
	0.01	99.43	99.43	99.44	99.44	99.44	99.45	99.45	99.45	99.45	99.46	99.46	99.46	99.46
3	0.05	8.71	8.70	8.69	8.68	8.67	8.67	8.66	8.65	8.65	8.64	8.64	8.63	8.63
	0.01	26.92	26.87	26.83	26.79	26.75	26.72	26.69	26.66	26.64	26.62	26.60	26.58	26.56
4	0.05	5.87	5.86	5.84	5.83	5.82	5.81	5.80	5.79	5.79	5.78	5.77	5.77	5.76
	0.01	14.25	14.20	14.15	14.11	14.08	14.05	14.02	13.99	13.97	13.95	13.93	13.91	13.89

续表

df_2	α	df_1												
		14	15	16	17	18	19	20	21	22	23	24	25	26
5	0.05	4.64	4.62	4.60	4.59	4.58	4.57	4.56	4.55	4.54	4.53	4.53	4.52	4.52
	0.01	9.77	9.72	9.68	9.64	9.61	9.58	9.55	9.53	9.51	9.49	9.47	9.45	9.43
6	0.05	3.96	3.94	3.92	3.91	3.90	3.88	3.87	3.86	3.86	3.85	3.84	3.83	3.83
	0.01	7.60	7.56	7.52	7.48	7.45	7.42	7.40	7.37	7.35	7.33	7.31	7.30	7.28
7	0.05	3.53	3.51	3.49	3.48	3.47	3.46	3.44	3.43	3.43	3.42	3.41	3.40	3.40
	0.01	6.36	6.31	6.28	6.24	6.21	6.18	6.16	6.13	6.11	6.09	6.07	6.06	6.04
8	0.05	3.24	3.22	3.20	3.19	3.17	3.16	3.15	3.14	3.13	3.12	3.12	3.11	3.10
	0.01	5.56	5.52	5.48	5.44	5.41	5.38	5.36	5.34	5.32	5.30	5.28	5.26	5.25
9	0.05	3.03	3.01	2.99	2.97	2.96	2.95	2.94	2.93	2.92	2.91	2.90	2.89	2.89
	0.01	5.01	4.96	4.92	4.89	4.86	4.83	4.81	4.79	4.77	4.75	4.73	4.71	4.70
10	0.05	2.86	2.85	2.83	2.81	2.80	2.79	2.77	2.76	2.75	2.75	2.74	2.73	2.72
	0.01	4.60	4.56	4.52	4.49	4.46	4.43	4.41	4.38	4.36	4.34	4.33	4.31	4.30
11	0.05	2.74	2.72	2.70	2.69	2.67	2.66	2.65	2.64	2.63	2.62	2.61	2.60	2.59
	0.01	4.29	4.25	4.21	4.18	4.15	4.12	4.10	4.08	4.06	4.04	4.02	4.01	3.99
12	0.05	2.64	2.62	2.60	2.58	2.57	2.56	2.54	2.53	2.52	2.51	2.51	2.50	2.49
	0.01	4.05	4.01	3.97	3.94	3.91	3.88	3.86	3.84	3.82	3.80	3.78	3.76	3.75
13	0.05	2.55	2.53	2.51	2.50	2.48	2.47	2.46	2.45	2.44	2.43	2.42	2.41	2.41
	0.01	3.86	3.82	3.78	3.75	3.72	3.69	3.66	3.64	3.62	3.60	3.59	3.57	3.56
14	0.05	2.48	2.46	2.44	2.43	2.41	2.40	2.39	2.38	2.37	2.36	2.35	2.34	2.33
	0.01	3.70	3.66	3.62	3.59	3.56	3.53	3.51	3.48	3.46	3.44	3.43	3.41	3.40
15	0.05	2.42	2.40	2.38	2.37	2.35	2.34	2.33	2.32	2.31	2.30	2.29	2.28	2.27
	0.01	3.56	3.52	3.49	3.45	3.42	3.40	3.37	3.35	3.33	3.31	3.29	3.28	3.26
16	0.05	2.37	2.35	2.33	2.32	2.30	2.29	2.28	2.26	2.25	2.24	2.24	2.23	2.22
	0.01	3.45	3.41	3.37	3.34	3.31	3.28	3.26	3.24	3.22	3.20	3.18	3.16	3.15
17	0.05	2.33	2.31	2.29	2.27	2.26	2.24	2.23	2.22	2.21	2.20	2.19	2.18	2.17
	0.01	3.35	3.31	3.27	3.24	3.21	3.19	3.16	3.14	3.12	3.10	3.08	3.07	3.05
18	0.05	2.29	2.27	2.25	2.23	2.22	2.20	2.19	2.18	2.17	2.16	2.15	2.14	2.13
	0.01	3.27	3.23	3.19	3.16	3.13	3.10	3.08	3.05	3.03	3.02	3.00	2.98	2.97
19	0.05	2.26	2.23	2.21	2.20	2.18	2.17	2.16	2.14	2.13	2.12	2.11	2.11	2.10
	0.01	3.19	3.15	3.12	3.08	3.05	3.03	3.00	2.98	2.96	2.94	2.92	2.91	2.89
20	0.05	2.22	2.20	2.18	2.17	2.15	2.14	2.12	2.11	2.10	2.09	2.08	2.07	2.07
	0.01	3.13	3.09	3.05	3.02	2.99	2.96	2.94	2.92	2.90	2.88	2.86	2.84	2.83
21	0.05	2.20	2.18	2.16	2.14	2.12	2.11	2.10	2.08	2.07	2.06	2.05	2.05	2.04
	0.01	3.07	3.03	2.99	2.96	2.93	2.90	2.88	2.86	2.84	2.82	2.80	2.79	2.77
22	0.05	2.17	2.15	2.13	2.11	2.10	2.08	2.07	2.06	2.05	2.04	2.03	2.02	2.01
	0.01	3.02	2.98	2.94	2.91	2.88	2.85	2.83	2.81	2.78	2.77	2.75	2.73	2.72
23	0.05	2.15	2.13	2.11	2.09	2.08	2.06	2.05	2.04	2.02	2.01	2.01	2.00	1.99
	0.01	2.97	2.93	2.89	2.86	2.83	2.80	2.78	2.76	2.74	2.72	2.70	2.69	2.67
24	0.05	2.13	2.11	2.09	2.07	2.05	2.04	2.03	2.01	2.00	1.99	1.98	1.97	1.97
	0.01	2.93	2.89	2.85	2.82	2.79	2.76	2.74	2.72	2.70	2.68	2.66	2.64	2.63
25	0.05	2.11	2.09	2.07	2.05	2.04	2.02	2.01	2.00	1.98	1.97	1.96	1.96	1.95
	0.01	2.89	2.85	2.81	2.78	2.75	2.72	2.70	2.68	2.66	2.64	2.62	2.60	2.59

续表

df_2	α	df_1 14	15	16	17	18	19	20	21	22	23	24	25	26
26	0.05	2.09	2.07	2.05	2.03	2.02	2.00	1.99	1.98	1.97	1.96	1.95	1.94	1.93
	0.01	2.86	2.81	2.78	2.75	2.72	2.69	2.66	2.64	2.62	2.60	2.58	2.57	2.55
27	0.05	2.08	2.06	2.04	2.02	2.00	1.99	1.97	1.96	1.95	1.94	1.93	1.92	1.91
	0.01	2.82	2.78	2.75	2.71	2.68	2.66	2.63	2.61	2.59	2.57	2.55	2.54	2.52
28	0.05	2.06	2.04	2.02	2.00	1.99	1.97	1.96	1.95	1.93	1.92	1.91	1.91	1.90
	0.01	2.79	2.75	2.72	2.68	2.65	2.63	2.60	2.58	2.56	2.54	2.52	2.51	2.49
29	0.05	2.05	2.03	2.01	1.99	1.97	1.96	1.94	1.93	1.92	1.91	1.90	1.89	1.88
	0.01	2.77	2.73	2.69	2.66	2.63	2.60	2.57	2.55	2.53	2.51	2.49	2.48	2.46
30	0.05	2.04	2.01	1.99	1.98	1.96	1.95	1.93	1.92	1.91	1.90	1.89	1.88	1.87
	0.01	2.74	2.70	2.66	2.63	2.60	2.57	2.55	2.53	2.51	2.49	2.47	2.45	2.44
31	0.05	2.03	2.00	1.98	1.96	1.95	1.93	1.92	1.91	1.90	1.88	1.88	1.87	1.86
	0.01	2.72	2.68	2.64	2.61	2.58	2.55	2.52	2.50	2.48	2.46	2.45	2.43	2.41
32	0.05	2.01	1.99	1.97	1.95	1.94	1.92	1.91	1.90	1.88	1.87	1.86	1.85	1.85
	0.01	2.70	2.65	2.62	2.58	2.55	2.53	2.50	2.48	2.46	2.44	2.42	2.41	2.39
34	0.05	1.99	1.97	1.95	1.93	1.92	1.90	1.89	1.88	1.86	1.85	1.84	1.83	1.82
	0.01	2.66	2.61	2.58	2.54	2.51	2.49	2.46	2.44	2.42	2.40	2.38	2.37	2.35
36	0.05	1.98	1.95	1.93	1.92	1.90	1.88	1.87	1.86	1.85	1.83	1.82	1.81	1.81
	0.01	2.62	2.58	2.54	2.51	2.48	2.45	2.43	2.41	2.38	2.37	2.35	2.33	2.32
38	0.05	1.96	1.94	1.92	1.90	1.88	1.87	1.85	1.84	1.83	1.82	1.81	1.80	1.79
	0.01	2.59	2.55	2.51	2.48	2.45	2.42	2.40	2.37	2.35	2.33	2.32	2.30	2.28
40	0.05	1.95	1.92	1.90	1.89	1.87	1.85	1.84	1.83	1.81	1.80	1.79	1.78	1.77
	0.01	2.56	2.52	2.48	2.45	2.42	2.39	2.37	2.35	2.33	2.31	2.29	2.27	2.26
42	0.05	1.94	1.91	1.89	1.87	1.86	1.84	1.83	1.81	1.80	1.79	1.78	1.77	1.76
	0.01	2.54	2.50	2.46	2.43	2.40	2.37	2.34	2.32	2.30	2.28	2.26	2.25	2.23
44	0.05	1.92	1.90	1.88	1.86	1.84	1.83	1.81	1.80	1.79	1.78	1.77	1.76	1.75
	0.01	2.52	2.47	2.44	2.40	2.37	2.35	2.32	2.30	2.28	2.26	2.24	2.22	2.21
46	0.05	1.91	1.89	1.87	1.85	1.83	1.82	1.80	1.79	1.78	1.77	1.76	1.75	1.74
	0.01	2.50	2.45	2.42	2.38	2.35	2.33	2.30	2.28	2.26	2.24	2.22	2.20	2.19
48	0.05	1.90	1.88	1.86	1.84	1.82	1.81	1.79	1.78	1.77	1.76	1.75	1.74	1.73
	0.01	2.48	2.44	2.40	2.37	2.33	2.31	2.28	2.26	2.24	2.22	2.20	2.18	2.17
50	0.05	1.89	1.87	1.85	1.83	1.81	1.80	1.78	1.77	1.76	1.75	1.74	1.73	1.72
	0.01	2.46	2.42	2.38	2.35	2.32	2.29	2.27	2.24	2.22	2.20	2.18	2.17	2.15
55	0.05	1.88	1.85	1.83	1.81	1.79	1.78	1.76	1.75	1.74	1.73	1.72	1.71	1.70
	0.01	2.42	2.38	2.34	2.31	2.28	2.25	2.23	2.21	2.18	2.16	2.15	2.13	2.11
60	0.05	1.86	1.84	1.82	1.80	1.78	1.76	1.75	1.73	1.72	1.71	1.70	1.69	1.68
	0.01	2.39	2.35	2.31	2.28	2.25	2.22	2.20	2.17	2.15	2.13	2.12	2.10	2.08
65	0.05	1.85	1.82	1.80	1.78	1.76	1.75	1.73	1.72	1.71	1.70	1.69	1.68	1.67
	0.01	2.37	2.33	2.29	2.26	2.23	2.20	2.17	2.15	2.13	2.11	2.09	2.07	2.06
70	0.05	1.84	1.81	1.79	1.77	1.75	1.74	1.72	1.71	1.70	1.68	1.67	1.66	1.65
	0.01	2.35	2.31	2.27	2.23	2.20	2.18	2.15	2.13	2.11	2.09	2.07	2.05	2.03
80	0.05	1.82	1.79	1.77	1.75	1.73	1.72	1.70	1.69	1.68	1.67	1.65	1.64	1.63
	0.01	2.31	2.27	2.23	2.20	2.17	2.14	2.12	2.09	2.07	2.05	2.03	2.01	2.00

续表

df_2	α	df_1 14	15	16	17	18	19	20	21	22	23	24	25	26
100	0.05	1.79	1.77	1.75	1.73	1.71	1.69	1.68	1.66	1.65	1.64	1.63	1.62	1.61
	0.01	2.27	2.22	2.19	2.15	2.12	2.09	2.07	2.04	2.02	2.00	1.98	1.97	1.95
150	0.05	1.76	1.73	1.71	1.69	1.67	1.66	1.64	1.63	1.61	1.60	1.59	1.58	1.57
	0.01	2.20	2.16	2.12	2.09	2.06	2.03	2.00	1.98	1.96	1.94	1.92	1.90	1.88
200	0.05	1.74	1.72	1.69	1.67	1.66	1.64	1.62	1.61	1.60	1.58	1.57	1.56	1.55
	0.01	2.17	2.13	2.09	2.06	2.03	2.00	1.97	1.95	1.93	1.90	1.89	1.87	1.85
250	0.05	1.73	1.71	1.68	1.66	1.65	1.63	1.61	1.60	1.58	1.57	1.56	1.55	1.54
	0.01	2.15	2.11	2.07	2.04	2.01	1.98	1.95	1.93	1.91	1.89	1.87	1.85	1.83
300	0.05	1.72	1.70	1.68	1.66	1.64	1.62	1.61	1.59	1.58	1.57	1.55	1.54	1.53
	0.01	2.14	2.10	2.06	2.03	1.99	1.97	1.94	1.92	1.89	1.87	1.85	1.84	1.82
400	0.05	1.72	1.69	1.67	1.65	1.63	1.61	1.60	1.58	1.57	1.56	1.54	1.53	1.52
	0.01	2.13	2.08	2.05	2.01	1.98	1.95	1.92	1.90	1.88	1.86	1.84	1.82	1.80
500	0.05	1.71	1.69	1.66	1.64	1.62	1.61	1.59	1.58	1.56	1.55	1.54	1.53	1.52
	0.01	2.12	2.07	2.04	2.00	1.97	1.94	1.92	1.89	1.87	1.85	1.83	1.81	1.79
1000	0.05	1.70	1.68	1.65	1.63	1.61	1.60	1.58	1.57	1.55	1.54	1.53	1.52	1.51
	0.01	2.10	2.06	2.02	1.98	1.95	1.92	1.90	1.87	1.85	1.83	1.81	1.79	1.77
2000	0.05	1.70	1.67	1.65	1.63	1.61	1.59	1.58	1.56	1.55	1.53	1.52	1.51	1.50
	0.01	2.09	2.05	2.01	1.97	1.94	1.91	1.89	1.86	1.84	1.82	1.80	1.78	1.76
3000	0.05	1.70	1.67	1.65	1.63	1.61	1.59	1.57	1.56	1.55	1.53	1.52	1.51	1.50
	0.01	2.09	2.04	2.01	1.97	1.94	1.91	1.88	1.86	1.84	1.82	1.80	1.78	1.76

df_2	α	df_1 27	28	29	30	32	34	36	38	40	42	44	46	48
1	0.05	249.63	249.80	249.95	250.10	250.36	250.59	250.79	250.98	251.14	251.29	251.43	251.55	251.67
	0.01	6249.07	6253.20	6257.05	6260.65	6267.17	6272.93	6278.06	6282.65	6286.78	6290.52	6293.93	6297.04	6299.89
2	0.05	19.46	19.46	19.46	19.46	19.46	19.47	19.47	19.47	19.47	19.47	19.47	19.47	19.47
	0.01	99.46	99.46	99.46	99.47	99.47	99.47	99.47	99.47	99.47	99.48	99.48	99.48	99.48
3	0.05	8.63	8.62	8.62	8.62	8.61	8.61	8.60	8.60	8.59	8.59	8.59	8.59	8.58
	0.01	26.55	26.53	26.52	26.50	26.48	26.46	26.44	26.43	26.41	26.40	26.39	26.37	26.36
4	0.05	5.76	5.75	5.75	5.75	5.74	5.73	5.73	5.72	5.72	5.71	5.71	5.71	5.70
	0.01	13.88	13.86	13.85	13.84	13.81	13.79	13.78	13.76	13.75	13.73	13.72	13.71	13.70
5	0.05	4.51	4.50	4.50	4.50	4.49	4.48	4.47	4.47	4.46	4.46	4.46	4.45	4.45
	0.01	9.42	9.40	9.39	9.38	9.36	9.34	9.32	9.31	9.29	9.28	9.27	9.26	9.25
6	0.05	3.82	3.82	3.81	3.81	3.80	3.79	3.79	3.78	3.77	3.77	3.76	3.76	3.76
	0.01	7.27	7.25	7.24	7.23	7.21	7.19	7.17	7.16	7.14	7.13	7.12	7.11	7.10
7	0.05	3.39	3.39	3.38	3.38	3.37	3.36	3.35	3.35	3.34	3.34	3.33	3.33	3.32
	0.01	6.03	6.02	6.00	5.99	5.97	5.95	5.94	5.92	5.91	5.90	5.89	5.88	5.87
8	0.05	3.10	3.09	3.08	3.08	3.07	3.06	3.06	3.05	3.04	3.04	3.03	3.03	3.02
	0.01	5.23	5.22	5.21	5.20	5.18	5.16	5.14	5.13	5.12	5.10	5.09	5.08	5.07
9	0.05	2.88	2.87	2.87	2.86	2.85	2.85	2.84	2.83	2.83	2.82	2.82	2.81	2.81
	0.01	4.68	4.67	4.66	4.65	4.63	4.61	4.59	4.58	4.57	4.55	4.54	4.53	4.53
10	0.05	2.72	2.71	2.70	2.70	2.69	2.68	2.67	2.67	2.66	2.66	2.65	2.65	2.64
	0.01	4.28	4.27	4.26	4.25	4.23	4.21	4.19	4.18	4.17	4.15	4.14	4.13	4.12

续表

df_2	α	df_1												
		27	28	29	30	32	34	36	38	40	42	44	46	48
11	0.05	2.59	2.58	2.58	2.57	2.56	2.55	2.54	2.54	2.53	2.53	2.52	2.52	2.51
	0.01	3.98	3.96	3.95	3.94	3.92	3.90	3.89	3.87	3.86	3.85	3.84	3.83	3.82
12	0.05	2.48	2.48	2.47	2.47	2.46	2.45	2.44	2.43	2.43	2.42	2.41	2.41	2.41
	0.01	3.74	3.72	3.71	3.70	3.68	3.66	3.65	3.63	3.62	3.61	3.60	3.59	3.58
13	0.05	2.40	2.39	2.39	2.38	2.37	2.36	2.35	2.35	2.34	2.33	2.33	2.32	2.32
	0.01	3.54	3.53	3.52	3.51	3.49	3.47	3.45	3.44	3.43	3.41	3.40	3.39	3.38
14	0.05	2.33	2.32	2.31	2.31	2.30	2.29	2.28	2.27	2.27	2.26	2.25	2.25	2.24
	0.01	3.38	3.37	3.36	3.35	3.33	3.31	3.29	3.28	3.27	3.25	3.24	3.23	3.22
15	0.05	2.27	2.26	2.25	2.25	2.24	2.23	2.22	2.21	2.20	2.20	2.19	2.19	2.18
	0.01	3.25	3.24	3.23	3.21	3.19	3.18	3.16	3.15	3.13	3.12	3.11	3.10	3.09
16	0.05	2.21	2.21	2.20	2.19	2.18	2.17	2.17	2.16	2.15	2.14	2.14	2.13	2.13
	0.01	3.14	3.12	3.11	3.10	3.08	3.06	3.05	3.03	3.02	3.01	3.00	2.99	2.98
17	0.05	2.17	2.16	2.15	2.15	2.14	2.13	2.12	2.11	2.10	2.10	2.09	2.09	2.08
	0.01	3.04	3.03	3.01	3.00	2.98	2.96	2.95	2.93	2.92	2.91	2.90	2.89	2.88
18	0.05	2.13	2.12	2.11	2.11	2.10	2.09	2.08	2.07	2.06	2.06	2.05	2.05	2.04
	0.01	2.95	2.94	2.93	2.92	2.90	2.88	2.86	2.85	2.84	2.82	2.81	2.80	2.79
19	0.05	2.09	2.08	2.08	2.07	2.06	2.05	2.04	2.03	2.03	2.02	2.01	2.01	2.00
	0.01	2.88	2.87	2.86	2.84	2.82	2.81	2.79	2.77	2.76	2.75	2.74	2.73	2.72
20	0.05	2.06	2.05	2.05	2.04	2.03	2.02	2.01	2.00	1.99	1.99	1.98	1.98	1.97
	0.01	2.81	2.80	2.79	2.78	2.76	2.74	2.72	2.71	2.69	2.68	2.67	2.66	2.65
21	0.05	2.03	2.02	2.02	2.01	2.00	1.99	1.98	1.97	1.96	1.96	1.95	1.95	1.94
	0.01	2.76	2.74	2.73	2.72	2.70	2.68	2.66	2.65	2.64	2.62	2.61	2.60	2.59
22	0.05	2.00	2.00	1.99	1.98	1.97	1.96	1.95	1.95	1.94	1.93	1.93	1.92	1.91
	0.01	2.70	2.69	2.68	2.67	2.65	2.63	2.61	2.60	2.58	2.57	2.56	2.55	2.54
23	0.05	1.98	1.97	1.97	1.96	1.95	1.94	1.93	1.92	1.91	1.91	1.90	1.90	1.89
	0.01	2.66	2.64	2.63	2.62	2.60	2.58	2.56	2.55	2.54	2.52	2.51	2.50	2.49
24	0.05	1.96	1.95	1.95	1.94	1.93	1.92	1.91	1.90	1.89	1.89	1.88	1.87	1.87
	0.01	2.61	2.60	2.59	2.58	2.56	2.54	2.52	2.51	2.49	2.48	2.47	2.46	2.45
25	0.05	1.94	1.93	1.93	1.92	1.91	1.90	1.89	1.88	1.87	1.86	1.86	1.85	1.85
	0.01	2.58	2.56	2.55	2.54	2.52	2.50	2.48	2.47	2.45	2.44	2.43	2.42	2.41
26	0.05	1.92	1.91	1.91	1.90	1.89	1.88	1.87	1.86	1.85	1.85	1.84	1.83	1.83
	0.01	2.54	2.53	2.51	2.50	2.48	2.46	2.45	2.43	2.42	2.40	2.39	2.38	2.37
27	0.05	1.90	1.90	1.89	1.88	1.87	1.86	1.85	1.84	1.84	1.83	1.82	1.82	1.81
	0.01	2.51	2.49	2.48	2.47	2.45	2.43	2.41	2.40	2.38	2.37	2.36	2.35	2.34
28	0.05	1.89	1.88	1.88	1.87	1.86	1.85	1.84	1.83	1.82	1.81	1.81	1.80	1.79
	0.01	2.48	2.46	2.45	2.44	2.42	2.40	2.38	2.37	2.35	2.34	2.33	2.32	2.31
29	0.05	1.88	1.87	1.86	1.85	1.84	1.83	1.82	1.81	1.81	1.80	1.79	1.79	1.78
	0.01	2.45	2.44	2.42	2.41	2.39	2.37	2.35	2.34	2.33	2.31	2.30	2.29	2.28
30	0.05	1.86	1.85	1.85	1.84	1.83	1.82	1.81	1.80	1.79	1.78	1.78	1.77	1.77
	0.01	2.42	2.41	2.40	2.39	2.36	2.35	2.33	2.31	2.30	2.29	2.27	2.26	2.25
31	0.05	1.85	1.84	1.83	1.83	1.82	1.81	1.80	1.79	1.78	1.77	1.76	1.76	1.75
	0.01	2.40	2.39	2.37	2.36	2.34	2.32	2.30	2.29	2.27	2.26	2.25	2.24	2.23

续表

df_2	α	df_1 27	28	29	30	32	34	36	38	40	42	44	46	48
32	0.05	1.84	1.83	1.82	1.82	1.80	1.79	1.78	1.78	1.77	1.76	1.75	1.75	1.74
	0.01	2.38	2.36	2.35	2.34	2.32	2.30	2.28	2.27	2.25	2.24	2.23	2.22	2.21
34	0.05	1.82	1.81	1.80	1.80	1.78	1.77	1.76	1.75	1.75	1.74	1.73	1.72	1.72
	0.01	2.34	2.32	2.31	2.30	2.28	2.26	2.24	2.23	2.21	2.20	2.19	2.18	2.17
36	0.05	1.80	1.79	1.78	1.78	1.76	1.75	1.74	1.73	1.73	1.72	1.71	1.70	1.70
	0.01	2.30	2.29	2.28	2.26	2.24	2.22	2.21	2.19	2.18	2.16	2.15	2.14	2.13
38	0.05	1.78	1.77	1.77	1.76	1.75	1.74	1.73	1.72	1.71	1.70	1.69	1.69	1.68
	0.01	2.27	2.26	2.24	2.23	2.21	2.19	2.17	2.16	2.14	2.13	2.12	2.11	2.10
40	0.05	1.77	1.76	1.75	1.74	1.73	1.72	1.71	1.70	1.69	1.69	1.68	1.67	1.67
	0.01	2.24	2.23	2.22	2.20	2.18	2.16	2.14	2.13	2.11	2.10	2.09	2.08	2.07
42	0.05	1.75	1.75	1.74	1.73	1.72	1.71	1.70	1.69	1.68	1.67	1.66	1.66	1.65
	0.01	2.22	2.20	2.19	2.18	2.16	2.14	2.12	2.10	2.09	2.08	2.06	2.05	2.04
44	0.05	1.74	1.73	1.73	1.72	1.71	1.69	1.68	1.67	1.67	1.66	1.65	1.64	1.64
	0.01	2.19	2.18	2.17	2.15	2.13	2.11	2.10	2.08	2.07	2.05	2.04	2.03	2.02
46	0.05	1.73	1.72	1.71	1.71	1.69	1.68	1.67	1.66	1.65	1.65	1.64	1.63	1.63
	0.01	2.17	2.16	2.15	2.13	2.11	2.09	2.07	2.06	2.04	2.03	2.02	2.01	2.00
48	0.05	1.72	1.71	1.70	1.70	1.68	1.67	1.66	1.65	1.64	1.64	1.63	1.62	1.62
	0.01	2.15	2.14	2.13	2.12	2.09	2.07	2.06	2.04	2.02	2.01	2.00	1.99	1.98
50	0.05	1.71	1.70	1.69	1.69	1.67	1.66	1.65	1.64	1.63	1.63	1.62	1.61	1.61
	0.01	2.14	2.12	2.11	2.10	2.08	2.06	2.04	2.02	2.01	1.99	1.98	1.97	1.96
55	0.05	1.69	1.68	1.67	1.67	1.65	1.64	1.63	1.62	1.61	1.60	1.60	1.59	1.58
	0.01	2.10	2.08	2.07	2.06	2.04	2.02	2.00	1.98	1.97	1.95	1.94	1.93	1.92
60	0.05	1.67	1.66	1.66	1.65	1.64	1.62	1.61	1.60	1.59	1.59	1.58	1.57	1.57
	0.01	2.07	2.05	2.04	2.03	2.01	1.99	1.97	1.95	1.94	1.92	1.91	1.90	1.89
65	0.05	1.66	1.65	1.64	1.63	1.62	1.61	1.60	1.59	1.58	1.57	1.56	1.56	1.55
	0.01	2.04	2.03	2.01	2.00	1.98	1.96	1.94	1.92	1.91	1.90	1.88	1.87	1.86
70	0.05	1.65	1.64	1.63	1.62	1.61	1.60	1.59	1.58	1.57	1.56	1.55	1.54	1.54
	0.01	2.02	2.01	1.99	1.98	1.96	1.94	1.92	1.90	1.89	1.87	1.86	1.85	1.84
80	0.05	1.63	1.62	1.61	1.60	1.59	1.58	1.56	1.55	1.54	1.54	1.53	1.52	1.51
	0.01	1.98	1.97	1.96	1.94	1.92	1.90	1.88	1.86	1.85	1.83	1.82	1.81	1.80
100	0.05	1.60	1.59	1.58	1.57	1.56	1.55	1.54	1.52	1.52	1.51	1.50	1.49	1.48
	0.01	1.93	1.92	1.91	1.89	1.87	1.85	1.83	1.81	1.80	1.78	1.77	1.76	1.75
150	0.05	1.56	1.55	1.54	1.54	1.52	1.51	1.50	1.49	1.48	1.47	1.46	1.45	1.44
	0.01	1.87	1.85	1.84	1.83	1.80	1.78	1.76	1.74	1.73	1.71	1.70	1.69	1.68
200	0.05	1.54	1.53	1.52	1.52	1.50	1.49	1.48	1.47	1.46	1.45	1.44	1.43	1.42
	0.01	1.84	1.82	1.81	1.79	1.77	1.75	1.73	1.71	1.69	1.68	1.67	1.65	1.64
250	0.05	1.53	1.52	1.51	1.50	1.49	1.48	1.46	1.45	1.44	1.43	1.42	1.42	1.41
	0.01	1.82	1.80	1.79	1.77	1.75	1.73	1.71	1.69	1.67	1.66	1.64	1.63	1.62
300	0.05	1.52	1.51	1.51	1.50	1.48	1.47	1.46	1.45	1.43	1.43	1.42	1.41	1.40
	0.01	1.80	1.79	1.77	1.76	1.74	1.72	1.70	1.68	1.66	1.65	1.63	1.62	1.61
400	0.05	1.51	1.50	1.50	1.49	1.47	1.46	1.45	1.44	1.42	1.42	1.41	1.40	1.39
	0.01	1.79	1.77	1.76	1.75	1.72	1.70	1.68	1.66	1.64	1.63	1.61	1.60	1.59

续表

df_2	α	df_1												
		27	28	29	30	32	34	36	38	40	42	44	46	48
500	0.05	1.51	1.50	1.49	1.48	1.47	1.45	1.44	1.43	1.42	1.41	1.40	1.39	1.38
	0.01	1.78	1.76	1.75	1.74	1.71	1.69	1.67	1.65	1.63	1.62	1.60	1.59	1.58
1000	0.05	1.50	1.49	1.48	1.47	1.46	1.44	1.43	1.42	1.41	1.40	1.39	1.38	1.37
	0.01	1.76	1.74	1.73	1.72	1.69	1.67	1.65	1.63	1.61	1.60	1.58	1.57	1.56
2000	0.05	1.49	1.48	1.47	1.46	1.45	1.44	1.42	1.41	1.40	1.39	1.38	1.37	1.36
	0.01	1.75	1.73	1.72	1.71	1.68	1.66	1.64	1.62	1.60	1.59	1.57	1.56	1.55
3000	0.05	1.49	1.48	1.47	1.46	1.45	1.43	1.42	1.41	1.40	1.39	1.38	1.37	1.36
	0.01	1.75	1.73	1.72	1.70	1.68	1.66	1.63	1.62	1.60	1.58	1.57	1.55	1.54

df_2	α	df_1												
		50	55	60	65	70	80	90	100	150	200	250	300	400
1	0.05	251.77	252.00	252.20	252.36	252.50	252.72	252.90	253.04	253.46	253.68	253.80	253.89	254.00
	0.01	6302.52	6308.25	6313.03	6317.08	6320.55	6326.20	6330.59	6334.11	6344.68	6349.97	6353.14	6355.26	6357.91
2	0.05	19.48	19.48	19.48	19.48	19.48	19.48	19.48	19.49	19.49	19.49	19.49	19.49	19.49
	0.01	99.48	99.48	99.48	99.48	99.48	99.49	99.49	99.49	99.49	99.49	99.50	99.50	99.50
3	0.05	8.58	8.58	8.57	8.57	8.57	8.56	8.56	8.55	8.54	8.54	8.54	8.54	8.53
	0.01	26.35	26.33	26.32	26.30	26.29	26.27	26.25	26.24	26.20	26.18	26.17	26.16	26.15
4	0.05	5.70	5.69	5.69	5.68	5.68	5.67	5.67	5.66	5.65	5.65	5.64	5.64	5.64
	0.01	13.69	13.67	13.65	13.64	13.63	13.61	13.59	13.58	13.54	13.52	13.51	13.50	13.49
5	0.05	4.44	4.44	4.43	4.43	4.42	4.41	4.41	4.41	4.39	4.39	4.38	4.38	4.38
	0.01	9.24	9.22	9.20	9.19	9.18	9.16	9.14	9.13	9.09	9.08	9.06	9.06	9.05
6	0.05	3.75	3.75	3.74	3.73	3.73	3.72	3.72	3.71	3.70	3.69	3.69	3.68	3.68
	0.01	7.09	7.07	7.06	7.04	7.03	7.01	7.00	6.99	6.95	6.93	6.92	6.92	6.91
7	0.05	3.32	3.31	3.30	3.30	3.29	3.29	3.28	3.27	3.26	3.25	3.25	3.24	3.24
	0.01	5.86	5.84	5.82	5.81	5.80	5.78	5.77	5.75	5.72	5.70	5.69	5.68	5.68
8	0.05	3.02	3.01	3.01	3.00	2.99	2.99	2.98	2.97	2.96	2.95	2.95	2.94	2.94
	0.01	5.07	5.05	5.03	5.02	5.01	4.99	4.97	4.96	4.93	4.91	4.90	4.89	4.89
9	0.05	2.80	2.79	2.79	2.78	2.78	2.77	2.76	2.76	2.74	2.73	2.73	2.72	2.72
	0.01	4.52	4.50	4.48	4.47	4.46	4.44	4.43	4.41	4.38	4.36	4.35	4.35	4.34
10	0.05	2.64	2.63	2.62	2.61	2.61	2.60	2.59	2.59	2.57	2.56	2.56	2.55	2.55
	0.01	4.12	4.10	4.08	4.07	4.06	4.04	4.03	4.01	3.98	3.96	3.95	3.94	3.94
11	0.05	2.51	2.50	2.49	2.48	2.48	2.47	2.46	2.46	2.44	2.43	2.43	2.42	2.42
	0.01	3.81	3.79	3.78	3.76	3.75	3.73	3.72	3.71	3.67	3.66	3.64	3.64	3.63
12	0.05	2.40	2.39	2.38	2.38	2.37	2.36	2.36	2.35	2.33	2.32	2.32	2.31	2.31
	0.01	3.57	3.55	3.54	3.52	3.51	3.49	3.48	3.47	3.43	3.41	3.40	3.40	3.39
13	0.05	2.31	2.30	2.30	2.29	2.28	2.27	2.27	2.26	2.24	2.23	2.23	2.23	2.22
	0.01	3.38	3.36	3.34	3.33	3.32	3.30	3.28	3.27	3.24	3.22	3.21	3.20	3.19
14	0.05	2.24	2.23	2.22	2.22	2.21	2.20	2.19	2.19	2.17	2.16	2.15	2.15	2.15
	0.01	3.22	3.20	3.18	3.17	3.16	3.14	3.12	3.11	3.08	3.06	3.05	3.04	3.03
15	0.05	2.18	2.17	2.16	2.15	2.15	2.14	2.13	2.12	2.10	2.10	2.09	2.09	2.08
	0.01	3.08	3.06	3.05	3.03	3.02	3.00	2.99	2.98	2.94	2.92	2.91	2.91	2.90
16	0.05	2.12	2.11	2.11	2.10	2.09	2.08	2.07	2.07	2.05	2.04	2.03	2.03	2.02
	0.01	2.97	2.95	2.93	2.92	2.91	2.89	2.87	2.86	2.83	2.81	2.80	2.79	2.78

续表

df_2	α	df_1												
		50	55	60	65	70	80	90	100	150	200	250	300	400
17	0.05	2.08	2.07	2.06	2.05	2.05	2.03	2.03	2.02	2.00	1.99	1.98	1.98	1.98
	0.01	2.87	2.85	2.83	2.82	2.81	2.79	2.78	2.76	2.73	2.71	2.70	2.69	2.68
18	0.05	2.04	2.03	2.02	2.01	2.00	1.99	1.98	1.98	1.96	1.95	1.94	1.94	1.93
	0.01	2.78	2.77	2.75	2.74	2.72	2.70	2.69	2.68	2.64	2.62	2.61	2.60	2.59
19	0.05	2.00	1.99	1.98	1.97	1.97	1.96	1.95	1.94	1.92	1.91	1.90	1.90	1.89
	0.01	2.71	2.69	2.67	2.66	2.65	2.63	2.61	2.60	2.57	2.55	2.54	2.53	2.52
20	0.05	1.97	1.96	1.95	1.94	1.93	1.92	1.91	1.91	1.89	1.88	1.87	1.86	1.86
	0.01	2.64	2.62	2.61	2.59	2.58	2.56	2.55	2.54	2.50	2.48	2.47	2.46	2.45
21	0.05	1.94	1.93	1.92	1.91	1.90	1.89	1.88	1.88	1.86	1.84	1.84	1.83	1.83
	0.01	2.58	2.56	2.55	2.53	2.52	2.50	2.49	2.48	2.44	2.42	2.41	2.40	2.39
22	0.05	1.91	1.90	1.89	1.88	1.88	1.86	1.86	1.85	1.83	1.82	1.81	1.81	1.80
	0.01	2.53	2.51	2.50	2.48	2.47	2.45	2.43	2.42	2.38	2.36	2.35	2.35	2.34
23	0.05	1.88	1.87	1.86	1.86	1.85	1.84	1.83	1.82	1.80	1.79	1.78	1.78	1.77
	0.01	2.48	2.46	2.45	2.43	2.42	2.40	2.39	2.37	2.34	2.32	2.30	2.30	2.29
24	0.05	1.86	1.85	1.84	1.83	1.83	1.82	1.81	1.80	1.78	1.77	1.76	1.76	1.75
	0.01	2.44	2.42	2.40	2.39	2.38	2.36	2.34	2.33	2.29	2.27	2.26	2.25	2.24
25	0.05	1.84	1.83	1.82	1.81	1.81	1.80	1.79	1.78	1.76	1.75	1.74	1.73	1.73
	0.01	2.40	2.38	2.36	2.35	2.34	2.32	2.30	2.29	2.25	2.23	2.22	2.21	2.20
26	0.05	1.82	1.81	1.80	1.79	1.79	1.78	1.77	1.76	1.74	1.73	1.72	1.71	1.71
	0.01	2.36	2.34	2.33	2.31	2.30	2.28	2.26	2.25	2.21	2.19	2.18	2.17	2.16
27	0.05	1.81	1.79	1.79	1.78	1.77	1.76	1.75	1.74	1.72	1.71	1.70	1.70	1.69
	0.01	2.33	2.31	2.29	2.28	2.27	2.25	2.23	2.22	2.18	2.16	2.15	2.14	2.13
28	0.05	1.79	1.78	1.77	1.76	1.75	1.74	1.73	1.73	1.70	1.69	1.68	1.68	1.67
	0.01	2.30	2.28	2.26	2.25	2.24	2.22	2.20	2.19	2.15	2.13	2.11	2.11	2.10
29	0.05	1.77	1.76	1.75	1.75	1.74	1.73	1.72	1.71	1.69	1.67	1.67	1.66	1.66
	0.01	2.27	2.25	2.23	2.22	2.21	2.19	2.17	2.16	2.12	2.10	2.08	2.08	2.07
30	0.05	1.76	1.75	1.74	1.73	1.72	1.71	1.70	1.70	1.67	1.66	1.65	1.65	1.64
	0.01	2.25	2.22	2.21	2.19	2.18	2.16	2.14	2.13	2.09	2.07	2.06	2.05	2.04
31	0.05	1.75	1.74	1.73	1.72	1.71	1.70	1.69	1.68	1.66	1.65	1.64	1.63	1.63
	0.01	2.22	2.20	2.18	2.17	2.16	2.14	2.12	2.11	2.07	2.04	2.03	2.02	2.01
32	0.05	1.74	1.72	1.71	1.71	1.70	1.69	1.68	1.67	1.64	1.63	1.63	1.62	1.61
	0.01	2.20	2.18	2.16	2.15	2.13	2.11	2.10	2.08	2.04	2.02	2.01	2.00	1.99
34	0.05	1.71	1.70	1.69	1.68	1.68	1.66	1.65	1.65	1.62	1.61	1.60	1.60	1.59
	0.01	2.16	2.14	2.12	2.10	2.09	2.07	2.05	2.04	2.00	1.98	1.96	1.96	1.94
36	0.05	1.69	1.68	1.67	1.66	1.66	1.64	1.63	1.62	1.60	1.59	1.58	1.57	1.57
	0.01	2.12	2.10	2.08	2.07	2.05	2.03	2.02	2.00	1.96	1.94	1.93	1.92	1.91
38	0.05	1.68	1.66	1.65	1.64	1.64	1.62	1.61	1.61	1.58	1.57	1.56	1.55	1.55
	0.01	2.09	2.07	2.05	2.03	2.02	2.00	1.98	1.97	1.93	1.90	1.89	1.88	1.87
40	0.05	1.66	1.65	1.64	1.63	1.62	1.61	1.60	1.59	1.56	1.55	1.54	1.54	1.53
	0.01	2.06	2.04	2.02	2.00	1.99	1.97	1.95	1.94	1.90	1.87	1.86	1.85	1.84
42	0.05	1.65	1.63	1.62	1.61	1.61	1.59	1.58	1.57	1.55	1.53	1.53	1.52	1.51
	0.01	2.03	2.01	1.99	1.98	1.96	1.94	1.93	1.91	1.87	1.85	1.83	1.82	1.81

续表

df_2	α	df_1												
		50	55	60	65	70	80	90	100	150	200	250	300	400
44	0.05	1.63	1.62	1.61	1.60	1.59	1.58	1.57	1.56	1.53	1.52	1.51	1.51	1.50
	0.01	2.01	1.99	1.97	1.95	1.94	1.92	1.90	1.89	1.84	1.82	1.81	1.80	1.79
46	0.05	1.62	1.61	1.60	1.59	1.58	1.57	1.56	1.55	1.52	1.51	1.50	1.49	1.49
	0.01	1.99	1.97	1.95	1.93	1.92	1.90	1.88	1.86	1.82	1.80	1.78	1.77	1.76
48	0.05	1.61	1.60	1.59	1.58	1.57	1.56	1.54	1.54	1.51	1.49	1.49	1.48	1.47
	0.01	1.97	1.95	1.93	1.91	1.90	1.88	1.86	1.84	1.80	1.78	1.76	1.75	1.74
50	0.05	1.60	1.59	1.58	1.57	1.56	1.54	1.53	1.52	1.50	1.48	1.47	1.47	1.46
	0.01	1.95	1.93	1.91	1.89	1.88	1.86	1.84	1.82	1.78	1.76	1.74	1.73	1.72
55	0.05	1.58	1.56	1.55	1.54	1.54	1.52	1.51	1.50	1.47	1.46	1.45	1.44	1.44
	0.01	1.91	1.89	1.87	1.85	1.84	1.82	1.80	1.78	1.74	1.71	1.70	1.69	1.68
60	0.05	1.56	1.55	1.53	1.52	1.52	1.50	1.49	1.48	1.45	1.44	1.43	1.42	1.41
	0.01	1.88	1.86	1.84	1.82	1.81	1.78	1.76	1.75	1.70	1.68	1.66	1.65	1.64
65	0.05	1.54	1.53	1.52	1.51	1.50	1.49	1.47	1.46	1.44	1.42	1.41	1.40	1.40
	0.01	1.85	1.83	1.81	1.79	1.78	1.75	1.74	1.72	1.67	1.65	1.63	1.62	1.61
70	0.05	1.53	1.52	1.50	1.49	1.49	1.47	1.46	1.45	1.42	1.40	1.39	1.39	1.38
	0.01	1.83	1.80	1.78	1.77	1.75	1.73	1.71	1.70	1.65	1.62	1.61	1.60	1.58
80	0.05	1.51	1.49	1.48	1.47	1.46	1.45	1.44	1.43	1.39	1.38	1.37	1.36	1.35
	0.01	1.79	1.77	1.75	1.73	1.71	1.69	1.67	1.65	1.61	1.58	1.56	1.55	1.54
100	0.05	1.48	1.46	1.45	1.44	1.43	1.41	1.40	1.39	1.36	1.34	1.33	1.32	1.31
	0.01	1.74	1.71	1.69	1.67	1.66	1.63	1.61	1.60	1.55	1.52	1.50	1.49	1.47
150	0.05	1.44	1.42	1.41	1.40	1.39	1.37	1.36	1.34	1.31	1.29	1.28	1.27	1.26
	0.01	1.66	1.64	1.62	1.60	1.59	1.56	1.54	1.52	1.46	1.43	1.42	1.40	1.39
200	0.05	1.41	1.40	1.39	1.37	1.36	1.35	1.33	1.32	1.28	1.26	1.25	1.24	1.23
	0.01	1.63	1.60	1.58	1.56	1.55	1.52	1.50	1.48	1.42	1.39	1.37	1.36	1.34
250	0.05	1.40	1.39	1.37	1.36	1.35	1.33	1.32	1.31	1.27	1.25	1.23	1.22	1.21
	0.01	1.61	1.58	1.56	1.54	1.53	1.50	1.48	1.46	1.40	1.36	1.34	1.33	1.31
300	0.05	1.39	1.38	1.36	1.35	1.34	1.32	1.31	1.30	1.26	1.23	1.22	1.21	1.20
	0.01	1.59	1.57	1.55	1.53	1.51	1.48	1.46	1.44	1.38	1.35	1.32	1.31	1.29
400	0.05	1.38	1.37	1.35	1.34	1.33	1.31	1.30	1.28	1.24	1.22	1.20	1.19	1.18
	0.01	1.58	1.55	1.53	1.51	1.49	1.46	1.44	1.42	1.36	1.32	1.30	1.28	1.26
500	0.05	1.38	1.36	1.35	1.33	1.32	1.30	1.29	1.28	1.23	1.21	1.19	1.18	1.17
	0.01	1.57	1.54	1.52	1.50	1.48	1.45	1.43	1.41	1.34	1.31	1.28	1.27	1.25
1000	0.05	1.36	1.35	1.33	1.32	1.31	1.29	1.27	1.26	1.22	1.19	1.17	1.16	1.14
	0.01	1.54	1.52	1.50	1.48	1.46	1.43	1.40	1.38	1.32	1.28	1.25	1.24	1.21
2000	0.05	1.36	1.34	1.32	1.31	1.30	1.28	1.27	1.25	1.21	1.18	1.16	1.15	1.13
	0.01	1.53	1.51	1.48	1.46	1.45	1.42	1.39	1.37	1.30	1.26	1.24	1.22	1.19
3000	0.05	1.35	1.34	1.32	1.31	1.30	1.28	1.26	1.25	1.20	1.18	1.16	1.15	1.13
	0.01	1.53	1.50	1.48	1.46	1.44	1.41	1.39	1.37	1.30	1.26	1.23	1.21	1.19

附表 6　χ^2值表（一尾）

df	0.995	0.990	0.975	0.950	0.900	0.750	0.500	0.250	0.100	0.050	0.025	0.010	0.005
1	0.00	0.00	0.00	0.00	0.02	0.10	0.45	1.32	2.71	3.84	5.02	6.63	7.88
2	0.01	0.02	0.05	0.10	0.21	0.58	1.39	2.77	4.61	5.99	7.38	9.21	10.60
3	0.07	0.11	0.22	0.35	0.58	1.21	2.37	4.11	6.25	7.81	9.35	11.34	12.84
4	0.21	0.30	0.48	0.71	1.06	1.92	3.36	5.39	7.78	9.49	11.14	13.28	14.86
5	0.41	0.55	0.83	1.15	1.61	2.67	4.35	6.63	9.24	11.07	12.83	15.09	16.75
6	0.68	0.87	1.24	1.64	2.20	3.45	5.35	7.84	10.64	12.59	14.45	16.81	18.55
7	0.99	1.24	1.69	2.17	2.83	4.25	6.35	9.04	12.02	14.07	16.01	18.48	20.28
8	1.34	1.65	2.18	2.73	3.49	5.07	7.34	10.22	13.36	15.51	17.53	20.09	21.95
9	1.73	2.09	2.70	3.33	4.17	5.90	8.34	11.39	14.68	16.92	19.02	21.67	23.59
10	2.16	2.56	3.25	3.94	4.87	6.74	9.34	12.55	15.99	18.31	20.48	23.21	25.19
11	2.60	3.05	3.82	4.57	5.58	7.58	10.34	13.70	17.28	19.68	21.92	24.72	26.76
12	3.07	3.57	4.40	5.23	6.30	8.44	11.34	14.85	18.55	21.03	23.34	26.22	28.30
13	3.57	4.11	5.01	5.89	7.04	9.30	12.34	15.98	19.81	22.36	24.74	27.69	29.82
14	4.07	4.66	5.63	6.57	7.79	10.17	13.34	17.12	21.06	23.68	26.12	29.14	31.32
15	4.60	5.23	6.26	7.26	8.55	11.04	14.34	18.25	22.31	25.00	27.49	30.58	32.80
16	5.14	5.81	6.91	7.96	9.31	11.91	15.34	19.37	23.54	26.30	28.85	32.00	34.27
17	5.70	6.41	7.56	8.67	10.09	12.79	16.34	20.49	24.77	27.59	30.19	33.41	35.72
18	6.26	7.01	8.23	9.39	10.86	13.68	17.34	21.60	25.99	28.87	31.53	34.81	37.16
19	6.84	7.63	8.91	10.12	11.65	14.56	18.34	22.72	27.20	30.14	32.85	36.19	38.58
20	7.43	8.26	9.59	10.85	12.44	15.45	19.34	23.83	28.41	31.41	34.17	37.57	40.00
21	8.03	8.90	10.28	11.59	13.24	16.34	20.34	24.93	29.62	32.67	35.48	38.93	41.40
22	8.64	9.54	10.98	12.34	14.04	17.24	21.34	26.04	30.81	33.92	36.78	40.29	42.80
23	9.26	10.20	11.69	13.09	14.85	18.14	22.34	27.14	32.01	35.17	38.08	41.64	44.18
24	9.89	10.86	12.40	13.85	15.66	19.04	23.34	28.24	33.20	36.42	39.36	42.98	45.56
25	10.52	11.52	13.12	14.61	16.47	19.94	24.34	29.34	34.38	37.65	40.65	44.31	46.93
26	11.16	12.20	13.84	15.38	17.29	20.84	25.34	30.43	35.56	38.89	41.92	45.64	48.29
27	11.81	12.88	14.57	16.15	18.11	21.75	26.34	31.53	36.74	40.11	43.19	46.96	49.64
28	12.46	13.56	15.31	16.93	18.94	22.66	27.34	32.62	37.92	41.34	44.46	48.28	50.99
29	13.12	14.26	16.05	17.71	19.77	23.57	28.34	33.71	39.09	42.56	45.72	49.59	52.34
30	13.79	14.95	16.79	18.49	20.60	24.48	29.34	34.80	40.26	43.77	46.98	50.89	53.67
40	20.71	22.16	24.43	26.51	29.05	33.66	39.34	45.62	51.81	55.76	59.34	63.69	66.77
50	27.99	29.71	32.36	34.76	37.69	42.94	49.33	56.33	63.17	67.50	71.42	76.15	79.49
60	35.53	37.48	40.48	43.19	46.46	52.29	59.33	66.98	74.40	79.08	83.30	88.38	91.95
70	43.28	45.44	48.76	51.74	55.33	61.70	69.33	77.58	85.53	90.53	95.02	100.43	104.21
80	51.17	53.54	57.15	60.39	64.28	71.14	79.33	88.13	96.58	101.88	106.63	112.33	116.32
90	59.20	61.75	65.65	69.13	73.29	80.62	89.33	98.65	107.57	113.15	118.14	124.12	128.30
100	67.33	70.06	74.22	77.93	82.36	90.13	99.33	109.14	118.50	124.34	129.56	135.81	140.17
110	75.55	78.46	82.87	86.79	91.47	99.67	109.33	119.61	129.39	135.48	140.92	147.41	151.95
120	83.85	86.92	91.57	95.70	100.62	109.22	119.33	130.05	140.23	146.57	152.21	158.95	163.65
130	92.22	95.45	100.33	104.66	109.81	118.79	129.33	140.48	151.05	157.61	163.45	170.42	175.28
140	100.65	104.03	109.14	113.66	119.03	128.38	139.33	150.89	161.83	168.61	174.65	181.84	186.85

附表7　学生氏全距多重比较5%（上）和1%（下）q值表（两尾）

自由度 df	α	检验极差的平均数个数									
		2	3	4	5	6	7	8	9	10	11
1	0.05	17.97	26.98	32.82	37.08	40.41	43.12	45.40	47.36	49.07	50.59
	0.01	90.02	135.00	164.03	185.60	202.20	215.80	227.20	237.00	245.60	253.20
2	0.05	6.08	8.33	9.80	10.88	11.74	12.44	13.03	13.54	13.99	14.39
	0.01	14.04	19.02	22.29	24.72	26.63	28.20	29.53	30.68	31.69	32.59
3	0.05	4.50	5.91	6.82	7.50	8.04	8.48	8.85	9.18	9.46	9.72
	0.01	8.26	10.62	12.17	13.33	14.24	15.00	15.64	16.20	16.69	17.13
4	0.05	3.93	5.04	5.76	6.29	6.71	7.05	7.35	7.60	7.83	8.03
	0.01	6.51	8.12	9.17	9.96	10.58	11.10	11.55	11.93	12.27	12.57
5	0.05	3.64	4.60	5.22	5.67	6.03	6.33	6.58	6.80	6.99	7.17
	0.01	5.70	6.98	7.80	8.42	8.91	9.32	9.67	9.97	10.24	10.48
6	0.05	3.46	4.34	4.90	5.30	5.63	5.90	6.12	6.32	6.49	6.65
	0.01	5.24	6.33	7.03	7.56	7.97	8.32	8.61	8.87	9.10	9.30
7	0.05	3.34	4.16	4.68	5.06	5.36	5.61	5.82	6.00	6.16	6.30
	0.01	4.95	5.92	6.54	7.01	7.37	7.68	7.94	8.17	8.37	8.55
8	0.05	3.26	4.04	4.53	4.89	5.17	5.40	5.60	5.77	5.92	6.05
	0.01	4.75	5.64	6.20	6.62	6.96	7.24	7.47	7.68	7.86	8.03
9	0.05	3.20	3.95	4.41	4.76	5.02	5.24	5.43	5.59	5.74	5.87
	0.01	4.60	5.43	5.96	6.35	6.66	6.91	7.13	7.33	7.49	7.65
10	0.05	3.15	3.88	4.33	4.65	4.91	5.12	5.30	5.46	5.60	5.72
	0.01	4.48	5.27	5.77	6.14	6.43	6.67	6.87	7.05	7.21	7.36
11	0.05	3.11	3.82	4.26	4.57	4.82	5.03	5.20	5.35	5.49	5.61
	0.01	4.39	5.15	5.62	5.97	6.25	6.48	6.67	6.84	6.99	7.13
12	0.05	3.08	3.77	4.20	4.51	4.75	4.95	5.12	5.27	5.39	5.51
	0.01	4.32	5.05	5.50	5.84	6.10	6.32	6.51	6.67	6.81	6.94
13	0.05	3.06	3.73	4.15	4.45	4.69	4.88	5.05	5.19	5.32	5.43
	0.01	4.26	4.96	5.40	5.73	5.98	6.19	6.37	6.53	6.67	6.79
14	0.05	3.03	3.70	4.11	4.41	4.64	4.83	4.99	5.13	5.25	5.36
	0.01	4.21	4.89	5.32	5.63	5.88	6.08	6.26	6.41	6.54	6.66
15	0.05	3.01	3.67	4.08	4.37	4.59	4.78	4.94	5.08	5.20	5.31
	0.01	4.17	4.84	5.25	5.56	5.80	5.99	6.16	6.31	6.44	6.55
16	0.05	3.00	3.65	4.05	4.33	4.56	4.74	4.90	5.03	5.15	5.26
	0.01	4.13	4.79	5.19	5.49	5.72	5.92	6.08	6.22	6.35	6.46
17	0.05	2.98	3.63	4.02	4.30	4.52	4.70	4.86	4.99	5.11	5.21
	0.01	4.10	4.74	5.14	5.43	5.66	5.85	6.01	6.15	6.27	6.38
18	0.05	2.97	3.61	4.00	4.28	4.49	4.67	4.82	4.96	5.07	5.17
	0.01	4.07	4.70	5.09	5.38	5.60	5.79	5.94	6.08	6.20	6.31

续表

自由度 df	α	检验极差的平均数个数									
		2	3	4	5	6	7	8	9	10	11
19	0.05	2.96	3.59	3.98	4.25	4.47	4.65	4.79	4.92	5.04	5.14
	0.01	4.05	4.67	5.05	5.33	5.55	5.73	5.89	6.02	6.14	6.25
20	0.05	2.95	3.58	3.96	4.23	4.45	4.62	4.77	4.90	5.01	5.11
	0.01	4.02	4.64	5.02	5.29	5.51	5.69	5.84	5.97	6.09	6.19
24	0.05	2.92	3.53	3.90	4.17	4.37	4.54	4.68	4.81	4.92	5.01
	0.01	3.96	4.55	4.91	5.17	5.37	5.54	5.69	5.81	5.92	6.02
30	0.05	2.89	3.49	3.85	4.10	4.30	4.46	4.60	4.72	4.82	4.92
	0.01	3.89	4.45	4.80	5.05	5.24	5.40	5.54	5.65	5.76	5.85
40	0.05	2.86	3.44	3.79	4.04	4.23	4.39	4.52	4.63	4.73	4.82
	0.01	3.82	4.37	4.70	4.93	5.11	5.26	5.39	5.50	5.60	5.69
60	0.05	2.83	3.40	3.74	3.98	4.16	4.31	4.44	4.55	4.65	4.73
	0.01	3.76	4.28	4.95	4.82	4.99	5.13	5.25	5.36	5.45	5.53
120	0.05	2.80	3.36	3.68	3.92	4.10	4.24	4.36	4.47	4.56	4.64
	0.01	3.70	4.20	4.50	4.71	4.87	5.01	5.12	5.21	5.30	5.37
∞	0.05	2.77	3.31	3.63	3.86	4.03	4.17	4.29	4.39	4.47	4.55
	0.01	3.64	4.12	4.40	4.60	4.76	4.88	4.99	5.08	5.06	5.23

附表 8　Duncan's 新复极差检验 5%（上）和 1%（下）SSR 值表

自由度 df	α	检验极差的平均数个数									
		2	3	4	5	6	7	8	9	10	12
1	0.05	18.00	18.00	18.00	18.00	18.00	18.00	18.00	18.00	18.00	18.00
	0.01	90.00	90.00	90.00	90.00	90.00	90.00	90.00	90.00	90.00	90.00
2	0.05	6.08	6.08	6.08	6.08	6.08	6.08	6.08	6.08	6.08	6.08
	0.01	14.04	14.04	14.04	14.04	14.04	14.04	14.04	14.04	14.04	14.04
3	0.05	4.50	4.50	4.50	4.50	4.50	4.50	4.50	4.50	4.50	4.50
	0.01	8.26	8.50	8.60	8.70	8.80	8.90	8.90	9.00	9.00	9.00
4	0.05	3.93	4.01	4.02	4.02	4.02	4.02	4.02	4.02	4.02	4.02
	0.01	6.51	6.80	6.90	7.00	7.10	7.10	7.20	7.20	7.30	7.30
5	0.05	3.64	3.74	3.79	3.83	3.83	3.83	3.83	3.83	3.83	3.83
	0.01	5.70	5.96	6.11	6.18	6.26	6.33	6.40	6.44	6.50	6.60
6	0.05	3.46	3.58	3.64	3.68	3.68	3.68	3.68	3.68	3.68	3.68
	0.01	5.24	5.51	5.65	5.73	5.81	5.88	5.95	6.00	6.00	6.10
7	0.05	3.35	3.47	3.54	3.58	3.60	3.61	3.61	3.61	3.61	3.61
	0.01	4.95	5.22	5.37	5.45	5.53	5.61	5.69	5.73	5.80	5.80
8	0.05	3.26	3.39	3.47	3.52	3.55	3.56	3.56	3.56	3.56	3.56
	0.01	4.75	5.00	5.14	5.23	5.32	5.40	5.47	5.51	5.50	5.60
9	0.05	3.20	3.34	3.41	3.47	3.50	3.52	3.52	3.52	3.52	3.52
	0.01	4.60	4.86	4.99	5.08	5.17	5.25	5.32	5.36	5.40	5.50
10	0.05	3.15	3.30	3.37	3.43	3.46	3.47	3.47	3.47	3.47	3.47
	0.01	4.48	4.73	4.88	4.96	5.06	5.13	5.20	5.24	5.28	5.36
11	0.05	3.11	3.27	3.35	3.39	3.43	3.44	3.45	3.46	3.46	3.46
	0.01	4.39	4.63	4.77	4.86	4.94	5.01	5.06	5.12	5.15	5.24
12	0.05	3.08	3.23	3.33	3.36	3.40	3.42	3.44	3.44	3.46	3.46
	0.01	4.32	4.55	4.68	4.76	4.84	4.92	4.96	5.02	5.07	5.13
13	0.05	3.06	3.21	3.30	3.35	3.38	3.41	3.42	3.44	3.45	3.45
	0.01	4.26	4.48	4.62	4.69	4.74	4.84	4.88	4.96	4.98	5.04
14	0.05	3.03	3.18	3.27	3.33	3.37	3.39	3.41	3.42	3.44	3.45
	0.01	4.21	4.42	4.55	4.63	4.70	4.78	4.83	4.87	4.91	4.96
15	0.05	3.01	3.16	3.25	3.31	3.36	3.38	3.40	3.42	3.43	3.44
	0.01	4.17	4.37	4.50	4.58	4.64	4.72	4.77	4.81	4.84	4.90
16	0.05	3.00	3.15	3.23	0.33	3.34	3.37	3.39	3.41	3.43	3.44
	0.01	4.13	4.34	4.45	4.54	4.60	4.67	4.72	4.76	4.79	4.84
17	0.05	2.98	3.13	3.22	3.28	3.33	3.36	3.38	3.40	3.42	3.44
	0.01	4.10	4.30	4.41	4.50	4.56	4.63	4.68	4.72	4.75	4.80
18	0.05	2.97	3.12	3.21	3.27	3.32	3.35	3.37	3.39	3.41	3.43
	0.01	4.07	4.27	4.38	4.46	4.53	4.59	4.64	4.68	4.71	4.76

续表

自由度 df	α	检验极差的平均数个数									
		2	3	4	5	6	7	8	9	10	12
19	0.05	2.96	3.11	3.19	3.26	3.31	3.35	3.37	3.39	3.41	3.43
	0.01	4.05	4.24	4.35	4.43	4.50	4.56	4.61	4.64	4.67	4.72
20	0.05	2.95	3.10	3.18	3.25	3.30	3.34	3.36	3.38	3.40	3.43
	0.01	4.02	4.22	4.33	4.40	4.47	4.53	4.58	4.61	4.65	4.69
22	0.05	2.93	3.08	3.17	3.24	3.29	3.32	3.35	3.37	3.39	3.42
	0.01	3.99	4.17	4.28	4.36	4.42	4.48	4.53	4.57	4.60	4.65
24	0.05	2.92	3.07	3.15	3.22	3.28	3.31	3.34	3.37	3.38	3.41
	0.01	3.96	4.14	4.24	4.33	4.39	4.44	4.49	4.53	4.57	4.62
26	0.05	2.91	3.06	3.14	3.21	3.27	3.30	3.34	3.36	3.38	3.41
	0.01	3.93	4.11	4.21	4.30	4.36	4.41	4.46	4.50	4.53	4.58
28	0.05	2.90	3.04	3.13	3.20	3.26	3.30	3.33	3.35	3.37	3.40
	0.01	3.91	4.08	4.18	4.28	4.34	4.39	4.43	4.47	4.51	4.56
30	0.05	2.89	3.04	3.12	3.20	3.25	3.29	3.32	3.35	3.37	3.40
	0.01	3.89	4.06	4.16	4.22	4.32	4.36	4.41	4.45	4.48	4.54
40	0.05	2.86	3.01	3.10	3.17	3.22	3.27	3.30	3.33	3.35	3.39
	0.01	3.82	3.99	4.10	4.17	4.24	4.30	4.34	4.37	4.41	4.46
60	0.05	2.83	2.98	3.08	3.14	3.20	3.24	3.28	3.31	3.33	3.37
	0.01	3.76	3.92	4.03	4.12	4.17	4.23	4.27	4.31	4.34	4.39
100	0.05	2.80	2.95	3.05	3.12	3.18	3.22	3.26	3.29	3.32	3.36
	0.01	3.71	3.96	3.98	4.06	4.11	4.17	4.21	4.25	4.29	4.35
∞	0.05	2.77	2.92	3.03	3.09	3.15	3.19	3.23	3.26	3.29	3.34
	0.01	3.64	3.80	3.90	3.98	4.04	4.09	4.14	4.17	4.20	4.26

附表 9　二项分布的 95%(上)和 99%（下）置信区间

观察次数（f）	样本容量 n												观察分数 f/n	样本容量 n			
	10		15		20		30		50		100			250		1000	
0	0	31	0	22	0	17	0	12	0	7	0	4	0.00	0	1	0	0
	0	41	0	30	0	23	0	16	0	10	0	5		0	2	0	1
1	0	45	0	32	0	25	0	17	0	11	0	5	0.01	0	4	0	2
	0	54	0	40	0	32	0	22	0	14	0	7		0	5	0	2
2	3	56	2	40	1	31	1	22	0	14	0	7	0.02	1	5	1	3
	1	65	1	49	1	39	0	28	0	17	0	9		1	6	1	3
3	7	65	4	48	3	38	2	27	1	17	1	8	0.03	1	6	2	4
	4	74	2	56	2	45	1	32	1	20	0	10		1	7	2	4
4	12	74	8	55	6	44	4	31	2	19	1	10	0.04	2	7	3	5
	8	81	5	63	4	51	3	36	1	23	1	12		2	9	3	6
5	19	81	12	62	9	49	6	35	3	22	2	11	0.05	3	9	4	7
	13	87	8	69	6	56	4	40	2	26	1	13		2	10	3	7
6	26	88	16	68	12	54	8	39	5	24	2	12	0.06	3	10	5	8
	19	92	12	74	8	61	6	44	3	29	2	14		3	11	4	8
7	35	93	21	73	15	59	10	43	6	27	3	14	0.07	4	11	6	9
	26	96	16	79	11	66	8	48	4	31	2	16		3	13	5	9
8	44	97	27	79	19	64	12	46	7	29	4	15	0.08	5	12	6	10
	35	99	21	84	15	70	10	52	6	33	3	17		4	14	6	10
9	55	100	32	84	23	68	15	50	9	31	4	16	0.09	6	13	7	11
	46	100	26	88	18	74	12	55	7	36	3	18		5	15	7	12
10	69	100	38	88	27	73	17	53	10	34	5	18	0.10	7	14	8	12
	59	100	31	92	22	78	14	58	8	38	4	19		6	16	8	13
11			45	92	32	77	20	56	12	36	5	19	0.11	7	16	9	13
			37	95	26	82	16	62	10	40	4	20		6	17	9	14
12			52	96	36	81	23	60	13	38	6	20	0.12	8	17	10	14
			44	98	30	85	18	65	11	43	5	21		7	18	9	15
13			60	98	41	85	25	63	15	41	7	21	0.13	9	18	11	15
			51	99	34	89	21	68	12	45	6	23		8	19	10	16
14			68	100	46	88	28	66	16	43	8	22	0.14	10	19	12	16
			60	100	39	92	24	71	14	47	6	24		9	20	11	17
15			78	100	51	91	31	69	18	44	9	24	0.15	10	20	13	17
			70	100	44	94	26	74	15	49	7	26		9	22	12	18
16					56	94	34	72	20	46	9	25	0.16	11	21	14	18
					49	96	29	76	17	51	8	27		10	23	13	19
17					62	97	37	75	21	48	10	26	0.17	12	22	15	19
					55	98	32	79	18	53	9	29		11	24	14	19
18					69	99	40	77	23	50	11	27	0.18	13	23	16	20
					61	99	35	82	20	55	9	30		12	25	15	21

续表

观察次数（*f*）	样本容量 *n*												观察分数 *f*/*n*	样本容量 *n*			
	10		15		20		30		50		100			250		1000	
19					75	100	44	80	25	53	12	28	0.19	14	24	17	21
					68	100	38	84	21	57	10	31		13	26	16	22
20					83	100	47	83	27	55	13	29	0.20	15	26	18	22
					77	100	42	86	23	59	11	32		14	27	17	23
21							50	85	28	57	14	30	0.21	16	27	19	23
							45	88	24	61	12	33		15	28	18	24
22							54	88	30	59	14	31	0.22	17	28	19	24
							48	90	26	63	12	34		16	30	19	25
23							57	90	32	61	15	32	0.23	18	29	20	26
							52	92	28	65	13	35		17	31	20	26
24							61	92	34	63	16	33	0.24	19	30	21	27
							56	94	29	67	14	36		18	32	21	27
25							65	94	36	64	17	35	0.25	20	31	22	28
							60	96	31	69	15	38		18	33	22	28
26							69	96	37	66	18	36	0.26	20	32	23	29
							64	97	33	71	16	39		19	34	22	29
27							73	98	39	68	19	37	0.27	21	33	24	30
							68	99	35	72	16	40		20	35	23	30
28							78	99	41	70	19	38	0.28	22	34	25	31
							72	100	37	74	17	41		21	36	24	31
29							83	100	43	72	20	39	0.29	23	35	26	32
							78	100	39	76	18	42		22	37	25	32
30							88	100	45	73	21	40	0.30	24	36	27	33
							84	100	41	77	19	43		23	38	26	33
31									47	75	22	41	0.31	25	37	28	34
									43	79	20	44		24	39	27	34
32									50	77	23	42	0.32	26	38	29	35
									45	80	21	45		25	40	28	35
33									52	79	24	43	0.33	27	39	30	36
									47	82	21	46		26	41	29	36
34									54	80	25	44	0.34	28	40	31	37
35									56	82	26	45	0.35	29	41	32	38
									51	85	23	48		27	43	31	39
36									57	84	27	46	0.36	30	42	33	39
									53	86	24	49		28	44	32	40
37									59	85	28	47	0.37	31	43	34	40
									55	88	25	50		29	45	33	41
38									62	87	28	48	0.38	32	44	35	41
									57	89	26	51		30	46	34	42
39									64	88	29	49	0.39	33	45	36	42
									60	90	27	52		31	47	35	43
40									66	90	30	50	0.40	34	46	37	43
									62	92	28	53		32	48	36	44

续表

观察次数（f）	样本容量 n												观察分数 f/n	样本容量 n			
	10		15		20		30		50		100			250		1000	
41									69	91	31	51	0.41	35	47	38	44
									64	93	29	54		33	50	37	45
42									71	93	32	52	0.42	36	48	39	45
									67	94	29	55		34	51	38	46
43									73	94	33	53	0.43	37	49	40	46
									69	96	30	56		35	52	39	47
44									76	95	34	54	0.44	38	50	41	47
									71	97	31	57		36	53	40	48
45									78	97	35	55	0.45	39	51	42	48
									74	98	32	58		37	54	41	49
46									81	98	36	56	0.46	40	52	43	49
									77	99	33	59		38	55	42	50
47									83	99	37	57	0.47	41	53	44	50
									80	99	34	60		39	55	43	51
48									86	100	38	58	0.48	42	54	45	51
									83	100	35	61		40	56	44	52
49									89	100	39	59	0.49	43	55	46	52
									86	100	36	62		41	57	45	53
50									93	100	40	60	0.50	44	56	47	53
									90	100	37	63		42	58	46	54

注：① 如果 f 超过 50，则以 $100-f$ 为观察次数，然后用 100–各置信区间。

② 如果 f/n 超过 50，则以 $1-f/n$ 为观察分数，然后用 100–各置信区间。

附表10　r和R的5%和1%显著值表

自由度 df	α	变数的个数				自由度 df	α	变数的个数			
		2	3	4	5			2	3	4	5
1	0.05	0.997	0.999	0.999	0.999	24	0.05	0.388	0.470	0.523	0.562
	0.01	1.000	1.000	1.000	1.000		0.01	0.496	0.565	0.609	0.642
2	0.05	0.950	0.975	0.983	0.987	25	0.05	0.381	0.462	0.514	0.553
	0.01	0.990	0.995	0.997	0.998		0.01	0.487	0.555	0.600	0.633
3	0.05	0.878	0.930	0.950	0.961	26	0.05	0.374	0.454	0.506	0.545
	0.01	0.959	0.976	0.983	0.987		0.01	0.478	0.546	0.590	0.624
4	0.05	0.811	0.881	0.912	0.930	27	0.05	0.367	0.446	0.498	0.536
	0.01	0.917	0.949	0.962	0.970		0.01	0.470	0.538	0.582	0.615
5	0.05	0.754	0.863	0.874	0.898	28	0.05	0.361	0.439	0.490	0.529
	0.01	0.874	0.917	0.937	0.919		0.01	0.463	0.530	0.573	0.606
6	0.05	0.707	0.795	0.839	0.867	29	0.05	0.355	0.432	0.482	0.521
	0.01	0.834	0.886	0.911	0.927		0.01	0.456	0.522	0.565	0.598
7	0.05	0.666	0.758	0.807	0.838	30	0.05	0.349	0.426	0.476	0.514
	0.01	0.798	0.855	0.885	0.904		0.01	0.449	0.514	0.558	0.591
8	0.05	0.632	0.726	0.777	0.811	35	0.05	0.325	0.397	0.445	0.482
	0.01	0.765	0.827	0.860	0.882		0.01	0.418	0.481	0.523	0.556
9	0.05	0.602	0.697	0.750	0.786	40	0.05	0.304	0.373	0.419	0.455
	0.01	0.735	0.800	0.836	0.861		0.01	0.393	0.454	0.494	0.526
10	0.05	0.576	0.671	0.726	0.763	45	0.05	0.288	0.353	0.397	0.432
	0.01	0.708	0.776	0.814	0.840		0.01	0.372	0.430	0.470	0.501
11	0.05	0.553	0.648	0.703	0.741	50	0.05	0.273	0.336	0.379	0.412
	0.01	0.684	0.753	0.793	0.821		0.01	0.354	0.410	0.449	0.479
12	0.05	0.532	0.627	0.683	0.722	60	0.05	0.250	0.308	0.348	0.380
	0.01	0.661	0.732	0.773	0.802		0.01	0.325	0.377	0.414	0.442
13	0.05	0.514	0.608	0.664	0.703	70	0.05	0.232	0.286	0.324	0.354
	0.01	0.641	0.712	0.755	0.785		0.01	0.302	0.351	0.386	0.413
14	0.05	0.497	0.590	0.646	0.686	80	0.05	0.217	0.269	0.304	0.332
	0.01	0.623	0.694	0.737	0.768		0.01	0.283	0.330	0.362	0.389
15	0.05	0.482	0.574	0.630	0.670	90	0.05	0.205	0.254	0.288	0.315
	0.01	0.606	0.677	0.721	0.752		0.01	0.267	0.312	0.343	0.368
16	0.05	0.468	0.559	0.615	0.655	100	0.05	0.195	0.241	0.274	0.300
	0.01	0.590	0.662	0.706	0.738		0.01	0.254	0.297	0.327	0.351
17	0.05	0.456	0.545	0.601	0.641	125	0.05	0.174	0.216	0.246	0.269
	0.01	0.575	0.647	0.691	0.724		0.01	0.228	0.266	0.294	0.316
18	0.05	0.444	0.532	0.587	0.628	150	0.05	0.159	0.198	0.225	0.247
	0.01	0.561	0.633	0.678	0.710		0.01	0.208	0.244	0.270	0.290
19	0.05	0.433	0.520	0.575	0.615	200	0.05	0.138	0.172	0.196	0.215
	0.01	0.549	0.620	0.665	0.698		0.01	0.181	0.212	0.234	0.253
20	0.05	0.423	0.509	0.563	0.604	300	0.05	0.113	0.141	0.160	0.176
	0.01	0.537	0.608	0.652	0.685		0.01	0.148	0.174	0.192	0.208
21	0.05	0.413	0.498	0.522	0.592	400	0.05	0.098	0.122	0.139	0.153
	0.01	0.526	0.596	0.641	0.674		0.01	0.128	0.151	0.167	0.180
22	0.05	0.404	0.488	0.542	0.582	500	0.05	0.088	0.109	0.124	0.137
	0.01	0.515	0.585	0.630	0.663		0.01	0.115	0.135	0.150	0.162
23	0.05	0.396	0.479	0.532	0.572	1000	0.05	0.062	0.077	0.088	0.097
	0.01	0.505	0.574	0.619	0.652		0.01	0.081	0.096	0.106	0.115

附表 11　z和r值转换表

z	0.01	0.02	0.03	0.04	0.05	0.06	0.07	0.08	0.09	0.10
0.0	0.0100	0.0200	0.0300	0.0400	0.0500	0.0599	0.0699	0.0798	0.0898	0.0997
0.1	0.1096	0.1194	0.1293	0.1391	0.1489	0.1586	0.1684	0.1781	0.1877	0.1974
0.2	0.2070	0.2165	0.2260	0.2355	0.2449	0.2543	0.2636	0.2729	0.2821	0.2913
0.3	0.3004	0.3095	0.3185	0.3275	0.3364	0.3452	0.3540	0.3627	0.3714	0.3799
0.4	0.3885	0.3969	0.4053	0.4136	0.4219	0.4301	0.4382	0.4462	0.4542	0.4621
0.5	0.4699	0.4777	0.4854	0.4930	0.5005	0.5080	0.5154	0.5227	0.5299	0.5370
0.6	0.5441	0.5511	0.5581	0.5649	0.5717	0.5784	0.5850	0.5915	0.5980	0.6044
0.7	0.6107	0.6169	0.6231	0.6291	0.6351	0.6411	0.6469	0.6527	0.6584	0.6640
0.8	0.6696	0.6751	0.6805	0.6858	0.6911	0.6963	0.7014	0.7064	0.7114	0.7163
0.9	0.7211	0.7259	0.7306	0.7352	0.7398	0.7443	0.7487	0.7531	0.7574	0.7616
1.0	0.7658	0.7699	0.7739	0.7779	0.7818	0.7857	0.7895	0.7932	0.7969	0.8005
1.1	0.8041	0.8076	0.8110	0.8144	0.8178	0.8210	0.8243	0.8275	0.8306	0.8337
1.2	0.8367	0.8397	0.8426	0.8455	0.8483	0.8511	0.8538	0.8565	0.8591	0.8617
1.3	0.8643	0.8668	0.8692	0.8717	0.8741	0.8764	0.8787	0.8810	0.8832	0.8854
1.4	0.8875	0.8896	0.8917	0.8937	0.8957	0.8977	0.8996	0.9015	0.9033	0.9051
1.5	0.9069	0.9087	0.9104	0.9121	0.9138	0.9154	0.9170	0.9186	0.9201	0.9217
1.6	0.9232	0.9246	0.9261	0.9275	0.9289	0.9302	0.9316	0.9329	0.9341	0.9354
1.7	0.9366	0.9379	0.9391	0.9402	0.9414	0.9425	0.9436	0.9447	0.9458	0.9468
1.8	0.9478	0.9488	0.9498	0.9508	0.9517	0.9527	0.9536	0.9545	0.9554	0.9562
1.9	0.9571	0.9579	0.9587	0.9595	0.9603	0.9611	0.9618	0.9626	0.9633	0.9640
2.0	0.9647	0.9654	0.9661	0.9667	0.9674	0.9680	0.9687	0.9693	0.9699	0.9705
2.1	0.9710	0.9716	0.9721	0.9727	0.9732	0.9737	0.9743	0.9748	0.9753	0.9757
2.2	0.9762	0.9767	0.9771	0.9776	0.9780	0.9785	0.9789	0.9793	0.9797	0.9801
2.3	0.9805	0.9809	0.9812	0.9816	0.9820	0.9823	0.9827	0.9830	0.9833	0.9837
2.4	0.9840	0.9843	0.9846	0.9849	0.9852	0.9855	0.9858	0.9861	0.9863	0.9866
2.5	0.9869	0.9871	0.9874	0.9876	0.9879	0.9881	0.9884	0.9886	0.9888	0.9890
2.6	0.9892	0.9895	0.9897	0.9899	0.9901	0.9903	0.9905	0.9906	0.9908	0.9910
2.7	0.9912	0.9914	0.9915	0.9917	0.9919	0.9920	0.9922	0.9923	0.9925	0.9926
2.8	0.9928	0.9929	0.9931	0.9932	0.9933	0.9935	0.9936	0.9937	0.9938	0.9940
2.9	0.9941	0.9942	0.9943	0.9944	0.9945	0.9946	0.9947	0.9949	0.9950	0.9951
3.0	0.9952	0.9952	0.9953	0.9954	0.9955	0.9956	0.9957	0.9958	0.9959	0.9959
3.1	0.9960	0.9961	0.9962	0.9963	0.9963	0.9964	0.9965	0.9965	0.9966	0.9967
3.2	0.9967	0.9968	0.9969	0.9969	0.9970	0.9971	0.9971	0.9972	0.9972	0.9973
3.3	0.9973	0.9974	0.9974	0.9975	0.9975	0.9976	0.9976	0.9977	0.9977	0.9978
3.4	0.9978	0.9979	0.9979	0.9979	0.9980	0.9980	0.9981	0.9981	0.9981	0.9982
3.5	0.9982	0.9982	0.9983	0.9983	0.9984	0.9984	0.9984	0.9984	0.9985	0.9985
3.6	0.9985	0.9986	0.9986	0.9986	0.9986	0.9987	0.9987	0.9987	0.9988	0.9988
3.7	0.9988	0.9988	0.9988	0.9989	0.9989	0.9989	0.9989	0.9990	0.9990	0.9990
3.8	0.9990	0.9990	0.9991	0.9991	0.9991	0.9991	0.9991	0.9991	0.9992	0.9992
3.9	0.9992	0.9992	0.9992	0.9992	0.9993	0.9993	0.9993	0.9993	0.9993	0.9993
4.0	0.9993	0.9994	0.9994	0.9994	0.9994	0.9994	0.9994	0.9994	0.9994	0.9995

附表 12　百分数反正弦（$\sin^{-1}\sqrt{x}$）转换表

%	0.0	0.1	0.2	0.3	0.4	0.5	0.6	0.7	0.8	0.9
0	0.00	1.81	2.56	3.14	3.63	4.05	4.44	4.80	5.13	5.44
1	5.74	6.02	6.29	6.55	6.80	7.03	7.27	7.49	7.71	7.92
2	8.13	8.33	8.53	8.72	8.91	9.10	9.28	9.46	9.63	9.80
3	9.97	10.14	10.30	10.47	10.63	10.78	10.94	11.09	11.24	11.39
4	11.54	11.68	11.83	11.97	12.11	12.25	12.38	12.52	12.66	12.79
5	12.92	13.05	13.18	13.31	13.44	13.56	13.69	13.81	13.94	14.06
6	14.18	14.30	14.42	14.54	14.65	14.77	14.89	15.00	15.12	15.23
7	15.34	15.45	15.56	15.68	15.79	15.89	16.00	16.11	16.22	16.32
8	16.43	16.54	16.64	16.74	16.85	16.95	17.05	17.15	17.26	17.36
9	17.46	17.56	17.66	17.76	17.85	17.95	18.05	18.15	18.24	18.34
10	18.43	18.53	18.63	18.72	18.81	18.91	19.00	19.09	19.19	19.28
11	19.37	19.46	19.55	19.64	19.73	19.82	19.91	20.00	20.09	20.18
12	20.27	20.36	20.44	20.53	20.62	20.70	20.79	20.88	20.96	21.05
13	21.13	21.22	21.30	21.39	21.47	21.56	21.64	21.72	21.81	21.89
14	21.97	22.06	22.14	22.22	22.30	22.38	22.46	22.54	22.63	22.71
15	22.79	22.87	22.95	23.03	23.11	23.18	23.26	23.34	23.42	23.50
16	23.58	23.66	23.73	23.81	23.89	23.97	24.04	24.12	24.20	24.27
17	24.35	24.43	24.50	24.58	24.65	24.73	24.80	24.88	24.95	25.03
18	25.10	25.18	25.25	25.33	25.40	25.47	25.55	25.62	25.70	25.77
19	25.84	25.91	25.99	26.06	26.13	26.21	26.28	26.35	26.42	26.49
20	26.57	26.64	26.71	26.78	26.85	26.92	26.99	27.06	27.13	27.20
21	27.27	27.35	27.42	27.49	27.56	27.62	27.69	27.76	27.83	27.90
22	27.97	28.04	28.11	28.18	28.25	28.32	28.39	28.45	28.52	28.59
23	28.66	28.73	28.79	28.86	28.93	29.00	29.06	29.13	29.20	29.27
24	29.33	29.40	29.47	29.53	29.60	29.67	29.73	29.80	29.87	29.93
25	30.00	30.07	30.13	30.20	30.26	30.33	30.40	30.46	30.53	30.59
26	30.66	30.72	30.79	30.85	30.92	30.98	31.05	31.11	31.18	31.24
27	31.31	31.37	31.44	31.50	31.56	31.63	31.69	31.76	31.82	31.88
28	31.95	32.01	32.08	32.14	32.20	32.27	32.33	32.39	32.46	32.52
29	32.58	32.65	32.71	32.77	32.83	32.90	32.96	33.02	33.09	33.15
30	33.21	33.27	33.34	33.40	33.46	33.52	33.58	33.65	33.71	33.77
31	33.83	33.90	33.96	34.02	34.08	34.14	34.20	34.27	34.33	34.39
32	34.45	34.51	34.57	34.63	34.70	34.76	34.82	34.88	34.94	35.00
33	35.06	35.12	35.18	35.24	35.30	35.37	35.43	35.49	35.55	35.61
34	35.67	35.73	35.79	35.85	35.91	35.97	36.03	36.09	36.15	36.21
35	36.27	36.33	36.39	36.45	36.51	36.57	36.63	36.69	36.75	36.81
36	36.87	36.93	36.99	37.05	37.11	37.17	37.23	37.29	37.35	37.41
37	37.46	37.52	37.58	37.64	37.70	37.76	37.82	37.88	37.94	38.00
38	38.06	38.12	38.17	38.23	38.29	38.35	38.41	38.47	38.53	38.59
39	38.65	38.70	38.76	38.82	38.88	38.94	39.00	39.06	39.11	39.17

续表

%	0.0	0.1	0.2	0.3	0.4	0.5	0.6	0.7	0.8	0.9
40	39.23	39.29	39.35	39.41	39.47	39.52	39.58	39.64	39.70	39.76
41	39.82	39.87	39.93	39.99	40.05	40.11	40.16	40.22	40.28	40.34
42	40.40	40.45	40.51	40.57	40.63	40.69	40.74	40.80	40.86	40.92
43	40.98	41.03	41.09	41.15	41.21	41.27	41.32	41.38	41.44	41.50
44	41.55	41.61	41.67	41.73	41.78	41.84	41.90	41.96	42.02	42.07
45	42.13	42.19	42.25	42.30	42.36	42.42	42.48	42.53	42.59	42.65
46	42.71	42.76	42.82	42.88	42.94	42.99	43.05	43.11	43.17	43.22
47	43.28	43.34	43.39	43.45	43.51	43.57	43.62	43.68	43.74	43.80
48	43.85	43.91	43.97	44.03	44.08	44.14	44.20	44.26	44.31	44.37
49	44.43	44.48	44.54	44.60	44.66	44.71	44.77	44.83	44.89	44.94
50	45.00	45.06	45.11	45.17	45.23	45.29	45.34	45.40	45.46	45.52
51	45.57	45.63	45.69	45.74	45.80	45.86	45.92	45.97	46.03	46.09
52	46.15	46.20	46.26	46.32	46.38	46.43	46.49	46.55	46.61	46.66
53	46.72	46.78	46.83	46.89	46.95	47.01	47.06	47.12	47.18	47.24
54	47.29	47.35	47.41	47.47	47.52	47.58	47.64	47.70	47.75	47.81
55	47.87	47.93	47.98	48.04	48.10	48.16	48.22	48.27	48.33	48.39
56	48.45	48.50	48.56	48.62	48.68	48.73	48.79	48.85	48.91	48.97
57	49.02	49.08	49.14	49.20	49.26	49.31	49.37	49.43	49.49	49.55
58	49.60	49.66	49.72	49.78	49.84	49.89	49.95	50.01	50.07	50.13
59	50.18	50.24	50.30	50.36	50.42	50.48	50.53	50.59	50.65	50.71
60	50.77	50.83	50.89	50.94	51.00	51.06	51.12	51.18	51.24	51.30
61	51.35	51.41	51.47	51.53	51.59	51.65	51.71	51.77	51.83	51.88
62	51.94	52.00	52.06	52.12	52.18	52.24	52.30	52.36	52.42	52.48
63	52.54	52.59	52.65	52.71	52.77	52.83	52.89	52.95	53.01	53.07
64	53.13	53.19	53.25	53.31	53.37	53.43	53.49	53.55	53.61	53.67
65	53.73	53.79	53.85	53.91	53.97	54.03	54.09	54.15	54.21	54.27
66	54.33	54.39	54.45	54.51	54.57	54.63	54.70	54.76	54.82	54.88
67	54.94	55.00	55.06	55.12	55.18	55.24	55.30	55.37	55.43	55.49
68	55.55	55.61	55.67	55.73	55.80	55.86	55.92	55.98	56.04	56.10
69	56.17	56.23	56.29	56.35	56.42	56.48	56.54	56.60	56.66	56.73
70	56.79	56.85	56.91	56.98	57.04	57.10	57.17	57.23	57.29	57.35
71	57.42	57.48	57.54	57.61	57.67	57.73	57.80	57.86	57.92	57.99
72	58.05	58.12	58.18	58.24	58.31	58.37	58.44	58.50	58.56	58.63
73	58.69	58.76	58.82	58.89	58.95	59.02	59.08	59.15	59.21	59.28
74	59.34	59.41	59.47	59.54	59.60	59.67	59.74	59.80	59.87	59.93
75	60.00	60.07	60.13	60.20	60.27	60.33	60.40	60.47	60.53	60.60
76	60.67	60.73	60.80	60.87	60.94	61.00	61.07	61.14	61.21	61.27
77	61.34	61.41	61.48	61.55	61.61	61.68	61.75	61.82	61.89	61.96
78	62.03	62.10	62.17	62.24	62.31	62.38	62.44	62.51	62.58	62.65
79	62.73	62.80	62.87	62.94	63.01	63.08	63.15	63.22	63.29	63.36
80	63.43	63.51	63.58	63.65	63.72	63.79	63.87	63.94	64.01	64.09
81	64.16	64.23	64.30	64.38	64.45	64.53	64.60	64.67	64.75	64.82
82	64.90	64.97	65.05	65.12	65.20	65.27	65.35	65.42	65.50	65.57
83	65.65	65.73	65.80	65.88	65.96	66.03	66.11	66.19	66.27	66.34

续表

%	0.0	0.1	0.2	0.3	0.4	0.5	0.6	0.7	0.8	0.9
84	66.42	66.50	66.58	66.66	66.74	66.82	66.89	66.97	67.05	67.13
85	67.21	67.29	67.37	67.46	67.54	67.62	67.70	67.78	67.86	67.94
86	68.03	68.11	68.19	68.28	68.36	68.44	68.53	68.61	68.70	68.78
87	68.87	68.95	69.04	69.12	69.21	69.30	69.38	69.47	69.56	69.64
88	69.73	69.82	69.91	70.00	70.09	70.18	70.27	70.36	70.45	70.54
89	70.63	70.72	70.81	70.91	71.00	71.09	71.19	71.28	71.37	71.47
90	71.57	71.66	71.76	71.85	71.95	72.05	72.15	72.24	72.34	72.44
91	72.54	72.64	72.74	72.85	72.95	73.05	73.15	73.26	73.36	73.46
92	73.57	73.68	73.78	73.89	74.00	74.11	74.21	74.32	74.44	74.55
93	74.66	74.77	74.88	75.00	75.11	75.23	75.35	75.46	75.58	75.70
94	75.82	75.94	76.06	76.19	76.31	76.44	76.56	76.69	76.82	76.95
95	77.08	77.21	77.34	77.48	77.62	77.75	77.89	78.03	78.17	78.32
96	78.46	78.61	78.76	78.91	79.06	79.22	79.37	79.53	79.70	79.86
97	80.03	80.20	80.37	80.54	80.72	80.90	81.09	81.28	81.47	81.67
98	81.87	82.08	82.29	82.51	82.73	82.97	83.20	83.45	83.71	83.98
99	84.26	84.56	84.87	85.20	85.56	85.95	86.37	86.86	87.44	88.19

附表13 正 交 表

1. L_4（2^3）

试 验 号	1	2	3
1	1	1	1
2	1	2	2
3	2	1	2
4	2	2	1

注：任意两列间的交互作用为剩下一列。

2. L_8（2^7）

试 验 号	1	2	3	4	5	6	7
1	1	1	1	1	1	1	1
2	1	1	1	2	2	2	2
3	1	2	2	1	1	1	2
4	1	2	2	2	2	2	1
5	2	1	2	1	2	1	2
6	2	1	2	2	1	2	1
7	2	2	1	1	2	2	1
8	2	2	1	2	1	1	2

L_8（2^7）表头设计

因 素 数	列 号						
	1	2	3	4	5	6	7
3	A	B	A×B	C	A×C	B×C	
4	A	B	A×B	C	A×C	B×C	D
			C×D		B×D	A×D	
5	A	B	A×B	C	A×C	D	A×D
		C×D		B×D		B×C	

3. L_{12}（2^{11}）

处理号	1	2	3	4	5	6	7	8	9	10	11
1	1	1	1	1	1	1	1	1	1	1	1
2	1	1	1	1	1	2	2	2	2	2	2
3	1	1	2	2	2	1	1	1	2	2	2
4	1	2	1	2	2	1	2	2	1	1	2
5	1	2	2	1	2	2	1	2	1	2	1
6	1	2	2	2	1	2	2	1	2	1	1
7	2	1	2	2	1	1	2	2	1	2	1
8	2	1	2	1	2	2	2	1	1	1	2
9	2	1	1	2	2	2	1	2	2	1	1
10	2	2	2	1	1	1	1	2	2	1	2
11	2	2	1	2	1	2	1	1	1	2	2
12	2	2	1	1	2	1	2	1	2	2	1

注：任意两列间的交互作用都不在表内。

4. $L_{16}(2^{15})$

处理号	1	2	3	4	5	6	7	8	9	10	11	12	13	14	15
1	1	1	1	1	1	1	1	1	1	1	1	1	1	1	1
2	1	1	1	1	1	1	1	2	2	2	2	2	2	2	2
3	1	1	1	2	2	2	2	1	1	1	1	2	2	2	2
4	1	1	1	2	2	2	2	2	2	2	2	1	1	1	1
5	1	2	2	1	1	2	2	1	1	2	2	1	1	2	2
6	1	2	2	1	1	2	2	2	2	1	1	2	2	1	1
7	1	2	2	2	2	1	1	1	1	2	2	2	2	1	1
8	1	2	2	2	2	1	1	2	2	1	1	1	1	2	2
9	2	1	2	1	2	1	2	1	2	1	2	1	2	1	2
10	2	1	2	1	2	1	2	2	1	2	1	2	1	2	1
11	2	1	2	2	1	2	1	1	2	1	2	2	1	2	1
12	2	1	2	2	1	2	1	2	1	2	1	1	2	1	2
13	2	2	1	1	2	2	1	1	2	2	1	1	2	2	1
14	2	2	1	1	2	2	1	2	1	1	2	2	1	1	2
15	2	2	1	2	1	1	2	1	2	2	1	2	1	1	2
16	2	2	1	2	1	1	2	2	1	1	2	1	2	2	1

$L_{16}(2^{15})$表头设计

因素数	列号														
	1	2	3	4	5	6	7	8	9	10	11	12	13	14	15
4	A	B	A×B	C	A×C	B×C		D	A×D	B×D		C×D			
5	A	B	A×B	C	A×C	B×C	D×E	D	A×D	B×D	C×E	C×D	B×E	A×E	E
6	A	B	A×B	C	A×C	B×C		D	A×D	B×D		C×D			C×E
									B×E		E		F		
			D×E		D×F	E×F			C×F	A×E		A×F			B×F
7	A	B	A×B	C	A×C	B×C		D	A×D	B×D		C×D			C×E
					D×F	E×F			B×E	A×E	E	A×F	F	G	B×F
			D×E		E×G	D×G			C×F	C×G		B×G			A×G
8	A	B	A×B	C	A×C	B×C			A×D	B×D		C×D			C×E
			D×E		D×F	E×F	H	D	B×E	A×E	E	A×F	F	G	B×F
			F×G		E×G	D×G			C×F	C×G		B×G			A×G
			C×H		B×H	A×H			G×H	F×H		E×H			D×H

5. $L_9(3^4)$

处 理 号	1	2	3	4
1	1	1	1	1
2	1	2	2	2
3	1	3	3	3
4	2	1	2	3
5	2	2	3	1
6	2	3	1	2
7	3	1	3	2
8	3	2	1	3
9	3	3	2	1

注：任意两列间的交互作用为另外两列。

6. $L_{27}(3^{13})$

处理号	1	2	3	4	5	6	7	8	9	10	11	12	13
1	1	1	1	1	1	1	1	1	1	1	1	1	1
2	1	1	1	1	2	2	2	2	2	2	2	2	2
3	1	1	1	1	3	3	3	3	3	3	3	3	3
4	1	2	2	2	1	1	1	2	2	2	3	3	3
5	1	2	2	2	2	2	2	3	3	3	1	1	1
6	1	2	2	2	3	3	3	1	1	1	2	2	2
7	1	3	3	3	1	1	1	3	3	3	2	2	2
8	1	3	3	3	2	2	2	1	1	1	3	3	3
9	1	3	3	3	3	3	3	2	2	2	1	1	1
10	2	1	2	3	1	2	3	1	2	3	1	2	3
11	2	1	2	3	2	3	1	2	3	1	2	3	1
12	2	1	2	3	3	1	2	3	1	2	3	1	2
13	2	2	3	1	1	2	3	2	3	1	3	1	2
14	2	2	3	1	2	3	1	3	1	2	1	2	3
15	2	2	3	1	3	1	2	1	2	3	2	3	1
16	2	3	1	2	1	2	3	3	1	2	2	3	1
17	2	3	1	2	2	3	1	1	2	3	3	1	2
18	2	3	1	2	3	1	2	2	3	1	1	2	3
19	3	1	3	2	1	3	2	1	3	2	1	3	2
20	3	1	3	2	2	1	3	2	1	3	2	1	3
21	3	1	3	2	3	2	1	3	2	1	3	2	1
22	3	2	1	3	1	3	2	2	1	3	3	2	1
23	3	2	1	3	2	1	3	3	2	1	1	3	2
24	3	2	1	3	3	2	1	1	3	2	2	1	3
25	3	3	2	1	1	3	2	3	2	1	2	1	3
26	3	3	2	1	2	1	3	1	3	2	3	2	1
27	3	3	2	1	3	2	1	2	1	3	1	3	2

$L_{27}(3^{13})$ 表头设计

因素数	列号												
	1	2	3	4	5	6	7	8	9	10	11	12	13
3	A	B	$(A\times B)_1$	$(A\times B)_2$	C	$(A\times C)_1$	$(A\times C)_2$	$(B\times C)_1$			$(B\times C)_2$		
4	A	B	$(A\times B)_1$	$(A\times B)_2$	C	$(A\times C)_1$	$(A\times C)_2$		D	$(A\times D)_1$	$(B\times C)_2$	$(B\times D)_1$	$(C\times D)_1$
			$(C\times D)_2$			$(B\times D)_2$							

7. $L_{16}(4^5)$

处 理 号	1	2	3	4	5
1	1	1	1	1	1
2	1	2	2	2	2
3	1	3	3	3	3
4	1	4	4	4	4
5	2	1	2	3	4
6	2	2	1	4	3

续表

处 理 号	1	2	3	4	5
7	2	3	4	1	2
8	2	4	3	2	1
9	3	1	3	4	2
10	3	2	4	3	1
11	3	3	1	2	4
12	3	4	2	1	3
13	4	1	4	2	3
14	4	2	3	1	4
15	4	3	2	4	1
16	4	4	1	3	2

注：任意两列间的交互作用为另外三列。

8. L_{25}（5^6）

处 理 号	1	2	3	4	5	6
1	1	1	1	1	1	1
2	1	2	2	2	2	2
3	1	3	3	3	3	3
4	1	4	4	4	4	4
5	1	5	5	5	5	5
6	2	1	2	3	4	5
7	2	2	3	4	5	1
8	2	3	4	5	1	2
9	2	4	5	1	2	3
10	2	5	1	2	3	4
11	3	1	3	5	2	4
12	3	2	4	1	3	5
13	3	3	5	2	4	1
14	3	4	1	3	5	2
15	3	5	2	4	1	3
16	4	1	4	2	5	3
17	4	2	5	3	1	4
18	4	3	1	4	2	5
19	4	4	2	5	3	1
20	4	5	3	1	4	2
21	5	1	5	4	3	2
22	5	2	1	5	4	3
23	5	3	2	1	5	4
24	5	4	3	2	1	5
25	5	5	4	3	2	1

注：任意两列间的交互作用为另外四列。

9. L_8（4×2^4）

处理号	1	2	3	4	5
1	1	1	1	1	1
2	1	2	2	2	2
3	2	1	1	2	2
4	2	2	2	1	1
5	3	1	2	1	2
6	3	2	1	2	1
7	4	1	2	2	1
8	4	2	1	1	2

注：第一列和另外任意一列的交互作用为其余三列。

L_8（4×2^4）表头设计

因素数	列号				
	1	2	3	4	5
2	A	B	$(A\times B)_1$	$(A\times B)_2$	$(A\times B)_3$
3	A	B	C	$(A\times B)_2$	$(A\times B)_3$
		$(A\times C)_1$	$(A\times B)_1$	$(A\times C)_2$	$(A\times C)_3$
4	A	B	C	D	$(A\times B)_3$
		$(A\times C)_1$	$(A\times B)_1$	$(A\times B)_2$	$(A\times C)_3$
		$(A\times D)_1$	$(A\times D)_2$	$(A\times C)_2$	$(A\times D)_3$

10. L_{16}（$4^4\times2^3$）

处理号	1	2	3	4	5	6	7
1	1	1	1	1	1	1	1
2	1	2	2	2	1	2	2
3	1	3	3	3	2	1	2
4	1	4	4	4	2	2	1
5	2	1	2	3	2	2	1
6	2	2	1	4	2	1	2
7	2	3	4	1	1	2	2
8	2	4	3	2	1	1	1
9	3	1	3	4	1	2	2
10	3	2	4	3	1	1	1
11	3	3	1	2	2	2	1
12	3	4	2	1	2	1	2
13	4	1	4	2	2	1	2
14	4	2	3	1	2	2	1
15	4	3	2	4	1	1	1
16	4	4	1	3	1	2	2

11．L_{16}（$4^3\times2^6$）

处理号	1	2	3	4	5	6	7	8	9
1	1	1	1	1	1	1	1	1	1
2	1	2	2	1	1	2	2	2	2
3	1	3	3	2	2	1	1	2	2
4	1	4	4	2	2	2	2	1	1
5	2	1	2	2	2	1	2	1	2
6	2	2	1	2	2	2	1	2	1
7	2	3	4	1	1	1	2	2	1
8	2	4	3	1	1	2	1	1	2
9	3	1	3	1	2	2	2	2	1
10	3	2	4	1	2	1	1	1	2
11	3	3	1	2	1	2	2	1	2
12	3	4	2	2	1	1	1	2	1
13	4	1	4	2	1	2	1	2	2
14	4	2	3	2	1	1	2	1	1
15	4	3	2	1	2	2	1	1	1
16	4	4	1	1	2	1	2	2	2

12．L_{16}（$4^2\times2^9$）

处理号	1	2	3	4	5	6	7	8	9	10	11
1	1	1	1	1	1	1	1	1	1	1	1
2	1	2	1	1	1	2	2	2	2	2	2
3	1	3	2	2	2	1	1	1	2	2	2
4	1	4	2	2	2	2	2	2	1	1	1
5	2	1	1	2	2	1	2	2	1	2	2
6	2	2	1	2	2	2	1	1	2	1	1
7	2	3	2	1	1	1	2	2	2	1	1
8	2	4	2	1	1	2	1	1	1	2	2
9	3	1	2	1	2	2	1	2	2	1	2
10	3	2	2	1	2	1	2	1	1	2	1
11	3	3	1	2	1	2	1	2	1	2	1
12	3	4	1	2	1	1	2	1	2	1	2
13	4	1	2	2	1	2	2	1	2	2	1
14	4	2	2	2	1	1	1	2	1	1	2
15	4	3	1	1	2	2	2	1	1	1	2
16	4	4	1	1	2	1	1	2	2	2	1

13．L_{16}（8×2^8）

处理号	1	2	3	4	5	6	7	8	9
1	1	1	1	1	1	1	1	1	1
2	1	2	2	2	2	2	2	2	2
3	2	1	1	1	1	2	2	2	2
4	2	2	2	2	2	1	1	1	1
5	3	1	1	2	2	1	1	2	2

续表

处理号	1	2	3	4	5	6	7	8	9
6	3	2	2	1	1	2	2	1	1
7	4	1	1	2	2	2	2	1	1
8	4	2	2	1	1	1	1	2	2
9	5	1	2	1	2	1	2	1	2
10	5	2	1	2	1	2	1	2	1
11	6	1	2	1	2	2	1	2	1
12	6	2	1	2	1	1	2	1	2
13	7	1	2	2	1	1	2	2	1
14	7	2	1	1	2	2	1	1	2
15	8	1	2	2	1	2	1	1	2
16	8	2	1	1	2	1	2	2	1

14．L_{16}（4×2^{12}）

处理号	1	2	3	4	5	6	7	8	9	10	11	12	13
1	1	1	1	1	1	1	1	1	1	1	1	1	1
2	1	1	1	1	1	2	2	2	2	2	2	2	2
3	1	2	2	2	2	1	1	1	1	2	2	2	2
4	1	2	2	2	2	2	2	2	2	1	1	1	1
5	2	1	1	2	2	1	1	2	2	1	1	2	2
6	2	1	1	2	2	2	2	1	1	2	2	1	1
7	2	2	2	1	1	1	1	2	2	2	2	1	1
8	2	2	2	1	1	2	2	1	1	1	1	2	2
9	3	1	2	1	2	1	2	1	2	2	2	1	2
10	3	1	2	1	2	2	1	2	1	1	1	2	1
11	3	2	1	2	1	1	2	1	2	1	1	2	1
12	3	2	1	2	1	2	1	2	1	2	2	1	2
13	4	1	2	2	1	1	2	2	1	2	2	2	1
14	4	1	2	2	1	2	1	1	2	1	1	1	2
15	4	2	1	1	2	1	2	2	1	1	1	1	2
16	4	2	1	1	2	2	1	1	2	2	2	2	1

L_{16}（4×2^{12}）表头设计

因素数	列号												
	1	2	3	4	5	6	7	8	9	10	11	12	13
3	A	B	(A×B)1	(A×B)2	(A×B)3	C	(A×C)1	(A×C)2	(A×C)3	(B×C)1			
4	A	B	(A×B)1	(A×B)2	(A×B)3	C	(A×C)1	(A×C)2	(A×C)3	(B×C)1	D	(A×D)2	(A×D)3
			(C×D)1				(B×D)1			(A×D)1			
5	A	B	(A×B)1	(A×B)2	(A×B)3	C	(A×C)1	(A×C)2	(A×C)3	(B×C)1	D	E	
			(C×D)1	(C×E)1			(B×D)1	(B×E)1		(A×D)1		(A×D)2	(A×D)3
										(A×E)1	(A×E)2		(A×E)3

附表 14　均匀设计表

1. $U_5(5^3)$

试 验 号	1	2	3
1	1	2	4
2	2	4	3
3	3	1	2
4	4	3	1
5	5	5	5

$U_5(5^3)$ 使用表

s	列 号			D
2	1	2		0.3100
3	1	2	3	0.4570

2. $U^*_6(6^4)$

试 验 号	1	2	3	4
1	1	2	3	6
2	2	4	6	5
3	3	6	2	4
4	4	1	5	3
5	5	3	1	2
6	6	5	4	1

$U^*_6(6^4)$ 使用表

s	列 号				D
2	1	3			0.1875
3	1	2	3		0.2656
4	1	2	3	4	0.2990

3. $U_7(7^6)$

试 验 号	1	2	3	4	5	6
1	1	2	3	4	5	6
2	2	4	6	1	3	5
3	3	6	2	5	1	4
4	4	1	5	2	6	3
5	5	3	1	6	4	2
6	6	5	4	3	2	1
7	7	7	7	7	7	7

U_7^*（7^6）使用表

s	列号				D
2	1	3			0.2398
3	1	2	3		0.3721
4	1	2	3	6	0.4760

4．U_7（7^4）

试验号	1	2	3	4
1	1	3	5	7
2	2	6	2	6
3	3	1	7	5
4	4	4	4	4
5	5	7	1	3
6	6	2	6	2
7	7	5	3	1

U_7^*（7^4）使用表

s	列号			D
2	1	3		0.1582
3	2	3	4	0.2132

5．U_8^*（8^5）

试验号	1	2	3	4	5
1	1	2	4	7	8
2	2	4	8	5	7
3	3	6	3	3	6
4	4	8	7	1	5
5	5	1	2	8	4
6	6	3	6	6	3
7	7	5	1	4	2
8	8	7	5	2	1

U_8^*（8^5）使用表

s	列号				D
2	1	3			0.1445
3	1	3	4		0.2000
4	1	2	3	5	0.2709

6．U_9（9^6）

试验号	1	2	3	4	5	6
1	1	2	4	5	7	8
2	2	4	8	1	5	7
3	3	6	3	6	3	6
4	4	8	7	2	1	5
5	5	1	2	7	8	4
6	6	3	6	3	6	3
7	7	5	1	8	4	2
8	8	7	5	4	2	1
9	9	9	9	9	9	9

$U_9(9^6)$ 使用表

s	列 号				D
2	1	3			0.1944
3	1	3	5		0.3102
4	1	2	3	6	0.4066

7. $U^*_9(9^4)$

试 验 号	1	2	3	4
1	1	3	7	9
2	2	6	4	8
3	3	9	1	7
4	4	2	8	6
5	5	5	5	5
6	6	8	2	4
7	7	1	9	3
8	8	4	6	2
9	9	7	3	1

$U^*_9(9^4)$ 使用表

s	列 号			D
2	1	2		0.1574
3	2	3	4	0.3102

4. $U^*_{10}(10^8)$

试 验 号	1	2	3	4	5	6	7	8
1	1	2	3	4	5	7	9	10
2	2	4	6	8	10	3	7	9
3	3	6	9	1	4	10	5	8
4	4	8	1	5	9	6	3	7
5	5	10	4	9	3	2	1	6
6	6	1	7	2	8	9	10	5
7	7	3	10	6	2	5	8	4
8	8	5	2	10	7	1	6	3
9	9	7	5	3	1	8	4	2
10	10	9	8	7	6	4	2	1

$U^*_{10}(10^8)$ 使用表

s	列 号						D
2	1	6					0.1125
3	1	5	6				0.1681
4	1	3	4	5			0.2236
5	1	3	4	5	7		0.2414
6	1	2	3	5	6	8	0.2994

9. U_{11}（11^{10}）

试验号	1	2	3	4	5	6	7	8	9	10
1	1	2	3	4	5	6	7	8	9	10
2	2	4	6	8	10	1	3	5	7	9
3	3	6	9	1	4	7	10	2	5	8
4	4	8	1	5	9	2	6	10	3	7
5	5	10	4	9	3	8	2	7	1	6
6	6	1	7	2	8	3	9	4	10	5
7	7	3	10	6	2	9	5	1	8	4
8	8	5	2	10	7	4	1	9	6	3
9	9	7	5	3	1	10	8	6	4	2
10	10	9	8	7	6	5	4	3	2	1
11	11	11	11	11	11	11	11	11	11	11

U^*_{11}（11^{10}）使用表

s	列号						D
2	1	7					0.1634
3	1	5	7				0.2649
4	1	2	5	7			0.3528
5	1	2	3	5	7		0.4286
6	1	2	3	5	7	10	0.4942

10. U^*_{11}（11^4）

试验号	1	2	3	4
1	1	5	7	11
2	2	10	2	10
3	3	3	9	9
4	4	8	4	8
5	5	1	11	7
6	6	6	6	6
7	7	11	1	5
8	8	4	8	4
9	9	9	3	3
10	10	2	10	2
11	11	7	5	1

U^*_{11}（11^4）使用表

s	列号			D
2	1	2		0.1136
3	2	3	4	0.2307

11. U^*_{12}（12^{10}）

试验号	1	2	3	4	5	6	7	8	9	10
1	1	2	3	4	5	6	8	9	10	12
2	2	4	6	8	10	12	3	5	7	11

续表

试验号	1	2	3	4	5	6	7	8	9	10
3	3	6	9	12	2	5	11	1	4	10
4	4	8	12	3	7	11	6	10	1	9
5	5	10	2	7	12	4	1	6	11	8
6	6	12	5	11	4	10	9	2	8	7
7	7	1	8	2	9	3	4	11	5	6
8	8	3	11	6	1	9	12	7	2	5
9	9	5	1	10	6	2	7	3	12	4
10	10	7	4	1	11	8	2	12	9	3
11	11	9	7	5	3	1	10	8	6	2
12	12	11	10	9	8	7	5	4	3	1

U^*_{12}（12^{10}）使用表

s	列号							D
2	1	5						0.1634
3	1	6	9					0.1838
4	1	6	7	9				0.2233
5	1	3	4	8	10			0.2272
6	1	2	6	7	8	9		0.2670
7	1	2	6	7	8	9	10	0.2768

12．U_{13}（13^{12}）

试验号	1	2	3	4	5	6	7	8	9	10	11	12
1	1	2	3	4	5	6	7	8	9	10	11	12
2	2	4	6	8	10	12	1	3	5	7	9	11
3	3	6	9	12	2	5	8	11	1	4	7	10
4	4	8	12	3	7	11	2	6	10	1	5	9
5	5	10	2	7	12	4	9	1	6	11	3	8
6	6	12	5	11	4	10	3	9	2	8	1	7
7	7	1	8	2	9	3	10	4	11	5	12	6
8	8	3	11	6	1	9	4	12	7	2	10	5
9	9	5	1	10	6	2	11	7	3	12	8	4
10	10	7	4	1	11	8	5	2	12	9	6	3
11	11	9	7	5	3	1	12	10	8	6	4	2
12	12	11	10	9	8	7	6	5	4	3	2	1
13	13	13	13	13	13	13	13	13	13	13	13	13

U_{13}（13^{12}）使用表

s	列号							D
2	1	5						0.1405
3	1	3	4					0.2308
4	1	6	8	10				0.3107
5	1	6	8	9	10			0.3814
6	1	2	6	8	9	10		0.4439
7	1	2	6	8	9	10	12	0.4992

13. U^*_{13}（13^4）

试 验 号	1	2	3	4
1	1	5	9	11
2	2	10	4	8
3	3	1	13	5
4	4	6	8	2
5	5	11	3	13
6	6	2	12	10
7	7	7	7	7
8	8	12	2	4
9	9	3	11	1
10	10	8	6	12
11	11	13	1	9
12	12	4	10	6
13	13	9	5	3

U^*_{13}（13^4）使用表

s	列 号				D
2	1	3			0.0962
3	1	3	4		0.1442
4	1	2	3	4	0.2076

14. U^*_{14}（14^5）

试 验 号	1	2	3	4	5
1	1	4	7	11	13
2	2	8	14	7	11
3	3	12	6	3	9
4	4	1	13	14	7
5	5	5	5	10	5
6	6	9	12	6	3
7	7	13	4	2	1
8	8	2	11	13	14
9	9	6	3	9	12
10	10	10	10	5	10
11	11	14	2	1	8
12	12	3	9	12	6
13	13	7	1	8	4
14	14	11	8	4	2

U^*_{14}（14^5）使用表

s	列 号				D
2	1	4			0.0957
3	1	2	3		0.1455
4	1	2	3	5	0.2091

15. U_{15}（15^5）

试 验 号	1	2	3	4	5
1	1	4	7	11	13
2	2	8	14	7	11
3	3	12	6	3	9
4	4	1	13	14	7
5	5	5	5	10	5
6	6	9	12	6	3
7	7	13	4	2	1
8	8	2	11	13	14
9	9	6	3	9	12
10	10	10	10	5	10
11	11	14	2	1	8
12	12	3	9	12	6
13	13	7	1	8	4
14	14	11	8	4	2
15	15	15	15	15	15

U_{15}（15^5）使用表

s	列 号				D
2	1	4			0.1233
3	1	2	3		0.2043
4	1	2	3	5	0.2772

16. U^*_{15}（15^7）

试 验 号	1	2	3	4	5	6	7
1	1	5	7	9	11	13	15
2	2	10	14	2	6	10	14
3	3	15	5	11	1	7	13
4	4	4	12	4	12	4	12
5	5	9	3	13	7	1	11
6	6	14	10	6	2	14	10
7	7	3	1	15	13	11	9
8	8	8	8	8	8	8	8
9	9	13	15	1	3	5	7
10	10	2	6	10	14	2	6
11	11	7	13	3	9	15	5
12	12	12	4	12	4	12	4
13	13	1	11	5	15	9	3
14	14	6	2	14	10	6	2
15	15	11	9	7	5	3	1

U^*_{15}（15^7）使用表

s	列 号					D
2	1	3				0.0833
3	1	2	6			0.1361
4	1	2	4	6		0.1511
5	1	2	4	5	7	0.2090

17. $U^*_{16}(16^{12})$

试验号	1	2	3	4	5	6	7	8	9	10	11	12
1	1	2	4	5	6	8	9	10	13	14	15	16
2	2	4	8	10	12	16	1	3	9	11	13	15
3	3	6	12	15	1	7	10	13	5	8	11	14
4	4	8	16	3	7	15	2	6	1	5	9	13
5	5	10	3	8	13	6	11	16	14	2	7	12
6	6	12	7	13	2	14	3	9	10	16	5	11
7	7	14	11	1	8	5	12	2	6	13	3	10
8	8	16	15	6	14	13	4	12	2	10	1	9
9	9	1	2	11	3	4	13	5	15	7	16	8
10	10	3	6	16	9	12	5	15	11	4	14	7
11	11	5	10	4	15	3	14	8	7	1	12	6
12	12	7	14	9	4	11	6	1	3	15	10	5
13	13	9	1	14	10	2	15	11	16	12	8	4
14	14	11	5	2	16	10	7	4	12	9	6	3
15	15	13	9	7	5	1	16	14	8	6	4	2
16	16	15	13	12	11	9	8	7	4	3	2	1

$U^*_{16}(16^{12})$ 使用表

s	列号							D
2	1	8						0.0908
3	1	4	6					0.1262
4	1	4	5	6				0.1705
5	1	4	5	6	9			0.2070
6	1	3	5	8	10	11		0.2518
7	1	2	3	6	9	11	12	0.2769

18. $U_{17}(17^8)$

试验号	1	2	3	4	5	6	7	8
1	1	4	6	9	10	11	14	15
2	2	8	12	1	3	5	11	13
3	3	12	1	10	13	16	8	11
4	4	16	7	2	6	10	5	9
5	5	3	13	11	16	4	2	7
6	6	7	2	3	9	15	16	5
7	7	11	8	12	2	9	13	3
8	8	15	14	4	12	3	10	1
9	9	2	3	13	5	14	7	16
10	10	6	9	5	15	8	4	14
11	11	10	15	14	8	2	1	12
12	12	14	4	6	1	13	15	10
13	13	1	10	15	11	7	12	8
14	14	5	16	7	4	1	9	6
15	15	9	5	16	14	12	6	4
16	16	13	11	8	7	6	3	2
17	17	17	17	17	17	17	17	17

U_{17}（17^8）使用表

s	列	号						D
2	1	6						0.1099
3	1	5	8					0.1832
4	1	5	7	8				0.2501
5	1	2	5	7	8			0.3111
6	1	2	3	5	7	8		0.3667
7	1	2	3	4	5	7	8	0.4174

19. U^*_{17}（17^5）

试验号	1	2	3	4	5
1	1	7	11	13	17
2	2	14	4	8	16
3	3	3	15	3	15
4	4	10	8	16	14
5	5	17	1	11	13
6	6	6	12	6	12
7	7	13	5	1	11
8	8	2	16	14	10
9	9	9	9	9	9
10	10	16	2	4	8
11	11	5	13	17	7
12	12	12	6	12	6
13	13	1	17	7	5
14	14	8	10	2	4
15	15	15	3	15	3
16	16	4	14	10	2
17	17	11	7	5	1

U^*_{17}（17^5）使用表

s	列	号			D
2	1	2			0.0856
3	1	2	4		0.1331
4	2	3	4	5	0.1785

20. U^*_{18}（18^{11}）

试验号	1	2	3	4	5	6	7	8	9	10	11
1	1	3	4	5	6	7	8	9	11	15	16
2	2	6	8	10	12	14	16	18	3	11	13
3	3	9	12	15	18	2	5	8	14	7	10
4	4	12	16	1	5	9	13	17	6	3	7
5	5	15	1	6	11	16	2	7	17	18	4
6	6	18	5	11	17	4	10	16	9	14	1
7	7	2	9	16	4	11	18	6	1	10	17
8	8	5	13	2	10	18	7	15	12	6	14

续表

试验号	1	2	3	4	5	6	7	8	9	10	11
9	9	8	17	7	16	6	15	5	4	2	11
10	10	11	2	12	3	13	4	14	15	17	8
11	11	14	6	17	9	1	12	4	7	13	5
12	12	17	10	3	15	8	1	13	18	9	2
13	13	1	14	8	2	15	9	3	10	5	18
14	14	4	18	13	8	3	17	12	2	1	15
15	15	7	3	18	14	10	6	2	13	16	12
16	16	10	7	4	1	17	14	11	5	12	9
17	17	13	11	9	7	5	3	1	16	8	6
18	18	16	15	14	13	12	11	10	8	4	3

U^*_{18}（18^{11}）使用表

s	列号							D
2	1	7						0.0799
3	1	4	8					0.1394
4	1	4	6	8				0.1754
5	1	3	6	8	11			0.2047
6	1	2	4	7	8	10		0.2245
7	1	4	5	6	8	9	11	0.2247

附录 A 英汉术语对照表

（按英文字母顺序排列）

Absolute deviation	绝对离差
Absolute number	绝对数
Absolute residuals	绝对残差
Acceleration normal	法向加速度
Acceleration space dimension	加速度空间的维数
Acceleration tangential	切向加速度
Acceleration vector	可加速度向量
Acceptable hypothesis	接受假设
Accumulation	累积
Accuracy	准确度
Actual frequency	实际频数
Actual value	实际数
Adaptive estimator	自适应估计量
Addition	相加
Addition theorem	加法定理
Additivity	可加性
Adjusted rate	调整率
Adjusted value	校正值
Admissible error	容许误差
Alternative hypothesis	备择假设
Among groups	组间
Amounts	总量
Analysis of correlation	相关分析
Analysis of covariance	协方差分析
Analysis of regression	回归分析
Analysis of time series	时间序列分析
Analysis of variance	方差分析
Angular transformation	角转换
ANOVA （analysis of variance）	方差分析
ANOVA models	方差分析模型
Arcing	弧/弧旋
Arcsine transformation	反正弦变换
Area under the curve	曲线面积

Arithmetic grid paper	算术格纸
Arithmetic mean	算术平均数
Assessing fit	拟合的评估
Associative laws	结合律
Asymmetric distribution	非对称分布
Asymptotic bias	渐近偏倚
Asymptotic efficiency	渐近效率
Asymptotic variance	渐近方差
Attributable risk	归因危险度
Attribute data	属性资料
Attribution	属性
Autocorrelation	自相关
Autocorrelation of residuals	残差的自相关
Average	平均数
Average confidence interval length	平均置信区间长度
Average growth rate	平均增长率
Bar chart	条形图
Bar graph	条形图
Base period	基期
Bayes' theorem	Bayes 定理
Bell-shaped curve	钟形曲线
Bernoulli distribution	伯努利分布
Best-trim estimator	最好切尾估计量
Bias	偏性
Binary logistic regression	二元逻辑回归
Binomial distribution	二项分布
Bisquare	双平方
Bivariate correlate	二变量相关
Bivariate normal distribution	双变量正态分布
Bivariate normal population	双变量正态总体
Biweight interval	双权区间
Biweight M-estimator	双权 M 估计量
Block	区组/配伍组
BMDP（Biomedical computer programs）	BMDP 统计软件包
Boxplots	箱线图/箱尾图
Breakdown bound	崩溃界/崩溃点
Canonical correlation	典型相关
Caption	纵标目
Case-control study	病例对照研究
Categorical variable	分类变量

Catenary	悬链线
Cauchy distribution	柯西分布
Cause-and-effect relationship	因果关系
Cell	单元
Censoring	终检
Center of symmetry	对称中心
Centering and scaling	中心化和定标
Central tendency	集中趋势
Central value	中心值
CHAID -χ^2 Automatic Interaction Detector	卡方自动交互检测
Chance	机遇
Chance error	随机误差
Chance variable	随机变量
Characteristic equation	特征方程
Characteristic root	特征根
Characteristic vector	特征向量
Chebshev criterion of fit	拟合的切比雪夫准则
Chernoff faces	切尔诺夫脸谱图
Chi-square test	卡方检验/χ^2 检验
Choleskey decomposition	乔洛斯基分解
Circle chart	圆图
Class interval	组距
Class mid-value	组中值
Class upper limit	组上限
Classified variable	分类变量
Cluster analysis	聚类分析
Cluster sampling	整群抽样
Code	代码
Coded data	编码数据
Coding	编码
Coefficient of contingency	列联系数
Coefficient of determination	决定系数
Coefficient of multiple correlation	多重相关系数
Coefficient of partial correlation	偏相关系数
Coefficient of production-moment correlation	积差相关系数
Coefficient of rank correlation	等级相关系数
Coefficient of regression	回归系数
Coefficient of skewness	偏度系数
Coefficient of variation	变异系数
Cohort study	队列研究

Column	列
Column effect	列效应
Column factor	列因素
Combination pool	合并
Combinative table	组合表
Common factor	共性因子
Common regression coefficient	公共回归系数
Common value	共同值
Common variance	公共方差
Common variation	公共变异
Communality variance	共性方差
Comparability	可比性
Comparison of bathes	批比较
Comparison value	比较值
Compartment model	分部模型
Compassion	伸缩
Complement of an event	补事件
Complete association	完全正相关
Complete dissociation	完全不相关
Complete statistics	完备统计量
Completely randomized design	完全随机化设计
Composite event	联合事件
Composite events	复合事件
Concavity	凹性
Conditional expectation	条件期望
Conditional likelihood	条件似然
Conditional probability	条件概率
Conditionally linear	依条件线性
Confidence interval	置信区间
Confidence limit	置信限
Confidence lower limit	置信下限
Confidence upper limit	置信上限
Confirmatory Factor Analysis	验证性因子分析
Confirmatory research	证实性试验研究
Confounding factor	混杂因素
Conjoint	联合分析
Consistency	相合性
Consistency check	一致性检验
Consistent asymptotically normal estimate	相合渐近正态估计
Consistent estimate	相合估计

Constrained nonlinear regression	受约束非线性回归
Constraint	约束
Contaminated distribution	污染分布
Contaminated Gausssian	污染高斯分布
Contaminated normal distribution	污染正态分布
Contamination	污染
Contamination model	污染模型
Contingency table	列联表
Contour	边界线
Contribution rate	贡献率
Control	对照
Controlled experiments	对照试验
Conventional depth	常规深度
Convolution	卷积
Corrected factor	校正因子
Corrected mean	校正均值
Correction coefficient	校正系数
Correctness	正确性
Correlation coefficient	相关系数
Correlation index	相关指数
Correspondence	对应
Counting	计数
Counts	计数/频数
Covariance	协方差
Covariant	共变
Cox regression	Cox 回归
Criteria for fitting	拟合准则
Criteria of least squares	最小二乘准则
Critical ratio	临界比
Critical region	拒绝域
Critical value	临界值
Cross-over design	交叉设计
Cross-section analysis	横断面分析
Cross-section survey	横断面调查
Crosstabs	交叉表
Cross-tabulation table	复合表
Cube root	立方根
Cumulative distribution function	分布函数
Cumulative probability	累计概率
Curvature	曲率弯曲

Curve fit	曲线拟和
Curve fitting	曲线拟合
Curvilinear regression	曲线回归
Curvilinear relation	曲线关系
Cut-and-try method	尝试法
Cycle	周期
Cyclist	周期性
D test	D 检验
Data acquisition	资料收集
Data bank	数据库
Data capacity	数据容量
Data deficiencies	数据缺乏
Data handling	数据处理
Data processing	数据处理
Data reduction	数据缩减
Data set	数据集
Data sources	数据来源
Data transformation	数据变换
Data validity	数据有效性
Data-in	数据输入
Data-out	数据输出
Dead time	停滞期
Degree of freedom	自由度
Degree of precision	精密度
Degree of reliability	可靠性程度
Degression	递减
Density function	密度函数
Density of data points	数据点的密度
Dependent variable	因变量/应变量
Depth	深度
Derivative matrix	导数矩阵
Derivative-free methods	无导数方法
Design	设计
Determinacy	确定性
Determinant	决定因素，行列式
Deviation	离差
Deviation from average	离均差
Diagnostic plot	诊断图
Dichotomous variable	二分变量
Differential equation	微分方程

Direct standardization	直接标准化法
Discrete variable	离散型变量
Discriminant	判断
Discriminant analysis	判别分析
Discriminant coefficient	判别系数
Discriminant function	判别值
Dispersion	散布/分散度
Disproportional	不成比例的
Disproportionate sub-class numbers	不成比例次级组含量
Distribution free	分布无关性/免分布
Distribution shape	分布形状
Distribution-free method	任意分布法
Distributive laws	分配律
Disturbance	随机扰动项
Dose response curve	剂量反应曲线
Double blind method	双盲法
Double blind trial	双盲试验
Double exponential distribution	双指数分布
Double logarithmic	双对数
Downward rank	降秩
Dual-space plot	对偶空间图
DUD	无导数方法
Duncan's new multiple range method	新复极差法/Duncan 新法
Effect	试验效应
Eigenvalue	特征值
Eigenvector	特征向量
Ellipse	椭圆
Empirical distribution	经验分布
Empirical probability	经验概率单位
Enumeration data	计数资料
Equal sun-class number	相等次级组含量
Equally likely	等可能
Error	误差/错误
Error of estimate	估计误差
Error type I	第一类错误
Error type II	第二类错误
Estimand	被估量
Estimated error mean squares	估计误差均方
Estimated error sum of squares	估计误差平方和
Euclidean distance	欧氏距离

Event	事件
Event	事件
Exceptional data point	异常数据点
Expectation plane	期望平面
Expectation surface	期望曲面
Expected values	期望值
Experiment	试验
Experimental sampling	试验抽样
Experimental unit	试验单位
Explanatory variable	说明变量
Exploratory data analysis	探索性数据分析
Explore Summarize	探索-摘要
Exponential curve	指数曲线
Exponential growth	指数式增长
EXSMOOTH	指数平滑方法
Extended fit	扩充拟合
Extra parameter	附加参数
Extrapolation	外推法
Extreme observation	末端观测值
Extremes	极端值/极值
F distribution	F 分布
F test	F 检验
Factor	因素/因子
Factor analysis	因子分析
Factor Analysis	因子分析
Factor score	因子得分
Factorial	阶乘
Factorial design	析因试验设计
False negative	假阴性
False negative error	假阴性错误
Family of distributions	分布族
Family of estimators	估计量族
Fanning	扇面
Fatality rate	病死率
Field investigation	现场调查
Field survey	现场调查
Finite population	有限总体
Finite-sample	有限样本
First derivative	一阶导数
First principal component	第一主成分

First quartile	第一四分位数
Fisher information	费雪信息量
Fitted value	拟合值
Fitting a curve	曲线拟合
Fixed base	定基
Fluctuation	随机起伏
Forecast	预测
Four fold table	四格表
Fourth	四分点
Fraction blow	左侧比率
Fractional error	相对误差
Frequency	频率
Frequency polygon	频数多边图
Frontier point	界限点
Function relationship	泛函关系
Gamma distribution	伽玛分布
Gauss increment	高斯增量
Gaussian distribution	高斯分布/正态分布
Gauss-Newton increment	高斯-牛顿增量
General census	全面普查
GENLOG (Generalized liner models)	广义线性模型
Geometric mean	几何平均数
Gini's mean difference	基尼均差
GLM (General liner models)	通用线性模型
Goodness of fit	拟和优度/配合度
Gradient of determinant	行列式的梯度
Graeco-Latin square	希腊拉丁方
Grand mean	总均值
Gross errors	重大错误
Gross-error sensitivity	大错敏感度
Group averages	分组平均
Grouped data	分组资料
Guessed mean	假定平均数
Half-life	半衰期
Hampel M-estimators	汉佩尔 M 估计量
Happenstance	偶然事件
Harmonic mean	调和均数
Hazard function	风险均数
Hazard rate	风险率
Heading	标目

Heavy-tailed distribution	重尾分布
Hessian array	海森立体阵
Heterogeneity	不同质
Heterogeneity of variance	方差不齐
Hierarchical classification	组内分组
Hierarchical clustering method	系统聚类法
High-leverage point	高杠杆率点
HILOGLINEAR	多维列联表的层次对数线性模型
Hinge	折叶点
Histogram	直方图
Historical cohort study	历史性队列研究
Holes	空洞
HOMALS	多重响应分析
Homogeneity of variance	方差齐性
Homogeneity test	齐性检验
Huber M-estimators	休伯 M 估计量
Hyperbola	双曲线
Hypothesis testing	假设检验
Hypothetical universe	假设总体
Impossible event	不可能事件
Independence	独立性
Independent variable	自变量
Index	指标/指数
Indirect standardization	间接标准化法
Individual	个体
Inference band	推断带
Infinite population	无限总体
Infinitely great	无穷大
Infinitely small	无穷小
Influence curve	影响曲线
Information capacity	信息容量
Initial condition	初始条件
Initial estimate	初始估计值
Initial level	最初水平
Interaction	交互作用
Interaction terms	交互作用项
Intercept	截距
Interpolation	内插法
Interquartile range	四分位距
Interval estimation	区间估计

Intervals of equal probability	等概率区间
Intrinsic curvature	固有曲率
Invariance	不变性
Inverse matrix	逆矩阵
Inverse probability	逆概率
Inverse sine transformation	反正弦变换
Iteration	迭代
Jacobian determinant	雅克比行列式
Joint distribution function	分布函数
Joint probability	联合概率
Joint probability distribution	联合概率分布
K means method	逐步聚类法
Kaplan-Meier	评估事件的时间长度
Kaplan-Merier chart	Kaplan-Merier 图
Kendall's rank correlation	Kendall 等级相关
Kinetic	动力学
Kolmogorov-Smirnove test	柯尔莫哥洛夫-斯米尔诺夫检验
Kruskal and Wallis test	Kruskal 及 Wallis 检验/多样本的秩和检验/H 检验
Kurtosis	峰度
Lack of fit	失拟
Ladder of powers	幂阶梯
Lag	滞后
Large sample	大样本
Large sample test	大样本检验
Latin square	拉丁方
Latin square design	拉丁方设计
Leakage	泄漏
Least favorable configuration	最不利构形
Least favorable distribution	最不利分布
Least significant difference	最小显著差法
Least square method	最小二乘法
Least-absolute-residuals estimates	最小绝对残差估计
Least-absolute-residuals fit	最小绝对残差拟合
Least-absolute-residuals line	最小绝对残差线
Legend	图例
L-estimator	L 估计量
L-estimator of location	位置 L 估计量
L-estimator of scale	尺度 L 估计量
Level	水平
Life expectance	预期期望寿命

Life table	生命表
Life table method	生命表法
Light-tailed distribution	轻尾分布
Likelihood function	似然函数
Likelihood ratio	似然比
Line graph	线图
Linear correlation	直线相关
Linear equation	线性方程
Linear programming	线性规划
Linear Regression	线性回归
Linear regression	直线回归
Linear trend	线性趋势
Loading	载荷
Location and scale equivariance	位置尺度同变性
Location equivariance	位置同变性
Location invariance	位置不变性
Location scale family	位置尺度族
Log rank test	时序检验
Logarithmic curve	对数曲线
Logarithmic normal distribution	对数正态分布
Logarithmic scale	对数尺度
Logarithmic transformation	对数变换
Logic check	逻辑检查
Logistic distribution	逻辑分布
Loglinear	多维列联表通用模型
Lognormal distribution	对数正态分布
Lost function	损失函数
Low correlation	低度相关
Lower limit	下限
Lowest-attained variance	最小可达方差
LSD	最小显著差法的简称
Lurking variable	潜在变量
Main effect	主效应
Marginal density function	边缘密度函数
Marginal probability	边缘概率
Marginal probability distribution	边缘概率分布
Matched data	配对资料
Matched distribution	匹配过分布
Matching of distribution	分布的匹配
Matching of transformation	变换的匹配

Mathematical expectation	数学期望
Mathematical model	数学模型
Maximum L-estimator	极大极小 L 估计量
Maximum likelihood method	最大似然法
Mean	均数
Mean squares between groups	组间均方
Mean squares within group	组内均方
Means (Compare means)	均值-均值比较
Median	中位数
Median effective dose	半数效量
Median lethal dose	半数致死量
Median polish	中位数平滑
Median test	中位数检验
Minimal sufficient statistic	最小充分统计量
Minimum distance estimation	最小距离估计
Minimum effective dose	最小有效量
Minimum lethal dose	最小致死量
Minimum variance estimator	最小方差估计量
MINITAB	统计软件包
Missing data	缺失值
Model specification	模型的确定
Modeling Statistics	模型统计
Models for outliers	离群值模型
Modifying the model	模型的修正
Modulus of continuity	连续性模
Morbidity	发病率
Most favorable configuration	最有利构形
Multidimensional Scaling (ASCAL)	多维尺度/多维标度
Multinomial Logistic Regression	多项逻辑回归
Multiple comparison	多重比较
Multiple correlation	复相关
Multiple covariance	多元协方差
Multiple linear regression	多元线性回归
Multiple response	多重选项
Multiple solutions	多解
Multiplication theorem	乘法定理
Multiresponse	多元响应
Multi-stage sampling	多阶段抽样
Multivariate T distribution	多元 T 分布
Mutual exclusive	互不相容

Mutual independence	互相独立
Natural boundary	自然边界
Natural dead	自然死亡
Natural zero	自然零
Negative correlation	负相关
Negative linear correlation	负线性相关
Negatively skewed	负偏
Newman-Keuls method	*q* 检验
NK method	*q* 检验
No statistical significance	无统计意义
Nominal variable	名义变量
Nonconstancy of variability	变异的非定常性
Nonlinear regression	非线性相关
Nonparametric statistics	非参数统计
Nonparametric test	非参数检验
Normal deviate	正态离差
Normal distribution	正态分布
Normal equation	正规方程组
Normal ranges	正常范围
Normal value	正常值
Nuisance parameter	多余参数/讨厌参数
Null hypothesis	无效假设
Numerical variable	数值变量
Objective function	目标函数
Observation unit	观察单位
Observed value	观察值
One sided test	单侧检验
One-way analysis of variance	单因素方差分析
Oneway ANOVA	单因素方差分析
Open sequential trial	开放型序贯设计
Optrim	优切尾
Optrim efficiency	优切尾效率
Order statistics	顺序统计量
Ordered categories	有序分类
Ordinal logistic regression	序数逻辑斯蒂回归
Ordinal variable	有序变量
Orthogonal basis	正交基
Orthogonal design	正交试验设计
Orthogonality conditions	正交条件
ORTHOPLAN	正交设计

Outlier cutoffs	离群值截断点
Outliers	极端值
OVERALS	多组变量的非线性正规相关
Overshoot	迭代过度
Paired design	配对设计
Paired sample	配对样本
Pairwise slopes	成对斜率
Parabola	抛物线
Parallel tests	平行试验
Parameter	参数
Parametric statistics	参数统计
Parametric test	参数检验
Partial correlation	偏相关
Partial regression	偏回归
Partial sorting	偏排序
Partials residuals	偏残差
Pattern	模式
Pearson curves	皮尔逊曲线
Peeling	退层
Percent bar graph	百分条形图
Percentage	百分比
Percentile	百分位数
Percentile curves	百分位曲线
Periodicity	周期性
Permutation	排列
P-estimator	P 估计量
Pie graph	饼图
Pitman estimator	皮特曼估计量
Pivot	枢轴量
Planar	平坦
Planar assumption	平面的假设
PLANCARDS	生成试验的计划卡
Point estimation	点估计
Poisson distribution	泊松分布
Polishing	平滑
Polled standard deviation	合并标准差
Polled variance	合并方差
Polygon	多边图
Polynomial	多项式
Polynomial curve	多项式曲线

Population	总体
Population attributable risk	人群归因危险度
Positive correlation	正相关
Positively skewed	正偏
Posterior distribution	后验分布
Power of a test	检验效能
Precision	精密度
Predicted value	预测值
Preliminary analysis	预备性分析
Principal component analysis	主成分分析
Prior distribution	先验分布
Prior probability	先验概率
Probabilistic model	概率模型
probability	概率
Probability density	概率密度
Product moment	乘积矩/协方差
Profile trace	截面迹图
Proportion	比/构成比
Proportion allocation in stratified random sampling	按比例分层随机抽样
Proportionate	成比例
Proportionate sub-class numbers	成比例次级组含量
Prospective study	前瞻性调查
Proximities	亲近性
Pseudo F test	近似 F 检验
Pseudo model	近似模型
Pseudosigma	伪标准差
Purposive sampling	有目的抽样
QR decomposition	QR 分解
Quadratic approximation	二次近似
Qualitative classification	属性分类
Qualitative method	定性方法
Quantile-quantile plot	分位数-分位数图/Q-Q 图
Quantitative analysis	定量分析
Quartile	四分位数
Quick cluster	快速聚类
Radix sort	基数排序
Random allocation	随机化分组
Random blocks design	随机区组设计
Random event	随机事件
Randomization	随机化

Range	极差/全距
Rank correlation	等级相关
Rank sum test	秩和检验
Rank test	秩检验
Ranked data	等级资料
Rate	比率
Ratio	比例
Raw data	原始资料
Raw residual	原始残差
Rayleigh's test	雷氏检验
Rayleigh's Z	雷氏 Z 值
Reciprocal	倒数
Reciprocal transformation	倒数变换
Recording	记录
Redescending estimators	回降估计量
Reducing dimensions	降维
Re-expression	重新表达
Reference set	标准组
Region of acceptance	接受域
Regression coefficient	回归系数
Regression sum of square	回归平方和
Rejection point	拒绝点
Relative dispersion	相对离散度
Relative number	相对数
Reliability	可靠性
Reparametrization	重新设置参数
Replication	重复
Report Summaries	报告摘要
Residual sum of square	剩余平方和
Resistance	耐抗性
Resistant line	耐抗线
Resistant technique	耐抗技术
R-estimator of location	位置 R 估计量
R-estimator of scale	尺度 R 估计量
Retrospective study	回顾性调查
Ridge trace	岭迹
Ridit analysis	Ridit 分析
Rotation	旋转
Rounding	舍入
Row	行

Row effects	行效应
Row factor	行因素
RXC table	RXC 表
Sample	样本
Sample regression coefficient	样本回归系数
Sample size	样本量
Sample standard deviation	样本标准差
Sampling error	抽样误差
SAS（Statistical analysis system）	SAS 统计软件包
Scale	尺度/量表
Scatter diagram	散点图
Schematic plot	示意图/简图
Score test	计分检验
Screening	筛检
SEASON	季节分析
Second derivative	二阶导数
Second principal component	第二主成分
SEM（Structural equation modeling）	结构化方程模型
Semi-logarithmic graph	半对数图
Semi-logarithmic paper	半对数格纸
Sensitivity curve	敏感度曲线
Sequential analysis	贯序分析
Sequential data set	顺序数据集
Sequential design	贯序设计
Sequential method	贯序法
Sequential test	贯序检验法
Serial tests	系列试验
Short-cut method	简捷法
Sigmoid curve	S 形曲线
Sign function	正负号函数
Sign test	符号检验
Signed rank	符号秩
Significance test	显著性检验
Significant figure	有效数字
Simple cluster sampling	简单整群抽样
Simple correlation	简单相关
Simple random sampling	简单随机抽样
Simple regression	简单回归
simple table	简单表
Sine estimator	正弦估计量

Single-valued estimate	单值估计
Singular matrix	奇异矩阵
Skewed distribution	偏斜分布
Skewness	偏度
Slash distribution	斜线分布
Slope	斜率
Smirnov test	斯米尔诺夫检验
Source of variation	变异来源
Spearman rank correlation	斯皮尔曼等级相关
Specific factor	特殊因子
Specific factor variance	特殊因子方差
Spectra	频谱
Spherical distribution	球型正态分布
Spread	展布
SPSS（Statistical package for the social science）	SPSS 统计软件包
Spurious correlation	假性相关
Square root transformation	平方根变换
Stabilizing variance	稳定方差
Standard deviation	标准差
Standard error	标准误
Standard error of difference	差别的标准误
Standard error of estimate	标准估计误差
Standard normal distribution	标准正态分布
Standardization	标准化
Starting value	起始值
Statistic	统计量
Statistical control	统计控制
Statistical graph	统计图
Statistical inference	统计推断
Statistical table	统计表
Steepest descent	最速下降法
Stem and leaf display	茎叶图
Step factor	步长因子
Stepwise regression	逐步回归
Storage	存
Strata	层（复数）
Stratified sampling	分层抽样
Stratified sampling	分层抽样
Strength	强度
Stringency	严密性

Structural relationship	结构关系
Studentized residual	学生化残差/t 化残差
Sub-class numbers	次级组含量
Subdividing	分割
Sufficient statistic	充分统计量
Sum of products	积和
Sum of squares	离差平方和
Sum of squares about regression	回归平方和
Sum of squares between groups	组间平方和
Sum of squares of partial regression	偏回归平方和
Sure event	必然事件
Survey	调查
Survival	生存分析
Survival rate	生存率
Suspended root gram	悬吊根图
Symmetry	对称
Systematic error	系统误差
Systematic sampling	系统抽样
Tags	标签
Tail area	尾部面积
Tail length	尾长
Tail weight	尾重
Tangent line	切线
Target distribution	目标分布
Taylor series	泰勒级数
Tendency of dispersion	离散趋势
Testing of hypotheses	假设检验
Theoretical frequency	理论频数
Time series	时间序列
Tolerance interval	容忍区间
Tolerance lower limit	容忍下限
Tolerance upper limit	容忍上限
Total sum of square	总平方和
Total variation	总变异
Transformation	转换
Treatment	处理
Trend	趋势
Trend of percentage	百分比趋势
Trial	试验
Trial and error method	试错法

Tuning constant	细调常数
Two sided test	双向检验
Two-stage least squares	二阶最小平方
Two-stage sampling	二阶段抽样
Two-tailed test	双侧检验
Two-way analysis of variance	双因素方差分析
Two-way table	双向表
Type I error	一类错误/α 错误
Type II error	二类错误/β 错误
UMVU	方差一致最小无偏估计简称
Unbiased estimate	无偏估计
Unconstrained nonlinear regression	无约束非线性回归
Unequal subclass number	不等次级组含量
Ungrouped data	不分组资料
Uniform coordinate	均匀坐标
Uniform distribution	均匀分布
Uniformly minimum variance unbiased estimate	方差一致最小无偏估计
Unit	单元
Unordered categories	无序分类
Upper limit	上限
Upward rank	升秩
Vague concept	模糊概念
Validity	有效性
VARCOMP（Variance component estimation）	方差元素估计
Variability	变异性
Variable	变量
Variance	方差
Variation	变异
Varimax orthogonal rotation	方差最大正交旋转
Volume of distribution	容积
W test	W 检验
Waiting time	等待时间
Wald's test	正态近似检验，U 检验
Waston-William's test	Waston-William 检验
Weibull distribution	威布尔分布
Weight	权数
Weighted Chi-square test	加权卡方检验/Cochran 检验
Weighted linear regression method	加权直线回归
Weighted mean	加权平均数
Weighted mean square	加权平均方差

Weighted sum of square	加权平方和
Weighting coefficient	权重系数
Weighting method	加权法
W-estimation	W 估计量
W-estimation of location	位置 W 估计量
Width	宽度
Wilcoxon paired test	威斯康星配对法/配对符号秩和检验
Wild point	野点/狂点
Wild value	野值/狂值
Winsorized mean	缩尾均值
Withdraw	失访
Youden's index	尤登指数
Z test	Z 检验
Zero correlation	零相关
Z-transformation	Z 变换

参考文献

[1] 辛淑亮. 现代农业试验统计. 北京：中国计量出版社，1999.

[2] 盖钧镒. 试验统计方法. 北京：中国农业出版社，2000.

[3] 王钦德. 食品试验设计与统计分析. 北京：中国农业大学出版社，2003.

[4] 莫惠栋. 农业试验统计. 上海：上海科学技术出版社，1984.

[5] 张勤. 生物统计学. 北京：中国农业大学出版社，2002.

[6] 王元. 均匀设计——一种试验设计方法. 科技导报，1994(5)：20～21.

[7] 刘魁英. 食品研究与数据分析. 北京：中国轻工业出版社，1998.

[8] 高桥信. 漫画统计学之回归分析. 张中桓，译. 北京：科学出版社，2009.

[9] 斯蒂尔 RGD，托里 JH.数理统计的原理与方法. 杨纪珂，译. 北京：科学出版社，1976.

[10] 马斌荣. 医学科研中的统计方法. 4 版. 北京：科学出版社，2012.

[11] 陈魁. 试验设计与分析. 北京清华大学出版，2005.

[12] 杜荣骞. 生物统计学 北京：高等教育出版社，1997.

[13] 范濂. 农业试验统计方法. 郑州：河南科学技术出版社，1983.

[14] 金勇进. 抽样:理论与应用. 北京：高等教育出版社，2010.

[15] 金大永，徐勇. 概率论与数理统计. 北京：高等教育出版社，2011.

[16] 林德光. 生物统计的数学原理. 沈阳：辽宁人民出版社，1982.

[17] 马育华. 试验统计. 北京农业出版社, 1982.

[18] 刘权. 果树试验设计及统计. 北京：中国农业出版社，1997.

[19] 辛涛. 回归分析与试验设计. 北京：北京师范大学出版社，2010.

[20] 朱军. 线性模型分析原理. 北京科学出版社，1999.

[21] BOX GEP, WG HUNTER, JS HUNTER.Statistics for experimenters. New York.John Wiley and Sons.1978.

[22] COCHRAN W G .Sampling tachniques. 2nd ed. New York.John Wiley and Sons.1963.

[23] COCHRAN W G, G M COX.Experimental designs 2nd ed. New York.John Wiley and Sons.1957.

[24] IRELAND C. Experimental statistics for agriculture and horticulture. Oxfordshire:CASBI Publishing. 2010.

[25] QUINN GP, M J KEOUGH.Experimetal design and data analysis for biologists.Cambridge:Cambridge Uniersity Press.

[26] STEEL R D, JH TORRIE.Principles and procedures of statistics, a Biometrical approach.2nd ed, New York: McGraw Hill.